国家出版基金项目
NATIONAL PUBLICATION FOUNDATION

大气复合污染
成因与应对机制 **5**

朱 彤　王会军
贺克斌　贺 泓
张小曳　黄建平
　　　　曹军骥｜主　编

大气复合
污染成因新进展
物理过程

New Progress in Research on Atmospheric
Compound Pollution: Physical Processes

北京大学出版社
PEKING UNIVERSITY PRESS

图书在版编目（CIP）数据

大气复合污染成因新进展. 物理过程/朱彤等主编. --北京: 北京大学出版社, 2025. 4. --
（大气复合污染成因与应对机制）. --ISBN 978-7-301-36205-1

Ⅰ. X51；X12

中国国家版本馆 CIP 数据核字第 2025G27S93 号

书　　　名	大气复合污染成因新进展：物理过程	
	DAQI FUHE WURAN CHENGYIN XIN JINZHAN： WULI GUOCHENG	
著作责任者	朱　彤　等主编	
责 任 编 辑	王斯宇	
标 准 书 号	ISBN 978-7-301-36205-1	
出 版 发 行	北京大学出版社	
地　　　址	北京市海淀区成府路 205 号　100871	
网　　　址	http://www.pup.cn　　新浪微博: @北京大学出版社	
电 子 邮 箱	编辑部 lk2@pup.cn　总编室 zpup@pup.cn	
电　　　话	邮购部 010-62752015　发行部 010-62750672　编辑部 010-62764976	
印 刷 者	北京中科印刷有限公司	
经 销 者	新华书店	
	787 毫米×1092 毫米　16 开本　21 印张　400 千字	
	2025 年 4 月第 1 版　2025 年 4 月第 1 次印刷	
定　　　价	149.00 元（精装）	

主编简介

朱彤，北京大学环境科学与工程学院教授、青藏高原研究院院长，中国科学院院士，国务院参事，美国地球物理联合会会士，世界气象组织"环境污染与大气化学"科学指导委员会委员。长期致力于大气化学及环境健康交叉学科研究，发表学术论文 500 余篇。

王会军，南京信息工程大学教授、学术委员会主任，中国科学院院士，挪威卑尔根大学荣誉教授，中国气象学会名誉理事长，气候系统预测与变化应对全国重点实验室主任。长期从事气候变化与气候预测等研究，发表学术论文 300 余篇。

贺克斌，清华大学环境学院教授、碳中和研究院院长，中国工程院院士，国家生态环境保护专家委员会副主任，国务院学位委员会环境科学与工程学科评议组召集人，教育部科学技术委员会环境学部主任。长期致力于大气复合污染特别是 $PM_{2.5}$ 的研究，在大气颗粒物与复合污染识别、复杂源排放特征与多污染物协同控制、大气污染与温室气体协同控制方面开展深入细致的研究。

贺泓，中国科学院城市环境研究所所长、生态环境研究中心研究员，中国工程院院士。主要研究方向为环境催化与非均相大气化学过程，取得柴油车排放污染控制、室内空气净化和大气灰霾成因及控制方面系列成果。

张小曳，中国气象科学研究院研究员，中国工程院院士，IPCC 第 7 轮评估报告第一工作组联合主席，中国气象局温室气体及碳中和监测评估中心主任，灾害天气科学与技术全国重点实验室主任。在人类活动与天气和气候变化的相互作用领域做出系统性创新研究。

黄建平，兰州大学西部生态安全省部共建协同创新中心主任，中国科学院院士。长期扎根西北，专注于半干旱气候变化的机理和预测研究，带领团队将野外观测与理论研究相结合，取得了一系列基础性强、影响力高的原创性成果。

曹军骥，中国科学院大气物理研究所所长，国际气溶胶学会副主席。长期从事大气气溶胶与大气环境研究，揭示我国气溶胶基本特征、地球化学行为与气候环境效应，深入查明我国 $PM_{2.5}$ 污染来源、分布与成因特征并开发污染控制新途径等。

序

2010年以来，我国京津冀、长三角、珠三角等多个区域频繁发生大范围、持续多日的严重大气污染。如何预防大气污染带来的健康危害、改善空气质量，成为整个社会关注的有关国计民生的主题。

中国社会经济快速发展中面临的大气污染问题，是发达国家近百年来经历的大气污染问题在时间、地区和规模上的集中体现，形成了一种复合型的大气污染，其规模和复杂程度在国际上罕见。已有研究表明，大气复合污染来自工业、交通、取暖等多种污染源排放的气态和颗粒态一次污染物，以及经过一系列复杂的物理、化学和生物过程形成的二次细颗粒物和臭氧等二次污染物。这些污染物在不利天气和气象过程的影响下，会在短时间内形成高浓度的污染，并在大范围的区域间相互输送，对人体健康和生态环境产生严重危害。

在大气复合污染的成因、健康影响与应对机制方面，尚缺少系统的基础科学研究，基础理论支撑不够。同时，大气污染的根本治理，也涉及能源政策、产业结构、城市规划等。因此，亟须布局和加强系统的、多学科交叉的科学研究，揭示其复杂的成因，厘清其复杂的灰霾物质来源，发展先进的技术，制定和实施合理有效的应对措施和预防政策。

为此，国家自然科学基金委员会以"中国大气灰霾的形成机理、危害与控制和治理对策"为主题于2014年1月18—19日在北京召开了第107期双清论坛。本次论坛由北京大学协办，并邀请唐孝炎、丁仲礼、郝吉明、徐祥德四位院士担任论坛主席。来自国内30多所高校、科研院所和管理部门的70余名专家学者，以及国家自然科学基金委员会地球科学部、数学物理科学部、化学科学部、生命科学部、工程与材料科学部、信息科学部、管理科学部、医学科学部和政策局的负责人出席了本次讨论会。

在本次双清论坛基础上，国家自然科学基金委员会于2014年年底批准了"中国大气复合污染的成因、健康影响与应对机制"联合重大研究计划的立项，其中"中国大气复合污染的成因与应对机制的基础研究"重大研究计划的主管科学部为地球科学部。

自2015年发布第一次资助指南以来，"中国大气复合污染的成因与应对机制的基础研究"重大研究计划取得了丰硕的成果，为我国大气污染防治攻坚战提供了重要的科学支撑，在2019年的中期考核中取得了"优"的成绩。在2024年的结题考核中，获得了20票"全优"的优异成绩。

本套丛书前4册汇总了2020年之前完成结题验收项目的研究成果，后3册汇总了后期完成结题验收项目的主要研究成果，是我国在大气复合污染成因与应对机制基础研究方面的最新进展总结，也为继续开展这方面研究的人员提供了很好的参考。

刘丛强

中国科学院院士

国家自然科学基金委员会原副主任

天津大学地球系统科学学院院长、教授

前　　言

自 2014 年 1 月国家自然科学基金委员会召开第 107 期双清论坛"中国大气灰霾的形成机理、危害与控制和治理对策"以来，已经过去 11 年多了。在这 11 年中，我国政府大力实施了《大气污染防治行动计划》(2013—2017)、《打赢蓝天保卫战三年行动计划》(2018—2020)、《空气质量持续改善行动计划》(2023—2025)，主要城市空气质量取得了根本性好转。自 2013 年以来中国的空气质量改善速度空前，被联合国誉为"中国奇迹"，作为可持续发展目标(SDGs)的成功范例，与全球各个国家分享大气污染治理中"政府主导、科学支撑、多方参与"的"中国经验"。

"科学支撑"的一个重要体现，就是国家自然科学基金委员会在第 107 期双清论坛基础上启动实施了"中国大气复合污染的成因与应对机制的基础研究"重大研究计划(以下简称"重大研究计划")。本重大研究计划不仅在大气复合污染成因与控制技术原理的重大前沿科学问题上取得了系列创新成果，大大地提升了我国大气复合污染基础研究的原始创新能力和国际学术影响力，更为大气污染治理这一国家重大战略需求提供了坚实的科学支撑。

本重大研究计划旨在围绕大气复合污染形成的物理、化学过程及控制技术原理的重大科学问题，揭示形成大气复合污染的关键化学过程和关键大气物理过程，阐明大气复合污染的成因，建立大气复合污染成因的理论体系，发展大气复合污染探测、来源解析、决策系统分析的新原理与新方法，提出控制我国大气复合污染的创新性思路。

为保障本重大研究计划顺利实施，组建了指导专家组与管理工作组。指导专家组负责重大研究计划的科学规划、顶层设计和学术指导；管理工作组负责重大研究计划的组织及项目管理工作，在实施过程中对管理工作进行指导。本重大研究计划指导专家组成员包括：朱彤(组长)、王会军、贺克斌、贺泓、张小曳、黄建平、曹军骥。

针对我国大气污染治理的紧迫性以及相关领域已有的研究基础，重大研究计划主要资助重点支持项目，同时支持少量培育项目和集成项目。重大研究计划共资助了 76 个项目，包括 46 项重点支持项目、21 项培育项目、6 项集成项目、3 项战略研究项目。为提高公众对大气污染科学研究的认知水平，特以培育项目形式资助科普项目 1 项。

2016 年至今资助项目的顺利实施及重大研究计划在结束评估时获得的优异成绩，得益于来自全国 30 余家单位、76 个课题项目负责人及 1000 余名研究团队成员的全力投入。在过去 10 来年，中国大气污染得到了显著改善，离不开本重大研究计划的基础研究成果给予国家治理政策强有力的科技支撑。

重大研究计划在实施过程中，培养出一大批优秀的中青年创新人才和团队，成为我国打赢蓝天保卫战、空气质量持续改善行动的重要战略科技力量。重大研究计划还创新了大气复合污染研究系列先进技术，构建成先进、长期、稳定的观测-模拟-数据重大科研平台，将为我国空气质量的持续改善提供科技支撑。

通过重大研究计划的资助，我国大气复合污染基础研究的原始创新能力得到了极大的提升，在准确定量多种大气污染的排放、大气二次污染形成的关键化学机制、大气物理过程与大气复合污染预测方面取得了一系列重要的原创性成果。更重要的是，本重大研究计划取得的研究成果及时、迅速地为我国打赢蓝天保卫战提供了坚实的科学支撑，计划执行过程中已有多项政策建议得到中央和有关部委采纳。

2019年11月21日，本重大研究计划通过了国家自然科学基金委员会组织的中期评估，获得了"优"的成绩；2024年12月19日，本重大研究计划通过了国家自然科学基金委员会组织的结题评估，获得了20票"全优"的优异成绩。

面向未来，我国大气污染防治虽成就巨大，但任重道远。我们期待加强国际合作，在全球尺度开展大气复合污染研究，使得重大研究计划发展的大气复合污染理论及获得的治理经验能够在全球范围应用，提升全球空气污染治理能力。在全球气候变化背景下，我们将深入探索气候变化与大气复合污染交互作用的新规律、对人体健康和生态环境的协同影响；在"双碳"目标下，推动降碳减污协同治理，实现控制大气复合污染与减缓气候变化的协同。

"大气复合污染成因与应对机制"丛书共7册，其中前4册以重大研究计划2019年完成结题验收的22项重点支持项目、20项培育项目为基础，汇总了重大研究计划的研究成果。新增的第5～7册以2019—2024年完成的结题项目为基础，汇总了重大研究计划的最新研究成果。丛书中各章均由各项目负责人撰写，他们是活跃在国际前沿的优秀学者，报道了他们承担的项目在该领域取得的最新研究进展，具有很高的学术水平和参考价值。

本丛书包括以下7册：

第1册，《大气污染来源识别与测量技术原理》：共13章；

第2册，《多尺度大气物理过程与大气污染》：共9章；

第3、4册，《大气复合污染的关键化学过程》（上、下）：共22章；

第5册，《大气复合污染成因新进展：物理过程》：共9章；

第6册，《大气复合污染成因新进展：化学过程》：共10章；

第7册，《大气复合污染：观测、模型及数据的集成》：共7章。

本丛书编委会由重大研究计划指导专家组成员和部分管理工作组成员构成，包括朱彤、王会军、贺克斌、贺泓、张小曳、黄建平、曹军骥、张朝林。本丛书第5～7册的主编包括朱彤、王会军、贺克斌、贺泓、张小曳、黄建平、曹军骥等重大研究计划指导专家组成员。在本丛书编制和出版过程中，汪君霞博士协助编委会和北京大学出版社与各章作者做了大量的协调工作，在此表示感谢。

中国科学院院士

北京大学环境科学与工程学院教授

目　　录

第1章 气候变化对大气复合污染的影响过程与机制

刘绍臣[1]，刘润[1]，廖文辉[2]

[1]暨南大学，[2]广东金融学院

大气复合污染不仅受大气污染物排放和大气化学转化的影响，也受气象条件的控制。气象参数如风速、大气温度垂直梯度及降雨等，也因气候变化而发生明显的变化。气候变化及其引起的气象参数变化对大气复合污染的影响，既是相关领域的学术前沿，又是我国城市群大气污染联防联控工作中亟须突破的基础科学问题。

本章基于历史观测资料，开展气候变化-区域气象参数-大气复合污染的集成研究，量化典型区域气候变化对大气复合的影响，剖析气象参数影响大气复合污染的过程与机制，从而探索更有效的大气复合污染防治途径，改善我国空气质量的控制策略。

1.1 研究背景

目前，大气复合污染的防治研究主要着重于减少污染物的排放，较少考虑气候及气象条件的变化，然而气象条件的变化可能对空气质量有重要影响[1]。

1.1.1 气象参数的变化

在诸多气象参数中，风在污染物的传输和稀释过程中起到非常关键的作用。许多研究表明中国的近地面风速显著减弱[2-5]。风速减弱会降低大气污染物稀释的能力，导致能见度恶化。近地面风速的减弱可以部分归因于平均环流的变化[6-7]以及天气系统强度的减弱，而这些都与气候变化有关[8]。另外中纬度气旋活动的减少也能导致风速减弱。

除了地面风速,其他受气候变化影响的气象参数的变化也会影响大气复合污染。例如大气温度垂直梯度受气候变化影响而减小[9-10]。在较暖的气候条件下温度垂直梯度的变小使得边界层大气更加稳定,增加了近地表污染物的聚集。

另外,我国降水特征也因气候变化而发生了重大变化[11],弱降水越来越少,强降水越来越多。降水通过湿沉降去除大气复合污染物的效率很高,另外还能促进气态污染物的溶解,不降水天数的增加可能会降低大气的自净能力,使得大气复合污染进一步恶化。此外,云量减少会增加抵达近地面的太阳辐射,对臭氧和二次有机气溶胶的生成产生影响。

1.1.2　我国大气复合污染的概况

大气复合污染在过去几十年已经从城区蔓延到大范围区域[12-13]。气溶胶光学厚度的增加[14-15]、雾霾事件次数增多[16-17]以及 O_3 浓度增加[18]都证实了这一点。我国 $PM_{2.5}$ 浓度在全球居于高位,主要大城市和乡村地区的观测都表示有机组分和硫酸盐所占的比例基本相当,是 $PM_{2.5}$ 中最主要的化学成分[19]。颗粒有机物中17%～48%来自化学转化生成的有机二次溶胶[20]。同时,大范围的重污染出现往往伴随颗粒有机物浓度水平的快速增加。另外,我国城市中挥发性有机物的浓度与世界其他城市相比并不算特别高,但其化学活性却非常强[21]。

低能见度(小于 10 km)事件经常出现在我国四个主要区域:京津冀地区、长江三角洲(长三角)地区、珠江三角洲(珠三角)地区和四川盆地[22]。事实上,能见度下降已经成为一个全国性的环境问题[23-24]。大气气溶胶的消光作用(主要通过散射)是导致能见度恶化的主要因素[25]。人为源气溶胶的浓度和化学组成决定着消光性的强弱[26]。能见度也会受到气象条件的影响[27-30],特别是风速、湍流和大气稳定性[31]。

1.2　研究目标与研究内容

气候变化对大气复合污染有重要影响。本章基于历史观测资料,开展气候变化-区域气象参数-大气复合污染的集成研究,量化典型区域气候变化对大气复合的影响,剖析气象条件影响大气复合污染的过程与机制。

1.2.1　研究目标

(1) 量化典型区域气候变化对大气复合污染的影响。

(2) 剖析气象参数影响大气复合污染的过程与机制。

1.2.2　研究内容

1. 气候变化对典型区域冬季霾日长期变化的影响

气候变化可以通过影响区域气象条件等方式对冬季霾日产生影响。本研究基于京津冀、长三角、珠三角和四川盆地四个区域的长期历史观测数据和再分析资料,开展气候变化对区域冬季霾日长期变化的影响研究,包括:厘清冬季霾日特征,证实人为源排放不是造成霾日变化的主要原因;对比区域清洁日和污染日气象参数的异同,识别出影响区域污染的重要气象参数;探讨气候变化与重要气象参数的关系;构建量化气象条件对霾日影响的方法体系,评估气象条件对霾日变化特征的贡献;建立基于统计的模型,预测典型区域的冬季霾日数。

2. 气候变化背景下云量和降水特征的变化及原因

云量和降水特征的变化对我国大气复合污染有重要影响。基于卫星数据和观测资料,开展气候变化背景下云量和降水特征的变化及原因的研究,包括:探究云量和降水的变化特征,证实云量和降水的变化特征具有相似性;基于水汽-对流-潜热反馈假设,对云量和降水的变化特征进行归因研究。

1.3　研究方案

本研究的关键方法具体如下:

(1) 收集和整理我国典型区域历史能见度和气象观测数据、再分析资料和卫星数据等,梳理能见度、云量和降水的变化趋势和规律。

(2) 采用合成分析、相关分析等手段,识别影响典型区域霾日特征的关键气象参数和气候因子,建立气象参数和气候因子与霾日的影响机制。

(3) 构建基于统计的模型,量化气候变化对霾日的影响并对霾日进行季节预测。

1.4 主要进展与成果

1.4.1 气候变化对冬季霾日长期变化的影响

1. 冬季霾日特征

对 1973—2016 年京津冀（BTH）、长三角（YRD）、珠三角（PRD）和四川盆地（SCB）冬季（11 月—次年 2 月）霾日（能见度小于 5 km 且相对湿度小于 95%[32]）的时间序列进行分析。四个地区冬季霾日呈现出不一致的变化特征（图 1.1）。

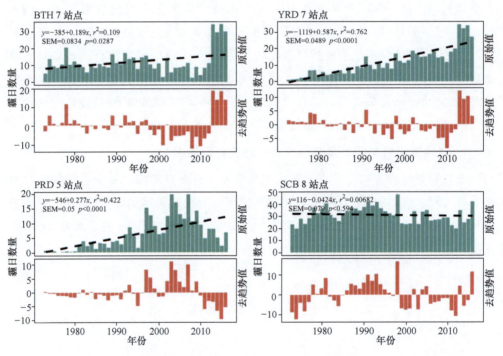

图 1.1　1973—2016 年中国四大主要污染区域冬季（11 月—2 月）霾日数。绿色为原始值,红色为去趋势值,虚线为线性趋势

京津冀、长三角和珠三角的霾日具有显著的变化趋势,但四川盆地的变化不明显。长三角的霾日增加趋势（每年 4.7%）和污染源排放的增加趋势最为接近。在近 10 年中,只有珠三角冬季霾日显著减少,与其他地区的 PM$_{2.5}$ 浓度变化结果相一致[33]。

1973—2012 年京津冀地区的霾日基本维持在每年 10 天,没有明显的变化趋势,与此期间污染源排放的增加大相径庭,表明除了污染源排放之外存在其他因素或过程影响了京津冀地区的霾日变化。

对去趋势数据进行分析发现,冬季霾日缺乏变化趋势是霾日在 1999—2012 年显著减少造成的。污染排放在 1999—2012 年明显高于 1973—1998 年,也再次证实了气候条件控制着冬季霾日的年际变化。

2. 冬季霾日的年际变化

44 年的年际变化用某一年与其余 43 年均值的差值代表[图 1.2(a)],10 年的年际变化用每一年与前 9 年均值的差值代表[图 1.2(b)]。1983 年以前的 10 年的年际变化用该年前后 10 年的差值代表。

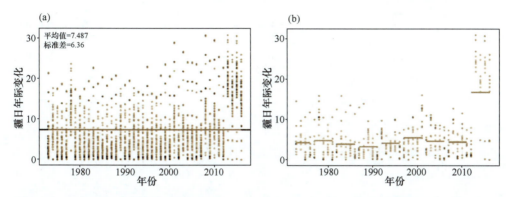

图 1.2　京津冀地区冬季霾日的年际变化：(a)44 年；(b)10 年。实心柱代表平均值,阴影区域代表 1 倍标准差

京津冀地区 44 年的年际变化均值是 7.5 天[图 1.2(a)],是 44 年年均霾日的 60%,这是必须克服的掩蔽效应,克服后才能使污染源减排效果具有统计上的可检测性。长三角、珠三角和四川盆地的掩蔽效应分别是 36%、67% 和 24%。京津冀地区 2007—2016 年连续 10 年的年际变化均值是 16.7 天,是 44 年年均霾日的 62%,说明这 10 年污染源需要至少减排 62% 才能克服掩蔽效应。与此类似,长三角、珠三角和四川盆地的减排量分别需要超过 34%、125% 和 26% 才能克服掩蔽效应。这些结果清楚地表明,由于掩蔽效应的存在,推行相对长期(至少 10 年)的排放控制策略更为现实。此外,制定有效的空气污染控制策略时也要考虑气象气候条件。

3. 影响霾日的关键气候因子和气象条件

对比霾日与清洁日的主要气象参数来判断影响霾日的关键气象条件(表 1-1)。相对于清洁日,霾日的风速偏低、湿度偏高、海平面气压偏低、大气更稳定、边界层高度偏低。这些特征在四个区域中表现得非常相似,与对大气污染物积累的机理和过程的一般理解是相符的[34-40]。

表 1-1　霾日和清洁日关键气象参数的差异

地区	气象参数	霾日		清洁日		差异	p 值
		平均值	标准差	平均值	标准差		
京津冀	相对湿度（%）	76.5	8.1	56.5	10.2	20.0	<0.001
	海平面气压（Pa）	102429.7	513.9	103181.1	501.1	−751.4	<0.001
	2 m 温度（K）	269.9	4.5	263.3	5.8	6.6	<0.001
	10 m 风速（m s⁻¹）	2.7	1.1	4.4	1.4	−1.7	<0.001
	10 m 纬向风（m s⁻¹）	1.1	1.4	2.8	1.4	−1.7	<0.001
	10 m 经向风（m s⁻¹）	−0.4	1.9	−2.7	1.9	2.3	<0.001
	925 hPa 和 1000 hPa 温度差（K）	−1.9	1.2	−3.1	0.5	1.1	<0.001
	边界层高度（m）	221.4	50.9	562.8	191.8	−341.4	<0.001
	500 hPa 位势高度（m）	5561.3	74.2	5469.5	90.8	91.8	<0.001
	850 hPa 垂直速度（Pa s⁻¹）	0.04	0.57	0.19	0.07	−0.15	<0.001
长三角	相对湿度（%）	75.5	9.5	62.5	11.0	13.0	<0.001
	海平面气压（Pa）	102261.1	410.0	102948.5	475.6	−687.4	<0.001
	2 m 温度（K）	281.8	3.8	276.4	5.8	5.4	<0.001
	10 m 风速（m s⁻¹）	2.6	0.9	3.7	1.1	−1.1	<0.001
	10 m 纬向风（m s⁻¹）	−0.4	1.3	0.4	1.7	−0.8	0.0014
	10 m 经向风（m s⁻¹）	−0.4	1.8	−1.8	2.1	1.4	<0.001
	925 hPa 和 1000 hPa 温度差（K）	−2.1	0.9	−2.9	1.0	0.8	<0.001
	边界层高度（m）	316.7	73.5	498.3	148.6	−181.6	<0.001
	500 hPa 位势高度（m）	5689.7	52.0	5665.4	76.8	24.4	0.03
	850 hPa 垂直速度（Pa s⁻¹）	0.02	0.04	0.08	0.05	−0.06	<0.001
珠三角	相对湿度（%）	75.5	12.5	62.2	13.3	13.2	<0.001
	海平面气压（Pa）	101762.2	272.0	102388.3	363.3	−626.1	<0.001
	2 m 温度（K）	290.1	2.6	285.3	4.0	4.8	<0.001
	10 m 风速（m s⁻¹）	2.6	0.8	4.6	1.1	−2.0	<0.001
	10 m 纬向风（m s⁻¹）	−1.5	0.6	−2.3	0.6	0.8	<0.001
	10 m 经向风（m s⁻¹）	−0.7	1.7	−3.7	1.6	3.0	<0.001
	925 hPa 和 1000 hPa 温度差（K）	−3.3	0.6	−3.0	0.8	−0.3	0.04
	边界层高度（m）	356.7	69.1	526.7	144.1	−170.0	<0.001
	500 hPa 位势高度（m）	1529.2	19.0	1554.3	14.7	−25.2	<0.001
	850 hPa 垂直速度（Pa s⁻¹）	0.02	0.1	0.0	0.1	0.0	<0.001

地区	气象参数	霾日		清洁日		差异	p 值
		平均值	标准差	平均值	标准差		
	相对湿度(%)	67.1	9.8	69	12.2	−1.96	0.2
	海平面气压(Pa)	102301.3	583.5	102813.0	572.9	−511.7	<0.001
	2 m 温度(K)	277.8	3.3	275.1	4.3	2.6	<0.001
	10 m 风速(m s^{-1})	2.3	0.7	2.2	0.8	0.1	0.2
	10 m 纬向风(m s^{-1})	−1.1	1.3	−1.2	1.2	0.1	0.6
四川盆地	10 m 经向风(m s^{-1})	−0.1	1.0	−0.1	1.0	0.0	0.9
	925 hPa 和 1000 hPa 温度差(K)	−3.8	0.3	−3.9	0.3	0.2	<0.001
	边界层高度(m)	304.1	61.0	406.0	122.3	−101.8	<0.001
	500 hPa 位势高度(m)	1526.0	40.3	1556.3	37.9	−30.3	<0.001
	850 hPa 垂直速度(Pa s^{-1})	0.03	0.09	0.06	0.09	−0.03	0.004

对比不同时期的气候因子来识别影响霾日形成的气候条件(表 1-2 和表 1-3),发现 1999—2012 年冬季霾日减少是由太平洋年代际振荡(PDO)、北极涛动、厄尔尼诺-南方涛动(ENSO),以及全球温度具有较低值(相对于霾日没有减少的时期而言)、东亚冬季风和北极海冰具有较高值的共同作用造成的。

表 1-2　1999—2012 年和 2013—2016 年关键气候因子的差异

气候因子	1999—2012 年		2013—2016 年		差异	p 值
	平均值	标准差	平均值	标准差		
太平洋年代际振荡	−0.49	1.03	1.02	0.96	−1.51	<0.001
北极涛动	−0.18	1.3	0.28	1.29	−0.47	0.2
厄尔尼诺-南方涛动	−0.22	0.92	0.43	1.17	−0.65	0.03
全球温度	−0.19	0.95	0.49	0.98	−0.68	0.02
东亚冬季风	1.62	1.38	1.19	1.21	0.43	0.3
北极海冰	−0.01	0.98	−0.34	1.48	0.32	0.3

表 1-3　1999—2000 年和 2009—2011 年与 2013—2016 年关键气候因子的差异

气候因子	1999—2000 年和 2009—2011 年		2013—2016 年		差异	p 值
	平均值	标准差	平均值	标准差		
太平洋年代际振荡	−0.93	0.98	1.02	0.96	−1.96	<0.001
北极涛动	−0.48	1.56	0.28	1.29	−0.76	0.1
厄尔尼诺-南方涛动	−0.66	1.01	0.43	1.17	−1.09	0.01
全球温度	−0.75	0.76	0.49	0.98	−1.25	<0.001
东亚冬季风	1.80	1.54	1.19	1.21	0.62	0.2
北极海冰	0.41	0.74	−0.34	1.48	0.75	0.06

1.4.2 云量的年际变化及其原因

1. 世界各地的云量和降水年际变化及趋势

对总云量和降水在1983—2009年的线性变化趋势进行分析。总云量和降水的变化具有高度一致性，两者的增加出现在以印度尼西亚的加里曼丹为中心、从澳大利亚北部逆时针向菲律宾和中国西部延伸、沿西印度洋向南扩展至50°S的区域，显示出海洋性大陆降水中心（哈德里环流上升/湿润区域）在扩展。中美洲和非洲赤道的降水中心也表现出降水增强和范围扩展的现象。这种增强和扩展可以看作是哈德里环流扩展和与气候变化有关的急流变化的重要组成部分。

2. 哈德里环流上升区域的扩展

通过计算哈德里环流圈内16个条带内的云量和降水的变化来研究哈德里环流主要上升区域的扩展。1983—2009年期间降水和云量在16个条带呈现出中心减少、外部增加的特点，导致16个条带的总云量和总降水量几乎没有增加（图1.3）。这可以解释为哈德里环流在向更高纬度和更宽经度扩展，即哈德里环流主要上升区域在扩展。

3. 云量和降水年际变化的归因

对比总云量和降水随全球温度线性变化的速率和随时间变化的速率，两种变化速率的空间分布高度相似，具有较高的相关系数，高达0.82和0.93（表1-4），表明全球温度的变化分别可以解释云量随时间变化速率的67%和降水随时间变化速率的86%。类似地，北大西洋年代际振荡（AMO）变化可以解释云量随时间变化速率的49%和降水随时间变化速率的59%，太平洋年代际振荡变化可以解释云量随时间变化速率的38%和降水随时间变化速率的53%。

基于全球温度、AMO和PDO为因变量计算得到的降水和云量变化，认为全球温度的变化是1983—2009年降水和云量线性趋势的主要原因。

同时，热带地区降水增加是哈德里环流主要上升区域降水量增加的主要原因，由于热带地区降水增加主要是由强降水贡献的[41]，因此认为哈德里环流主要上升区域的扩展主要是由水汽－对流－潜热反馈循环驱动的。

4. 我国云量和降水变化趋势

基于我国气象站的观测数据分析发现，在1957—2005年间我国降水呈现出强降水增加和弱降水减少的变化特征，不降水日数以每10年4.5±0.2天的速率增加，增加了22天；而最弱10%降水的日数减少了21天，占不降水日数增加的95%[图1.4(a)]。1957—2005年期间，无云天数以每10年2.3±0.1天的速率增加，增加了 11 天,占不降水日数增加的 50％[图 1.4(b)]。从而建立起从弱降水日数减少,到不降水日数增加,再到无云日数增加,最后到总云量减少之间的定量关系。

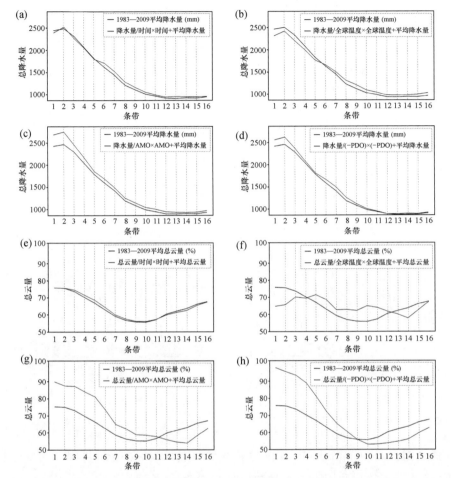

图 1.3　16 个条带内 1983—2009 年期间降水和云量的变化。黑色:观测年均值;蓝色:计算值)降水量(mm)随(a)时间、(b)全球温度、(c)AMO 和(d)PDO 的变化,云量(％)随(e)时间、(f)全球温度、(g)AMO 和(h)PDO 的变化。以随全球温度的降水量变化(b)为例说明蓝色曲线的计算公式,d(TP)/d(GT)×1 GT,其中 1 GT 表示 1983—2009 年间全球温度的变化量

表 1-4　以不同气候变量为因变量计算得到的云量和降水趋势与观测得到的
云量和降水趋势的相关系数

气候变量	云量变化趋势	降水量变化趋势
$\delta(GT)$	0.82^{**}	0.93^{**}
$\delta(-PDO)$	0.62^{*}	0.73^{**}
$\delta(AMO)$	0.70^{*}	0.77^{**}
$\delta(Niño3.4)$	-0.20^{**}	0.02
$\delta(GT)+\delta(-PDO)$	0.74^{**}	0.85^{**}

续表

气候变量	云量变化趋势	降水量变化趋势
$\delta(GT)+\delta(AMO)$	0.86**	0.89**
$\delta(GT)+\delta(Niño3.4)$	0.89**	0.93**
$\delta(-PDO)+\delta(AMO)$	0.67**	0.79**
$\delta(-PDO)+\delta(Niño3.4)$	0.61**	0.72**
$\delta(AMO)+\delta(Niño3.4)$	0.65**	0.73**
$\delta(GT)+\delta(-PDO)+\delta(AMO)$	0.76**	0.87**
$\delta(GT)+\delta(-PDO)+\delta(Niño3.4)$	0.72**	0.84**
$\delta(GT)+\delta(AMO)+\delta(Niño3.4)$	0.86**	0.88**
$\delta(-PDO)+\delta(AMO)+\delta(Niño3.4)$	0.65**	0.78**
$\delta(GT)+\delta(-PDO)+\delta(AMO)+\delta(Niño3.4)$	0.75**	0.86**

*：相关系数在95%置信水平上显著；**：相关系数在99%置信水平上显著

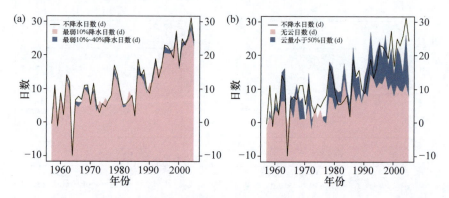

图1.4　1957—2005年(a)不降水日数、最弱10%降水日数和最弱10%~40%降水日数；(b)不降水日数、无云日数和云量小于50%的日数相对于1957年的变化情况

通过对最弱10%降水(B10LP)以不同气候变量为因变量计算得到的变化趋势分析(表1-5)来探讨我国不降水日数增加的原因。计算得到的变化趋势可以理解为不同气候变量对B10LP变化趋势的可能的最大贡献。由全球温度计算得到的B10LP变化趋势与观测得到的趋势非常接近，表明全球温度是B10LP变化趋势的主要贡献因子。

此外，我国云量的减少主要是由气候变化背景下水汽-对流-潜热反馈循环驱动的，PDO起次要作用，而AMO的贡献微不足道。

表1-5　基于不同气候变量计算的最弱10%降水变化趋势($\%\ decade^{-1}$)与观测值的比较

	1957—2005年	1957—2017年	1983—2009年
观测值	-1.51 ± 0.49	-2.02 ± 0.37	-2.44 ± 1.29
基于全球温度计算值	-1.81 ± 0.24	-2.31 ± 0.16	-2.96 ± 0.70
基于PDO计算值	-0.33 ± 0.09	-0.21 ± 0.01	不显著
基于AMO计算值	不显著	不显著	-2.45 ± 0.46

1.4.3　本项目资助发表论文（按时间倒序）

(1) Zhao Z，Liu S C，Liu R，et al. Contribution of climate/meteorology to winter haze pollution in the Fenwei Plain，China. International Journal of Climatology，2021，41(10)：4987-5002.

(2) Mo H，Liu R，Liu S C，et al. Synergetic effect of El Niño-Southern Oscillation and Indian Ocean Dipole on particulate matter in Guangdong，China. International Journal of Climatology，2021，41(6)：3615-3627.

(3) Liao W，Wu L，Zhou S，et al. Impact of synoptic weather types on ground-level ozone concentrations in Guangzhou，China. Asia-Pacific Journal of Atmospheric Sciences，2021，57：169-180.

(4) Zhong X，Liu S C，Liu R，et al. Observed trends of clouds and precipitation (1983—2009)：Implications for their cause(s). Atmospheric Chemistry and Physics，2021，21(6)：4899-4913.

(5) Wang W，Parrish D D，Li X，et al. Exploring the drivers of the increased ozone production in Beijing in summertime during 2005—2016. Atmospheric Chemistry and Physics，2020，20(24)：15617-15633.

(6) Zhao Z，Liu R，Zhang Z. Characteristics of winter haze pollution in the Fenwei Plain and the possible influence of EU during 1984—2017. Earth and Space Science，2020，7(6)：e2020EA001134.

(7) Wang W，Liu X，Shao M，et al. The impact of aerosols on photolysis frequencies and ozone production in Beijing during the 4-year period 2012—2015. Atmospheric Chemistry and Physics，2019，19(14)：9413-9429.

(8) Liu R，Mao L，Liu S C，et al. Comment on "Insignificant effect of climate change on winter haze pollution in Beijing" by Shen et al. 2018. Atmospheric Chemistry and Physics，2019，19(13)：8563-8568.

(9) Mao L，Liu R，Liao W，et al. An observation-based perspective of winter haze days in four major polluted regions of China. National Science Review，2019，6(3)：515-523.

(10) Wang X，Liu S C，Liu R，et al. Observed changes in precipitation extremes and effects of tropical cyclones in South China during 1995—2013. International Journal of Climatology，2019，39(5)：2677-2684.

(11) He C，Liu R，Wang X，et al. How does El Niño-Southern Oscillation modulate the interannual variability of winter haze days over eastern China? Science of the Total Environment，2019，651：1892-1902.

(12) Liu R，Su H，Liou K N，et al. An assessment of tropospheric water vapor feedback using radiative kernels. Journal of Geophysical Research：Atmospheres，2018，123(3)：1499-1509.

参考文献

［1］Horton D E，Skinner C B，Singh D，et al. Occurrence and persistence of future atmospheric stagnation events. Nature Climate Change，2014，4(8)：698-703.

［2］Xu M，Chang C P，Fu C，et al. Steady decline of East Asian monsoon winds，1969—2000：Evidence from direct ground measurements of wind speed. Journal of Geophysical Research：Atmospheres，2006，111，D24111.

［3］Guo H，Xu M，Hu Q. Changes in near-surface wind speed in China：1969—2005. International Journal of Climatology，2011，31(3)：349-358.

［4］Jiang Y，Luo Y，Zhao Z，et al. Changes in wind speed over China during 1956—2004. Theoretical and Applied Climatology，2010，99：421-430.

［5］Chen L，Li D，Pryor S C. Wind speed trends over China：Quantifying the magnitude and assessing causality. International Journal of Climatology，2013，33(11)：2579-2590.

［6］Lu J，Vecchi G A，Reichler T. Expansion of the Hadley cell under global warming. Geophysical Research Letters，2007，34(6)：L06805.

［7］Seidel D J，Fu Q，Randel W J，et al. Widening of the tropical belt in a changing climate. Nature Geoscience，2008，1：21-24.

［8］Vautard R，Cattiaux J，Yiou P，et al. Northern Hemisphere atmospheric stilling partly attributed to an increase in surface roughness. Nature Geoscience，2010，3：756-761.

［9］Held I M，Soden B J. Robust responses of the hydrological cycle to global warming. Journal of Climate，2006，19(21)：5686-5699.

［10］Dessler A E，Davis S M. Trends in tropospheric humidity from reanalysis systems. Journal of Geophysical Research：Atmospheres，2010，115，D19127.

［11］Liu R，Liu S C，Cicerone R J，et al. Trends of extreme precipitation in eastern China and their possible causes. Advances in Atmospheric Sciences，2015，32(8)：1027-1037.

［12］Zhang Y，Zhu X，Slanina S，et al. Aerosol pollution in some Chinese cities (IUPAC Technical Report). Pure and Applied Chemistry，2004，76(6)：1227-1239.

［13］Shao M，Tang X，Zhang Y，et al. City clusters in China：Air and surface water pollution. Frontiers in Ecology and the Environment，2006，4(7)：353-361.

［14］Qiu J，Yang L. Variation characteristics of atmospheric aerosol optical depths and visibility in North China during 1980—1994. Atmospheric Environment，2000，34(4)：603-609.

［15］Li J，Liu R，Liu S C，et al. Trends in aerosols optical depth in northern China retrieved from sunshine duration data. Geophysical Research Letters，2016，43(1)：431-439.

［16］Wu J，Fu C，Zhang L，et al. Trends of visibility on sunny days in China in the recent 50 years. Atmospheric Environment，2012，55：339-346.

[17] Zhang X，Wang Y，Niu T，et al. Atmospheric aerosol compositions in China：Spatial/temporal variability，chemical signature，regional haze distribution and comparisons with global aerosols. Atmospheric Chemistry and Physics，2012，12(2)：779-799.

[18] Wang T，Wei X，Ding A，et al. Increasing surface ozone concentrations in the background atmosphere of southern China，1994—2007. Atmospheric Chemistry and Physics，2009，9 (16)：6217-6227.

[19] Yang F，Tan J，Zhao Q，et al. Characteristics of $PM_{2.5}$ speciation in representative megacities and across China. Atmospheric Chemistry and Physics，2011，11(11)：5207-5219.

[20] Guo S，Hu M，Guo Q，et al. Primary sources and secondary formation of organic aerosols in Beijing，China. Environmental Science & Technology，2012，46(18)：9846-9853.

[21] Shao M，Lu S，Liu Y，et al. Volatile organic compounds measured in summer in Beijing and their role in ground-level ozone formation. Journal of Geophysical Research：Atmospheres，2009，114，D00G06.

[22] Che H，Zhang X，Li Y，et al. Haze trends over the capital cities of 31 provinces in China，1981—2005. Theoretical and Applied Climatology，2009，97(3-4)：235-242.

[23] Liu J，Diamond J. China's environment in a globalizing world. Nature，2005，435(7046)：1179-1186.

[24] Che H，Zhang X，Li Y，et al. Horizontal visibility trends in China 1981—2005. Geophysical Research Letters，2007，34(24)：L24706.

[25] Seinfeld J H，Pandis S N. Atmospheric Chemistry and Physics：From Air Pollution to Climate Change. New York：John Wiley & Sons. Inc.，1998.

[26] Jacob D J. Introduction to Atmospheric Chemistry. Princeton：Princeton University Press，1999.

[27] Wu D，Tie X，Li C，et al. An extremely low visibility event over the Guangzhou region：A case study. Atmospheric Environment，2005，39(35)：6568-6577.

[28] Deng X，Tie X，Wu D，et al. Long-term trend of visibility and its characteristics in the Pearl River Delta (PRD) region，China. Atmospheric Environment，2008，42 (7)：1424-1435.

[29] Zhang Q，Zhang J，Xue H. The challenge of improving visibility in Beijing. Atmospheric Chemistry and Physics，2010，10(16)：7821-7827.

[30] Qu W，Wang J，Zhang X，et al. Effect of cold wave on winter visibility over eastern China. Journal of Geophysical Research：Atmospheres，2015，120(6)：2394-2406.

[31] Mayer H. Air pollution in cities. Atmospheric Environment，1999，33(24-25)：4029-4037.

[32] World Meteorological Organization (WMO). Aerodrome Reports and Forecasts：A Users' Handbook to the Codes. Geneva：Secretariat on the World Meteorological Organization，2005.

[33] Ma Z，Hu X，Sayer A M，et al. Satellite-based spatiotemporal trends in $PM_{2.5}$ concentra-

tion：China，2004—2013. Environmental Health Perspectives，2016，124(2)：184-192.

[34] Zhao X，Zhao P，Xu J，et al. Analysis of a winter regional haze event and its formation mechanism in the North China Plain. Atmospheric Chemistry and Physics，2013，13(11)：5685-5696.

[35] Huang R J，Zhang Y，Bozzetti C，et al. High secondary aerosol contribution to particulate pollution during haze events in China. Nature，2014，514：218-222.

[36] Wang Y，Yao L，Wang L，et al. Mechanism for the formation of the January 2013 heavy haze pollution episode over central and eastern China. Science China Earth Sciences，2014，57：14-25.

[37] Chen H，Wang H. Haze days in North China and the associated atmospheric circulations based on daily visibility data from 1960 to 2012. Journal of Geophysical Research：Atmospheres，2015，120(12)：5895-5909.

[38] Cai W，Li K，Liao H，et al. Weather conditions conducive to Beijing severe haze more frequent under climate change. Nature Climate Change，2017，7：257-262.

[39] Liu T，Gong S，He J，et al. Attributions of meteorological and emission factors to the 2015 winter severe haze pollution episodes in China's Jing-Jin-Ji area. Atmospheric Chemistry and Physics，2017，17(4)：2971-2980.

[40] Ding Y，Liu Y. Analysis of long-term variations of fog and haze in China in recent 50 years and their relations with atmospheric humidity. Science China Earth Sciences，2014，57：36-46.

[41] Liu R，Liu S C，Shiu C J，et al. Trends of regional precipitation and their control mechanisms during 1979—2013. Advances in Atmospheric Sciences，2016，33(2)：164-174.

第2章　青藏高原大气动力、热力过程对中国东部大气污染时空变异影响的机理

徐祥德[1]，赵天良[2]，蔡雯悦[1,3]，魏凤英[1]，安兴琴[1]，许建明[4]，

程兴宏[1]，孟凯[5]，王寅钧[1]，张自银[6]

[1] 中国气象科学研究院，[2] 南京信息工程大学，[3] 国家气候中心，

[4] 上海市气象局、长三角环境气象预报预警中心，[5] 河北省环境气象中心，

[6] 中国气象局北京城市气象研究所

青藏高原大地形作用是中国重大灾害气候格局形成的关键因子，其动力、热力强迫对中国中东部大气污染产生重要影响。针对青藏高原动力、热力过程对中国中东部大气污染影响机理的重大科学问题，本研究以京津冀、长三角、四川盆地等地区为重点研究区域，探讨了青藏高原"背风坡"与大地形动力效应对中国东部大气污染过程的影响；研究了青藏高原动力和热力强迫对中国中东部大气气溶胶时空变化影响；从年代际尺度的视角揭示了高原热力影响我国东部地区霾事件的机理；分析了青藏高原大地形热源与中国东部对流层中层"暖盖"相关关系；研究了青藏高原大地形热力和东亚冬季风协同作用与我国东部大气污染之间的关系；揭示了边界层高度与 $PM_{2.5}$ 浓度的关系；探寻了青藏高原热力、动力异常对四川盆地霾年际变率的影响及其预测信号，开发了大气环境综合资料应用系统和大气污染排放源反演技术及同化方法；对区域地形特征影响霾污染进行了数值模拟研究。通过上述研究，深化了对青藏高原大地形动力、热力过程与季风活动对中国东部大气环境长期演变协同影响的认知；明确了青藏高原大地形"背风坡"大气流场三维动力结构对中国东部大气污染季节特征及其时空分布变化的影响；给出了青藏高原动力、热力过程对中国东部重点区域重污染天气过程影响的物理概念模型；寻找青藏高原热力、动力异常对中国东部大气污染年际变率的影响及其预测信号。有关青藏高原动力、热力强迫及季风活动对大地形东部地区大气污染时空分布变化的协同影响机理的研究成果，为进一步深入研究青藏高原大地形在中国重大灾害气候格局形成中的作用提供了理论基础。

2.1 研究背景

我国的大气污染已经从 20 世纪 80 年代的点源污染发展到 20 世纪 90 年代的城市污染，21 世纪开始演变为区域性、复合性大气污染[1]。区域大范围霾污染的问题日益成为人们关注的焦点。诸多科学家开展了关于霾污染长期变化特征方面的研究，在霾污染成因及其与能见度相关机理方面取得了重要进展[2-3]。气候变化影响及霾灾害天气区域性特征已成为当前世界上最受关注的重大环境问题之一。青藏高原是我国天气气候的上游敏感区，其对东亚大气环流乃至区域大气污染有重大影响。

2.1.1 我国霾污染天气区域性特征

近年来，随着工业发展与人类活动的加剧，人们十分关注气溶胶的区域性影响效应问题，参与印度洋试验（INDOEX）的科学家提出的"亚洲棕色云"这一名词被用来描述 1—3 月间出现在南亚地区、热带印度洋、阿拉伯海和孟加拉湾上空的区域性"棕色云"[4-5]。这种霾污染不只是在亚洲地区，北美、欧洲和世界其他地区的大城市亦出现类似霾污染天气，在大西洋上空可能出现延伸 1000 多千米的霾[6]。2013 年 1 月，我国中东部地区持续遭遇霾污染天气影响；同年 11、12 月，中国东部大范围地区再次受到霾污染影响，京津冀地区污染尤为严重，珠三角、长三角也发生持续时间长、污染重的霾天气。不少城市气象台同步发布了气象史上首个霾橙色预警。经济的快速发展和城市化导致大量的污染物集中排放到大气中。从能源消耗来看，2000—2010 年，仅十年间，我国能源消耗总量就增加 120%，远高于发达国家 20%～30% 的比例，城市化进程加快导致能源需求量剧增；机动车保有量的快速增加也导致汽车尾气的大量排放；煤炭消耗尤其集中在华北、华中及华东等重度霾污染地区[7-8]。上述地区多种污染物大都以高浓度同时存在，进而发生复杂的相互作用，形成大气复合污染和霾现象[9]。大量人为气溶胶不仅使环境恶化，而且其持续时间长、分布广、影响范围大，对区域气候也造成一定影响。反过来霾污染也受到气象条件及其环流背景的调制[10]。

2.1.2 青藏高原大地形影响与气溶胶区域性特征相关性

在中国区域青藏高原大地形背景下，大气环境承载容量的大小不仅取决于该区域内大气环境的自净能力以及自净介质的总量，而且受特殊地形动力效应及其大气环流的显著影响。从卫星遥感中分辨率成像光谱仪(MODIS)反演的中国区域 2001—2011 年平均气溶胶光学厚度分布发现,冬季中国东部气溶胶分布与大地形结构可能存在某种相关关系,而且气溶胶高值区也与上述能源消耗重点区相吻合。

我国中东部地区气溶胶高值区域亦呈相对稳定的南北向带状分布,即京津冀区域气溶胶高值影响域可延伸至河南、山东、山西及南方部分省份,有时气溶胶影响域可达长三角区域,此类城市群大范围气溶胶影响域呈相对稳定或持续维持现象,表明青藏高原及黄土高原大地形影响下东部平原大范围区域内城市群大气污染过程存在同步演变规律。此现象与文献[3]研究结论相吻合,值得探讨的是中国东部霾天气频发及其气溶胶大范围区域性特征是否亦与中国青藏高原、黄土高原构成的"半封闭"大地形特殊结构存在某种程度相关。

2.1.3 区域大气污染状况变化与天气气候影响

中国处于气候变化的敏感带和脆弱带,是季风气候及其灾害多发地区,也是受气候变化影响最为严重的国家之一。近年来气候变化对环境空气质量的影响引起学者们的高度关注。中国地区大量的化石燃料和生物质燃烧使得大气气溶胶等污染物的排放量快速增加,我国已成为引起全球气溶胶辐射和气候环境效应的不确定性区域之一。

大气气溶胶与太阳辐射及地球辐射相互作用,是气候变化的重要强迫因子[11]。由于这种双向作用,气候变化对空气质量的影响常常被纳入化学-气候相互作用大框架中[12-13]。气候变化可通过改变地面气温而加速某些大气污染成分前体物(如 VOCs)的自然源排放;也可以通过改变化学反应速率、边界层高度和天气系统出现频率等影响污染物的垂直混合和扩散速度;还可以通过改变大气环流形势,进而改变污染物的传输方式[14]。诸多研究表明 $PM_{2.5}$ 及其不同组分与气象因子之间的关系密切[15-19],并通过大气环流模式驱动化学传输模式(如 GEOS-Chem、GCM-CTM、GISS GCM 3 等)模拟预测了 21 世纪气候变化引起的空气质量的变化等。另外,大气环境受天气气候影响显著,尤其是大气污染事件,对天气气候变化相当敏感。例如,美国学者研究发现,伴随着冷锋的低压系统(气旋)可能是驱散地表污染物、终止污染过程的主要机制之一[20-21]。研究还表明,在将来更为温暖的气候条件下,会出现更多的热浪和更少的中纬度气旋;从而预示,若不采取额外的污染源控制措施,污染事件出现的频率将会增加[22-23]。这些研究说明大气环境与天气气候有着显著的相关特征。

近几年国内初步开展了大气污染与气候变化的研究,利用 GISS GCM 3 驱动 GEOS-Chem 模式[19],以 IPCC A1B 情景为依据,研究了单独气候变化、单独污染源强度变化及两者综合变化引起的中国气溶胶浓度变化及气溶胶跨国(跨区域)传输通量变化。联合国政府间气候变化专门委员会(IPCC)第四次评估报告集合了大约20个GCMs的结果,给出了21世纪区域气候状态预估[24]。气候变化对混合层高度的影响并不确定,GCMs对21世纪混合层模拟结果并不一致[25-30]。在中国东部区域污染物排放量急剧变化的背景下,中国区域特殊"三阶梯"大地形动力、热力过程与气候变化对区域大气污染时空特征变化协同影响作用仍存在很多不确定。

2.1.4 青藏高原大地形对中国东部霾天气变异的"气候调节"

研究中国大地形东侧霾空间分布的"避风港"效应及其"气候调节"影响下的年代际变异特征时发现[31-32],西风带特征显著背景下高原大地形东侧背风坡环流均存在类似的顺时针垂直环流圈;此类大地形背风坡特殊的"下卷气流"、"垂直环流圈"恰好对应背风坡霾日频发峰值的"弱风区",此现象表现出大地形背风坡弱风区及其下卷气流易形成类似静稳天气的"避风港"效应。另外,青藏高原气流爬坡和绕流作用对东亚季风环流系统亦有重要影响,尤其是青藏高原三维动力结构及其绕流等作用往往能显著影响下游区域环流型特征,从而导致中国东部霾天气分布异常,以及区域气溶胶、水汽输送流型,乃至气溶胶高湿环境效应的变化。研究还进一步揭示出高原东侧对流层中高层大气垂直结构距平"逆温盖"与中国东部区域霾频发现象具有显著关联性。

研究结果表明,冬季中国东部对流层中下层存在显著大范围的"逆温盖"正距平年代际特征,不利于污染物的扩散与对流,易于形成有利于污染物累积的静稳天气气候背景。上述两类对流层中下层大范围大气"反位相"层结均可能引起年代际"气候调节"的重要效应。冬季中国东部霾天气大范围频发现象不仅与局地天气系统大气动力过程及低层强逆温现象密切相关,而且青藏高原大地形背风坡弱风效应以及区域性对流中上层温度距平"逆温盖"垂直结构亦可为大范围霾天气频发提供"气候调节"背景作用[32]。此类年代际尺度气温距平上暖下冷"逆温盖"结构将抑制污染物对流扩散,加剧大气污染排放对区域霾天气频发的影响持续效应。

在CO_2排放加速背景下,对流层中下层呈类似大尺度距平"逆温盖"年代际变化趋势特征[32],是否也与中国东部区域性逆温现象及霾频发年代际变异现象有关?需要从中国东部环境承载量阈值与气候调节能力相关性的视角出发,进一步深入揭示高原热力过程对中国东部大气动力、热力三维结构影响机制,从而系统深化对中国区域大地形东部区域气溶胶分布与霾频发异常现象成因机理的认知。

2.1.5　青藏高原与亚洲季风在区域气溶胶时空变化及其大气污染过程中的协同作用

青藏高原约占我国领土面积的四分之一,平均海拔超过 4000 m,由于高原的大地形动力强迫及其与周围大气的热力差异,青藏高原对亚洲季风环流及我国东部水汽输送结构具有重要影响。中国科学院地学部在第 33 次科学与技术前沿论坛上对气溶胶与季风相互作用进行了深入讨论和评估[33]。有关研究表明,东亚季风能影响气溶胶的输送,特别是可以为由气溶胶引起的持续性强雾霾天气过程的生成和发展提供适宜的大气环流背景场,季风区域的显著水汽特征还可能影响气溶胶的光学及辐射效应;近几十年季风的减弱很可能利于区域气溶胶浓度增加[34]。2013 年 1 月东亚冬季风异常偏弱,在中国东部区域对流层中低层的异常南风有利于水汽向中国东部地区输送,对流层低层异常逆温层的存在使得大气近地层变得更加稳定。近几十年来,高原季风指数总体呈现冬季风减弱、夏季风增强的变化趋势。高原季风的变化与我国北方地区春季沙尘暴的多寡密切相关[35]。高空青藏高原以南南支槽强盛,影响到我国东部地区,南支槽前部为西南暖湿气流,向我国东部地区输送大量水汽,增加了大气相对湿度,在稳定的气象条件下,容易形成酸雾,更加重了空气污染的危害[36]。高原高、低压系统的构建以及季风经圈环流的形成等现象都有内在的联系,其关键在于高原的加热作用[37]。夏季,青藏高原强热源的存在加强了青藏高原东侧的东亚夏季风,使季风降水向北推移[38]。降水对气溶胶的湿清除不仅是大气气溶胶的一个重要汇,也是影响降水化学性质的重要过程之一。众多研究表明[39-41],一次排放的气态污染物向颗粒态的快速转化,硫酸盐、硝酸盐等二次颗粒物占 $PM_{2.5}$ 的百分比含量明显增加是 2013 年 1 月中国中东部重霾污染爆发性过程和持续性的内部促发因子。气溶胶的吸湿性,尤其在高湿环境下的吸湿增长造成相应的气候、环境效应,包括对大气化学反应[42]、大气辐射强迫[43]、云凝结核产生[44]、大气能见度、气溶胶沉降[45-46]等方面的影响。青藏高原特殊大地形动力和热力作用深刻地影响着亚洲与全球大气水分循环以及中国东部地区的降水时空变化特征,也对全球气候与大气环境产生深远的影响[47-50]。青藏高原影响背景下的大气环流型及其水汽输送特征对中国东部地区气溶胶吸湿增长与高湿环境区域特征的影响效应极为重要。因此,青藏高原热源变化不仅对东亚夏季风年际、年代际降水时空分布有显著的影响,还可间接通过水汽输送流型影响大气气溶胶高湿环境与湿清除效应。青藏高原热源变化与东亚季风活动如何影响中国东部地区大气污染过程气溶胶空间分布年际变化特征需要进一步探讨。

2.1.6 青藏高原影响与大气环境变化关联性理论与应用

目前国内外学者主要关注青藏高原对天气气候的影响,如东亚季风等方面的研究已经取得了重要进展,但有关青藏高原对大气环境影响问题的研究尚处于初期探索阶段。面对当前日趋严重的霾污染形势,青藏高原影响的大气环境效应是一个亟待解决的前沿性科学问题,并具有重大的应用价值。

关键问题包括:中国东部大气污染空间分布与青藏高原大地形影响两者是否存在季节、年际的关联性?青藏高原大地形"背风坡"动力效应如何影响中国东部区域大气三维动力结构,进而影响中国东部大范围大气污染时空分布及其变异特征?另外,在青藏高原大地形及其下游区域大气三维热力结构上层"逆温盖"特征与低层逆温频发现象间是否存在相互关联?高低层热力结构互反馈效应,上述青藏高原大气三维热力结构是否有利于东部区域低层跨省、跨区域重污染异常现象发生?

另外,青藏高原、黄土高原与东部平原构成了特殊的"三阶梯"大地形,此特殊大地形热源结构变化与东亚季风活动构成的气候调节协同作用可能导致中国东部城市群落气溶胶累积效应及区域性大气污染空间分布变异,因此上述大地形的气候调节作用与中国东部大范围霾生消长期演变规律的相关机制亟待深入研究。

2.2 研究目标与研究内容

选择青藏高原大地形下游中国东部华北(京津冀)与华东(长三角)为重点研究区,基于重污染天气(重点霾天气)时空变化特征,采用相关的各类历史气象资料,使用统计诊断分析及数值模式敏感性试验,剖析我国重污染天气大范围时空变化特征及其成因。综合分析中国东部大气污染主要气象影响要素及霾天气年平均分区气候特征,包括大气环流结构及其气象条件(风场、层结条件、水汽、温度以及降水等条件),大气成分及气溶胶时空分布,探讨青藏高原大地形动力、热力结构对我国重污染天气季节特征及气溶胶时空分布变化规律的影响,以及不同季节、不同类型污染下的气候条件以及空气污染与天气气候的相互作用。

2.2.1 研究目标

(1) 研究青藏高原大地形"背风坡"大气流场三维动力结构对中国东部重点区域华北(京津冀)与华东(长三角)大气污染季节特征及时空分布变异综合影响。

（2）研究青藏高原大气三维热力结构对中国东部重点区域华北（京津冀）与华东（长三角）重污染天气过程的影响模型。

（3）深化认知青藏高原大地形动力、热力过程与季风活动对中国东部大气环境长期演变协同影响规律。

2.2.2 研究内容

1. 青藏高原大地形动力效应对中国东部区域大气污染时空特征的影响机理

研究青藏高原大地形动力效应，包括大地形绕流、汇流及背风坡下卷气流、特殊垂直环流圈等，探讨大地形动力效应影响域尺度与季节特征；剖析青藏高原大地形背风坡绕流、汇流对中国东部大气环流型及其水汽、气溶胶输送流型与辐合结构的影响特征；青藏高原大地形背风坡特殊下卷气流与垂直环流结构对中国东部大气重污染过程大气流场三维结构影响域及气溶胶时空分布季节特征；基于上述研究归纳出青藏高原大地形"背风坡"大气流场三维动力结构对中国东部重点区域华北（京津冀）与华东（长三角）大气污染季节特征及时空分布变异综合影响模型。

2. 青藏高原大地形热力结构变化对中国东部大气三维结构及大气污染时空特征的影响机理

研究大气重污染过程大地形热源结构与中国东部大气三维热力结构（温、湿场）相关特征及其下游区域气溶胶时空分布影响；研究青藏高原及其下游大气热力过程变化对中国东部重污染过程大气层结稳定性结构时空分布异常的影响；剖析大气重污染过程高原大地形热源特征与中国东部大气上层"逆温盖"结构之间的关联性，并揭示此类大气三维热力结构的强信号特征与低层逆温形成、维持的相关机制；揭示大气重污染过程青藏高原动力结构，热力结构（风、温、湿场）与下游区域气溶胶高湿环境效应的相关特征；基于上述研究归纳出青藏高原大气三维热力结构对中国东部重点区域华北（京津冀）与华东（长三角）重污染天气形成、维持与生消现象的综合影响模型。

3. 研究不同季风年型下青藏高原大气动力、热力过程特征及其与东亚季风系统对中国东部大气污染变异的影响机理

探讨不同季风年型下青藏高原大地形绕流、汇流动力效应的差异及其对下游区域大气污染影响域、气溶胶空间分布的影响；剖析不同季风年型（东亚季风指数）与高原大气热源异常年中国东部大气污染状况空间分布的差异及其分区特征，并揭示不同季风年型青藏高原热源变化对中国东部重点区域华北（京津冀）与华东（长三角）重污染天气频数、持续性状况的影响特征；研究不同季风年型下青藏高原与下游区域三维热力结构变化对重点区域大气污染过程水汽、气溶胶输送及高湿

环境效应的影响；揭示不同季风年型下青藏高原热源变化对中国东部重点区域华北（京津冀）与华东（长三角）霾污染空间分布变异的影响，深化认知青藏高原大地形动力、热力过程与季风活动对中国东部大气环境长期演变规律协同影响机理。

2.3　研究方案

选择中国东部京津冀、长三角两个区域作为重点试验区。通过观测试验、多源信息诊断综合分析与数值模拟研究相结合的技术途径，综合分析与剖析青藏高原大地形动力效应、大气热源三维结构对中国东部大气污染时空分布及其演变规律的影响，揭示青藏高原大气动力、热力过程对其下游区域重污染天气过程的综合影响机理。研究方案框架如图 2.1 所示。

1. 资料收集及多源信息综合分析平台构建

收集近 50 年全国范围常规气象（风、气温、湿度、降水），探空及大气廓线仪等各类观测资料，其中包括中国区域静稳天气日数、混合层高度、通风量等数据；收集整理可描述各类大气结构、地面及大气边界层过程等的国内外再分析资料；收集整理近 30 年 TOMS 和近 15 年 MODIS 卫星数据；收集近年来青藏高原科学试验资料；系统收集区域近 50 年大气能见度、霾资料及相关数据；重点收集两个霾污染高频发生典型区域（京津冀、长三角）已有的大气污染资料，特别是 2013—2015 年严重霾天气相关气象和大气污染物（SO_2、NO_2、PM_{10}、$PM_{2.5}$）数据。

基于上述气象及各类大气环境相关资料数据集，分析中国东部华北（京津冀）与华东（长三角）大气三维结构及其大气污染时空变化特征，搭建多源信息综合分析平台。重点分析青藏高原下游中国东部华北（京津冀）与华东（长三角）的大气三维结构与重污染天气时空分布的相关特征。选择不同季风年型（东亚季风指数特征）与高原大气热源异常年，根据不同大气污染过程分别研究相应的天气形势及气象要素特征规律，重点剖析不同季节典型重污染过程的边界层与高空天气形势、三维热力结构配置特征，以揭示青藏高原大气动力、热力过程对下游区域重污染天气的影响。

青藏高原周边地区地面 $PM_{2.5}$ 浓度观测站点较少，而且缺乏长序列的观测数据，卫星遥感气溶胶观测资料成为研究青藏高原及下游地区霾污染年代际变化特征的重要基础。本研究拟利用卫星遥感反演的亚洲区域气溶胶光学厚度（AOD），结合影响 $PM_{2.5}$ 的其他因素，基于卫星遥感-地面观测的综合变分订正方法研究 AOD 与 $PM_{2.5}$ 浓度的关系，并有效订正卫星遥感 AOD 的虚假高值区。利用长序列 NASA Terra 和 Aqua 卫星 MODIS 气溶胶产品，分析青藏高原与中国东部气溶胶光学厚度和 PM$_{2.5}$ 时空分布特征。通过多年卫星资料探索青藏高原对下游中国东部大气气溶胶时空分布特征及其变化的影响。

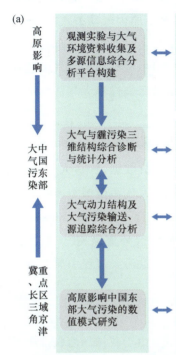

(a)

高原影响 → 大中气国污东染部 → 冀重、点长区三域角京津

观测实验与大气环境资料收集及多源信息综合分析平台构建	1. 30~50年各类常规气象与能见度、霾等资料：NCEP、Ec等再分析资料； 2. L波段垂直高分辨率探空、大气廓线仪、激光雷达、大气边界层铁塔观测系统等探测资料； 3. TOMS、AOD和MODIS卫星数据； 4. 历年青藏高原科学试验数据集； 5. 大气污染物SO$_2$、NO$_x$、CO、O$_3$、PM$_{2.5}$、PM$_{10}$及排放源清单相关数据。
大气与霾污染三维结构综合诊断与统计分析	1. 卫星遥感-地面观测综合变分分析 (AOD-PM$_{2.5}$)； 2. 长序列 NASA Terra和Aqua卫星MODIS气溶胶产品； 3. 自适应偏最小二乘回归法、人工神经网络、支持向量机及其他多元统计方法综合。
大气动力结构及大气污染输送、源追踪综合分析	1. 构造大气动力-统计综合模型 (大气污染主成分EOF分析与周期谱模型)； 2. 大气污染源与影响域足迹法footprint、相关矢量分析法等，源追踪数值综合分析模型(Flexpart、Hysplit)。
高原影响中国东部大气污染的数值模式研究	1. 源同化方案构建动态气溶胶及前体物 (SO$_2$、NO$_2$等) 排放源：采用MEIC排放源等各类排放清单数据、源同化技术、卫星资料反演技术，获取气溶胶及前体物 (SO$_2$、NO$_2$等) 的动态反演源。 2. WRF-CMAQ和GEOS-Chem模式研究：实施区域WRF-CMAQ模式系统敏感性试验，区域局地型与输送型大气污染的高原影响机理。全球GEOS-Chem模式设置敏感性试验，采用数值模拟与诊断分析相结合的技术途径。

(b) **青藏高原影响研究关键问题**　　　　　　　**研究关键技术途径**

青藏高原影响研究关键问题	研究关键技术途径
青藏高原背风坡动力效应：高原背风坡特殊下卷气流、垂直环流结构与绕流等动力效应；大地形影响背景下区域大气三维动力结构（环流型）对京津冀与长三角气溶胶输送通道与辐合流型的影响特征。研究在青藏高原大地形影响背景下中国东部大气三维动力结构与气溶胶时空分布的相关机制。	多源信息综合诊断与统计分析 大气动力、热力过程三维结构影响问题： ・构造大气动力-统计综合模型 (大气污染主成分EOF分析与周期谱模型、大气污染源与影响域足迹法footprint、相关矢量分析法等) ・气溶胶卫星遥感-地面观测变分各类数据再分析 ・大气污染输送、源追踪综合分析(Flexpart、Hysplit)
青藏高原大气三维热力结构影响：揭示中国东部重污染过程中与高原热相关的大气上层温度距平"逆温盖"结构强信号特征与低层逆温频发的相关机制；研究青藏高原大地形三维热力结构与东部重点区域气溶胶高湿环境效应的相关机理。	选取近3年我国东部(京津冀、长三角)区域典型大气重污染过程 典型重污染过程及其大气动力、热力过程三维结构影响模拟问题： ・WRF-CMAQ模式系统及源同化反演技术 ・大气动力、热力过程三维结构影响综合分析技术
青藏高原影响的气候调节作用：不同季风年型下青藏高原大气热源变化对中国东部气溶胶分布及霾天气变异过程中的气候调节作用。	选取典型气候代表年(不同季风年型与高原热源异常年) 模拟不同季风年型下中国东部大气污染的高原影响效应问题： ・GEOS-Chem/MOZART模式 ・不同季风年型高原大气热源影响综合分析技术

图 2.1　研究方案框架：(a) 实施技术路线；(b) 关键研究途径

2. 大气三维结构综合诊断与统计分析

基于上述多源信息综合分析平台，本研究利用自适应偏最小二乘回归法、人工神经网络、支持向量机及其他多元统计方法综合分析青藏高原大气动力效应、热力结构与中国东部区域（京津冀、长三角）大气三维结构及大气污染时空分布相关特征，以揭示大气三维结构与大气污染特征及相关机理，探讨中国东部大气气溶胶变化规律及高原影响气候调节作用，并提出京津冀、长三角重污染过程大气三维结构及其边界层特征与高原动力、热力过程影响的耦合效应。

3. 青藏高原影响下的大气环流结构及大气污染输送、源追踪综合分析

基于气溶胶卫星遥感-地面观测变分分析及各类再分析数据，构造大气动力-统计综合模型（大气污染主成分 EOF 分析与周期谱模型、大气污染源与影响域足痕法 footprint、相关矢量分析法等），并采用源追踪数值综合分析模型（Flexpart、Hysplit），研究青藏高原大气动力、热力过程对中国东部大气环流结构、大气污染源影响域及其输送通道的影响，以追踪分析京津冀、长三角重污染过程中周边源的影响特征。

4. 高原影响中国东部大气污染的数值模式研究

（1）气溶胶及前体物（SO_2、NO_2 等）动态污染源同化：由于我国气溶胶排放源不确定性较大，开展高原影响中国东部大范围大气污染的数值模式研究存在技术瓶颈。本研究基于清华大学 MEIC 排放源等各类排放清单，利用已掌握的源同化技术，包括前期开发的卫星资料反演技术，获取气溶胶及前体物（SO_2、NO_2 等）的动态反演源，为区域和全球空气质量模式提供改进的排放源。

（2）区域和全球空气质量模式（WRF-CMAQ 和 GEOS-Chem）模拟：大气化学模式系统 WRF-CMAQ 被广泛应用于区域及城市尺度大气污染问题的模拟研究中。本项目拟采用 WRF-CMAQ 模式系统，通过设置敏感性实验的方法，基于上述源同化反演的动态源，选取近 3 年我国东部（京津冀、长三角）区域的典型重污染过程，模拟研究青藏高原大气热源结构对重污染过程天气形势、大气环流及边界层扩散条件等的影响，揭示高原大气热源三维结构对京津冀与长三角区域大气污染汇合带与输送通道特征的影响机理。

全球大气化学传输模式是解释气候变化与气溶胶化学相互影响的有力工具，目前主要的全球大气化学传输模式有 GEOS-Chem、TM5、MOZART 等。其中MOZART 模式只有全球模式，TM5 和 GEOS-Chem 既有全球模式也有区域模式。近年来全球大气化学传输模式 GEOS-Chem 已被广泛应用于国内外的气候变化对空气质量影响的研究中，目前 GEOS-Chem 发展了包含欧洲、亚洲和北美及附近海域的三个区域模式。本研究拟采用 GEOS-Chem/MOZART 模式，通过设置敏感性试验的方法,选取典型气候代表年不同季风年型(东亚季风指数特征)和高原热源异常年,采用数值模拟与诊断分析相结合的技术途径研究青藏高原动力、热力过程对中国东部(重点京津冀与长三角区域)大气污染的影响,研究青藏高原大气热源变化与东亚季风活动对中国东部大气污染时空变化的协同影响机理。

2.4　主要进展与成果

2.4.1　青藏高原"背风坡"动力效应对中国东部大气污染的影响

1. "背风坡"动力效应对中国东部大气污染季节性特征的影响

处于青藏高原"背风坡"的中国东部地区是一个大范围的频繁雾霾气候易受影响地区。以中国东部(110°E 以东)为雾霾的重点研究区域,将青藏高原大地形东侧作为探讨地形影响效应的关键区。使用 1961—2012 年 NCEP 再分析资料,分析了西风带背景下高原大地形东侧"背风坡"动力效应及其季节特征,并进一步探讨了大地形动力效应与中国东部霾高发时空分布的相关特征[51-52]。

研究发现,冬季青藏高原东侧"背风坡"气流伴随下沉气流,构成了长期性顺时针垂直涡旋结构,此类大地形背风坡环流圈下沉气流区恰好对应 27~41°N 纬带的中国区域冬季平均霾日数的峰值区(110~125°E),此类高原"背风坡"的下沉气流不利于中国东部大气污染排放物的扩散与向高层对流输送,导致大地形背风坡的"避风港"效应。研究发现,春、夏、秋、冬季节的霾日相对峰值位于大地形背风坡反气旋涡旋下沉处(110~115°E)(图 2.2),且冬季霾日出现双峰值。其余季节的峰值大小依次为秋、春、夏季。在西风带背景下,秋冬季高原大地形东侧存在类似顺时针下卷环流圈,类似背风坡弱风区"避风港"效应,其恰好对应颗粒物污染日频发的峰值区。春、夏季背风坡则为逆时针垂直环流圈,其伴随上升气流特征。背风坡的弱风区不同季节颗粒物污染日频数峰值大小依次为冬、秋、春、夏季。秋、冬季盛行的西北季风与大地形效应协同作用是造成区域内冬季大气污染年际变化显著差异的重要因子。

进一步分析了大地形东侧不同季节背风坡环流"避风港"效应对霾日分布影响的季节变化特征,以此来探讨各季节大地形背风坡涡旋的季节性特征。研究发现,冬季高原东侧为显著的下沉气流区,显然,该季节不利于高原东侧大气对流扩散;春、夏季高原东侧均为上升气流,且夏季还呈气旋性环流圈的上升气流,有利于高原东侧大气对流扩散。秋季 110°E 以西为上升气流,110°E 以东则为下沉气流,导致秋季霾日高频状况较春、夏季更为明显，但远弱于冬季。分析表明，青藏高原大地形背风坡特殊垂直环流圈的影响构成了"避风港"效应，总体而言，高原东侧环流结构不利于中国东部大气污染排放物的扩散及向高层对流输送。

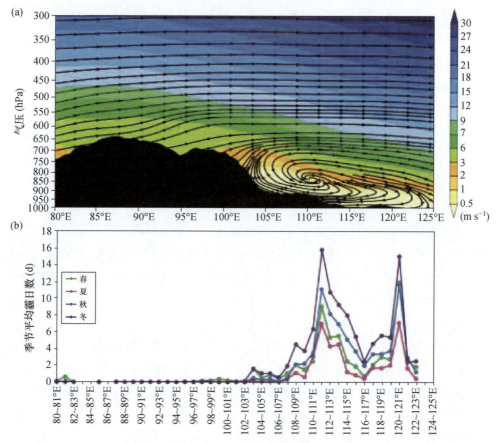

图 2.2　大地形背风坡环流与霾日变化。(a)具有水平风速的垂直环流剖面(m s^{-1})；(b) 1961—2012 年 27～41°N 春、夏、秋、冬季平均的雾霾日数

2. "背风坡"动力效应与京津冀大气污染相关的年代际变化特征

为了进一步从年代际尺度的视角认识气候变化与京津冀持续性污染的关联性，分析了大地形背风坡大气动力结构的年代际尺度变化特征，探讨是否存在气候变化特征的强信号，以揭示近年来京津冀及周边地区极端大气污染事件频发和持续的气候原因。图 2.3 给出 1961—1980 年、1981—2000 年、2001—2018 年三个气候阶段冬季 37～40°N 纬带位势高度、垂直速度、纬向环流距平结构经向垂直剖面及相应霾日经向分布特征。由图 2.3 可以发现，各个气候阶段大气动力垂直结构差异显著。1961—1980 年，高原大地形东侧整层位势高度均呈现负距平的特征，且从低层到高层均以上升气流为主，为显著的上升气流控制区[图 2.3(a)、(d)]；1981—2000 年，高原大地形背风坡大气动力结构发生"逆转"，大地形东侧整层位

势高度均呈现弱的正距平特征,且从低层到高层均以下沉气流为主,为下沉气流控制区[图 2.3(b)、(e)];2001—2018 年,高原大地形东侧整层位势高度均呈正距平特征,500～100 hPa 为正距平显著区域,且背风坡环流存在类似反气旋型垂直环流圈,从低层到高层仍以下沉气流为主,为显著下沉气流控制区[图 2.3(c)、(f)],不利于污染物的扩散或对流。对比中国东部 37～40°N 纬带霾日经向分布特征可以发现,三个气候阶段中 2001—2018 年段的霾日最多[图 2.3(i)],即 21 世纪以来环境空气质量急剧恶化,1981—2000 年段次之[图 2.3(h)],而 1961—1980 年段最少[图 2.3(g)]。因此,在西风带背景下,京津冀及周边地区大气污染的程度与空间分布受大地形东侧大气垂直动力结构气候变化特征影响显著,大气垂直动力结构发生年代际“逆转”趋势可能是导致近些年京津冀及周边地区大气污染加剧和持续的原因之一。

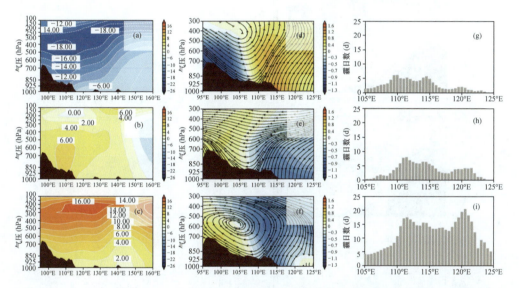

图 2.3　37～40°N 纬带 1961—2018 年三个气候阶段冬季位势高度距平(单位：m)、垂直速度距平(单位：m s⁻¹)、纬向环流结构距平经向垂直剖面及 105°E 以东霾日经向分布特征。(a)、(d)、(g) 1961—1980 年;(b)、(e)、(h) 1981—2000 年;(c)、(f)、(i) 2001—2018 年

2.4.2　青藏高原大地形及其东部热力结构影响我国东部地区霾事件机理

本研究从气候尺度的角度探讨了青藏高原大地形及其东部热力结构影响我国东部地区雾霾事件的机理[53-54]。研究表明,高原大地形东侧背风坡大气垂直热力结构具有显著的季节性变化特征,是导致大气污染季节分布差异的原因之一。京津冀及周边地区春、夏季大气污染相对较轻[图 2.4(e)、(f)]时,高原大地形东侧大

气垂直热力结构均呈现"上冷下暖"的距平结构特征，即为不稳定热力层结[图 2.4 (a)、(b)]，且夏季大气低层 700 hPa 以下暖性结构更为显著[图 2.4(b)]。秋季高原及其以东地区呈"东暖西冷"的距平结构特征[图 2.4(c)]，高原上空为相对冷区、海洋上空为相对暖区，并延伸至陆地上空，为大气垂直热力结构春季-冬季转换的过渡阶段；冬季，高原大地形背风坡大气垂直热力结构发生"逆转"，高原大地形东侧大气垂直热力结构转换为"上暖下冷"的典型"暖盖"距平结构[图 2.4(d)]，表明大气层结稳定，更易于京津冀上空形成有利于污染物持续累积的静稳天气背景，因此沿大地形边缘形成霾日高值区，使京津冀及周边地区冬季大气污染明显高于其他季节[图 2.4(h)]。此外，受大地形影响，大地形东侧四季均为霾日高值区（115～117°E），其中冬季最重，秋季、春季次之，夏季最轻。

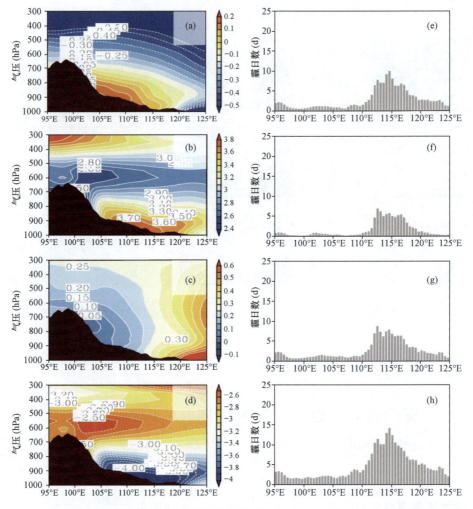

图 2.4　25～40°N 纬带 1979—2018 年各季与年平均（1979—2018 年）大气温度偏差百分率（单位：%）经向垂直剖面及相应各季霾日经向分布特征。(a)、(e) 春季；(b)、(f) 夏季；(c)、(g) 秋季；(d)、(h) 冬季

　　另外,还分析了大地形背风坡大气热力垂直结构与京津冀及周边地区极端大气污染事件频发气候变化特征。图 2.5 给出的是 1961—1980 年、1981—2000 年、2001—2018 年三个气候阶段冬季 25～40°N 纬带大气温度偏差百分率经向垂直剖面及相应霾日经向分布。1961—1980 年,高原大地形东侧大气垂直热力结构均为负距平,且大气垂直层结特征不显著[图 2.5(a)];1981—2000 年,高原大地形东侧大气垂直热力结构呈"上冷下暖"的年代际相对不稳定层结[图 2.5(b)],有利于大气污染物在垂直方向上的对流与扩散;2001—2018 年,自高原上空延伸至中国东部区域,由近地层至高层(300 hPa)大气垂直热力结构均为正距平,其中,高原及其东部对流层中部(650～400 hPa)为相对"暖区"(正距平高值区),而对流层低层(650 hPa 以下)大气垂直热力结构均为弱的正距平,即构成了"上暖下冷"的大尺度"暖盖"距平结构的年代际变化特征[图 2.5(c)],与 1961—1980 年和 1981—2000 年阶段大气垂直热力结构呈明显的"反相位"分布特征,使边界层结构日趋稳定,便于局地或区域污染物的长期累积,从而导致京津冀及周边地区大气环境急剧恶化。对比三个阶段霾日数变化特征亦可发现,2001—2018 年霾日最多[图 2.5(d)],1981—2000 年次之[图 2.5(e)],而 1961—1980 年最少[图 2.5(f)]。上述分析表

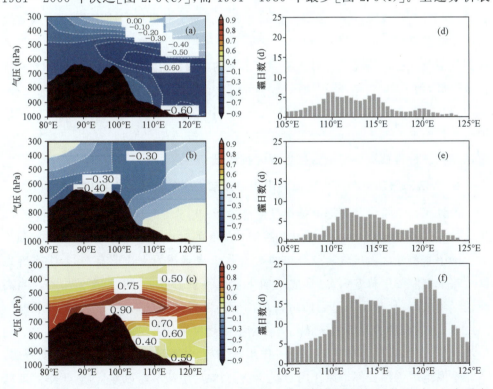

图 2.5　25°N～40°N 纬带 1961—2018 年三个气候阶段冬季大气温度距平(单位:℃)经向垂直剖面及相应 105°E 以东霾日经向分布特征。(a)、(d) 1961—1980 年;(b)、(e) 1981—2000 年;(c)、(f) 2001—2018 年

明，在西风带背景下，京津冀及周边地区大气污染的程度及其空间分布受大地形东侧大气垂直热力结构气候变化特征影响显著，大气垂直热力结构的年代际逆转趋势可能是导致近些年京津冀及周边地区持续性大气污染加剧和持续的气候原因之一。

2.4.3 青藏高原动力和热力强迫对中国中东部大气气溶胶时空变化的影响

1. CAM5 模式对中国东部大气污染时空变化模拟性能评估

CAM5 模式在大气科学研究领域被广泛使用，不乏针对东亚地区大气或者陆面的模拟研究。本研究利用美国国家大气中心的全球气候模式 CESM1.2，在不同年代的排放清单的配置下，评估模式输出气溶胶分布和浓度，为模式准确模拟选择一套更加切合实际的排放清单数据库。同时在不同模式分辨率配置下，分析模式输出的气溶胶在中国区域分布和浓度，选择一套更加适合的分辨率模式和排放清单数据，为今后利用此模式模拟气溶胶与气候变化相互作用做基础。

CAM5 中 MAM 机制使用的排放源是 IPCC AR5 所使用的 1850—2000 年排放源，即 AR5 排放源，但是 CESM 模式会更新排放清单供模式使用者选用，模式默认的排放源基于 2000 年排放清单。这里分别选用 2000 年、2005 年、2010 年三种典型气溶胶的排放情况进行对比。对于黑碳的分布情况，三种排放清单中 2000 年排放最低，到了 2010 年，欧洲地区减弱，东亚和南亚地区相较 2000 年明显加强；同样的变化也发生在 SO_2 和硫化物分布上。在中国东部地区，不同排放清单的排放差距非常明显。近年来随着经济活动加剧，人为排放随之增加，2010 年排放清单应该是在三种排放清单中最为接近现时排放水平的。

2. 青藏高原动力和热力强迫对中国中东部大气气溶胶时空变化的影响

设计了一个将青藏高原海拔高度削减为 1000 m 的全球气候模式 CAM5 的 50 年的敏感性模拟试验，通过敏感性和控制性试验的对比，分析高原大地形动力强迫对中国中东部地区大气气溶胶分布的影响[55]。青藏高原大地形存在时，中东部地区大气气溶胶浓度普遍偏高，形成了四川盆地和华北平原气溶胶高值中心。当高原地形削减后，从华北平原到四川盆地广大地区近地面气溶胶浓度普遍下降 5～8 $\mu g\ m^{-3}$，其余的中东部地区特别是东南沿海地区增加 2～6 $\mu g\ m^{-3}$（图 2.6）。进一步分析发现，高原地形阻挡和绕流作用消失后，冬季风系统北退并且强度减弱，华北平原地区仍然受到季风作用，加上高原去除后中低层西风异常，利于华北地区气溶胶向外传输；四川盆地地区大气垂直环流异常配合"冷盖"垂直热力结构，利于大气污染物通过西风异常带入下游地区。其他中东部地区因冬季风减弱，地面风速降低，降水湿清除作用减弱，加上上游四川盆地向外输出气溶胶，所以这些区域内气溶胶浓度有正异常。相对于青藏高原热源加热偏弱的冬季,高原强热源偏强冬季我国中东部大气气溶胶浓度上升 $30\%\sim45\%$(图 2.7)。青藏高原的热力状况在偏暖和偏冷的异常可能导致中东部地区大气中出现"暖盖"和"冷盖"垂直热力结构异常:"暖盖"的垂直热力结构加剧了对流层下部的下沉运动,有利于重污染的聚集和霾事件的发生;"冷盖"的影响与之相反。青藏高原热力强迫异常对中国中东部的大气气溶胶浓度变化具有重要影响。

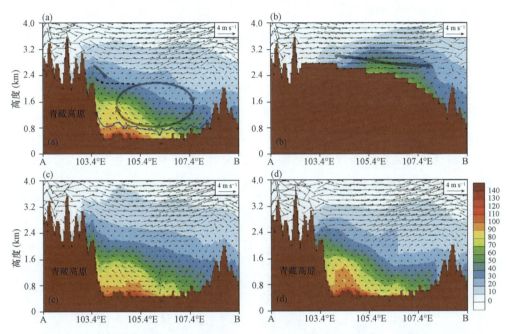

图 2.6 风矢量垂直剖面和 $PM_{2.5}$ 浓度(彩色等高线;单位: $\mu g\ m^{-3}$)。(a)实际地形和(b)地形改变后模拟(c)白天 09:00 至 17:00;(d)实际地形模拟的夜间 22:00 至第 2 天 06:00

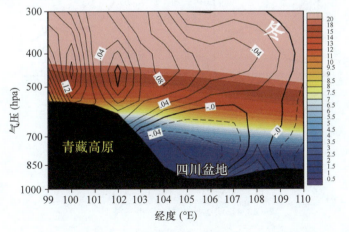

图 2.7 2000—2014 年冬季平均四川盆地大气结构垂直变化。图中填色为水平风速($m\ s^{-1}$),等值线代表垂直速度($Pa\ s^{-1}$)

2.4.4 青藏高原热力作用和冬季风对中国大气污染的协同影响

利用资料分析和数值模式模拟的手段,研究了青藏高原大地形热力作用和东亚冬季风与我国大气污染之间的关系,了解和认识高原热力作用、东亚冬季风及其相关联的大气环流场对中国区域,特别是京津冀、长三角、珠三角、成渝及汾渭平原地区大气污染的影响机理[56-57]。

1. 冬季青藏高原热力作用对我国典型区域大气污染的影响

估算了 1954—2017 年 12 月青藏高原上空大气视热源 Q_1(在冬季,Q_1 为负值时,也称之为青藏高原冷源),统计分析了青藏高原大气视热源 Q_1 及冬季风指数与中国区域,特别是 5 个典型地区(京津冀、汾渭平原、长三角、珠三角及成渝地区)空气质量之间的相关关系(图 2.8)。由图 2.8 可以看出,12 月青藏高原视热源 Q_1 与同期 $PM_{2.5}$ 的相关空间分布存在东北-西南向分界,在东南区域为负相关,即冷源强(弱)污染重(轻);西北为正相关,冷源强(弱),污染轻(重)。

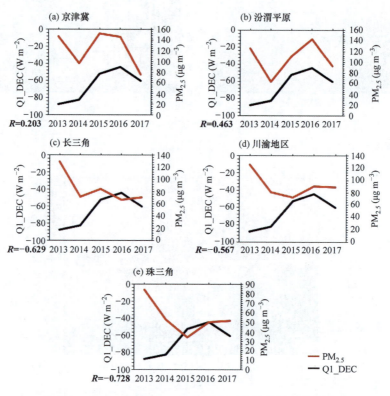

图 2.8 青藏高原热源 Q_1 与我国典型区域 $PM_{2.5}$ 浓度相关

冷源强年中高纬偏北风加强,东南区域有异常偏北下沉气流,下沉气流抑制对流扩散导致污染加重;而西北区域为异常上升,污染减轻。冷源弱年,中高纬偏北风减弱,东南区域有异常偏南上升气流,有利于污染物扩散,而西北区域为异常下沉,污染加重。从 Q_1 强、弱年西北-东南向剖面上环流及温度异常图(图 2.9)发现,在青藏高原冷源强年,106°E 为界,西北范围为一致上升气流,而东南(106～114°E)范围,对应贵州、广西和广东,低层为西北下沉气流,抑制对流扩散,加重污染。在冷源弱年,106°E 为界,西北范围贵州西北部、四川等均为一致下沉气流,而贵州东南、广西和广东区域低层为抬升气流,污染减轻。在冷源强年,以 111°E 为界,东南范围河南、安徽、江苏、上海和浙江为西北下沉气流,且底层水平风异常弱,有利于污染物累积;而在弱年,均为上升气流,有利于垂直扩散。

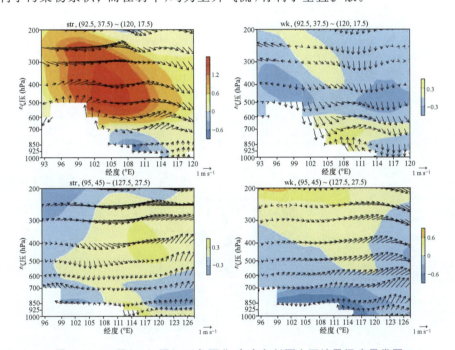

图 2.9　Q_1 强(str)、弱(wk)年西北-东南向剖面上环流及温度异常图

2. 冬季风对中国大气污染影响的区域特征

图 2.10 为 2013—2017 年 12 月东亚冬季风指数(East Asian Winter Monsoon Index,EAWMI)与我国典型区域 $PM_{2.5}$ 浓度相关。从图 2.10 可以看出,冬季风指数与 $PM_{2.5}$ 浓度的相关关系在 30°N 左右存在一条明显的东-西向分界线,在分界线以北区域冬季风指数与 $PM_{2.5}$ 浓度主要呈负相关关系,以南区域呈正相关。在冬季风强年时,分界线以北区域污染较轻,分界线以南区域污染较重;冬季风弱年则相反。环流场的诊断合成分析表明,冬季风强年,分界线以南区域存在异常下沉气流,抑制了对流扩散,导致污染加重;弱年时存在上升气流,有利于污染物扩

散。冬季风强年时成渝地区低层水平风速减弱,有利于污染物在本地累积;珠三角地区有异常下沉气流,抑制本地抬升扩散并将偏北地区污染物输入,加重珠三角污染。

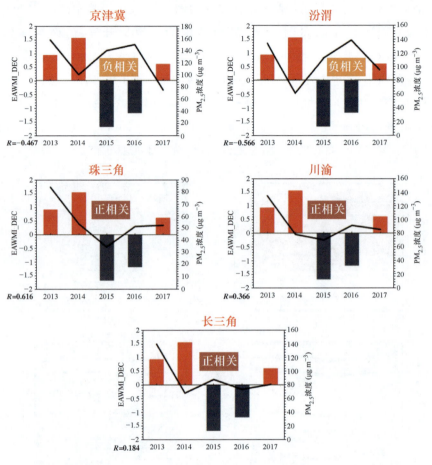

图 2.10　2013—2017 年 12 月 EAWMI 与我国典型区域 PM$_{2.5}$ 浓度相关

3. 青藏高原热力作用与冬季风对中国大气污染时空分布特征的协同影响

根据青藏高原视热源 Q_1 与污染物相关空间分布决定的 Q_1 东北-西南分界线,和冬季风指数与污染物相关空间分布决定的冬季风南-北分界线,沿两条分界线将我国划分为 4 个型:Ⅰ型为强 Q_1-强冬季风,Ⅱ型为强 Q_1-弱冬季风,Ⅲ型为弱 Q_1-强冬季风,Ⅳ型为弱 Q_1-弱冬季风。分析表明,京津冀为Ⅱ型区域,汾渭平原为Ⅳ型区域,成渝地区为Ⅲ型,珠三角地区为Ⅰ型。对比不同的强、弱冷源-冬季风年组合,发现在冷源强年时,近大地形区域出现异常上升气流,有利于垂直扩散;而远离大地形区域为异常下沉气流,抑制对流;在冷源足够强的情况下,大地形东部会出现"逆温盖"现象,配合远离大地形区域的下沉气流,有利于进一步加重污染;而在冷源弱年,近大地形区域异常上升气流减弱甚至转变为异常下沉气流,有利于抑制近大地形区域的对流扩散活动。

在冬季风强年,中高纬度地区低层有异常偏北下沉,且冬季风越强,中高纬降温程度越明显且范围越广;冬季风弱年,异常偏北下沉转变为偏南气流,季风越弱偏南气流越明显,中高纬气温升温。京津冀地区污染加重主要受偏南和偏东上升气流影响,且受地形阻挡作用,污染物在燕山山脉内累积;同时,相较于冷源对其的影响,冬季风差异对于京津冀地区大气污染的影响更为明显,即冬季风弱年时,京津冀地区污染最为严重。汾渭地区在冷源弱年配合冬季风弱年时,有向平原内的异常下沉气流,东西向近地层为偏东气流,有利于将河南等地污染物向谷地内输送,有利于汾渭平原地区污染进一步加重。成渝地区在冷源弱年配合季风强年型下,环流形势有利于污染加重,这是由于在冷源弱年时在大地形东侧出现一致的下沉气流,季风强时低层有异常的偏东气流,有利于将东面污染物向盆地内输送,又受大地形阻挡导致污染加重。珠三角地区和长三角地区一致,在冷源强年配合冬季风强年型下污染加重,由于在冬季风强年时南北向为偏北下沉气流,东西向为偏西气流,有利于将北面及西面地区污染物向该地区输送并累积,且冷源足够强时,在高空有"逆温盖"现象存在,有利于抑制本地对流扩散,进一步加重污染。

2.4.5　青藏高原热力、动力异常对四川盆地霾年际变率的影响及其预测信号

1. 青藏高原动力异常对四川盆地霾年际变率的影响

使用经验正交函数分解的方法,得到我国中东部早冬(12 月至次年 1 月)霾频次年际变率的主要模态。其中第二空间模态表现出"四川盆地型"的霾日数分布特征,即霾日数大值区位于四川盆地,且极值位于盆地西部、临近青藏高原的地区。基于这一空间模态对应的时间系数序列,研究了四川盆地早冬霾频次年际变率与青藏高原热力、动力过程的联系。

研究表明,早冬四川盆地霾发生频次与低空高原附近的两支绕流异常密切相关,即盆地的霾污染频繁发生时,北支绕流显著偏强,南支绕流显著偏弱。相应的气象作用机理可理解为当高原附近对流层低层水平方向上偏强(弱)的北(南)支绕流有利于(不利于)北支干燥(南支潮湿)空气向四川盆地输送,干燥的空气不利于降水的发生,进而削弱了颗粒物的湿沉降过程。除水平方向的动力绕流作用,高原因其高海拔地形耸立于强盛的西风急流带中,垂直方向上还存在气流的爬坡过程(图 2.11)。当上游西风气流爬过青藏高原,会在背风坡(即四川盆地上空)下坡并在 700 hPa 附近转为平直西风,形成背风地形槽,槽下对应反气旋式的次级环流。背风地形槽的位置决定了边界层发展的高度。该环流的形成具有独特的地域性,

与盆地特殊地形（西临青藏高原，南临云贵高原，北临大巴山，东临巫山）有关。早冬四川盆地霾发生频次与高原东部及盆地上空显著的下沉运动密切相关，相应的气象作用机理可理解为当垂直方向上出现异常下沉运动时，受到近地面次级环流的阻挡以致异常下沉运动在 750 hPa 最显著，由于空气的下沉绝热增温作用，使得异常增温信号在 750 hPa（即"暖盖"），盆地上空低层出现强逆温，可以抑制边界层的发展，恶化近地面颗粒物的水平和垂直扩散条件。

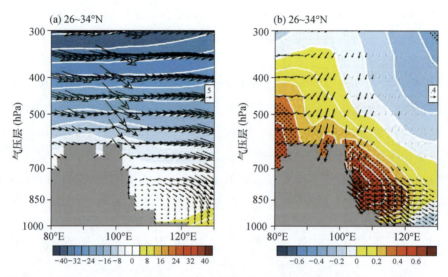

图 2.11　（a）1980—2015 年四川盆地纬度带平均温度和环流的气候态；（b）其与四川盆地霾频次年际变率的相关，灰色阴影为地形

2. 青藏高原热力异常对四川盆地霾频次年际变率的预测信号

积雪是青藏高原冬半年下垫面的一个重要信号。秋季高原中东部的积雪覆盖面积异常对冬季北半球气候异常具有重要的前兆指示意义，秋季高原中东部积雪覆盖面积对后期冬季高原及其周边的热力异常有重要调控作用，是预测早冬四川盆地霾频次年际变率的前兆大气信号。

研究表明，积雪覆盖面积可以通过影响地表反照率，影响陆-气的热力交换，进而造成大气环流的异常。同时高原冬季是"冷源"，这也与大面积的积雪覆盖有很大关系。由于高原高海拔特征，当早秋高原中东部积雪偏多时，相对周围的大气为显著的"冷源"，通过计算早秋高原积雪指数 SC_SO 与大气视热源 Q_1 的相关关系（图 2.12）可见，积雪覆盖面积与高原及其上空深厚的对流层大气表现出显著的负相关关系，超过了 0.05 的显著性水平，即当早秋积雪覆盖面积偏大时，地表反照率偏强，地表吸收的太阳短波辐射以及放出的长波辐射偏少，高原及其上空的大气也表现出偏冷的热力异常。而且在晚秋，由于积雪面积偏大造成的"冷源"效应最强，高原及其周边大气异常偏冷。值得注意的是，从高原所在纬度带 Q_1 与积雪指数的相关图可见,大气的热力异常响应并不局限在高原中东部上空,其对我国东部上空的大气热力条件也有连带的影响,即高原东部及其以东区域上空的大气都是偏冷的。

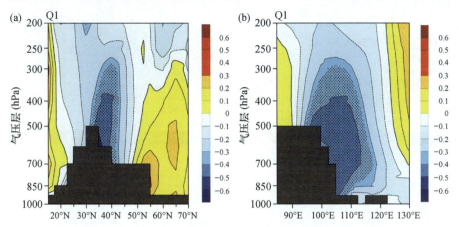

图 2.12　1980—2015 年晚秋高原所在经度带(90～115°E,左图)和纬度带(25～45°N,右图)平均大气热源 Q_1 与早秋高原积雪指数的相关图,打点处相关系数超过 0.05 显著性水平

图 2.13 给出了大气热力响应盛期,200 hPa 和 70 hPa 位势高度和环流与早秋高原积雪指数的相关图。可见,当高原及其以东显著偏冷的对流层大气热力异常,会在其上方激发出气旋式的环流异常,该气旋式的环流异常十分强盛,平流层低层的大气环流也有响应。众所周知,平流层环流以绕极涡的西风急流为主,因此,当在高原及东亚上空的平流层低层出现显著的气旋式环流异常时,其北侧的异常偏东气流会显著地减弱气候态的西风急流(图 2.14)。众所周知,平流层强盛的西风急流,有利于将较冷空气圈固在高纬度地区,当西风急流减弱时,则时常伴有高纬度空气的升温。由图 2.14 可知,区域段的急流明显减弱,会造成其北侧高纬度区域的温度显著升高,同时由于平流层大气是均值的,以慢的大气运动过程为主,该区域增温现象可一直持续到早冬。

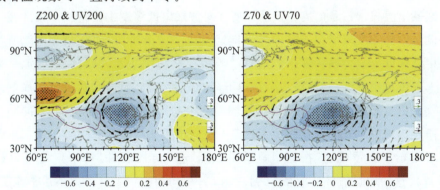

图 2.13　1980—2015 年晚秋 200 hPa(右图)和 70 hPa(左图)位势高度和环流与早秋高原积雪指数的相关图,打点处相关系数超过 0.05 显著性水平

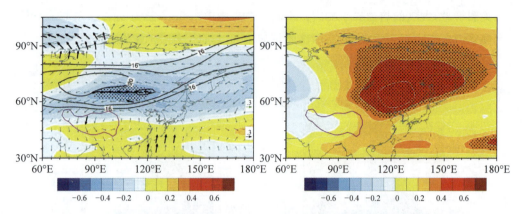

图 2.14 1980—2015 年晚秋 30 hPa 纬向风、环流(左图)和温度(右图)与早秋积雪指数的相关图,左图中黑色等值线为气候态的纬向风,打点处相关系数超过 0.05 显著性水平

上述分析表明,早冬四川盆地霾与秋季高原中东部的积雪面积存在显著的相关关系。当秋季高原积雪面积偏多时,通过影响反照率,进而影响其上空及东部深厚的对流层大气出现显著的冷异常;偏冷的大气会激发其上空出现气旋式的环流异常,可一直延伸至平流层低层;平流层内气旋式环流异常北侧的偏东风异常会显著地减弱平流层内东亚区域段西风急流的强度,最终使得东北亚上空平流层中低层出现显著的区域增温信号。

在此基础上本章重点分析了平流层该区域的显著增温是如何影响早冬高原盆及地上空的三维热、动力条件异常,导致霾频繁发生的。由四川盆地霾与早冬 60~115°E 经度带平均温度的高度-纬度之间的相关显示,305~320 K 的气候态等熵面由南往北不断向上倾斜,且斜率在高原及其临近以北地区最大,305 K 等熵面可能就是上述平流层中高纬区域增温异常信号,是影响高原及盆地上空对流层的热力、动力条件的重要"滑滑梯"。此外,50~70°N 平流层中低层的显著变暖会造成该处气候态等上面的显著上升,进而等熵面的斜率更大,更有利于上述平流层中高纬区域增温异常信号向高原及盆地所在对流层中低纬度上空传播。由此假设上述平流层中高纬区域增温异常信号可能通过以下两个阶段,向高原及盆地所在对流层中低纬度上空传播:第一个是向下传播阶段,即平流层中高纬暖气流从平流层中上层传输到平流层底;第二个是向下同时向南传播阶段,到达平流层底的异常偏暖气流沿着倾斜的 305 K 或临近等熵面从中高纬的平流层底向下,并向南传输到高原及其周围对流层中低纬地区。第一个向下传播阶段,当 11 月平流层中下层出现增暖异常信号后,存在三个显著的信号向下传播事件,每个事件可以持续 3~4 周。这些增暖信号分别在 11 月底、12 月中旬和次年 1 月中旬到达平流层底。第二个向下并同时向南的传播阶段,11 月底、12 月中旬和次年 1 月中旬传播到平流层底的异常增暖气流,接着沿倾斜的等熵面向南并同时向下传播,并在 2~3 周内到达对流层中低纬度,使得高原东部及盆地上空出现异常暖的下沉气流。水平方向上,东亚副热带形西风急流是由经向热力差异驱动的,当显著的暖异常信号出现在高原,会加大高原上空与北面空气的热力梯度,而减小高原上空与南面空气的热力梯度,对应低空北支西风绕流增强而南支西风绕流减弱。垂直方向上,盆地上空出现的异常下沉气流在对流层低层收到气候态的次级环流阻挡转为异常西风,因此最大异常下沉区位于 750 hPa 附近,同时由于空气的下沉绝热增温效应,盆地上空 750 hPa 增温最强,即在垂直方向上形成了异常"暖盖"。

综上分析可知,早冬四川盆地霾频次与早秋青藏高原中东部积雪覆盖面积的年际变率存在一定的相关关系。在此基础上,将早秋高原积雪指数 SC_SO 作为预报因子,建立了四川盆地霾频次预测模型。交叉检验结果表明,基于积雪指数建立的预测模型预测效果较为稳定,可为短期气候预测提供依据。

2.4.6 大气环境资料反演技术与同化方法

1. 京津冀大气污染和排放源反演综合技术与应用

应用 SO_2 和 NO_2 地面观测数据对 Aura QMI 卫星遥感柱浓度进行变分订正,输入 CMAQ 模式。使用"Nudging"源同化模式反演技术,反演得到高分辨率的 SO_2 和 NO_2 污染排放源强。模拟对比检验结果证实,反演模拟的 SO_2 和 NO_2 与实测的相关系数比初始源均有较大幅度的提高[58]。

利用上述反演技术,得到 2015 年可靠的、高空间分辨率特征的 SO_2 和 NO_2 污染源排放结果。结果表明,在京津冀地区采暖期面源排放影响背景下,秋冬季大气污染存在区域性差异,京津冀地区采暖季 SO_2 和 NO_2 排放源强与影响域这两个因素相比非采暖季变化显著,采暖前后,SO_2 排放状况变化较 NO_2 更剧烈,其源强增加显著区覆盖北京、天津及其南部城市周边较大面积区域,而 NO_2 的变化仍主要集中在城市群区域。京津冀地区北部的 SO_2 排放增量显著高于南部地区,实施采暖期燃料供应煤改气措施的大城市市区,采暖期前后的排放差异远小于城市郊区及其周边地区。冬季 SO_2 和 NO_2 排放显著增长区可描述出北京南部、廊坊、保定、石家庄、邢台构成的主体污染排放带。上述研究成果表明,"Nudging"源反演技术可为季节性调控大气污染排放源时空分布提供一种有效的技术途径。

应用基于化学传输模式迭代求解的"Nudging"气象影响源-同化反演方法,通过逐日气象影响源与气象因子的相关性和热力、动力过程分析,研究在地形和气象的相互作用下,沿高原地形集中分布的污染带的成因。结果显示,太行山东侧大气扩散条件差,由北京南部经河北到河南北部有一条污染辐合线;临近高原地区的上空形成一个强大的"暖盖",阻碍污染物的垂直扩散,污染物易在山前地区汇聚。西南风和东北风出现时,污染带纵向移动,形成污染的"列车效应",山前地区将出现持续性污染天气。由于高原大地形和局地环流的共同作用,黄土高原东侧成为不利于污染物扩散的天然霾污染脆弱区。

2. 大气环境资料同化方法

基于"闭环"车载 NO_2 柱浓度观测试验资料和气象资料同化模拟的精细风场,评估了北京地区 NO_x 排放源及季节变化特征,定量分析了排放源估算的误差来源及贡献。图 2.15 是 2014 年 1、9、10 月北京六环车载走航试验期间 19 个采样时段 NO_2 柱浓度时间变化图(图 2.16)。评估结果发现,风场变化是造成 NO_2 柱浓度空间分布差异和排放源估算误差的主要影响因子[59],为动态估算受复杂地形和周边污染源影响的超大城市 NO_x 排放源及不确定性、校验卫星遥感 NO_2 柱浓度时空变化提供了依据。

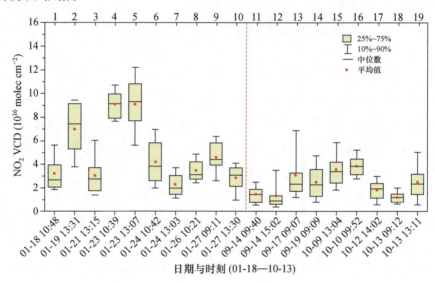

图 2.15　2014 年 1、9、10 月北京六环车载走航试验期间 19 个采样时段 NO_2 柱浓度时间变化

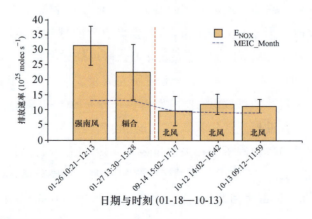

图 2.16　5 个采样时段估算 NO_x 排放源强度和不确定性范围及其与 MEIC 排放清单的对比

发展了基于 CRTM 辐射传输模式的气溶胶激光雷达三维变分同化方法,从图 2.17 显示的 2018 年 3 月 13 日 12：00 UTC 至 3 月 14 日 13：00 时同化前后 $PM_{2.5}$ 区域平均预报浓度、观测值以及控制和同化试验预报均方根误差时间变化图可以看出,同化后 $PM_{2.5}$ 预报误差明显减小,显著改善了气溶胶的垂直分布[60]。国内首次将气溶胶激光雷达消光系数廓线观测资料直接同化到空气质量模式中,可为深入研究大气重污染成因、研制我国大气化学再分析数据集提供重要的科技支撑。

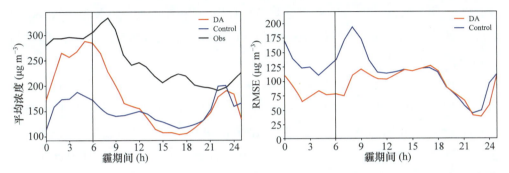

图 2.17　2018 年 3 月 13 日 12：00 UTC 至 3 月 14 日 13：00 时同化前后 $PM_{2.5}$ 区域平均预报浓度(DA)、观测值(Obs)以及控制和同化试验预报均方根误差(Control)时间变化

提出了基于源敏感性分析的三维变分污染源同化方法,首次构建了排放源变分同化中源-受体浓度的线性和非线性观测算子,显著提高了计算效率和污染源反演精度[61];研究了针对重污染过程和局地排放特征的"Nudging"污染源同化方法,显著改善了排放源强低估现象,实现了排放源的动态更新[62]。

2.4.7　区域地形特征对北京霾污染影响的数值模拟研究

除了气象气候条件和人类活动污染物排放这两个决定性因素以外,区域性或局地性的地形特征也可能对大气污染的形成和发展起到重要作用。但是对于北京地区来说,地形特征在多大程度上影响了雾霾污染的形成、发展及机制,依然缺少清晰和定量化的认识。为此,本研究利用气象化学在线耦合模式 WRF-Chem,并选取发生了多次典型持续性雾霾污染过程的时段(2015 年 11—12 月),开展北京及周边地区多种不同假设地形高度情景的敏感性大气化学数值模拟试验[63]。

气象化学在线耦合模式 WRF-Chem 是在 WRF 基础上增加了化学模块而构成的。WRF-Chem 被称为新一代空气质量模式系统,因为它是将空气质量模式也就是大气化学模式(Chem)与气象模式(WRF)在线耦合而成,可同步计算物理和化学过程,即化学和气象子模式采用同一套水平和垂直坐标系统。同样的物理参数,因为大气化学输送过程是在与气象完全相同的格点和时间步长的情况下处理的,从而有效减少由于时间和空间插值造成的误差。总体上来说,WRF-Chem 较为全面地考虑了物理和化学过程,包括大气污染物的平流和对流输送、湍流扩散、干湿沉降、辐射传输等主要大气物理过程,生物质排放与人为排放、多相化学、气溶胶化学和动力学等大气化学过程,以及气溶胶与大气辐射、光解和微物理过程相互作用的气溶胶反馈过程。此外,该模式还能够实现大气动力、辐射和化学过程之间的耦合和反馈过程。本研究中使用的 $PM_{2.5}$ 观测资料,来源于生态环境部运行的位于北京中心城区的 8 个国家控制站的逐小时观测资料。数值模拟试验中的气象侧边界条件数据,均采用由美国国家环境预报中心(NCEP)的全球预报系统(GFS)所生产的气象最终再分析资料(FNL)。FNL 数据的空间分辨率 $1.0° \times 1.0°$,时间分辨率为 6 个小时。

为探讨地形对北京雾霾污染的影响,利用 WRF-Chem 在线耦合模式对 5 种地形变化情景的敏感性模拟进行了评价。第一个模拟涉及真实的(不变的)地形高度(标记为 S1)。在第二(S2)、第三(S3)、第四(S4)和第五(S5)情景模拟中,分别对真实地形高度进行 0.75、0.50、0.25 和 1.25 比例的缩放。为了更好地捕捉近地面的雾霾发展过程,1500 m 以下设定了 13 个水平。模拟试验中使用的人为排放源数据,是来自中国多尺度排放清单模型(MEIC)基础源清单数据的 2012 年高分辨率数据($0.1° \times 0.1°$)。

对数值模拟数据进行统计分析,结果表明,太行山-燕山山脉的地形特征对北京市区雾霾污染有重要影响,特别是典型持续性霾污染的发展。这揭示了雾霾污染对地形响应的一个可能机制,即北京西边和北边的山脉往往会使得在平原地区产生异常南风、相对湿度增高、边界层厚度降低和下沉气流的气象条件组合特征。这些条件有利于北京市区雾霾污染的形成和发展。此外,指出了基于地形背景特征下,南、北风模态在雾霾中长期预报中的重要作用(图 2.18)。在南风模态(S)的情景下,地形高度降低能导致 $PM_{2.5}$ 浓度降低程度几乎是北风模态(N)情景下的 3 倍。研究结果强调了在区域地形条件下,利用南风模态和北风模态,在一定程度上可以很好地作为北京雾霾预报的有效指标,特别是在中长时间尺度上的趋势性预报(图 2.19)。

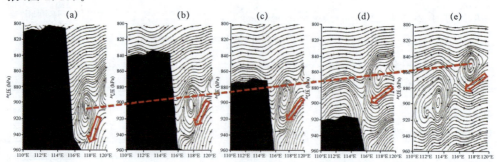

图 2.18　不同地形高度情景下的垂直环流变化示意

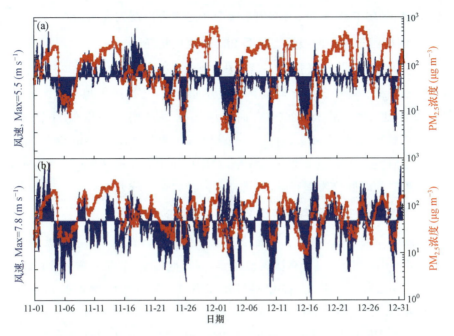

图 2.19　（a）观测和（b）模拟的北京市中心城区的 $PM_{2.5}$ 浓度和风矢量

2.4.8　边界层高度变化特征及其与 $PM_{2.5}$ 浓度的关系

利用探空资料定义计算了平均边界层高度（Planetary Boundary Layer Height, PBLH），在此基础上分析了探空 OBS-PBLH 和基于欧洲中心再分析资料的 ERA-PBLH 的日和季节变化特征，检验了 ERA-PBLH 的偏差。进一步分析了不同地区不同条件下夏季 PBLH 变化特征和京津冀地区边界层高度与低层 $PM_{2.5}$ 浓度的相关关系[64]。

1. 中国区域边界层高度时空变化特征

在北京时间 08 时，观测得到的平均边界层高度（OBS-PBLH）在中国除青藏高原东南部以外的其他地区都低于 500 m。在北京时间 20 时，中国西北地区的平均 PBLH 大概在 1000 m 到 2500 m。OBS-PBLH 从青藏高原西部（>3000 m）到东南部以及邻近的平原地区（大约 1000 m）是逐渐降低的。在北京时间 14 时，夏季 OBS-PBLH 在中国南方和北方分别为 1000 m 和 1000~1500 m。

2. ERA 再分析资料的边界层高度（ERA-PBLH）的偏差检验

在北京时 14 时，ERA-PBLH 较大的正偏差主要发生在中国西北和北方，偏差可以超过 1000 m。在北京时 20 时，中国西部 ERA-PBLH 也会出现上述的偏差问题。另外，在傍晚边界层处于从中性向稳定过渡的阶段，某些时候因为 PBLH 计算方法不同,OBS-PBLH 和 ERA-PBLH 两者之间会出现较大的偏差。

3. 不同地区三种不同条件下夏季 PBLH 变化特征

相对于 NRL(中性残余层)和 SBL(稳定边界层),CBL(对流边界层)具有更宽范围的分布特征。在中国西北地区和青藏高原上 CBL 高度出现次数的峰值频率分别可以达到 1900 m 和 2200 m,而在中国北方和南方分别仅为 1500 m 和 1200 m。中国西北地区 SBL 最低且分布最窄,而青藏高原上 SBL 伽马(gamma)函数的拟合曲线分布范围更宽且更扁平。NRL 频率分布介于 CBL 和 SBL 之间。由于探空数据的时间分辨率有限,伽马分布拟合的偏差较大。

4. 京津冀地区边界层高度与低层 $PM_{2.5}$ 浓度的相关关系

在无或少量降水条件下,京津冀地区边界层高度与低层 $PM_{2.5}$ 浓度基本满足幂指数关系(图 2.20)。对于京津冀地区而言,其他因素(如相对湿度和降水)只在某些条件下才能起作用。在高相对湿度条件下,气溶胶吸湿增长加速了大气 $PM_{2.5}$ 的聚集,当日降水超过 10 mm,由于明显的湿沉降作用,日平均 $PM_{2.5}$ 浓度迅速下降。与 ERA-PBLH 相比,OBS-PBLH 与 $PM_{2.5}$ 浓度的对应关系更好。在北京时间 14 时,有高精度的 PBLH 结果是非常重要的。

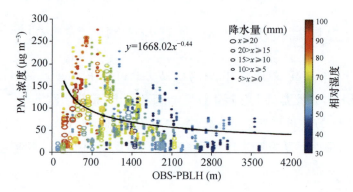

图 2.20　北京时间 14:00 PBLH 与日平均的京津冀 $PM_{2.5}$ 浓度散点

2.4.9　本项目资助发表论文(按时间倒序)

(1) Li Y J, An X Q, Zhang P Q, et al. Influence of East Asian winter monsoon on particulate matter pollution in typical regions of China. Atmospheric environment,2021,118213.

(2) Cheng X H, Hao Z L, Zang Z L, et al. A new inverse modeling approach for emission sources based on the DDM-3D and 3DVAR techniques：An application to air quality forecasts in the Beijing-Tianjin-Hebei region. Atmospheric Chemistry and Physics,2021, 21:13747-13761.

(3) Xu X D, Cai W Y, Zhao T L et al. "Warm Cover"—Precursory strong signals hidden in the

middle troposphere for haze pollution. Atmospheric Chemistry and Physics，2021，21：14131-14139.

（4）Cheng X H，Ma J Z，Jin J L，et al. Retrieving tropospheric NO_2 vertical column densities around the city of Beijing and estimating NO_x emissions based on car MAX-DOAS measurements. Atmospheric Chemistry and Physics，2020，20：10757-10774.

（5）Cai W Y，Xu X D，Chen X H et al. Impact of "blocking" structure in the troposphere on the wintertime persistent heavy air pollution in northern China. Science of the Total Environment，2020，741：1-15.

（6）Meng K，Xu X D，Xu X B，et al. The causes of "vulnerable regions" to air pollution in winter in the Beijing-Tianjin-Hebei Region：A topographic-meteorological impact model based on adaptive emission constraint technique. Atmosphere，2019，10：719. doi：10. 3390/atmos10110719.

（7）Zhang L，Guo X M，Zhao T L，et al. A modelling study of the terrain effects on haze pollution in the Sichuan Basin. Atmospheric environment，2019，196：77-85.

（8）Wang C，An X Q，Zhang P Q，et al. Comparing the impact of strong and weak monsoon on $PM_{2.5}$ concentration in Beijing. Atmospheric Research，2019，215：165-177.

（9）Cheng X H，Liu Y L，Xu X D，et al. Lidar data assimilation method based on CRTM and WRF-Chem models and its application in $PM_{2.5}$ forecasts in Beijing. Science of the Total Environment，2019，682：541-552.

（10）Chang L Y，Xu J M，Tie X X et al. The impact of climate change on the Western Pacific Subtropical High and the related ozone pollution in Shanghai，China. Scientific Reports，2019，9：16998. doi：10. 1038/s41598-019-53103-7.

（11）Xu J M，Tie X X，Gao W. Measurement and model analyses of the ozone variation during 2006 to 2015 and its response to emission change in megacity Shanghai，China. Atmospheric Chemistry and Physics，2019，10(5194)：1-20.

（12）Meng K，Xu X D，Cheng X H，et al. Spatio-temporal variations in SO_2 and NO_2 emissions caused by heating over the Beijing-Tianjin-Hebei Region constrained by an adaptive nudging method with OMI data. Science of the Total Environment，2018，642：543-552.

（13）Zhu W H，Xu X D，Zheng J，et al. The characteristics of abnormal wintertime pollution events in the Jing-Jin-Ji region and its relationships with meteorological factors. Science of the Total Environment，2018，626：887-898.

（14）Wang Y J，Xu X D，Zhao Y，et al. Variation characteristics of the planetary boundary layer height and its relationship with $PM_{2.5}$ concentration over China. Journal of Tropical Meteorology，2018，24(3)：385-394.

（15）Zhang Z Y，Xu X D，Lin Q，et al. Numerical simulations of the effects of regional topography on haze pollution in Beijing. Scientific Reports，2018，8：5504. doi：10. 1038/s41598-018-23880-8.

(16) Zhai S X，An X Q，Zhao T L，et al. Detection of critical PM$_{2.5}$ emission sources and their contributions to a heavy haze episode in Beijing，China，using an adjoint model. Atmospheric Chemistry and Physics，2018，18：6241-6258.

(17) Wang C，An X Q，Zhai S X. Tracking sensitive source areas of different weather pollution types using GRAPES-CUACE adjoint model. Atmospheric Environment，2018，175：154-166.

(18) Wang C，An X Q，Zhai S X. Tracking a severe pollution event in Beijing in December 2016 with the GRAPES-CUACE adjoint model. Journal of Meteorological Research，2018，32：49-60.

(19) Ma G X，Zhao T L，Kong S F. Variations in FINN emissions of particulate matters and associated carbonaceous aerosols from remote sensing of open biomass burning over Northeast China during 2002—2016. Sustainability，2018，10(3353)：1-16.

(20) Xu X D，Guo X L，Zhao T L，et al. Are precipitation anomalies associated with aerosol variations over eastern China? Atmospheric Chemistry and Physics，2017，17：1-9.

(21) 贾小芳，颜鹏，孟昭阳. 2016 年 11—12 月北京及周边重污染过程 PM$_{2.5}$ 特征. 应用气象学报，2019，30(3)：302-315.

(22) 安林昌，张恒德，桂海林. 2015 年春季华北黄淮等地一次沙尘天气过程分析. 气象，2018，44(1)：180-188.

(23) 刘超，张碧辉，花丛. 风廓线雷达在北京地区一次强沙尘天气分析中的应用. 中国环境科学，2018，38(5)：1663-1669.

(24) 吕梦瑶，程兴宏，张恒德，等. 基于自适应偏最小二乘回归法的 CUACE 模式污染物预报偏差订正改进方法研究. 环境科学学报，2018，38(7)：2735-2745.

参考文献

[1] Chan K C，Yao X H. Air pollution in mega cities in China. Atmospheric Environment，2008，42(1)：1-42. doi：10.1016/j.atmosenv.2007.09.003.

[2] 徐祥德，施晓辉，张胜军，等. 北京及周边城市群落气溶胶影响域及其相关气候效应. 科学通报，2005，50：2522-2530.

[3] 张小曳，周凌晞，丁国安. 大气成分与环境气象灾害. 北京：气象出版社，2009.

[4] Ramanathan V，Chung V C，Kim D. Atmospheric brown clouds：Impacts on South Asian climate and hydrological cycle. PNAS，2005，102：5326-5333.

[5] Seinfeld J. Atmospheric science：Black carbon and brown clouds. Nature Geoscience，2008，1：15-16.

[6] 穆穆，张人禾. 应对雾霾天气：气象科学与技术大有可为. 中国科学：地球科学，2014，1：1-2. doi：10.1007/s11430-013-4791-2.

［7］国家统计局能源统计司. 中国能源统计年鉴 2011. 北京：中国统计出版社，2011.

［8］施晓晖，徐祥德. 北京及周边气溶胶区域影响与大雾相关特征的研究进展. 地球物理学报，2012，55：3230-3239.

［9］王跃思，姚利，王莉莉，等. 2013 年元月我国中东部地区强霾污染成因分析. 中国科学：地球科学，2014，44：15-26.

［10］Ramanathan V，Ramana M V，Roberts G. Warming trends in Asia amplified by brown cloud solar absorption. Nature，2007，448：575-578.

［11］Chen H，Gu X F，Cheng T H，et al. Characteristics of aerosol types over China. Journal of Remote Sensing，2013，17(6)：1559-1571. doi：10. 11834 /jrs. 20133028.

［12］Giorgi F，Meleux F. Modelling the regional effects of climate change on air quality. Comptes Rendus Geoscience，2007，339：721-733.

［13］Gustafson W I，Leung L R. Regional downscaling for air quality assessment. Bulletin of the American Meteorological Society，2007，88：1215-1227.

［14］孙家仁，许振成，刘煜，等. 气候变化对环境空气质量影响的研究进展. 气候与环境研究，2011，16(6)：805-814.

［15］刘厚风，杨欣，陈义珍，等. 中国重霾过程污染气象研究进展. 生态环境学报，2015，24(1)：1917-1922.

［16］Pye H O T，Liao H，Wu S，et al. Effect of changes in climate and emissions on future sulfate-nitrate-ammonium aerosol levels in the United States. Journal of Geophysical Research：Atmospheres，2009，114，D01205.

［17］Tai A P K，Mickley L J，Jacob D J. Impact of 2000—2050 climate change on fine particulate matter（$PM_{2.5}$）air quality inferred from a multi-model analysis of meteorological modes. Atmospheric Chemistry and Physics，2012，12：329-337.

［18］Mickley L J，Leibensperger E M，Jacob D J，et al. Regional warming from aerosol removal over the United States：Results from a transient 2010—2050 climate simulation. Atmospheric Environment，2012，46：545-553.

［19］Jiang H，Liao H，Pye H O T，et al. Projected effect of 2000—2050 changes in climate and emissions on aerosol levels in China and associated transboundary transport. Atmospheric Chemistry and Physics，2013，13(3)：7937-7960. doi：10. 5194/acpd-13-6501-2013.

［20］Vukovich F M. Regional-scale boundary layer ozone variations in the eastern United States and their association with meteorological variations. Atmospheric Environment，1995，29：2259-2273.

［21］Leibensperger E M，Mickley L J，Jacob D J. Sensitivity of U. S. air quality to mid-latitude cyclone frequency and implications of 1980—2006 climate change. Atmospheric Chemistry and Physics，2008，8：7075-7086.

［22］Schar C，Vidale P L，Luthi D，et al. The role of increasing temperature variability in European summer heatwaves. Nature，2004，427：332-336.

［23］Turner A J，Fiore A M，Horowitz L W，et al. Summertime cyclones over the Great Lakes Storm Track from 1860—2100：Variability，trends，and association with ozone pollution. Atmospheric Chemistry and Physics，2013，13(2)：565-578.

［24］Boos W R. Cold winters from warm oceans. Nature，2011，471：584- 586.

［25］Hogrefe C，Lynn B，Civerolo K，et al. Simulating changes in regional air pollution over the eastern United States due to changes in global and regional climate and emissions. Journal of Geophysical Research：Atmospheres，2004，109，D22301.

［26］Mickley L J，Jacob D J，Field B D，et al. Effects of future climate change on regional air pollution episodes in the United States. Geophysical Research Letter，2004，30，L24103.

［27］Leung L R，Gustafson W I. Potential regional climate change and implications to U. S. air quality. Geophysical Research Letter，2005，32，L16711.

［28］Chen J，Avise J，Lamb B，et al. The effects of global changes upon regional ozone pollution in the United States. Atmospheric Chemistry and Physics，2009，9(4)：1125-1141.

［29］Lin J T，Patten K O，Hayhoe K，et al. Effects of future climate and biogenic emissions changes on surface ozone over the United States and China. Journal of Applied Meteorology and Climatology，2008，47：1888-1909.

［30］Wu S，Mickley L J，Leibensperger E M，et al. Effects of 2000—2050 global change on o-zone air quality in the United States. Journal of Geophysical Research，2008，113，D06302.

［31］Xu X，Zhao T L，Liu F，et al. Climate modulation of the Tibetan Plateau on haze in China. Atmospheric Chemistry and Physics，2016，16：1365-1375. doi：10. 5194/acp-16-1365-2016.

［32］徐祥德，王寅钧，赵天良，等. 中国大地形东侧霾空间分布"避风港"效应及其"气候调节"影响下的年代际变异. 科学通报，2015，60：1132-1143.

［33］吴国雄，李占清，符淙斌，等. 气溶胶与东亚季风相互影响的研究进展. 中国科学：地球科学，2015，11：1609-1627.

［34］张人禾，李强，张若楠. 2013 年 1 月中国东部持续性强雾霾天气产生的气象条件分析. 中国科学：地球科学，2014，01：27-36.

［35］唐红玉，马振峰，史津梅. 青藏高原季风变化及其与中国北方春季沙尘暴的关联. 自然灾害学报，2008，03：112-116.

［36］刘厚凤，张春楠. 济南市空气污染与大气环流形势相关性探讨. 山东师大学报（自然科学版），1999，04：405-408.

［37］叶笃正，张捷迁. 青藏高原加热作用对夏季东亚大气环流影响的初步模拟实验. 中国科学，1974，03：301-320.

［38］梁潇云，刘屹岷，吴国雄. 青藏高原隆升对春、夏季亚洲大气环流的影响. 高原气象，2005，06：837-845.

［39］王丽涛，潘雪梅，郑佳，等. 河北及周边地区霾污染特征的模拟研究. 环境科学学报，2012，32(4)：925-931.

[40] Huang R J，Zhang Y L，Bozzetti C，et al. High secondary aerosol contribution to particulate pollution during haze events in China. Nature，2014，514：218-222.

[41] Dentener J F，Crutzen J P. Reaction of N_2O_5 on tropospheric aerosols impact on the global distributions of NO_x，O_3，and OH. Journal of Geophysical Research，1993，98：7149-7163.

[42] Brechtel J F，Kreidenweis M S. Predicting particle critical supersaturation from hygroscopic growth measurements in the humidified TDMA. Part I：Theory and sensitivity studies. Journal of the Atmospheric Sciences，2000，57：1854-1871.

[43] Broday M D，Georgopoulos G P. Growth and deposition of hygroscopic particulate matter in the human lungs. Aerosol Science and Technology，2001，34：144-159.

[44] Londahl J，Massling A，Pagels J，et al. Size-resolved respiratory-tract deposition of fine and ultrafine hydrophobic and hygroscopic aerosol particles during rest and exercise. Inhalation Toxicology，2007，19(2)：109-116.

[45] Gao Y，Zhang M，Liu Z，et al. Modeling the feedback between aerosol and meteorological variables in the atmospheric boundary layer during a severe fog-haze event over the North China Plain. Atmospheric Chemistry and Physics，2015，15(8)：1093-1130.

[46] 石睿，王体健，李树，等. 东亚夏季气溶胶-云-降水分布特征及其相互影响的资料分析. 大气科学，2015，39 (1)：12-22.

[47] Xu X D，Lu C G，Shi X H，et al. World water tower：An atmospheric perspective. Geophysical Research Letter，2008，35(20)：L20815. doi：10.1029/2008GL035867.

[48] Xu X D，Shi X Y，Wang Y Q，et al. Data analysis and numerical simulation of moisture source and transport associated with summer precipitation in the Yangtze River Valley over China. Meteorology Atmospheric Physics，2008，100：217-231. doi：10.1007/s00703-008-0305.

[49] Xu X D，Zhao T L，Lu C G，et al. An important mechanism sustaining the atmospheric "water tower" over the Tibetan Plateau. Atmospheric Chemistry and Physics，2014，14 (12)：11287-11295.

[50] 徐祥德，赵天良，Lu C G，等. 青藏高原大气水分循环特征. 气象学报，2014，72(6)：1079-1095.

[51] 徐祥德，王寅钧，赵天良，等. 中国大地形东侧霾空间分布"避风港"效应及其"气候调节"影响下的年代际变异. 科学通报，2015，60：1132-1143.

[52] Xu X D，Guo X L，Zhao T L，et al. Are precipitation anomalies associated with aerosol variations over eastern China? Atmospheric Chemistry and Physics，2017，17：1-9

[53] Cai W Y，Xu X D，Chen X H et al. Impact of "blocking" structure in the troposphere on the wintertime persistent heavy air pollution in northern China. Science of the Total Environment，2020，741：1-15.

[54] Xu X D，Cai W Y，Zhao T L et al. "Warm cover"- Precursory strong signals hidden in the middle troposphere for haze pollution. Atmospheric Chemistry and Physics，2021，21：14131-14139.

［55］Zhang L，Guo X M，Zhao T L，et al. A modelling study of the terrain effects on haze pollution in the Sichuan Basin. Atmospheric environment，2019，196：77-85.

［56］Wang C，An X Q，Zhang P Q，et al. Comparing the impact of strong and weak monsoon on PM$_{2.5}$ concentration in Beijing. Atmospheric Research，2019，215：165-177.

［57］Li Y J，An X Q，Zhang P Q，et al. Influence of East Asian winter monsoon on particulate matter pollution in typical regions of China. Atmospheric environment，2021，118213.

［58］Meng K，Xu X D，Cheng X H，et al. Spatio-temporal variations in SO$_2$ and NO$_2$ emissions caused by heating over the Beijing-Tianjin-Hebei Region constrained by an adaptive nudging method with OMI data. Science of the Total Environment，2018，642：543-552.

［59］Cheng X H，Ma J Z，Jin J L，et al. Retrieving tropospheric NO$_2$ vertical column densities around the city of Beijing and estimating NO$_x$ emissions based on Car MAX-DOAS measurements. Atmospheric Chemistry and Physics，2020，20：10757-10774.

［60］Cheng X H，Liu Y L，Xu X D，et al. Lidar data assimilation method based on CRTM and WRF-Chem models and its application in PM$_{2.5}$ forecasts in Beijing. Science of the Total Environment，2019，682：541-552.

［61］Cheng X H，Hao Z L，Zang Z L，et al. A new inverse modeling approach for emission sources based on the DDM-3D and 3DVAR techniques：An application to air quality forecasts in the Beijing-Tianjin-Hebei region. Atmospheric Chemistry and Physics，2021，21（18）：13747-13761.

［62］程兴宏,徐祥德,安兴琴,等.2013 年 1 月华北地区重霾污染过程 SO$_2$ 和 NO$_x$ 的 CMAQ 源同化模拟研究.环境科学学报，2016，36(2)：638-648.

［63］Zhang Z Y，Xu X D，Lin Q，et al. Numerical simulations of the effects of regional topography on haze pollution in Beijing. Scientific Reports，2018，8：5504. doi：10. 1038/s41598-018-23880-8.

［64］Wang Y J，Xu X D，Zhao Y，et al. Variation characteristics of the planetary boundary layer height and its relationship with PM$_{2.5}$ concentration over China. Journal of Tropical Meteorology，2018，24(3)：385-394.

第3章 我国华北地区大气复合污染与气候变化的相互作用研究

董文杰,吉振明,胡志远,朱献,赵军

中山大学大气科学学院

中国,特别是华北地区的大气复合污染问题严重,对人类健康构成巨大威胁,造成全国和区域社会经济巨大损失。天气气候及其变化是大气复合污染形成的一个重要因素,同时大气复合污染也影响着区域天气气候。天气气候与大气复合污染相互作用是一个复杂的和未解决的科学问题,是国际大气科学和环境科学的前沿问题。

本章基于站点观测、遥感、再分析资料等多源数据,分析中国华北地区大气复合污染的长期变化趋势及其与气候变化相互作用关系;利用气候系统模式,通过敏感试验,研究过去30年大气复合污染物对气候变化的影响及相对贡献,分析以气溶胶为主的大气复合污染所导致的气候模式模拟偏差及不确定性,揭示气溶胶气候效应在气候模式模拟中的关键作用;基于全球-区域嵌套气候环境模式系统,预估华北地区气候和大气复合污染长期变化趋势。本研究着眼于过去及未来中国华北地区气候变化与大气复合污染的相互作用关系,为我国制定应对气候变化和环境污染协同控制政策提供科学依据。

3.1 研究背景

自20世纪80年代,随着我国工业化和城市化的高速发展,一些区域大气污染日益严重,已经成为我国高污染区域之一。近年来我国大气细颗粒物污染十分严重,年平均浓度超过发达国家3～5倍,大气低能见度事件呈现发生频率高、持续时间长及覆盖范围广的特征。2014年,我国74个大城市中只有8个城市达到了国家空气质量标准。大气污染对人类健康构成巨大威胁,造成全国和区域社会经济巨大损失,严重制约了我国社会经济可持续发展。大气污染使我国每年遭受1.1

万亿元的直接经济损失，相当于我国全年 GDP 的 2.5%。同时，大气污染将导致我国每年 120 万人过早死亡[1]，仅在 2005—2010 年，由于污染导致的公共健康相关的经济损失估计超过 6000 亿元人民币（绿色和平组织，2011）。

生态环境部卫星环境应用中心 2014 年遥感监测灰霾和 $PM_{2.5}$ 的结果表明：京津冀地区大气污染情况严重，该区域东南部的北京、天津、保定、石家庄、廊坊、沧州、衡水、邢台、邯郸等地全年的雾霾天数达到了 51~179 天（占全年总天数的 14.0%~49.0%）。同时，大气污染正从一次污染物为主的煤烟型污染转变为多种来源的多种污染物在一定的气象背景条件下由于多种界面间的相互作用构成的复杂大气污染体系[2]，并从城市的局地污染发展为城市群的区域污染[3]。

治理和调控区域大气复合污染因此成为当务之急，国家已经出台了一系列政策和措施治理和调控大气复合污染。在该措施下，区域大气复合污染仍然呈现出局部改善、全局恶化，短期效果明显、长期效果不显著的态势。虽然采用运动式的关停的确会产生局部改善、短期有效的大气复合污染的治理假象，但是其社会经济代价和不可持续性是显而易见的。只有认识导致大气复合污染的成因和机制，有针对性地采取治理和调控措施，才能用最小的社会经济代价取得全局性和可持续性调控和治理大气复合污染的成功。

天气气候及其变化是大气复合污染形成的一个重要因素，在污染物扩散、输送、不同界面间相互作用和不同污染物间相互耦合作用中起着重要作用。但是这种作用对于区域大气复合污染的相对贡献、定量贡献目前还缺乏足够的认识，特别是全球和区域气候变化对于区域大气复合污染恶化趋势的相对贡献缺少基本的认识。大气复合污染同时也影响着区域天气气候。天气气候与大气复合污染相互作用又是一个复杂的和未解决的科学问题，是国际大气科学和环境科学的前沿问题[4]。同时，大气污染的日益加剧已经对区域气候产生了重大影响[5-7]。人为气溶胶（主要是硫酸盐、有机碳、黑碳、硝酸盐）作为大气复合污染物的重要组成物质，是气候变化的重要驱动力之一，它所引起的气候效应和环境问题已引起全世界科学界的普遍关注[8]。IPCC 第五次评估报告进一步阐释了人为气溶胶共同产生变冷效应并对降水产生的影响[9]。大气气溶胶对亚洲季风的影响表现为使亚洲季风减弱以及对干旱和暴雨的影响[10]。

本研究拟深入开展华北地区大气复合污染对气候变化影响程度及其机制的研究，厘清华北地区大气复合污染与区域气候变化之间相对影响过程和相对贡献率，可以为我国制定应对气候变化和环境污染协同控制政策提供科学依据，同时也会增强我国在这一领域的话语权。

3.2　研究现状

对环境和人类健康危害最大的大气复合污染类型是臭氧和颗粒物,天气和气候条件对于这两类污染物形成及输送的影响具有显著不同的特点。目前研究发现,温度与臭氧浓度具有很强的相关性。例如,2003 年夏季欧洲热浪就对应着非常高的臭氧污染[11,12],颗粒物浓度与温度的相关性要弱得多[13],主要是因为臭氧是光化学反应的产物,而颗粒物不仅有直接排放的,还有光化学反应二次形成的,其浓度与大气温度和湿度的关系要复杂得多。有研究表明[14],欧洲气溶胶与云具有负相关关系。模型敏感性实验表明,大气中颗粒物对温度的效应与颗粒物的成分相关,硫酸盐气溶胶与温度具有正相关关系[15],可能是由于气态硫酸主要来源于大气中 SO_2 被 OH 自由基氧化,而硫酸盐气溶胶主要是由气态硫酸转化而来的。随着温度增加,含氮和有机半挥发成分在颗粒相中的挥发性增加,促使其由颗粒态向气态转变[16]。Dawson[17]指出,总体上看美国东部的 $PM_{2.5}$ 对气温的负的依赖性在冬季是 $2.9\% \ K^{-1}$,在夏季为 $0.23\% \ K^{-1}$,冬季效应大是因为含氮气溶胶的丰度高,增加 $PM_{2.5}$ 对温度的负相关性。

由降水产生的湿沉降具有很高的清除效应,颗粒物浓度随着降水频率的增加而减少,降水量的影响不显著[18]。风速与混合层深度的变化对颗粒物的影响要比对臭氧影响大得多。在有大风条件下,颗粒物浓度甚至会降低两个数量级,而臭氧减少连一个数量级都不到[19]。湿度和云对颗粒物的影响也是很显著的,相对湿度增大会增加吸湿性颗粒物的含水量,进而吸收半挥发成分,但是仅限于如含氮颗粒物等吸湿性颗粒物,对其他颗粒物则影响较小[19]。华北地区受独特地形和大陆东岸天气气候型的影响,天气气候因素对区域污染的影响尤其明显。通过对 2000—2001 年采暖期重污染天气型演变、垂直温湿层结结构及区域污染特征的研究发现,华北平原区域性同步污染现象受制于高空持续稳定的西风及低空各类稳定的天气型配置,区域性重污染温湿层结多为喇叭口状[20]。特别指出的是,当地面天气形势由低压类控制时,容易引起污染物在北京地区的汇聚和聚集,而有利于污染物扩散的风向以北风或西北风为主[21]。例如针对 2014 年 2 月华北地区一次重污染天气过程的综合分析表明,平稳的高空环流形势、地面华北弱低压为污染天气的发生、发展和维持提供了有利的气象条件,而地面静风和无风天气与污染过程维持时间较长具有密切联系[22]。

目前对于影响大气污染主要气象条件长期变化的趋势也有一定的研究,但仅限于从各种气象要素及气候特征的角度出发进行研究。华北地区气温的变化与全国气温的变化近乎一致,都表现出上升趋势,只是变化幅度有差异[23]。1961—2009 年华北区域平均增温幅度为 $0.44℃$ decade^{-1},降水量呈减少趋势,减少幅度为 9.3 mm decade^{-1}[24]。对于风速,长期变化趋势的研究表明,近年来中国区域的风速呈现减弱的趋势[25],而华北区域风速在 1957—2006 年也呈现减小的趋势,部分台站的风速减小趋势达到了 $-0.2 \sim -0.5$ m s^{-1} decade^{-1}[26],这有可能减弱大气流动对污染物扩散的驱动力,给环境空气质量带来负面的影响[27, 28]。一些研究则关注大气污染(如持续性霾)的整体气候特征和长期演变特征。例如,对 1998—2000 年北京地区 SO_2 污染的特征和气象条件的分析表明 SO_2 的污染具有明显的季节变化、日变化和区域变化特征,而影响 SO_2 浓度变化的主要气象要素有地面和高空风速以及地面最低温等[29]。

已有的研究为确定影响华北地区大气污染主要气象要素的长期变化特征提供了重要的基础,然而针对大气污染的气候要素的综合分析仍然十分缺乏,限制了对于大气复合污染长期趋势的理解,以及气象要素和大气污染相互影响机制的认识等。

3.2.1 大气污染传输过程的模拟研究

准确掌握大气污染物的排放、传输过程是量化大气污染影响的重要环节。大气中的碳、氮循环等生物地球化学耦合过程在气候变化中的作用得到越来越多的重视[30]。大气化学传输模式是研究大气污染物传输的重要工具。该模式通过分析排放源种类及浓度、解质量守恒方程,模拟大气污染物物理化学过程[31]。经过多年的发展,已形成 WRF-Chem、CMAQ、CMAx、GEOS-Chem 等主流的大气化学传输模式[32]。区域大气动力-化学耦合模式 WRF-Chem,由于其对气象模式与化学传输模式在时间和空间分辨率上的完全耦合,实现了真正的在线反馈,可模拟多污染物间的协同效应,应用广泛,如对 O_3 的变化及分布的研究[33, 34]、对人为排放的研究[35]、气溶胶辐射效应[36]、模拟分析京津冀地区夏季大气污染物的分布及演变[37]。RAMS 模式是由美国科罗拉多州立大学开发的中尺度数值模式系统,研究表明 RAMS 模式对风场具有较好的模拟,是研究大气边界层湍流特征中使用最广泛的模式之一[38]。无论 WRF-Chem 还是 RAMS,这一类大气化学传输模式受排放源清单准确性的影响,因此需要更为细致的排放源清单数据以提高模式模拟精准度。

对于天气模式、气候模式、大气化学传输模式,资料同化对模式模拟能力有显著影响[39-41]。在对大气污染物的研究中,资料同化不仅可以为模式提供更准确的初始条件,还可以用来改进对排放源以及边界条件的估计,进而改善对空气质量的预报效果[42]。近年来随着卫星对地观测技术的迅速发展,利用遥感方法定量估算大气污染物排放的方法逐渐成为排放源清单的验证方法和手段之一,特别是在区域和国家等中尺度以上的排放源清单验证上应用较为广泛。例如 MOPITT（Measurement of Pollution in the Troposphere），它是由加拿大搭载在美国 EOS（Earth Observation System）/Terra 卫星上的一个 8 通道的气体相关光谱仪。通过 MOPITT 获取的 CO_2 数据为估计 CO_2 源排放提供了一个重要数据基础。目前国内外很多研究者正是通过 MOPITT 卫星数据估算 CO_2 排放量。如 Martin[39] 和 Zhang 等人[43]利用 GOME 卫星数据反演的 NO_2 数据，通过全球三维化学传输模型 GEOS-Chem 获得 NO_x 排放清单；Lin[44] 和 Zhao 等人[45]分别利用 OMI 和 GOME2 反演的 NO_2 数据估算东亚及中国的 NO_x 排放清单。

3.2.2　大气复合污染对区域天气气候的影响

大气复合污染，特别是作为大气复合污染主要组成物质的大气气溶胶，通过改变大气辐射过程以及云微物理过程显著影响局地、区域乃至全球气候。一般地，气溶胶对于区域天气气候的影响可以分为直接效应和间接效应。直接效应就是对于太阳辐射的阻挡作用，在一定程度上起到了区域降温的作用。但是，更为复杂的过程是间接效应，通过改变云的形成显著影响区域天气气候事件。气溶胶和云的相互作用比较复杂，目前是气溶胶领域的一个前沿研究课题。一般来说，云凝结核浓度随超细气溶胶颗粒物浓度增加而增加，导致云增加，从而增加大气（云）对太阳辐射的反照率（云反照率）。Jones 等人[46]指出当前气溶胶使气候变暖来得稍迟，但将来会变暖得更剧烈，同样地，Andrea 等人[47]指出当前气溶胶的降温作用越强意味着未来会变得越热。

不同气溶胶对区域气候的影响研究目前已经取得很大的进展。例如有研究指出，亚马孙森林区域自然气溶胶粒径谱大，有利于云和降水增加[48,49]，人为气溶胶（污染）则相反；中纬污染霾使极地云长波发射增加，云变薄变少[50]。亚洲棕色云会放大亚洲区域气候变暖趋势[51]等。关于污染对天气的影响，甚至有模拟研究表明[52]，污染的大气会更容易产生雷暴。也有人把因为人类作息时间的周期性导致的污染排放的周期性与天气变化的周期性联系起来，发现了所谓"周末效应"[53]。

中国大气复合污染对区域气候的影响研究主要集中在对硫酸盐、黑碳和有机碳三种大气气溶胶的直接气候效应的分析。基于区域气候模式研究指出硫酸盐的直接效应使得我国地面气温降低，降温在冬半年和南方更为显著[54,55]，黑碳气溶胶在大气层顶产生正的辐射强迫，在地表产生负的辐射强迫，对地表温度的影响具有地区和季节差异[56-58]。大气污染在影响空气温度的同时，也在显著地影响着区域降水。利用耦合化学过程的区域气候模式研究指出气溶胶直接气候效应使得冬季东亚大部分地区温度降低、降水减少[59,60]。基于大气模式 CAM3，刘超等[61]指出在单独硫酸盐气溶胶浓度增加时，东亚中部出现最显著的中下层大气降温、异常下沉气流以及降水减少；黑碳气溶胶单独作用时，出现在东亚中部的异常下沉气流强度减弱且位置偏南；在同时增加两类气溶胶浓度时，降水异常分布与单独黑碳气溶胶浓度增加所导致的降水异常相近，但强度减小。

尽管针对气溶胶的气候效应开展了大量的研究，但仍存在很大的不足，主要体现在以下几个方面：①IPCC AR5 指出相对于气溶胶的直接效应，气溶胶间接效应更为显著和重要，但大部分研究主要围绕气溶胶的直接效应开展，研究中缺乏对气溶胶的间接效应的考虑或者对其考虑过于简单。②未来气候变化情景导致的气候气象要素的变化对大气污染物的影响还缺少系统性的研究，特别是大气污染物和气候变化之间相互影响过程有待深入研究。③由于大气气溶胶生命期较短且分布不均匀，气溶胶的丰度及其气候效应随时间和空间具有高度可变性。以上研究大多是基于东亚或者中国区域，空间尺度较大，缺乏对典型的局地气候影响的细致分析和研究。综合以上不足，我们有必要选择典型区域，并对其大气复合污染的气候效应及机制进行深入、细致和系统的研究。

3.3 研究目标与研究内容

华北地区大气污染是在本地污染物加剧排放和气候变化双重因素作用下的结果。气候变化，特别是由于全球变暖导致的气象要素的变化，在多大程度上改变了该地区的大气污染状况仍然是一个悬而未决的科学问题。中国正在实行空气清洁计划，以降低工业大气污染物排放，华北地区是重点治理的主要地区。同时，该地区未来在不同的温室气体排放路径下，气候要素将发生显著变化，亟须研究在未来气候变化情景下，华北地区大气污染的程度及其与未来区域气候变化的相互作用。

本项目基于区域气候-大气化学模式，结合站点观测、遥感、再分析资料和污染物排放清单等多源数据，研究中国华北地区区域气候变化与大气复合污染的相互作用关系，特别关注近三十年气候变化背景下大气污染的变化趋势，结合模式模拟，研究大气复合污染对中国华北区域气候的影响及相对贡献。具体包括以下三个方面的研究内容。

（1）华北地区气候变化对大气复合污染的影响

综合利用气象观测数据、空气质量监测数据、区域污染物排放源和卫星遥感数据等，分析华北地区大气复合污染的长期变化趋势，揭示关键气象要素变化对于大气污染程度的影响，检验和分析区域气候变化对于大气污染在空间和季节性上影响的差异。

（2）华北地区大气复合污染动态变化模拟研究

利用 WRF-Chem 嵌套模式系统，结合再分析气象资料、全球模式输出资料等，动态模拟我国华北区域过去 30 年和未来 30 年的大气污染的变化，评估模式对长期天气气候的模拟能力。在此基础上，基于大气污染排放清单，模拟主要大气污染物成分变化，并分析模拟的不确定性，探究天气气候因素和污染排放源对大气复合污染长期变化的相对贡献。

（3）全球-区域嵌套气候环境模式系统对华北地区区域气候和大气复合污染长期变化趋势的预估

基于嵌套气候环境系统模式，针对 RCPs 情景，考虑污染源减排因素，开展华北地区区域气候和大气污染物变化趋势预估，给出在多种不同情景下未来华北区域气候变化和大气复合污染的定量趋势预估。分析在未来不同气候变化背景下，不同减排力度对应的空气质量改善的水平。

3.4　研究方案

基于卫星遥感和再分析资料分析我国华北地区复合污染的长期变化趋势及其与气候变化相互作用关系，具体研究方案如下：

（1）收集和整理近二十年（2000—2019）来气溶胶的卫星遥感观测数据和再分析资料，如 MODIS 和 MISR 反演的气溶胶光学厚度数据、CERES 反演的气溶胶辐射通量数据以及 MERRA-2 模拟的气溶胶光学厚度和气溶胶辐射通量资料。分析华北地区污染物的空间分布特征。

（2）基于二十年的气溶胶光学厚度数据，利用百分位数方法挑选出位于 90% 的气溶胶光学厚度值作为极端污染的阈值。然后利用最小二乘回归分析方法、Theil-Sen 趋势分析方法、Mann-Kendall 趋势分析方法分析华北地区近二十年来极端污染事件的变化趋势。同时，引入 Kolmogorov-Smirnov 检验方法检测每个格点极端污染变化趋势是否显著。

（3）在（2）的基础上，对比极端污染情况下不同气溶胶成分的变化趋势，探讨不同气溶胶成分对我国华北地区极端污染事件的影响。进一步分析华北地区气溶胶对大气层顶、大气中和地面辐射通量的变化趋势。揭示华北地区极端污染事件的主要贡献因子及其对气候变化的影响。

基于区域气候-化学模式和高时空分辨率的大气污染排放清单，量化气候变化对于华北地区大气污染的影响，预估大气复合污染对区域气候变化的相对贡献，遵循如图 3.1 所示的技术路线。

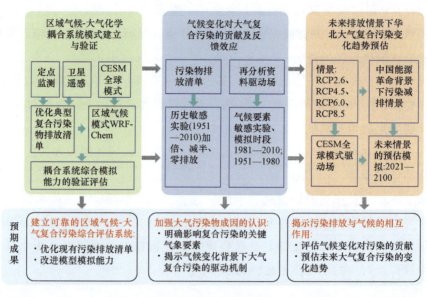

图 3.1　技术路线图

利用 NCEP（National Centers for Environmental Prediction）的再分析资料作为 WRF-Chem 区域模式的初始场和侧边界条件实现动力降尺度并进行长期气候态模拟，对我国华北地区展开模拟分析，模拟时间段为 1986—2005 年。同时，在区域气候-化学模式中引入 MODIS 卫星资料反演的下垫面土地，利用资料和典型复合污染排放清单以改进模拟。最后基于中国地面气候资料日值数据集（756 个站）和高空气候标准值月值数据集（131 个站）对模式的模拟结果进行历史检验，得出模拟研究区域气候变化能力较好的参数化方案。

实验包括：实验一主要通过历史检验对区域模式的模拟能力进行评估，从而得出适合研究区域的区域气候-化学模式以及相应的物理化学参数系统。实验二是基于不同的大气排放情景对 1986—2005 年的气候贡献进行评估，加深对大气复合污染对气候变化的相对影响的认识。实验三是基于未来气候变化情景和人类活动造成的大气排放的未来情景开展情景模拟，预估区域排放对未来气候变化的相对影响。

3.5　主要进展和成果

3.5.1　极端污染事件的长期变化趋势及辐射效应

本研究主要利用 MODIS 和 MISR 卫星遥感数据和 MERRA-2 再分析资料，分析 2000—2020 年亚洲区域气溶胶光学厚度（AOD）和极端污染事件的时间变化趋势。首先,我们对比分析了不同数据中气溶胶光学厚度的分布特征,结果表明 MERRA-2 在主要沙漠区域的光学厚度明显大于 MODIS 和 MISR。但是在中国东部地区,MERRA-2 模拟的光学厚度与 MODIS 和 MISR 一致,这主要受人为气溶胶的影响,区域平均值为 0.6。总体而言,利用以上三种数据研究亚洲地区极端污染事件的变化趋势是合理的。

中国东部地区 AOD 的年际变化趋势表明,2000 年 3 月至 2011 年 2 月(定义为第一阶段),中国东部和印度次大陆的 AOD 呈增加趋势;2011 年 3 月至 2020 年 2 月(定义为第二阶段),中国东部的 AOD 呈减小趋势,而印度次大陆的 AOD 随时间没有明显变化(图 3.2)。进一步分析表明,在第一阶段,中国东部 AOD 变化趋势的年平均值为 +0.11(MODIS)和 +0.18 decade^{-1}(MERRA-2),印度次大陆的年平均值为 +0.06 decade^{-1};而在第二阶段,中国东部的 AOD 趋势转变为 −0.30(MODIS)~ −0.18 decade^{-1}(MERRA-2),但是在印度次大陆,AOD 变化趋势统计不显著(详见 Hu et al.,2022)。同时,我们分析了 AOD 的季节变化,结果表明中国东部地区第一个阶段最强烈的正变化趋势出现在 MODIS 数据统计的夏季(+0.14 decade^{-1})和 MERRA-2 数据统计的春季(+0.20 decade^{-1});第二个阶段,最强烈的负趋势出现在夏季,分别为 −0.43 decade^{-1}(MODIS)和 −0.23 decade^{-1}

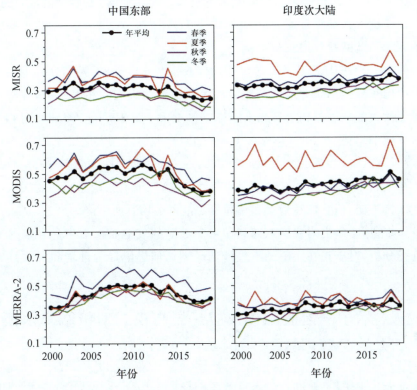

图 3.2　2000—2020 年中国东部和印度次大陆气溶胶光学厚度(AOD)的时间变化[62]

（MERRA-2）。在印度次大陆，第一个阶段最强烈的正趋势发生在春季，分别为＋0.11 decade^{-1}（MODIS）和＋0.09 decade^{-1}（MERRA-2）；第二个阶段，该地区大部分 AOD 趋势不显著，因此这里不讨论。利用 MERRA-2 再分析资料分析不同成分气溶胶的变化趋势，结果显示这些变化趋势主要是由硫酸盐气溶胶引起的。总体而言，MODIS 和 MERRA-2 在空间和时间尺度上都表现出相对一致的 AOD 趋势。因此，我们可以利用 MERRA-2 对极端污染事件变化趋势进行分析。

基于 MERRA-2 再分析资料，我们分析了极端污染事件的年际和季节变化趋势。结果表明，中国东部地区极端 AOD 事件在第一个阶段呈现正的趋势（＋0.16 decade^{-1}）；而在第二个阶段呈现负的趋势（－0.11 decade^{-1}），其中中国东北地区负趋势更加明显。但是在印度次大陆，极端 AOD 事件没有明显的变化趋势，这是因为硫酸盐的正变化趋势被沙尘负变化趋势抵消。我们进一步分析了极端 AOD 事件季节变化，结果表明在第一个阶段中国东南地区春季的极端 AOD 变化趋势最强，为＋0.6 decade^{-1}，而第二个阶段东北地区夏季的极端 AOD 变化趋势最强，为－0.60 decade^{-1}。另外，中国东部的极端 AOD 天数在第一阶段呈增加趋势（＋3.6 days month^{-1} decade^{-1}），在第二阶段呈减小趋势（－3.6 days month^{-1} decade^{-1}）；印度次大陆极端 AOD 天数在第一阶段呈增加趋势（＋1.5 days month^{-1} decade^{-1}），但是第二阶段变化不明显。总体而言，在两个阶段，中国东部经历了比印度次大陆更迅速的极端 AOD 事件和极端 AOD 天数变化，这些变化在两个地区都以硫酸盐气溶胶为主。

另外，基于 CERES 卫星数据和 MERRA-2 再分析资料，我们分析了气溶胶的变化对中国东部包括华北地区及印度次大陆辐射的影响。在第一个阶段，中国东部和印度次大陆地表的辐射呈减小趋势（－3.2 和－2.2 W m^{-2} decade^{-1}），大气中的辐射呈增加趋势（＋1.4 和＋2.5 W m^{-2} decade^{-1}）。在大气层顶，中国东部的辐射呈减小趋势（－1.8 和＋0.3 W m^{-2} decade^{-1}），而印度次大陆则没有一致的变化趋势。在第二个阶段，中国东部辐射趋势发生逆转（变成正趋势），印度次大陆辐射趋势则保持不变，但它们在量级和空间覆盖范围上均有所下降。

总体来说，本研究对我国东部和印度次大陆的气溶胶极端事件和辐射的长期趋势进行分析，对于正在实施的空气清洁计划如何影响局地环境和气候具有重要的意义。

3.5.2 揭示了气溶胶间接效应是提高模式对极端降水模拟能力的关键因素

在过去几十年里，亚洲三个人口最多的地区（分别是印度、中国南部和中国北部）观察到较为显著的干-湿-干降水变化趋势。然而，导致这一趋势持续 30 年的原因尚不清楚,关于自然变率、温室气体、土地覆盖和气溶胶的影响性存在各种观点。以往的大多数研究都未能同时对这三个主要因素提供一个完整的解释。

研究发现,参加 CMIP5 计划的多数全球模式模拟的极端降水存在低估的问题。我们通过分析 8 套观测和再分析资料,发现 1979—2005 年,年平均降水量和极端降水量在印度和中国北部均以每年 0.2% 的速率下降,而在中国南部则以每十年 0.2 mm 的速率呈增加趋势[63]。即在印度-中国南部-中国北部呈现出"变干-变湿-变干"的趋势。值得注意的是,尽管各种观测数据集表现了 20 世纪末趋势的一系列不确定性,但 8 个数据集之间的总体一致性很高,模式相关性为 0.5~0.8。

根据模式对气溶胶-云相互作用的处理,将由所有历史强迫(温室气体、气溶胶、臭氧和自然强迫)驱动的 CMIP5 模式实验划分为三组,即:只考虑气溶胶直接效应(记为 A 组实验);同时考虑了直接效应和第一间接效应(记为 B 组实验);完整考虑了直接效应、第一间接效应和第二间接效应(记为 C 组实验)的模式集合。

我们对 CMIP5 模式分组并分析了观测的极端降水指数 RX1day(每个月当中最大的日降水量)在 1979—2005 年的线性趋势(详见 Lin et al.,2021)。结果表明,尽管所有模式都合理地模拟出气候态降水,但 A 组模式完全忽视了印度(0.2% decade^{-1})和中国华北地区变得湿润这一区域降水的主要特征,导致与观测到的降水趋势呈负相关。当包含更复杂的气溶胶-云方案时,模式性能得到改善。尤其是当云反照率和云寿命效应都包含在模式中时,三个区域的趋势都能被很好地再现,即 RX1day 印度(0.1% decade^{-1})和中国北部(0.1% decade^{-1})的负相关趋势和中国南部(0.2 mm decade^{-1})的强湿润趋势。C 组模型和观测之间的模式相关性显著正相关,尽管值很小,为 0.1~0.2。弱相关性是可以理解的,因为尽管区域趋势有广泛的一致性,但在模式和观测结果中,异常中心并不精确地位于同一位置。考虑到工业化前的控制模拟中 27 年趋势的大样本与观测值之间的模式相关性所代表的模拟噪声,C 组与观测值之间的正模式相关性被认为是显著的,而其他两组的模式相关性接近于零或为负值。在比较 1979—2005 年降水时间序列的时间相关性时,也发现了类似的结果。尽管存在较大的 0.4 到 0.6 的相关值,但只有 B 组和 C 组模拟显著正相关。

自然变率对区域降水趋势的贡献可能是深远的,特别是在较短的时间内,因此很难将其归因到外部因素。观察到的干-湿-干模式仅仅是由自然变化引起的,这种可能的论点需要仔细审查。我们从 22 个可用模式中随机抽样了控制实验工业化前的许多个以 27 年为周期的样本,并计算了模拟和观测的 1979—2005 趋势之间的模式相关性。工业化前的控制模拟[图 3.3(d)]中接近于零的相关性否定了观察到的趋势可能是由于自然变化引起的解释。相反,在仅气溶胶强迫下[图 3.3

（c）]，C组模式比仅温室气体模拟[图3.3（b）]具有更高的正模式相关性。这使得C组模式在全强迫历史模拟中的性能更好[图3.3（a）]。

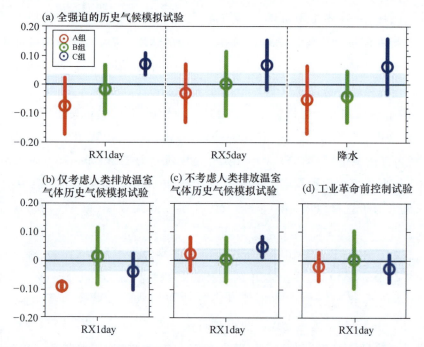

图3.3　历史模拟中的模拟趋势（A、B和C组）与RX1、RX5的观测值以及印度、中国北部和中国南部的平均降雨量之间的模式相关性。（a）全强迫；（b）仅温室气体；（c）仅气溶胶；（d）工业化前的控制模拟。垂直线表示一个标准偏差。水平的蓝色阴影表示为噪声级，噪声级计算为PI控制模拟与观测之间的模式相关系数[63]

因此，完整考虑直接效应、第一间接效应和第二间接效应可以同时模拟出印度-中国南部-中国北部在1979—2005年"变干-变湿-变干"的趋势。而其他模式组合，如单纯考虑直接效应，或直接效应叠加第一间接效应的模式，并不能较好地模拟出过去近三十年亚洲重度大气污染地区降水的变化趋势。

通过分析模式模拟中总云量和地表向下短波辐射通量的EOF结果，发现仅包含气溶胶直接效应的模式难以捕捉长达一个世纪的温度趋势。参与CMIP3的模式（大多数模式不包括气溶胶间接效应）往往高估了20世纪的全球变暖。基于此，许多参与CMIP5的模式引入了气溶胶间接效应，但复杂程度不同。一些模式只考虑了云层反照率的影响，通过这些影响，气溶胶增加了云滴的数量，从而增加了云层的亮度，而另一些模式进一步引入了更小的云滴，延长了云层的寿命，从而提高了云层覆盖率，从而增强了太阳辐射的反射。为什么C组模式在捕捉长期极端降水趋势方面优于同类模式？与模拟出中国云量减少的A组模式相比，C组模式的云量增加幅度最大。云量增加幅度较大(0.5%～1.5% decade⁻¹)导致地表辐射减少,这与观测记录一致。地表变暗使陆地和邻近的海洋变冷,这在 C 组模型中更是如此。由于海洋蒸发更少,大气水分流入更弱,这导致了极端降雨的变化。

因此,气溶胶第二间接效应在亚洲重污染地区影响降雨和极端降雨的物理机制可简单概括为:第二间接效应使云滴变得更小和更多,这样就导致更多的云量。更多的云量导致地表太阳辐射降低,从而降低了海温,减弱了水汽输送。

由于气溶胶强迫作用的减弱,21 世纪末的气候变化将由温室气体强迫和大气基本特性(如云动力学和对流)主导。但应该指出的是,由于发展中国家正在经历自 20 世纪 70 年代以来西方世界所经历的快速清洁空气计划,今后几十年的过渡可能是人类历史上一个独特的时期,主要的人为气候强迫正在逆转其进程(另一个例子是臭氧空洞的恢复)。

以上研究结论对未来气候变化预估将产生一定程度影响。我们进一步对 CMIP5 模式分组,并预估了 RCP4.5 场景下中国和印度在 2031—2050 年相对于 1979—2005 年的极端降水变化[63]。模拟结果显示,在同样的排放情景下,包括气溶胶直接和间接效应的模式在中国预估了更多的极端降水。C 组模式对过往时段的模拟具有较大的气溶胶冷却,并且在捕捉极端降水趋势方面表现更好(图 3.4)。在中等排放情景下(RCP4.5),C 组模型预测的 RX1day 增加量在 2031—2050 年为 2 mm(当前值的 14%),比 A 组模式预测的结果增加 50%。大多数发展中国家(包括中国)的人为气溶胶排放量预计在 21 世纪上半叶会减少,但温度响应(因此降水量增加)将滞后于强迫变化。这就解释了为什么在 21 世纪后半叶,A 组和 C 组之间的差异仍然显著。另外,南亚的排放量要到 21 世纪后期才会减少;因此,它对增强降水的影响很小,这解释了 A 组和 C 组预测之间的差异很小。

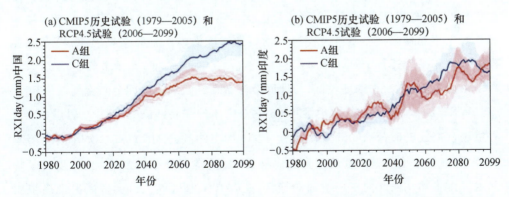

图 3.4　RCP4.5 场景下,CMIP5 模式分组预估(a)中国和(b)印度 2031—2050 相对于 1979—2005 极端降水变化。(a)和(b)中阴影区域代表一个标准偏差。A 仅考虑直接效应;C 考虑了直接效应和第一、第二间接效应[63]

基于气候模式分析的主要结论,近几十年来快速增加的气溶胶排放是区域降水变化的主要驱动力,而温室气体和自然变率未能解释这三个区域的变化。除了具有气溶胶强迫的模式可以更好地模拟降水趋势的结论外,具有先进的处理气溶胶-云相互作用(如云寿命效应)的模式可以更好地捕捉降水,特别是极端降水的变化趋势。这表明,在 CMIP5 模式中加入复杂的参数化方案(通常是基于小尺度过程研究开发的),最终会导致模拟大尺度长期气候趋势的重大改进,对气候模式及其未来气候变化预估来说具有重要意义。

3.5.3 全球-区域嵌套气候环境模式系统对华北区域气候和大气复合污染变化趋势的预估

利用再分析资料作为初始场和边界条件,对区域气候大气化学模式 WRF-Chem 的模拟能力进行了全面验证,包括气温、降水、大气环流场、气溶胶光学厚度和气溶胶近地面浓度等要素。结果表明,观测和模拟结果呈现出较一致的空间分布,在局部地区存在模拟偏低的情况。对工业和人口稠密地区(包括京津冀和华北沿海地区)的 AOD 较高[64]。WRF-Chem 输出结果与 MODIS 相比,低估了华北地区的 AOD。低估的原因一是本研究并未考虑自然源沙尘气溶胶的影响,二是模拟的夏季降水偏多,导致湿清除过程偏多,气溶胶浓度减少。

使用了生态环境部环境质量空气指数(AQI)计算方法,对比 WRF-Chem 模式模拟的 AQI 与生态环境部监测数据,以评估模式对华北及其周边区域大气复合污染时空分布的模拟能力。结果表明,WRF-Chem 模式能够较合理地模拟出华北地区 AQI 的空间分布,对于污染区,即空气质量三级或以上等级的区域,模式有较好的模拟效果。但也存在一定程度的偏差,主要表现为:模拟值较观测值偏高,如在长三角地区,监测显示该区域空气质量为优良级,而模拟显示为轻度或中度污染等级。对于华北地区主要城市大气污染物地面浓度的模拟检验结果表明,模式能够模拟出多年平均逐日 $PM_{2.5}$、PM_{10}、SO_2、NO_2 的地面浓度,其季节特征表现为冬春季浓度较高,夏秋季浓度较低,与地面监测数值在量级和时间分布上均较一致。

WRF-Chem 模拟的华北地区 1986—2005 年的主要污染物 $PM_{2.5}$、黑碳(BC)、有机碳(OC)、硫酸盐(SO_4^{2-})、硝酸盐(NO_3^-)、铵盐(NH_4^+)和二次有机气溶胶(SOA)的年平均质量浓度的空间变化与 AOD 的空间分布一致[64],也表现出了华北地区污染物从西北向东南增加的趋势,主要在工业区或人口稠密区出现高浓度污染。$PM_{2.5}$ 浓度及其主要化学组分呈现出相似的空间分布。在京津冀地区,年平均 $PM_{2.5}$ 浓度最高。河北、河南和山东的黑碳浓度高于其他地区。

华北地区 $PM_{2.5}$ 年均变化基本在 $26\sim32\ \mu g\ m^{-3}$ 范围内(图 3.5)。$PM_{2.5}$ 的大

部分组成成分来自 OC,其次是 NO_3^-、BC、NH_4^+、SOA 和 SO_4^{2-}。总 $PM_{2.5}$ 浓度的波动受到 NO_3^- 和 OC 变化的影响。它们的浓度范围分别为 $5\sim7\ \mu g\ m^{-3}$ 和 $12\sim14\ \mu g\ m^{-3}$。1986—2005 年年均含碳气溶胶(OC 和 BC 之和)波动较大,1995 年达到峰值。而 BC、SO_4^{2-}、SOA 和 NH_4^+ 年均值变化相对稳定。多年平均浓度分别为 $4\ \mu g\ m^{-3}$、$1.8\ \mu g\ m^{-3}$、$3.2\ \mu g\ m^{-3}$ 和 $2.4\ \mu g\ m^{-3}$,在 $PM_{2.5}$ 中的比例约为 14%、6%、11% 和 9%。大气中的 NH_4^+、NO_3^- 和 SO_4^{2-} 基本上是由前体气体发生化学反应形成的二次无机离子。二次无机离子(SO_4^{2-}、NO_3^-、NH_4^+ 的总和)在 $9\sim12\ \mu g\ m^{-3}$ 的范围内,占年平均 $PM_{2.5}$ 的三分之一。

冬季平均 $PM_{2.5}$ 浓度最高,夏季最低。华北地区的空气污染主要发生在秋季和冬季(图 3.5)。华北地区冬季产生的高 $PM_{2.5}$ 与供暖期排放量高叠加较差的扩散条件有关。春季和夏季的 OC 和 BC 浓度低于秋冬季。碳质气溶胶的季节性变化应与该地区生物质燃烧有关。二次无机离子也有显著的季节性变化,如冬季二次无机离子占 $PM_{2.5}$ 浓度的 50%,在夏季其仅占 18%。注意到 NO_3^- 从 $8\ \mu g\ m^{-3}$ 增加到 $12\ \mu g\ m^{-3}$,这是冬季 $PM_{2.5}$ 浓度升高的主要原因之一。基于与前人研究的一致性,证明了该模式对华北地区大气复合污染有较好的模拟能力。

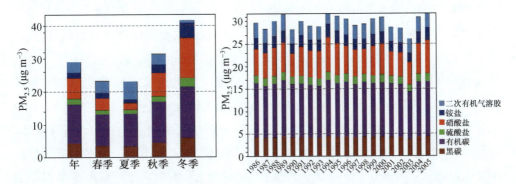

图 3.5　1986—2005 年多年平均和季节平均 $PM_{2.5}$、黑碳(BC)、有机碳(OC)、硫酸盐(SO_4^{2-})、硝酸盐(NO_3^-)、铵盐(NH_4^+)和二次有机气溶胶(SOA)近地面浓度($\mu g\ m^{-3}$),右图为逐年平均的分布情况。

基于验证的全球-区域嵌套气候环境模式系统,预估了 RCP4.5 和 RCP8.5 情境下,华北地区大气复合污染及主要污染物的变化趋势[64]。RCP4.5 和 RCP8.5 情景下,21 世纪中期,华北地区春、夏季平均 AOD 的变化都相对较小;秋季 AOD 的数值减小,表明华北地区秋季总体污染物水平将略减小。RCP8.5 情景下,冬季 AOD 数值将略增加。

夏季平均 AOD 最大,其次是冬季、秋季和春季。RCP4.5 和 RCP8.5 情景下,AOD 数值的变化范围分别为:春季 0.08~0.48、夏季 0.16~0.68、秋季 0.12~0.48 和冬季 0.08~0.56。京津冀地区 AOD 季节性变化峰值在夏季,达到 0.68。

其他季节的最大值分别为 0.52（冬季）、0.48（秋季）和 0.44（春季），主要位于京津冀地区。RCP4.5 情景下，秋季 AOD 下降幅度最大，范围为 0.02~0.08，尤其是在河北和河南。RCP8.5 情景下，冬季，模拟 AOD 的变化较 RCP4.5 情景有所不同。RCP4.5 情景下，除京津冀外，华北区域 AOD 减少。然而，在 RCP8.5 情景下，模拟 AOD 在整个华北中表现出明显的增加，最大增幅超过 0.06。进一步比较了 RCP4.5 和 RCP8.5 情景之间 AOD 的季节性差异。在 RCP4.5 情景下，春夏季 AOD 略小于 RCP8.5。与 RCP4.5 相比，秋季 AOD 在华北地区西部略有增加，但在 RCP8.5 下京津冀地区下降。重要的是在冬季，RCP8.5 情景下，AOD 在京津冀、河南的增加，意味着这些地区将面临更为严重的空气污染。

华北地区 $PM_{2.5}$、PM_{10}、NO_2、SO_2 的地面浓度显著增加，其增加的年平均浓度分别达到 3 $\mu g\ m^{-3}$、5 $\mu g\ m^{-3}$、1 $\mu g\ m^{-3}$ 和 1 $\mu g\ m^{-3}$。而同时期 RCP8.5 情景下，华北地区 $PM_{2.5}$、PM_{10}、NO_2、SO_2 年平均地面浓度的增幅高于 RCP4.5，但存在明显的区域差别。其中北京南部、天津及河北中部地区 $PM_{2.5}$ 年均地面浓度减少 0~3 $\mu g\ m^{-3}$，而河北北部、河北南部、山东及河南北部地区 $PM_{2.5}$ 年均地面浓度显著增加。PM_{10} 的变化与 $PM_{2.5}$ 的变化在空间分布上较一致。NO_2 表现为天津、山东中东部地区减少 1 $\mu g\ m^{-3}$；北京、河北、山西、河南及山东西部地区增加，华北南部地区的增幅超过 1 $\mu g\ m^{-3}$。华北地区 SO_2 地面浓度整体表现为增加，仅在京津交界地区、胶东半岛及江苏北部沿海地区较少 0.2~0.4 $\mu g\ m^{-3}$。

预估了 21 世纪中期 RCP4.5、RCP8.5 情景下华北地区不同程度污染天数的变化。结果表明，未来，华北地区轻度污染（三级）天数呈现明显上升的趋势，其中 RCP4.5 情景下，京津冀地区轻度污染（三级）天数年均增加 30~40 天，河北南部、山东、江苏北部及河南北部地区增加 20~40 天；RCP8.5 情景下，轻度污染天数较 RCP4.5 情景年均增加 8~16 天。严重污染（六级）天数在京津冀城市区呈现增加趋势，其中 RCP8.5 情景下年均增幅为 16~20 天，RCP4.5 情景下增幅为 4~16 天。

华北地区受东亚季风影响，降水主要集中在夏季，其次是秋季、春季和冬季。与历史时期相比，在两种情景下，预计春季整个华北的降水量将增加。值得注意的是，夏季降水增加最大，京津冀地区值为 1.5 $mm\ d^{-1}$。在区域尺度上，降水变化对春夏季污染的响应较好。秋季降水变化均呈整体下降趋势。在 RCP4.5 和 RCP8.5 情景下，整个华北地区冬季降水总量增加，为 0.2~0.6 $mm\ d^{-1}$。RCP8.5 情景下冬季污染物增加可能是由于降水增加不明显，但为空气气溶胶提供了湿度条件，有利于气溶胶吸湿增长，从而增加 $PM_{2.5}$ 的浓度。

两种情景之间结果的比较显示，夏季的变化与春季的变化相似，但数值更大。河北南部及周边地区降水量减少 0.6~1.2 $mm\ d^{-1}$。结果表明，RCP8.5 情景下冬季相对湿度的增加造成更严重的污染。

两种 RCP 情景下边界层高度在夏季最高,冬季最低[64]。可能的解释是夏季较高的太阳辐射和热通量导致地表加热更强,进而产生更强的湍流和对流。与历史时期相比,在两种情况下,春季除中部地区外,华北大部分地区的边界层高度均有所增加。在夏季,观察到华北的大部分地区的边界层高度变低,特别是在京津冀,减少了 8～40 m。而在秋季,基本上整个华北地区都发生了边界层高度的升高。相应地,秋季 PM$_{2.5}$ 浓度和 AOD 均呈下降趋势。冬季,两种情景下边界层高度发生了相反的变化。这主要是由于两种情景之间不同的热状态引起的湍流过程的变化。RCP8.5 引起的下降,随着边界层高度的变化,直接影响了华北地区 PM$_{2.5}$ 浓度的分布和幅度。两种情景的差异表明,春季边界层高度下降了 16～31 m。然而,在夏秋季节,相对于 RCP4.5,RCP8.5 的边界层高度增加,增幅为 8～32 m。RCP8.5 可使冬季边界层高度明显降低,河北南部及周边地区最大降低 48 m。局部边界层高度越低,湍流强度越低,不利于污染物的扩散。

实际上,气象条件对空气质量的影响不是单一的,而是多种因素综合作用的结果。RCP4.5 及 RCP8.5 情景下,如秋季河北及周边地区 PM$_{2.5}$ 浓度和 AOD 下降,与该区域内降水减少、边界层高度增加是存在紧密联系的。在 RCP4.5 情景下,在冬季环渤海经济圈 PM$_{2.5}$ 和 AOD 的减少,在气象条件上,同时受到降水和边界层高度增加的影响。

综上所述,在 RCP8.5 情景下,预计华北地区的严重空气污染将继续存在,尤其是在冬季,但在 RCP4.5 情景下,这种情况有所缓解。与 RCP8.5 相比,RCP4.5 情景下,不考虑污染物排放自身变化,未来华北地区空气质量将有所改善。当然,空气质量的预测取决于对未来气候状况和排放情景的假设,具有较大的不确定性。

3.6　总　　结

本研究主要发现点总结如下:

(1) 揭示了华北及周边地区大气复合污染,特别是极端污染事件的变化趋势及辐射效应,指出 2000—2020 年华北地区复合污染的多年变化趋势主要是由硫酸盐气溶胶的变化所导致。

(2) 评估了 CMIP5 模式中气溶胶直接效应和间接效应对极端降水模拟能力的影响,揭示了气溶胶间接效应是提高模式对极端降水模拟能力的关键因素,指出现有 CMIP5 模式由于缺少气溶胶间接效应,导致其预估的极端降水存在被低估的可能。

（3）预估了华北区域气候和大气复合污染的变化趋势。21世纪中期，RCP4.5和RCP8.5情景下，华北地区秋季总体污染物水平将略减小；高排放情景下，冬季AOD将略增加。但值得注意的是，严重污染天数在京津冀城市群呈现增加趋势，其中RCP8.5情景下年均增幅达到16～20天，RCP4.5情景下增幅为4～16天。研究指出，未来气候变化情景下降水和边界层高度的变化是影响华北大气污染空间变化的主要气象因素。

参考文献

[1] Wang H，Dwyer-Lindgren L，Lofgren K T，et al. Age-specific and sex-specific mortality in 187 countries，1970—2010：A systematic analysis for the Global Burden of Disease Study 2010. The Lancet，2012，380(9859)：2071-2094.

[2] 贺克斌，贾英韬，马永亮，等.北京大气颗粒物污染的区域性本质.环境科学学报，2009，29(3)：482-487.

[3] 王自发，李杰，王哲，等. 2013年1月我国中东部强霾污染的数值模拟和防控对策. SCIENTIA SINICA Terrae，2014，44(1)：3-14.

[4] 秦大河，罗勇.全球气候变化的原因和未来变化趋势.科学对社会的影响，2008，(2)：16-21.

[5] Ganguly D，Rasch P J，Wang H，et al. Climate response of the South Asian monsoon system to anthropogenic aerosols. Journal of Geophysical Research：Atmospheres，2012，117，D13.

[6] Lau K，Kim M，Kim K. Asian summer monsoon anomalies induced by aerosol direct forcing：The role of the Tibetan Plateau. Climate dynamics，2006，26(7-8)：855-864.

[7] Lau K M，Kim K M. Observational relationships between aerosol and Asian monsoon rainfall，and circulation. Geophysical research letters，2006，33(21).

[8] 王喜红，石广玉.东亚地区人为硫酸盐的直接辐射强迫.高原气象，2001，20(3)：258-263.

[9] Stocker T. Climate change 2013：The physical science basis. Working Group I contribution to the Fifth assessment report of the Intergovernmental Panel on Climate Change. Cambridge university press. 2014.

[10] 丁一汇.大气气溶胶通过改变水循环实现对水资源的影响.中国水利，2009，(19)：24-25.

[11] Vautard R，Beekmann M，Desplat J，et al. Air quality in Europe during the summer of 2003 as a prototype of air quality in a warmer climate. Comptes Rendus Geoscience，2007，339(11-12)：747-763.

[12] Vautard R，Honore C，Beekmann M，et al. Simulation of ozone during the August 2003 heat wave and emission control scenarios. Atmospheric environment，2005，39(16)：2957-

2967.

[13] Wise E K. Climate-based sensitivity of air quality to climate change scenarios for the southwestern United States. International Journal of Climatology: A Journal of the Royal Meteorological Society, 2009, 29(1): 87-97.

[14] Koch D, Park J, Del Genio A. Clouds and sulfate are anticorrelated: A new diagnostic for global sulfur models. Journal of Geophysical Research: Atmospheres, 2003, 108(D24).

[15] Kleeman M J. A preliminary assessment of the sensitivity of air quality in California to global change. Climatic Change, 2008, 87(1): 273-292.

[16] Tsigaridis K, Kanakidou M. Secondary organic aerosol importance in the future atmosphere. Atmospheric Environment, 2007, 41(22): 4682-4692.

[17] Dawson J, Adams P, Pandis S. Sensitivity of $PM_{2.5}$ to climate in the Eastern US: A modeling case study. Atmospheric Chemistry and Physics, 2007, 7(16): 4295-4309.

[18] Balkanski Y, Jacob D, Gardner G, et al. Transport and residence times of continental aerosols inferred from a global 3-dimensional simulation of 210Pb. Journal of Geophysical Research, 1993, 98(20): 573-520.

[19] Dawson J P, Adams P J, Pandis S N. Sensitivity of ozone to summertime climate in the eastern USA: A modeling case study. Atmospheric environment, 2007, 41(7): 1494-1511.

[20] 苏福庆, 杨明珍, 钟继红, 等. 华北地区天气型对区域大气污染的影响. 环境科学研究, 2004, 17(3): 16-20.

[21] 孟燕军, 程丛兰. 影响北京大气污染物变化的地面天气形势分析. 气象, 2002, 28(4): 42-47.

[22] 许万智, 蔡菁菁, 陈仲榆, 等. 2014 年 2 月华北地区一次重污染天气过程的综合分析. 中国环境科学学会, 2014, 7.

[23] 徐娟, 魏明建. 华北地区百年气候变化规律分析. 首都师范大学学报: 自然科学版, 2006, 27(4): 79-82.

[24] 马京津, 张自银, 刘洪. 华北区域近 50 年气候态类型变化分析. 中国农业气象, 2011, 32 (增刊): 9.

[25] 王遵娅, 丁一汇, 何金海, 等. 近 50 年来中国气候变化特征的再分析. 气象学报, 2004, 62(2): 228-236.

[26] 荣艳淑, 梁嘉颖. 华北地区风速变化的分析. 气象科学, 2008, 28(6): 655-658.

[27] Wu D, Tie X, Li C, et al. An extremely low visibility event over the Guangzhou region: A case study. Atmospheric Environment, 2005, 39(35): 6568-6577.

[28] 吴兑, 廖国莲, 邓雪娇, 等. 珠江三角洲霾天气的近地层输送条件研究. 应用气象学报, 2008, 19(1): 1-9.

[29] 段欲晓, 徐晓峰, 张小玲. 北京地区 SO_2 污染特征及气象条件分析. 气象科技, 2001, 29 (4): 11-14.

[30] 王会军，朱江，浦一芬. 地球系统科学模拟有关重大问题. 中国科学：物理学、力学、天文学，2014，(10)：11.

[31] El-Harbawi M. Air quality modelling, simulation, and computational methods: A review. Environmental Reviews, 2013, 21(3): 149-179.

[32] 薛文博，王金南，杨金田，等. 国内外空气质量模型研究进展. 环境与可持续发展，2013，3(1)：14.

[33] Tie X-x, Madronich S, Li G, et al. 2009. Simulation of Mexico City plumes during the MIRAGE-Mex field campaign using the WRF-Chem model. Atmospheric Chemistry and Physics, 2009, 9(14): 4621-4638.

[34] Tie X, Geng F, Peng L, et al. Measurement and modeling of O_3 variability in Shanghai, China: Application of the WRF-Chem model. Atmospheric Environment, 2009, 43(28): 4289-4302.

[35] Wang X, Liang X-Z, Jiang W, et al. WRF-Chem simulation of East Asian air quality: Sensitivity to temporal and vertical emissions distributions. Atmospheric Environment, 2010, 44(5): 660-669.

[36] Forkel R, Werhahn J, Hansen A B, et al. Effect of aerosol-radiation feedback on regional air quality—A case study with WRF/Chem. Atmospheric Environment, 2012, 53: 202-211.

[37] 庞杨，韩志伟，朱彬，等. 利用 WRF-Chem 模拟研究京津冀地区夏季大气污染物的分布和演变. 大气科学学报，2013，36(6)：674-682.

[38] 李江林，陈玉春，吕世华，等. 利用 RAMS 模式对山谷城市冬季局地风场的数值模拟. 高原气象，2009，28(6)：1250-1259.

[39] Denby B, Schaap M, Segers A, et al. Comparison of two data assimilation methods for assessing PM_{10} exceedances on the European scale. Atmospheric Environment, 2008, 42(30): 7122-7134.

[40] Sahu S K, Yip S, Holland D M. Improved space-time forecasting of next day ozone concentrations in the eastern US. Atmospheric Environment, 2009, 43(3): 494-501.

[41] 文小航，廖小罕，袁文平，等. 中国东北半干旱区能量水分循环的同化模拟. 中国科学：地球科学，2014，(012)：2768-2784.

[42] 郝子龙，蔡恒明，王慧鹏，等. 面向 WRF/Chem 模式 MOSAIC 气溶胶方案的资料同化实现. 气象水文海洋仪器，2014，31(4)：1-6.

[43] Zhan, Q, Streets D G, He K, et al. NO_x emission trends for China, 1995—2004: The view from the ground and the view from space. Journal of Geophysical Research: Atmospheres, 2007, 112(D22).

[44] Lin J-T, McElroy M B, Boersma K. Constraint of anthropogenic NO_x emissions in China from different sectors: A new methodology using multiple satellite retrievals. Atmospheric Chemistry and Physics, 2010, 10(1): 63-78.

[45] Zhao C，Wang Y. Assimilated inversion of NO_x emissions over east Asia using OMI NO_2 column measurements. Geophysical Research Letters，2009，36(6).

[46] Jones C D，Cox P M，Essery R L，et al. Strong carbon cycle feedbacks in a climate model with interactive CO_2 and sulphate aerosols. Geophysical Research Letters，2003，30(9).

[47] Andreae M O，Jones C D，Cox P M. Strong present-day aerosol cooling implies a hot future. Nature，2005，435(7046)：1187-1190.

[48] Andreae M O，Rosenfeld D，Artaxo P，et al. Smoking rain clouds over the Amazon. Science，2004，303(5662)：1337-1342.

[49] Claeys M，Graham B，Vas G，et al. Formation of secondary organic aerosols through photooxidation of isoprene. Science，2004，303(5661)：1173-1176.

[50] Garrett T J，Zhao C. Increased Arctic cloud longwave emissivity associated with pollution from mid-latitudes. Nature，2006，440(7085)：787-789.

[51] Ramanathan V，Ramana M V，Roberts G，et al. Warming trends in Asia amplified by brown cloud solar absorption. Nature，2007，448(7153)：575-578.

[52] Lynn B，Khain A，Rosenfeld D，et al. Effects of aerosols on precipitation from orographic clouds. Journal of Geophysical Research：Atmospheres，2007，112(D10).

[53] Forster P M d F，Solomon S. Observations of a "weekend effect" in diurnal temperature range. PNAS，2003，100(20)：11225-11230.

[54] 高学杰，林一骅，赵宗慈.用区域气候模式模拟人为硫酸盐气溶胶在气候变化中的作用.热带气象学报，2003，19(2)：169-176.

[55] 高学杰，林一骅，赵宗慈.温室效应对我国长江中下游地区气候的影响——数值模拟.自然灾害学报，2004，13(1)：38-43.

[56] 吉振明，高学杰，张冬峰，等.亚洲地区气溶胶及其对中国区域气候影响的数值模拟.大气科学，2010，34(2)：262-274.

[57] 廖礼，漏嗣佳，符瑜，等.中国东部气溶胶在天气尺度上的辐射强迫和对地面气温的影响.大气科学，2015，39(1)：68-82.

[58] 张靖，银燕.黑碳气溶胶对我国区域气候影响的数值模拟.南京气象学院学报，2008，31(6)：852-859.

[59] 黄伟，沈新勇，黄文彦，等.亚洲地区人为气溶胶对东亚冬季风影响的研究.气象科学，2013，33(5)：500-509.

[60] 王莹，沈新勇，王勇，等.东亚地区人为气溶胶直接辐射强迫及其气候效应的数值模拟.气象科学，2012，32(5)：515-525.

[61] 刘超，胡海波，张媛，等.CAM3.0模式中东亚气溶胶浓度变化的直接效应及全球海面温度年代际变化对东亚夏季降水的影响研究.热带气象学报，2014，30(6)：1048-1060.

[62] Hu Z，Jin Q，Ma Y，et al. Temporal evolution of aerosols and their extreme events in polluted Asian regions during Terra's 20-year observations. Remote Sensing of Environment，2021，263，112541.

［63］Lin L，Xu Y，Wang Z，et al. Changes in extreme rainfall over India and China attributed to regional aerosol-cloud interaction during the late 20th century rapid industrialization. Geophysical Research Letters，2018，45(15)：7857-7865.

［64］Dou C，Ji Z，Xiao Y，et al. Projection of air pollution in northern China in the two RCPs scenarios. Remote Sensing，2021，13(16)，3064.

第4章　异常气候现象对我国雾霾影响程度和机制的研究

龚山陵[1]，路淑华[1]，赵天良[2]，任芝花[3]，周春红[1]，刘洪利[1]，何建军[1]，余予[3]

[1]中国气象科学研究院，[2]南京信息工程大学，[3]国家气象信息中心

大气污染的理化过程与异常气候、天气条件紧密相关。异常气候现象如何通过传输、热力学过程影响我国区域污染是大气污染领域的研究重点。本章首先对目前我国现有的霾观测数据、能见度观测数据等进行了分析与校正，建立了更加标准的霾数据集；在此基础上，针对影响我国雾-霾天气分布的关键气候因子，如北极涛动、南方涛动等，从动力学与热力学两个方面进行分析，获得了区域性的异常气候变化影响霾污染的综合特征；此外，还利用数值模拟的方法对统计分析的结果进行了验证和补充，进一步量化了异常气候现象对影响雾-霾的一些微物理过程，如沉降、大气传输过程等，获得了量化性的、系统性的影响机制。本研究得出的结论弥补了对我国重点区域霾污染形成的气候成因的研究，为治理霾污染提供了重要的科学支撑意义。

4.1　研究背景

我国近年来频发的大面积雾-霾天气，不仅受局地污染物排放的影响，也受到天气和气候条件的控制。在影响雾-霾水平高低震荡的三大主控因素（即大气污染物的排放、大气转换过程及天气气候条件）中，天气气候条件起到关键性的控制作用。霾污染来自多种污染源排放的气态和颗粒态一次污染物，以及一系列的物理、化学过程形成的二次细颗粒物。这些污染物与天气、气候系统相互作用和影响，形成高浓度的污染，并在大范围的区域间相互输送与反应。天气气候条件不仅决定霾污染物在区域间的相互传输，也影响造成雾-霾天气的污染物的排放（自然源和人为源）、转换、清除等大气物理化学过程[1]。在人为排放一定的条件下，天气气候条件是控制雾-霾发生频率和强度的首要因素[2]。

近年来，越来越多的研究和决策者将气候变化和空气污染二者联合起来，考虑气候和污染对生态和社会可持续发展的影响[2-4]。当前，国际上对雾-霾与天气和气候变化之间的关系有一定程度的认识，尤其是气溶胶通过改变辐射影响云和降水，从而影响大气环流和气候变化，这也是所谓的气溶胶对气候变化影响的直接效应和间接效应。这方面国内外的研究非常多，这里不赘述[5]。气候异常对我国霾的发生具有重要影响[6]。温室气体导致的全球变暖增加了华北平原的静稳天气，从而增加了冬季强霾事件发生的频率和持续时间[7]。已经有学者从极涡、海冰等角度进行过相关研究，并发表了一些成果，这些结果表明雾霾事件的增多或者极端雾霾事件的出现，除了与排放量、大气化学过程有关外，还与气候特征的变化有关[8-9]。但是目前关于异常气候现象对雾-霾形成的影响机制和量化关系的研究不多，且存在很大的不确定性。例如 2015 年年末在我国北方地区发生的大规模雾-霾天气，在某种程度上是受到目前正在发生的厄尔尼诺（El Niño）现象的影响，但是这种气候异常对我国雾-霾影响的程度和机制，特别是对不同区域的影响程度如何不是十分清楚。因此弄清楚气候变化尤其是异常气候对雾-霾形成的影响机制，对于有效地预测和控制雾-霾，减少其对健康、生态和社会安全的危害十分必要。

4.1.1 我国雾-霾天气的趋势及区域变化

研究发现，自 1950 年以来，我国雾-霾变化主要分为三个阶段：1970 年以前是缓慢上升阶段，1970—1990 年是平稳阶段，2000 年之后是快速上升阶段[10-14]。通过全国 721 个站点 1961—2007 年的高密度观测资料分析发现[13]，霾出现日数在20 世纪 60 年代全国平均只有 2.4 天，21 世纪以来的年霾日比 20 世纪 60 年代增加了 4 倍之多，上升趋势非常明显。我国雾日数和霾日数具有明显的空间分布、季节变化以及年代际变化特征[11]：其中，雾主要分布在东南沿海地区、四川盆地地区、湘黔交界、山东沿海以及云南南部等地区；霾主要集中于华北、河南以及珠三角和长三角地区。在季节变化上，秋、冬季雾和霾的发生频率大于春、夏季。

虽然霾不断加剧直接受人类排放增加的影响，但是霾的发生必然与稳定的大气条件有关，在水平和垂直扩散弱的情况下发生[15-18]。这一所谓的静稳天气条件也是我国中东部霾污染的一个主要成因。雾霾污染基本都是在较为稳定的大气层结条件下形成的[19,20]，持续的静稳天气会导致重雾霾污染事件[21-24]。综合分析风力条件与降水的变化发现，华北中南部、长江中下游和华南等经济发达或经济快速发展的地区，2002—2007 年风力大于 5 m s^{-1} 日数显著减少，并且降水都有了明显的下降，这是导致霾日数激增的两个十分重要的原因[13,21]。

4.1.2　异常气候和雾-霾天气之间的关系

异常气候现象是对气候正常相对而言的,由于异常气候的影响,正常的气候态势受到了扰动,造成了区域环流、水汽、温度和降水等的异常表现,如奇冷、奇热、严重干旱、特大暴雨、特强台风等。它对人类的活动和农业生产有严重的影响。异常气候对雾-霾的影响主要表现在以下几个方面:定性而言,极端温度事件会直接影响与雾-霾有关的气溶胶及其前体物的排放以及一些化学反应速率,如温度升高会加快交通和电厂排放的污染物转化成臭氧或气溶胶[25,26];极端降水改变引起雾-霾的气溶胶及其前体物的湿清除量;气候异常带来的东亚季风的异常直接会影响雾-霾维持和相关的污染物的输送和传递[27]。而季风的强弱也直接影响雾-霾系统的发生频率、强度和维持时间[28]。

近百年来全球气候正经历一次以变暖为主要特征的显著变化,温度的升高不仅直接影响温度极端值的变化,且导致高温干旱和暴雨洪涝等极端气候事件的发生频率与强度出现加剧的趋势[29]。在这一全球背景下,与雾-霾形成关系密切的影响我国的异常气候现象,包括极端温度、东亚季风异常和极端降水,也显示自己的区域特点和趋势。

季风变化是我国短期气候主要影响的气候系统,它不仅影响大气环流也影响区域的降水,20 世纪 70 年代之后东亚季风的减弱使我国降水呈南涝北旱趋势[30,31]。季风的强弱与雾-霾的强弱有很好的对应关系,目前这方面的研究相对较多,除了定性的研究之外,还有一些定量的研究。研究发现,1986—2010 年与1961—1970 年相比冬季风明显偏弱,导致环流形势在水平方向和垂直方向上都不利于污染物的扩散,为华北黄淮地区的霾的形成提供了很好的气候背景,也与这些地区的霾的增加有很好的相关[32-34]。弱冬季风导致地面风速小、大气静稳,造成了2013 年我国东部持续的重雾-霾天气[35],大气的热动力因子的回归方程可以预测约 70% 的重雾-霾成因[36]。研究显示,相对于强季风年,弱季风年雾-霾天气频发[37],气溶胶的柱浓度要增加约 70%[36,38]。其中,夏季风异常与降水、干旱、大气湿度异常相关,进而影响雾-霾的天气的形成[39]。夏季风带来南半球的干净空气,对我国的气溶胶的浓度有稀释作用。强夏季风带来的降水增加了气溶胶的湿沉降,这些作用造成气溶胶的浓度在夏季最低,弱夏季风导致气溶胶浓度平均增加了约 20%[40,41]。东亚冬季风的年际间减弱同样可加重我国东部地面气溶胶污染水平超过 30%(南方地区)和 40%(北方地区)[42]。

研究发现,在 1951—2008 年期间,我国年平均最高气温有较明显的增加趋势,且气温升高主要发生在最近的 10 余年[43,44]。北方增加明显,南方大部分台站变化不明显[45,46]。冬季的增加最为明显，对年平均最高气温的上升贡献最大；夏季平均最高气温增加最弱。最低温度的增长也有类似的趋势和区域分布，而且更加明显[31]。研究指出，我国多数地区不仅极端强降水量或暴雨降水量在总降水量中的比重有所增加，极端强降水或暴雨级别的降水强度也增强了[47,48]。但是这种变化有很强的区域性。除西部地区外，我国大部地区降水日数有显著的减少。由于降水日数的减少，多数地区降水强度有所增加；在长江中下游和华南沿海地区，年降水量的增加主要是由降水强度增加造成的，而北方地区年降水量的减少主要源于降水日数的显著减少[49]。全国多数地区降水日数的减少在秋季更为明显[50]。可以发现，最高气温与最低气温升高明显的时间段和区域与雾-霾多发的时间段和区域十分一致，而降水异常也与雾-霾在北方地区以及秋冬季节多发的情况一致。由于极端温度和极端降水受季风异常以及厄尔尼诺和南方涛动（ENSO）等因素的影响，且成因十分复杂。尽管它们会直接影响雾-霾形成的气溶胶的生成速率和清除速率，影响我国雾-霾产生的时间和空间变率，但是更进一步或者定量的研究这些气候异常与雾-霾的关系非常少。

导致我国温度、降水以及季风等的异常气候事件的因素主要包括 ENSO 和北极涡旋等主要气候强迫现象。研究发现 ENSO 与我国东部温度异常有密切的关系[51]，也是导致我国冬夏季风、环流以及降水异常的主因[52-55]。而 ENSO 与影响我国降水的我国南海夏季风的关系非常密切，而这种关系也是动态的、非线性的。20 世纪 70 年代以前，南海季风受 ENSO 发展阶段影响，而在之后，ENSO 削弱阶段对南海季风影响更为突出[56]。另外，ENSO 与其他气候因子之间有很复杂的非线性关系，类似的 ENSO 时间会显示出相反的环流和降水态势，这也显示其对我国环流和降水影响的复杂性和非线性[57]。而 ENSO 对雾-霾影响的研究就更少且零散，并局限于部分省份。张运英等人在分析广东省能见度分布与气候的相关性时发现，全省的能见度降低与 El Niño 有密切关系[58]，但高能见度的发生与拉尼娜（La Niña）现象关系不明显，体现了广东省能见度的年际变化对 El Niño 和 La Niña 的非对称响应。

全球及区域气候异常调节着我国大气环境变化。我国大气气溶胶浓度和沉降的分布变化与诸多全球及区域大气环流指数呈现强相关性，这些指数包括西太平洋遥相关型指数 WP、纬向环流指数 ACI、太平洋-北美遥相关型指数 PNA、南方涛动指数 SOI 和太平洋年际震荡指数 PDO。热带东太平洋海温异常的 El Niño 和 La Niña 事件显著地影响我国大气气溶胶的浓度水平、区域传输和累积的年际变化。基于区域气溶胶气候模式 NARCM 的亚洲沙尘气溶胶 44 年（1960—2003）气候模拟研究[59-62]揭示了东亚地区气溶胶起沙、浓度、传输和干湿沉降以及跨太平洋输送的气候特征，获得了影响我国大气沙尘气溶胶年际变化的主要气候因子。这一 44 年的气溶胶气候分析表明,近地面风速以及亚洲极涡的强度和面积对我国气溶胶变化有重要的作用,气溶胶排放变化与降水和气温异常之间存在显著的负相关,东亚季风年际和年代际的持续减弱导致东亚大陆气溶胶区域传输的减少。

总之,上述研究现状说明,ENSO、季风、大气环流以及异常温度等的年代际变化与雾-霾的年代际变化有非常相似的趋势,且有很强的区域性。但是目前异常气候对雾-霾的影响以定性研究为主,且大多停留在数据分析和统计回归层面上,对极端气候事件对雾-霾的影响全国范围内、长时间系列的定量的研究还不多,缺乏综合的系统的影响机制的研究。未来全球气候更为静稳、大气环流更弱以及中尺度气旋发生的频率降低[1,24,63,64],这种情况下更有利于雾-霾的发生。因此弄清楚气候变化尤其是异常气候对雾-霾的影响机制,对于有效地控制雾-霾,减少其对健康、生态和社会安全的危害显得更为突出。当前的 El Niño 现象是 1950 年来最强烈的三次之一。赤道附近东太平洋海温的反常升高改变了全球气候,让亚洲部分地区出现干旱,美国南部则出现更多雨水,出现所谓的异常气候。其对未来雾-霾形成的影响以及危害亟待我们去研究。因此,将不同异常气候现象(包括全球范围内影响我国的区域气候的 El Niño 和 La Niña 现象、极端温度、降水以及季风等)和我国不同区域的雾-霾天气,进行系统化的分析和模拟,弄清异常气候对雾-霾天气的影响的程度、机制和范围,识别关键影响因子,探索异常气候在我国雾-霾发生中的量化作用,既是国际上这一领域的学术前沿,也是我国大气污染成因研究急需突破的基础科学问题。

4.2　研究目标与研究内容

针对异常气候现象对雾-霾影响研究中存在的科学问题,本章拟以分析评估我国过去 50 多年以来的异常气候现象和雾-霾之间的关系为突破口,以此获得影响雾-霾的关键气候因素和区域分布特征,开展气候变化背景下极端静稳天气事件的归因分析。并通过近年重霾污染个例的观测分析、数值模拟研究及其大气物理化学过程分析等,揭示异常气候条件对我国雾-霾的影响程度和机制。

4.2.1　研究目标

1. 雾-霾现象与异常气候之间的关系

异常气候的诱发因素复杂,影响范围不同,对雾-霾过程的影响也非常复杂。因此,如何就异常气候对雾-霾的影响、贡献程度及变化规律进行准确解析和量化是本研究的关键之一。

2. 异常气候现象对我国不同区域雾-霾的影响程度

雾-霾产生的三大要素有：天气、排放和大气理化过程，这三个过程交互影响，在不同排放强度下，如何量化和分离异常气候对雾-霾影响的程度及区域特征是另一个关键科学问题。

3. 异常气候现象影响雾-霾的机制

本研究希望在雾-霾数值模拟系统中准确模拟雾-霾产生及消散的各种理化过程，弄清影响异常气候对雾-霾的影响机制，获得异常气候对化学、清除和传递等过程的影响规律。

4.2.2 研究内容

1. 异常气候对雾-霾影响的表征

利用过去 50 年以来的地基长时间序列气象观测数据，分离出异常气候现象的年份和时间段，找出异常气候现象的主导因子及其在中国主要霾污染区域的影响分布。重点针对 El Nino、极涡、季风等的异常年份，对地面风场、温度、湿度、降水和边界层高度等气象要素的异常现象进行量化描述，特别是对我国不同区域的影响程度进行分析和总结，掌握异常气候背景下的天气异常特征和规律。

2. 异常气候对雾-霾影响的机制

基于大气动力、热力学原理，分析雾-霾过程中的动力、热力特性和特殊的大气边界层结构，探索异常气候现象的大气结构对雾-霾重污染过程触发、维持及消散的热力、动力促发因子及其影响机理。分析异常气候现象与导致雾-霾演化过程的大气热力结构和大气环流变化的关联，剖析多尺度气候-天气-大气边界层物理过程对重霾污染过程的影响，并量化大气边界层结构对大气污染物积累和霾污染形成的贡献。

进一步利用雾-霾数值模拟系统，对我国不同时期异常气候条件下的雾-霾分布进行模拟，量化出异常气候天气对雾-霾分布的影响和区域特征。模拟时段同样也分为：1960—1979 年，1980—2000 年和 2001—2017 年，通过对比模拟，量化不同时期异常气候现象对我国雾-霾的影响程度。在此基础上，深化分析雾-霾数值模拟系统的结果，对影响雾-霾分布的以下因素进行分析：① 天气要素，包括环流、风场、边界层结构、降水、水汽等；② 微物理要素，包括新粒子形成、化学反应、干湿沉降、污染-雾-霾的交互作用等；③ 跨界传递要素，包括不同区域间的传递通量、雾-霾的垂直结构等。

3. 气候变化背景下极端静稳霾天气事件的归因

在国内外已有的静稳天气指数的基础上，针对我国中东部典型霾污染天气的多尺度大气环流特征及其大气动力学、热力学特性,选择致霾的极端静稳天气事件的客观指标,建立适合我国中东部区域致霾的静稳天气指数,分析近 50 多年中东部区域极端静稳霾天气事件的时空演变,确定事件的发生频率或强度的变化及其与气候异常变化的关联。

选取影响我国中东部大范围区域的典型霾天气过程,基于极端静稳天气过程的大气环流结构观测分析结果,研究致霾的静稳天气过程从触发、维持到消散不同阶段的大气边界层结构变化及受自由对流层大气环流的影响作用,深入认识全球变暖对我国中东部霾污染过程的影响机理。

基于长期环境气象资料的观测分析和气候模拟,分析雾霾污染物区域传输过程中大气污染物收支关系及气象驱动作用的变化,利用空气质量模式的大气物理化学过程诊断模块,评估异常气候现象对不同大气物理化学过程的影响程度及其相对贡献。

4.3 研究方案

本研究的主要思路是以历史数据特征分析和模拟量化为主线,主要包括:

(1)分析异常气候的天气特征和区域差异及历史时期的雾-霾特征,获得异常气候现象下的雾-霾现象的异常特征;探索异常气候现象的大气结构对雾-霾重污染事件触发、维持及消散的热力、动力促发因子及其影响机理。气候诊断异常气候现象与导致雾-霾演化过程的大气热力结构和大气环流变化的关联,剖析多尺度气候-天气-大气边界层物理过程对重霾污染过程的影响,并量化大气边界层结构对大气污染物积累、重霾污染形成的贡献。

(2)基于异常气候对雾-霾影响的表征研究结果及影响的年月,利用雾-霾数值模拟系统,模拟异常气候现象对雾-霾的贡献。通过模拟异常气候对雾-霾影响的各种理化过程,综合分析极端天气条件下大气污染物的物理化学过程变化以及异常的大气动力、热力学特性和大气边界层结构,量化异常气候对环流、边界层、干湿沉降、传输、排放及化学转换的影响,从而获得异常气候影响雾-霾的机制和区域特征,全面完整地理解异常气候现象对大气环境的影响机理。

(3)建立适合我国的静稳天气指数,分析近 50 多年中东部区域静稳天气指数的时空演变,确定极端静稳天气事件的发生频率或强度的变化及其与气候异常变化的关联。应用高阶矩分析方法检测近 50 多年来气候极端异常演变特征;同时结合滤波方法进行具有物理背景的层次分离,进而研究各时间层次气候极端异常变化信息及其贡献。研究极端静稳霾天气事件不同程度的约束条件的影响机理;量化不同异常气候现象对我国不同区域的影响程度,弄清影响的机制及主控因素。对影响雾-霾异常的天气、化学、清除和传递等过程进行详细剖析和量化。

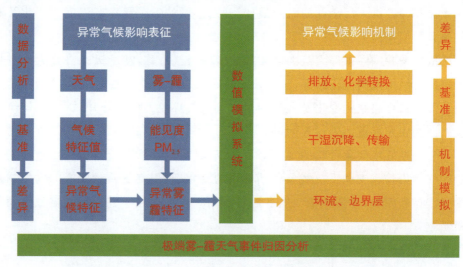

图 4.1　异常气候现象对我国雾霾影响程度和机制的研究技术路线

4.4　主要进展与成果

4.4.1　霾污染的时空分布及海陆热力作用对霾的影响

1. 霾观测数据的整理与修订

整理订正过去 50 年以来的气候及雾-霾观测数据,分析了中国霾天气时空分布特征及成因初探,完成自动观测与人工观测雾-霾日连续性分析(图 4.2)。重建了 1961—2020 年中国 2400 站霾日数据序列,并实现了自动观测前后霾日序列较好衔接。数据分析结果表明,人工站 2014 年平均雾霾日数与其 2000 年以来平均状况及 2013 年平均雾霾日数接近;而自动站 2014 年平均雾霾日数明显偏高,成为 2000 年以来之最,且明显高于 2013 年统计结果。对比分析自动与人工观测方法,表明雾霾现象自动观测采用瞬间观测记录,是造成 2014 年全国雾霾日数异常偏高的主要原因。基于霾现象持续性特征,针对自动观测霾数据,研究确定了 1 天至少 6 个连续时次"现在天气现象"有霾记录、"连续天气现象"记霾现象的订正方法。统计结果表明,订正前全国 2014 年平均霾日数为 59 天,而订正后下降为 31 天,基本与 2013 年持平。

进一步解决了我国历史上(1961—1980)台站观测的浮尘、霾、烟幕混记现象,有效消除了台站原始霾日序列 1980 年前后明显不连续的错误现象(图 4.3);利用

10 km 以下能见度占比校正方法,对 2014 年及之后自动观测能见度数据进行了校正。研制了全国 119 站近 10 年大气混合层高度数据产品以及高空云产品,初步研究分析了 2007—2017 年我国大气混合层高度分布特征;研制完成 2007 年以来 2400 站逐小时辐射产品,弥补了全国气象部门只有 99 个辐射气象站的资料稀疏问题。针对地面气象台站观测数据、地面辐射台站观测数据和土壤湿度观测数据质量控制,编制完成相应的 3 项气象行业标准,均已发布实施。对霾日数据的修订很大程度上补足了我国目前长年际霾污染观测数据分析不确定性的问题,是本研究开展多年气候影响污染分析的基础[65]。

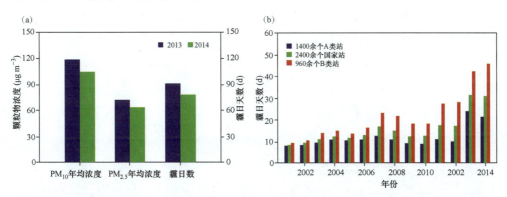

图 4.2　全国 74 座城市 2013 年和 2014 年颗粒物浓度、霾日数对比(a),数据订正后全国霾日数的逐年变化(b)

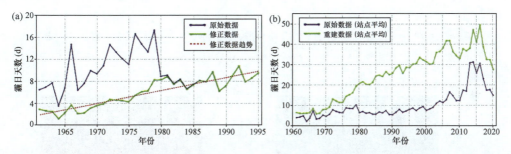

图 4.3　(a)浮尘混记为霾现象消除后平均霾日数对比(平均值为陕西、河南、湖北、江苏、新疆、青海、内蒙古、江西省的均值);(b)重建后的全国平均霾日数序列与原序列对比

2. 太平洋 Niño3.4 海区热力强迫对南方地区冬季霾污染变化的气候调制作用

基于 1980—2010 年霾日数观测资料和 NCEP/NCAR 气象再分析数据的气候相关分析,揭示出热带中东太平洋 Niño3.4 海区的海温与中国南方地区的霾污染关系最密切。利用离散小波变换方法,可以从霾日数变化趋势中分离出人为污染物排放和气象条件的作用。本研究将中国南方冬季霾日频次的年际变化序列分解成代表排放变化的低频分量和代表气象因子的高频分量。在此基础上,为了探索 Niño3.4 海温对南方冬季霾污染的年际变化影响程度及作用机理,进一步研究显

示南方地区冬季霾日高频分量变化与 Niño3.4 海区海表温度(SST)有显著的负相关,相关系数达到-0.51(图 4.4)。在 Niño3.4-SST 偏暖异常(El Niño 年)时,南方地区冬季霾污染发生频次偏少 3～5 次;反之在 Niño3.4-SST 偏冷异常(La Niña 年)时则霾污染频次偏多 3～5 次,表明太平洋 Niño3.4 海区热力强迫异常对南方地区冬季霾污染变化的气候调制作用。此外,气候调制作用机理分析揭示热带中东太平洋 Niño3.4 海区的 SST 异常导致了中东部地区近地面风场、大气边界层垂直结构、大气稳定度和降水异常变化,改变大气污染物累积、扩散和沉降,影响冬季霾污染。在 El Niño 年冬季,区域近地面风速增强,垂直热力场异常的"冷盖"结构使大气层结趋于不稳定,有利于污染物的传输扩散,同时降水偏多加强了污染物的湿清除作用,使得霾污染次数偏少。La Niña 年份冬季正好与之相反(图 4.5)[66]。

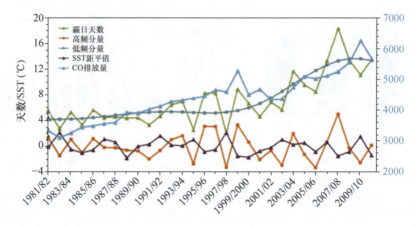

图 4.4　1981—2011 年冬季南方地区平均的 CO 排放量(kg km^{-3})、冬季霾天数及其小波分解的低频分量、三个高频分量之和(天)以及冬季 SST 距平(℃)的时间序列

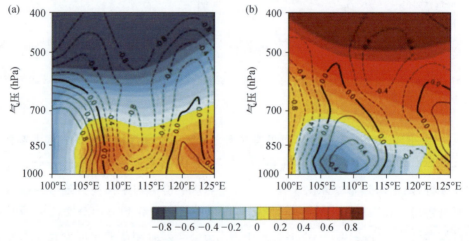

图 4.5　垂直面上的气温分布：(a)在 El Niño 年冬季平均的异常；(b)La Niña 年的冬季平均的异常

3. 青藏高原气候相关的大气总能量异常与中国东部霾的关系

这一部分研究通过定义一个新的指数——"大气总能量（TPE）"，探究青藏高原热异常与中国霾事件的关联。TPE 包括显热能、势能、动能和潜热能，此指数能很好地代表青藏高原大地形的大气热强迫。

$$E = E\_s + E\_p + E\_k + E\_L$$
$$= c\_p\ T + gz + 1/2\ V\textasciitilde 2 + Lq$$

其中 E_s 为显热能，E_p 为势能，E_k 为动能，E_L 是潜热能。

在全球气候变暖的背景下，青藏高原由于其高海拔和地形复杂的特点而对气候变暖尤为敏感，通过影响大气环流对亚洲甚至全球气候系统有着显著的影响。本研究采用一个新的指数——"大气总能量"探究青藏高原热异常与中国霾事件的关联。

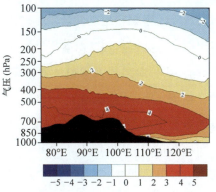

图 4.6　27～41°N 地区月平均垂直气温（℃）在 850 hPa 高度对高 TPE 的响应

采用美国国家环境预测中心（NCEP）气象再分析数据计算得出 1980—2016 年青藏高原的大气总能量。统计结果表明，近几十年来 TPE 呈现上升的趋势；TPE 的年际变化与中国北方的冬季霾日呈显著正相关，而与中国南部的霾事件呈负相关关系。进一步诊断分析和 WRF-Chem 模拟试验的结果表明，TPE 的异常增加可导致低层大气的热稳定性增强（图 4.6）。在此背景下，中国北方地区的东亚冬季风减弱，中国南方地区的近地面风速增强，从而导致中国北方雾霾污染增加而南方雾霾污染减弱。由 TPE 的异常变化所引起的气象场改变对中国东部霾污染存在不同的调制作用，认识与气候变化紧密相关的 TPE 对气象场的影响机制有利于进行污染的长期防控。

此外，研究进一步设计了一个将青藏高原海拔高度削减为 1000 m 的全球气候模式 CESM1.2 的 50 年的敏感性模拟试验，通过敏感性和控制性试验的对比分析高原大地形动力强迫对中国中东部地区大气气溶胶分布的影响。青藏高原大地形存在时，中东部地区大气气溶胶浓度普遍偏高，形成了四川盆地和华北平原气溶胶高值中心。当高原地形削减后，从华北平原到四川盆地的广大地区近地面气溶胶浓度普遍下降 5～8 $\mu g\ m^{-3}$。其余的中东部地区，特别是东南沿海地区增加约 2～6 $\mu g\ m^{-3}$。进一步分析发现高原地形阻挡和绕流作用消失后，冬季风系统北退并且强度减弱，华北平原地区仍然受到季风作用，加上高原去除后中低层西风异常，利于华北地区气溶胶向外传输；四川盆地地区大气垂直环流异常配合"冷盖"垂直热力结构，利于大气污染物通过西风异常带入下游地区。其他中东部地区由于冬季风减弱，地面风速降低，降水湿清除作用减弱，加上上游四川盆地向外输出气溶胶，使得这些区域内气溶胶浓度有正异常。GEM-AQ/EC 模式 10 年模拟试验分析表明，相对于青藏高原热源加热偏弱的冬季，高原强热源偏强冬季我国中东部大气气溶胶浓度上升 30%～45%。青藏高原的热力状况在偏暖和偏冷异常可能导致中东部地区大气中出现"暖盖"和"冷盖"垂直热力结构异常，"暖盖"的垂直热力结构加剧了对流层下部的下沉运动，有利于重污染的聚集和霾事件的发生；"冷盖"的影响与之相反。青藏高原热力强迫异常对中国中东部的大气气溶胶浓度变化具有重要影响[67]。

4. 基于海陆热力强迫关键因子的我国南方地区冬季重污染跨季节气候预测

根据 1980—2013 年的气象和环境观测资料，确定了热带中东太平洋 Niño3.4 海区海面温度与南方地区冬季霾污染年际变化的关系。Niño3.4 海区的 SST 异常存在前兆信号，其可作为冬季雾霾发生的预测因子。基于本部分研究的热带太平洋 Niño3.4 海区的 8—10 月 SST，已有的秋季北极海冰面积、夏季北大西洋海温和 10—11 月欧亚大陆冰雪面积等海陆热力强迫关键因子对我国霾污染变化的影响研究，利用随机森林回归方法建立了对冬季霾日的跨季节气候预测模型。模型中使用了年际增量方法，以冬季南方区域平均霾日数的年差（DY）为预报量，以 Niño3.4 海区 8—10 月平均 SST、秋季北极海冰指数 ASI、夏季北大西洋海温指数 NAI 和 10—11 月平均欧亚大陆雪线 SCE 的年际差为预报因子。随机森林模型预测出的冬季霾日预测值与霾日观测值的相关系数高达 0.95，明显优于多元线性回归预测模型，表明随机森林模型对我国冬季霾污染跨季节气候预测具有潜在的应用价值（图 4.7）。随机森林模型同时确定了热带中东太平洋秋季 SST 异常变化是冬季南方霾日跨季节气候预测的重要因子[68]。

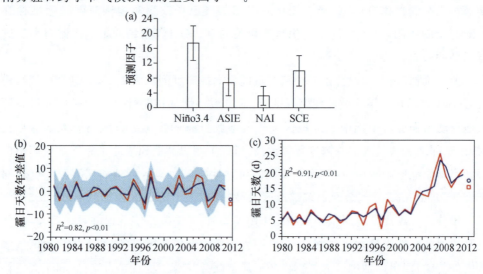

图 4.7 （a）根据随机森林回归的 1000 条轨迹线得出对南方地区冬季霾日有重要影响的预测因子直方图；（b）南方地区观测数据冬季霾日年差（DY）（红色曲线）和预测（蓝色曲线）结果；（c）与（b）相同，但为冬季霾日天数

4.4.2　异常气候事件对我国霾污染的影响机制

1. 北极涛动异常对我国冬季霾污染的影响

北极涛动是影响北半球气候变化的重要气候因子。研究结果表明,北极涛动(AO)对我国中东部地区的冬季霾日数有显著的影响,在 AO 指数异常偏高的冬季,我国华北地区以及华中地区的霾日数高于常年;而在 AO 指数异常偏低年冬季,中东部大部分区域霾日数低于常年。从影响机制上看,AO 异常主要通过影响气象条件进而影响霾。其中,温度受 AO 的影响最大,且与 AO 呈正相关。此外,相对湿度受 AO 的影响最小,南方地区的污染传输指数与 AO 呈负相关关系,降水频率也与 AO 有显著的相关性,但在区域上相关性有所差异。分析表明,在 AO 异常偏高年冬季,在 AO 异常影响下,我国部分地区受环流高压影响,地面 2 m 温度较高,10 m 风速偏低,地面风场偏弱,进一步造成传输指数降低。综合来看,气象场的异常容易造成霾污染的积累,导致霾日数增加;而在 AO 异常偏低年冬季,2 m 温度偏低,风速有所增加,大部分区域霾日数降低。

利用 WRF-CUACE 数值模式中开发的相关模块,对 AO 冬季异常影响霾的机制进行进一步分析。结果显示,AO 异常对 $PM_{2.5}$ 浓度影响最明显的是华中地区,与统计分析结果一致。此外,沉降与传输过程也受到影响,干沉降相较于湿沉降受 AO 影响更加明显,且受影响区域集中在我国南方地区。AO 异常对污染物输送通量的影响也体现在南方地区,在 AO 异常偏高年,华中地区的扩散条件不利于污染物的传输,导致该地区的霾污染增加。在 AO 偏低年,南方大部分区域的传输通量有明显的增加,整体上的扩散条件均优于 AO 异常偏高年的情况[69,70]。

2. El Niño/La Niña 对我国华北地区污染输送的影响机制

本部分提出一种将全球模式化学场转化成边界条件作为代表污染物长距离输送的方法,分别在气候平均态、El Niño 和 La Niña 期间量化了一次颗粒物、二次颗粒物和沙尘长距离输入对中国华北地区的影响,并分析了其影响机制。将 MOZART-4 全球模式数据输入 WRF-Chem 作为化学边界条件,模拟对比了在气候平均态和 El Niño/La Niña 事件背景下长距离输送对一次气溶胶(PA)二次气溶胶(SIA)和沙尘(Dust)的影响。对于 2013—2017 年冬季平均态下的长距离输送,结果表明来自中亚和南亚的长距离输送对冬季 $PM_{2.5}$ 浓度的影响在华北地区最为明显。其对 PA、SIA 和 Dust 的贡献分别为 1.6 $\mu g\ m^{-3}$(4.5%)、0.9 $\mu g\ m^{-3}$(1.8%)和 16.0 $\mu g\ m^{-3}$(35%)。相较五年冬季平均的结果,模式结果表明,长距离输送的贡献在 El Niño 期间有所减小,在 La Niña 期间有所增强。此结果的原因主要是

El Niño 年盛行西风减弱,同时经向环流增强,引起了东部沿海降水量和湿清除贡献的增加,造成了长距离输送 $PM_{2.5}$ 浓度的减弱;La Niña 年则与此相反[71]。

3. 东亚季风对我国中东部地区大气气溶胶浓度年际变化影响程度及作用机理

应用全球空气质量模型系统 GEM-AQ/EC,设计了一个 10 年(1995—2004年)间主要人为气溶胶(硫酸盐、黑碳和有机碳)排放无年际变化的大气气溶胶敏感性气模拟试验,即模拟中去除了排放源因素对大气环境变化的影响,以分离气象因素对人为气溶胶浓度变化的贡献。本模拟研究集中在中国中东部这一个典型的东亚季风区。1995—2004 年,中国中东部地区大气气溶胶浓度有显著的增加趋势,其年际变化率夏季在中东部南区可高达 20%～30%,冬季中东部北区平均高达20%～30%。中东部地区的大气气溶胶增加与近地表面风减弱有显著相关。这10 年间夏季中东部南区和冬季北区的近地表面风减弱趋势率分别超过 30% 和40%。在夏季风偏弱的年份,从华北平原到四川盆地的广阔中东部地区大气气溶胶浓度偏高。在偏弱冬季风年,我国东部地区大气气溶胶浓度存在"北高"和"南低"异常分布。东亚夏季风和冬季风的年际减弱是导致近年来我国中东部大气气溶胶年际变化和趋势增加的主要气象因素,此外,决定气溶胶湿清除过程的东亚夏季风降水异常亦会改变夏季中东部地区气溶胶变化和分布。与气溶胶干清除过程关联的大气边界层条件亦是影响冬季中国中东部地区气溶胶浓度的一个气象因素。

环境大气中的细颗粒物 $PM_{2.5}$ 和相对湿度 RH 是影响大气水平能见度的主要人为和自然因素。通过分析中国东部城市南京 2013—2019 年的环境气象资料,研究了 $PM_{2.5}$ 和 RH 对近年来大气能见度变化的影响。能见度与 $PM_{2.5}$ 浓度和 RH变化呈显著负相关(图 4.8)。$PM_{2.5}$ 浓度与能见度、RH 与能见度存在非线性关系以及大气能见度变化拐点,表明改进的能见度,降低 $PM_{2.5}$ 浓度在潮湿的气象条件

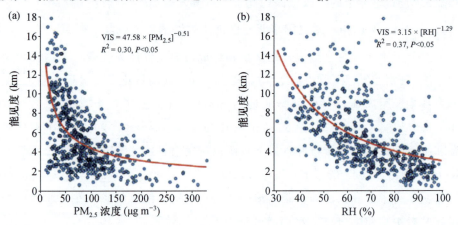

图 4.8　2013—2018 年南京冬季(a)能见度和 $PM_{2.5}$;(b)能见度和相对湿度 RH 散点图以及幂函数拟合方程曲线

下可能会更加困难。该华东城区能见度变化对 $PM_{2.5}$ 浓度最敏感的 RH 范围为 $60\%\sim80\%$。自然因子 RH 和人为因子 $PM_{2.5}$ 对冬季大气能见度变化的相对贡献分别为 54.3% 和 45.7%，揭示了自然因子 RH 在东亚季风区城区大气能见度变化中的重要作用[72]。

4.4.3　本项目资助发表论文（按时间倒序）

(1) Cheng X，Liu J，Zhao T，et al. A teleconnection between sea surface temperature in the central and eastern Pacific and wintertime haze variations in southern China. Theoretical and Applied Climatology，2021，143(1)：349-359.

(2) Gong S，Liu H，Zhang B. Assessment of meteorology vs. control measures in the China fine particular matter trend from 2013 to 2019 by an environmental meteorology index. 2021，21(4).

(3) Ke H，Gong S，He J，et al. Development and application of an automated air quality forecasting system based on machine learning. Science of The Total Environment，2021，806，151204.

(4) Lu S，Gong S，Chen J，et al. Impact of Arctic Oscillation anomalies on winter $PM_{2.5}$ in China via a numerical simulation. Science of the Total Environment，2021，779，146390.

(5) Mo J，Gong S，Zhang L，et al. Impacts of long-range transports from Central and South Asia on winter surface $PM_{2.5}$ concentrations in China. Science of The Total Environment，2021，777，146243. doi：10.1016/j. scitotenv. 2021.146243.

(6) Shen L，Zhao T，Liu J，et al. Regional transport patterns for heavy $PM_{2.5}$ pollution driven by strong cold airflows in Twain-Hu Basin，Central China. Atmospheric Environment，2021，269，118847.

(7) Shu Z，Liu Y，Zhao T，et al. Elevated 3D structures of $PM_{2.5}$ and impact of complex terrain-forcing circulations on heavy haze pollution over Sichuan Basin，China. Atmospheric Chemistry and Physics，2021，21(11)：9253-9268.

(8) Zhang L，Gong S，Zhao T，et al. Development of WRF/CUACE v1.0 model and its preliminary application in simulating air quality in China. Geoscientific Model Development Discussions，2021：1-25.

(9) 曹磊,李永利,余予,等. 中国南方地区 1961—2018 年冬春季低温连阴雨过程时空变化分析. 气象科学,2021,41(1)：78-85.

(10) 刘振,吴雪媛,余予,等. 全国典型台站降雨期雨滴谱特征分析. 湖北农业科学,2021,60(1)：95-101.

(11) 杨婕,赵天良,程叙耕,等. 2000—2019 年中国北方地区沙尘暴时空变化及其相关影响因素. 环境科学学报,2021,41(8)：2966-2975.

(12) Ma X，Xu X，Cheng X，et al. Association of climate-related total atmospheric energy anomalies in the Tibetan Plateau with haze in eastern China. Aerosol and Air Quality Re-

search，2020，20：810-819. doi：10.4209/aaqr.2020.02.0044.

（13）Lu S H，Gong S L*，He J J，et al. Uncertainty analysis of spatiotemporal characteristics of haze pollution from 1961 to 2017 in China. Atmospheric Pollution Research，2020，2：310-318.

（14）Lu S H，Gong S L，He J J. Influence of Arctic Oscillation abnormalities on spatio-temporal haze distributions in China. 2020，223，117282.

（15）He J J*，Zhang L. Source apportionment of particulate matter based on numerical simulation during a severe pollution period in Tangshan，North China. Environmental Pollution，2020，266，115133.

（16）Shu Z，Liu Y，Zhao T，et al. Elevated 3D structures of $PM_{2.5}$ and impact of complex terrain-forcing circulations on heavy haze pollution over Sichuan Basin，China. Atmospheric Chemistry and Physics，2020，11：1-32.

（17）Sun X，Zhao T，Li, D，et al. Quantifying the influences of $PM_{2.5}$ and relative humidity on change of atmospheric visibility over recent winters in an urban area of East China. Atmosphere，2020，11(5)：461. doi：10.3390/atmos11050461.

（18）Yu C，Zhao T，Bai Y，et al. Heavy air pollution with a unique "non-stagnant" atmospheric boundary layer in the Yangtze River middle basin aggravated by regional transport of $PM_{2.5}$ over China. Atmospheric Chemistry and Physics，2020，20：7217-7230.

（19）Yu Y，Udo S，Su Y. et al. Evaluating the GPCC full data daily analysis version 2018 through ETCCDI indices and comparison with station observations over mainland of China. Theoretical and Applied Climatology，2020，142：835-845. doi：10.1007/s00704-020-03352-8.

（20）Cheng X，Boiyo R，Zhao T，et al. Climate modulation of Niño3.4 SST-anomalies on air quality change in southern China：Application to seasonal forecast of haze pollution. Atmospheric Research，2019，225：157-164.

（21）Ke H B，Gong S L*，He J J，et al. Spatial and temporal distribution of open bio-mass burning in China from 2013 to 2017. Atmospheric Environment，2019，210：156-165.

（22）Jia M，Cheng X，Zhao X，et al. Regional air quality forecast using a machine learning method and the WRF model over the Yangtze River Delta，East China. Aerosol and Air Quality Research，2019，19(7)：1602-1613.

（23）杨清健，赵天良，郑小波，等. 亚洲季风强弱年蒙自市大气环境容量差异估算. 中国环境科学，2019，39(10)：4054-4064.

（24）Ma G，Zhao T，Kong S，et al. Variations in FINN emissions of particulate matters and associated carbonaceous aerosols from remote sensing of open biomass burning over Northeast China during 2002—2016. Sustainability，2018，10(9)：3353.

（25）Hu J，Li Y，Zhao T，et al. An important mechanism of regional O_3 transport for summer smog over the Yangtze River Delta in eastern China. Atmospheric Chemistry and Physics，2018，18(22)：16239-16251.

（26）You Y，Cheng X，Zhao T，et al. Variations of haze pollution in China modulated by thermal forcing of the Western Pacific Warm Pool. Atmosphere，2018，9(8)：314.

（27）任芝花，余予，韩瑞，等.自动与人工观测霾日、雾日序列连续性分析.高原气象，2018，37（3）：864-871.

参考文献

[1] Dawson J P，Bloomer B J，Winner D A，et al. Understanding the meteorological drivers of U. S. particulate matter concentrations in a changing climate. Bulletin of the American Meteorological Society，2014，95(4)：521-532. doi：10.1175/BAMS-D-12-00181.1.

[2] Monks P S，Granier C，Fuzzi S，et al. Atmospheric composition change—Global and regional air quality. Atmospheric Environment，2009，43(33)：5268-5350. doi：10.1016/j. atmosenv. 2009. 08. 021.

[3] Mayerhofer P，Alcamo J，Posch M. Regional air pollution and climate change in Europe：An integrated assessment（Air-Clim）. Water Air & Soil Pollution，2001，130(1/4)：1151-1156. doi：10.1023/A：1013992025515.

[4] Aaheim H A，Kristin A，Seip H. Climate change and local pollution effects—An integrated approach. Mitigation & Adaptation Strategies for Global Change，1999，4(1)：61-81. doi：10. 1023/A：1009693719474.

[5] Haywood J，Boucher O. Estimates of the direct and indirect radiative forcing due to tropospheric aerosols：A review. Reviews of Geophysics，2000，38(4)：513-543. doi：10. 1029/1999RG000078.

[6] Wang H J，Chen H P. Understanding the recent trend of haze pollution in eastern China：Roles of climate change. Atmospheric Chemistry and Physics，2016，16：4205-4211.

[7] Cai W，Li K，Liao H，et al. Weather conditions conducive to Beijing severe haze more frequent under climate change. Nature Climate Change，2017，7(4)：257-262.

[8] Chen H P，Wang H J. Haze days in North China and the associated atmospheric circulations based on daily visibility data from 1960 to 2012. Journal of Geophysical Research：Atmospheres，2015，120：5895-5909.

[9] Wang H J，Chen H P，Liu J P. Arctic sea ice decline intensified haze pollution in eastern China. Atmospheric and Oceanic Science Letters ，2015，8：1-9.

[10] Zhang X Y，Wang Y Q，Niu T，et al. Atmospheric aerosol compositions in China：Spatial/temporal variability，chemical signature，regional haze distribution and comparisons with global aerosols. Atmospheric Chemistry and Physics，2012，12(2)：779-799. doi：10. 5194/acp-12-779-2012.

[11] 孙彧，马振峰，牛涛，等.最近 40 年中国雾日数和霾日数的气候变化特征.气候与环境研

究，2013，18(03)：397-406.

[12] 丁一汇，柳艳菊. 近50年我国雾和霾的长期变化特征及其与大气湿度的关系. 中国科学：地球科学，2014，44(1)：37-48. doi：10.1007/s11430-013-4792-1.

[13] 胡亚旦. 中国霾天气的时空分布特征及其与气候环境变化的关系. 2009.

[14] 吴兑，吴晓京，李菲，等. 中国大陆1951—2005年雾与轻雾的长期变化. 热带气象学报，2011，27(2)：145-151.

[15] Wang J Z, Gong S L, Zhang X Y, et al. A parameterized method for air-quality diagnosis and its applications. Advances in Meteorology, 2012, 2012, 238589. doi:10.1155/2012/238589.

[16] Xu X D, Zhao T L, Gong S L, et al. Climate modulation of the Tibetan Plateau on haze in China. Atmospheric Chemistry and Physics, 2015, 15(20)：28915-28937. doi:10.5194/acp-16-1365-2016.

[17] 王跃思，姚利，王莉莉，等. 2013年元月我国中东部地区强霾污染成因分析. 中国科学：地球科学，2014，44(1)：15-26.

[18] 张小曳，孙俊英，王亚强，等. 我国雾-霾成因及其治理的思考. 科学通报，2013，58(13)：1178-1187.

[19] Gao M, Carmichael G R, Wang Y, et al. Modeling study of the 2010 regional haze event in the North China Plain. Atmospheric Chemistry and Physics, 2016, 16(3)：1673-1691. doi:10.5194/acp-16-1673-2016.

[20] Peng H, Liu D, Zhou B, et al. Boundary-layer characteristics of persistent regional haze events and heavy haze days in eastern China. Advances in Meteorology, 2016, 2016(11)：1-23.

[21] Zheng G J, Duan F K, Su H, et al. Exploring the severe winter haze in Beijing：The impact of synoptic weather, regional transport and heterogeneous reactions. Atmospheric Chemistry and Physics, 2015, 15(6)：2969-2983. doi:10.5194/acp-15-2969-2015.

[22] Deng Z Z, Zhao C S, Ma N, et al. An examination of parameterizations for the CCN number concentration based on in situ measurements of aerosol activation properties in the North China Plain. Atmospheric Chemistry and Physics, 2013, 13(13)：6227-6237.

[23] Zhou C H, Gong S, Zhang X Y, et al. Towards the improvements of simulating the chemical and optical properties of Chinese aerosols using an online coupled model-CUACE/Aero. Tellus B, 2012, 64. doi:10.3402/tellusb.v64i0.18965.

[24] Wang Z F, Li J, Wang Z, et al. Modeling study of regional severe hazes over mid-eastern China in January 2013 and its implications on pollution prevention and control. Science China Earth Sciences, 2013, 57(1)：3-13.

[25] Jacob D J, Winner D A. Effect of climate change on air quality. Atmospheric Environment, 2009, 43(1)：51-63.

[26] Hogrefe C. Emissions versus climate change. Nature Geoscience, 2012, 5：685-686.

[27] Lin C Y, Lung S C C, Guo H R, et al. Climate variability of cold surge and its impact on the air quality of Taiwan. Climatic Change, 2009, 94(3-4)：457-471. doi:10.1007/s10584-

008-9495-9.

[28] Wu G X, Li Z Q, Fu C B, et al. Advances in studying interactions between aerosols and monsoon in China. Science China: Earth Sciences, 2015, 45: 1-16. doi: 10.1007/s11430-015-5198-z.

[29] Trenberth K E, Jones P D, Ambenje P. Observation: Surface and atmospheric climate change. Climate Change 2007: The Physical Science Basis. Contribution of Working Group I to the Fourth Assessment Report of the Intergovernmental Panel on Climate Change. Solomon S, Qin D, Manning M, Editors. 2007, Cambridge University Press: Cambridge, United Kingdom and New York, NY, USA.

[30] 吴国雄, 李建平, 周天军, 等. 影响我国短期气候异常的关键区: 亚印太交汇区. 地球科学进展, 2006, (11): 1109-1118.

[31] Wang H J, Sun J Q, Chen H P, et al. Extreme climate in China: Facts, simulation and projection. Meteorologische Zeitschrift, 2012, 21(3): 279-304.

[32] 尹志聪, 王会军, 袁东敏. 华北黄淮冬季霾年代际增多与东亚冬季风的减弱. 科学通报, 2015, 60(15): 1395-1401.

[33] 刘芷君, 王体健, 谢旻, 等. 东亚地区冬季风对气溶胶传输和分布的影响研究. 南京大学学报(自然科学), 2015, 51(03): 575-586.

[34] Zhang Y, Ding A, Mao H, et al. Impact of synoptic weather patterns and inter-decadal climate variability on air quality in the North China Plain during 1980—2013. Atmospheric Environment, 2016, 124(JAN. PT. B): 119-128.

[35] Guo S, Hu M, Zamora M L, et al. Elucidating severe urban haze formation in China. PNAS, 2014, 111(49): 17373.

[36] Zhang R H, Li Q, Zhang R N. Meteorological conditions for the persistent severe fog and haze event over eastern China in January 2013. Science China Earth Sciences, 2014, 57(1): 26-35.

[37] Li Q, Zhang R H, Wang Y. Interannual variation of the wintertime fog-haze days across central and eastern China and its relation with East Asian winter monsoon. International Journal of Climatology, 2016, 36: 346-354. doi: 10.1002/joc.4350.

[38] Zhang L, Liao H, Li J. Impacts of Asian summer monsoon on seasonal and interannual variations of aerosols over eastern China. Journal of Geophysical Research, 2010, 115.

[39] Yan L B, Liu X D, Yang P, et al. Study of the impact of summer monsoon circulation on spatial distribution of aerosols in east Asia based on numerical simulations. Journal of Applied Meteorology & Climatology, 2011, 50: 2270-2282.

[40] Zhu J, Liao H, Li J. Increases in aerosol concentrations over eastern China due to the decadal-scale weakening of the East Asian summer monsoon. Geophysical Research Letters, 2012, 39(9).

[41] Chin M. Dirtier air from a weaker monsoon. Nature Geoscience, 2012, 5: 449-450.

[42] Cheng X，Zhao T L，Gong S L，et al. Implications of East Asian summer and winter monsoons for interannual aerosol variations over central-eastern China. Atmospheric Environment，2016，129：218-228. doi：10.1016/j. atmosenv. 2016.01.037.

[43] 王翠花，李雄，谬启龙. 中国近年来日最低气温变化特征研究. 地理科学，2003，23(4)：441-447.

[44] 唐红玉，翟盘茂，王振宇. 1951—2002 年中国平均最高、最低气温及日较差变化. 气候与环境研究，2005，10(4)：728-735.

[45] Zhai P，Pan X. Trends in temperature extremes during 1951—1999 in China. Geophysical Research Letters，2003，30. doi：10.1029/2003GL018004.

[46] 周雅清，任国玉. 城市化对华北地区最高、最低气温和日较差变化趋势的影响. 高原气象，2009，28(5)：1158-1166.

[47] Zhai P，Zhang X，Wan H，et al. Trends in total precipitation and frequency of daily precipitation extremes over China. Journal of Climate，2005，18(7)：1096-1108. doi：10.1175/JCLI-3318.1.

[48] 孙凤华，杨素英，任国玉. 东北地区降水日数、强度和持续时间的年代际变化. 应用气象学报，2007，18(5)：610-618.

[49] 陈海山，范苏丹，张新华. 中国近 50a 极端降水事件变化特征的季节性差异. 大气科学学报，2009，32(6)：744-751.

[50] 王大钧，陈列，丁裕国. 近 40 年来中国降水量、雨日变化趋势及与全球温度变化的关系. 热带气象学报，2006，22(3)：283-290.

[51] 李崇银. El Niño 事件与中国东部气温异常. 热带气象学报，1989，5(3)：210-219. doi：10.16032/j. issn. 1004-4965.1989.03.003.

[52] 陈文. El Niño 和 La Nina 事件对东亚夏季风循环的影响. 大气科学学报，2002，26(5)：595-610.

[53] 孙旭光，杨修群. El Niño 演变不同阶段东亚大气环流年际异常型的数值模拟. 地球物理学报，2005，48(3)：501-510.

[54] Li C. A further study on interaction between anomalous winter monsoon in east Asia and El Niño. Acta Meteorological Sinica，1996，10(3)：309-320.

[55] Wang B，Wu R，Fu X. Pacific-East Asian teleconnection：How does ENSO affect East Asian climate? Journal of Climate，2000，13：1517-1536.

[56] Wang B，Huang F，Wu Z W，et al. Multi-scale climate variability of the South China Sea monsoon：A review. Dynamics of Atmospheres and Oceans，2009，47：15-37. doi：10.1016/j. dynatmoce. 2008.09.004.

[57] 李清泉，丁一汇. 1991—1995 年 El Nino 事件的特征及其对中国天气气候异常的影响. 气候与环境研究，1997，2(2)：66-80.

[58] 张运英，黄菲，杜鹃，等. 广东雾霾天气能见度时空特征分析——年际年代际变化. 热带地理，2009，29(04)：324-328.

[59] Zhao T L，Gong S L，Zhang X Y，et al. A simulated climatology of Asian dust aerosol and its trans-Pacific transport in mean climate and validation. Journal of Climate，2006，19(1)：88-103.

[60] Gong S L，Zhang X Y，Zhao T L，et al. A simulated climatology of Asian dust aerosol and its trans-Pacific transport. Part Ⅱ：Interannual variability and climate connections. Journal of Climate，2006，19(1)：104-122. doi：10.1175/JCLI3606.1.

[61] Gong S L，Zhang X Y，Zhao T L，et al. Sensitivity of Asian dust storm to natural and anthropogenic factors. Geophysical Research Letters，2004，31：L07210. doi：10.1029/2004GL019502.

[62] Gong S L，Barrie L A，Blanchet J -P，et al. Canadian Aerosol Module：A size-segregated simulation of atmospheric aerosol processes for climate and air quality models 1. Module development. Journal of Geophysical Research，2003，108(D1)：4007

[63] Gonzalez-Abraham R，Chung S H，Avise J，et al. The effects of global change upon United States air quality. Atmospheric Chemistry and Physics，2015，15(21)：12645-12665.

[64] Petropavlovskikh I，Evans R，McConville G，et al. The influence of the North Atlantic Oscillation and El Niño-Southern Oscillation on mean and extreme values of column ozone over the United States. Atmospheric Chemistry and Physics，2015，15(3)：1585-1598.

[65] 任芝花,余予,韩瑞，等. 自动与人工观测霾日、雾日序列连续性分析. 高原气象，2018，37(3)：864-871.

[66] Cheng X，Liu J，Zhao T，et al. A teleconnection between sea surface temperature in the central and eastern Pacific and wintertime haze variations in southern China. Theoretical and Applied Climatology，2021，143(1)：349-359.

[67] Ma X D，Xu X D，Cheng X H，et al. Association of climate-related total atmospheric energy anomalies in the Tibetan Plateau with haze in eastern China. Aerosol and Air Quality Research，2020，20(4)：810-819. doi：10.4209/aaqr.2020.02.0044.

[68] Cheng X，Boiyo R，Zhao T，et al. Climate modulation of Niño3.4 SST-anomalies on air quality change in southern China：Application to seasonal forecast of haze pollution. Atmospheric Research，2019，225：157-164.

[69] Lu S H，He J J，Gong S L，et al. Influence of Arctic Oscillation abnormalities on spatiotemporal haze distributions in China. Atmospheric Environment，2020，223，117282.

[70] Lu S，Gong S，Chen J，et al. Impact of Arctic Oscillation anomalies on winter $PM_{2.5}$ in China via a numerical simulation. Science of the Total Environment，2021，779，146390.

[71] Mo J，Gong S，Zhang L，et al. Impacts of long-range transports from Central and South Asia on winter surface $PM_{2.5}$ concentrations in China. Science of The Total Environment，2021，777，146243. doi：10.1016/j.scitotenv.2021.146243.

[72] Sun X，Zhao T，Liu D，et al. Quantifying the influences of $PM_{2.5}$ and relative humidity on change of atmospheric visibility over recent winters in an urban area of East China. Atmosphere，2020，11，461. doi：10.3390/atmos11050461.

第5章 气溶胶与天气气候相互作用对我国冬季强霾污染的影响

汪名怀[1]，高阳[2]，王淑瑜[1]，刘亚雯[1]，董新奕[1]

[1]南京大学，[2]中国海洋大学

近年来我国东部地区频发长时间、大范围的大气灰霾(气溶胶)污染事件，对公众健康及社会可持续发展带来严峻挑战。大气灰霾污染成因复杂，天气气候背景对大气雾霾污染的形成起着至关重要的作用，同时大气灰霾污染也是导致天气气候变化的一个重要潜在因素。本章着眼于长时间尺度上气溶胶-天气气候相互作用，阐明在气候变化背景下气溶胶-天气气候相互作用如何影响我国冬季大气边界层结构和强霾污染；实现可变分辨率(变网格)全球模式在东亚区域的加密应用，揭示变网格模式模拟气溶胶-天气气候相互作用的优势，为大气污染研究提供有力工具。从多方面评估和改进全球模式对大气灰霾的模拟表现，包括构建并公开了我国首套城市绿地挥发性有机化合物排放清单，揭示影响模式模拟黑碳气溶胶模拟偏差的关键过程；开展未来排放情景下(包括碳中和排放情景)大气扩散条件和空气质量的预估，提出在综合考虑气溶胶-天气气候相互作用下，未来大气灰霾污染控制的对策建议。

5.1 研究背景

伴随着我国的快速工业化和城市化进程，近年来长时间、大范围的大气灰霾(气溶胶)污染事件频发[1-3]，对公众健康及社会经济可持续发展造成了严峻挑战。大气灰霾污染成因复杂，涉及污染物排放及其在大气中经历的一系列大气物理和化学过程[4-8]。其中，天气气候背景对大气灰霾污染的形成起着至关重要的作用[9-17]，影响着污染物从排放到消散的整个过程，包括污染物的局地累积和扩散、长距离传输、干湿清除及其化学生成和消耗等。

多项研究表明我国近期大气强霾污染的加剧受到全球变化背景下东亚区域天

气气候变化的影响[18-23]。多年能见度资料分析结果表明我国灰霾天数量在过去50多年中表现出明显的年代际变化特征，这一年代际变化受到气象场（比如风场、降雨和大气稳定度等）年代际变化的影响。而气象场年代际变化则受到气候变率和气候变化等多方面因素的影响。研究表明近年秋季北极海冰冰盖面积的减少对东亚冬季大气环流产生影响，进而影响灰霾天数[18]；东亚季风，ENSO（El Niño Southern Oscillation）及 PDO（Pacific Decadal Oscillation）等大尺度环流特征也对东亚气候有显著影响，从而影响东亚区域灰霾天气[20-22]。近期研究发现，在未来气候变化背景下，中国区域的气候变化会进一步加剧极端强霾污染事件的发生[24-26]。理解与大气强霾污染形成相关的天气气候变化，对我们理解强霾污染的成因并寻求应对措施有着重要的科学及实际意义。

导致大气强霾污染形成的天气气候变化的一个重要潜在因素是大气灰霾污染本身。大气中颗粒物即气溶胶可以通过对大气短波的散射或吸收来直接影响天气气候（气溶胶-辐射相互作用，或气溶胶直接效应）[27, 28]；而气溶胶粒子作为云的凝结核或冰核，影响云滴和冰晶的数浓度及粒径大小等[29,30]，改变云的物理和光学特性及降水，间接影响天气气候过程（气溶胶-云相互作用，或气溶胶的间接效应）[31-33]。作为中国区域气候系统的重要成分，大气气溶胶通过气溶胶-天气气候相互作用（包括气溶胶-辐射相互作用和气溶胶-云相互作用）影响东亚区域能量和水循环，改变东亚区域天气气候条件[34-40]，从而进一步引起大气灰霾污染的变化。

气溶胶-天气气候相互作用（包括气溶胶-辐射相互作用及气溶胶-云相互作用）通过改变地表及大气辐射收支平衡，影响大气边界层的演化，进而影响大气污染物的积聚和扩散。前期大量研究表明，气溶胶-边界层的耦合对大气边界层的演化及大气污染物浓度的加剧有着重要影响。观测研究发现大气灰霾引起的地面辐射减弱直接影响近地层的稳定度，减弱湍流过程，从而导致边界层降低，加剧污染物的形成和累积[3,41]。模式结果也揭示考虑空气污染和大气边界层的耦合可以更好地模拟 $PM_{2.5}$ 浓度[42]。但这些研究多是个例和相对较短时间尺度的观测和模拟研究，缺乏在多年气候尺度上对气溶胶与边界层耦合如何影响强霾污染的深入探讨。举例来说，少有研究关注在多年气候变化尺度上大气稳定度的变化（比如地面风速的降低等）在多大程度上来自大气污染-边界层的双向耦合。

气溶胶-气候相互作用不仅通过改变局地的大气物理过程（如前面提到的大气边界层等过程）来影响大气灰霾污染，还通过大尺度环流反馈进一步影响大气灰霾污染。有研究表明气溶胶气候效应会引起大尺度大气环流的变化[43-46]，比如引起东亚季风及 PDO 的改变等，而大尺度环流的变化会进一步影响空气污染的形成和累积，这使得气溶胶-大气环流双向反馈能够对我国大气灰霾污染的形成和累积造成影响。前期工作多关注大气环流变化对大气灰霾污染的影响，但在气溶胶如何影响大气环流并进一步影响大气强霾污染方面的研究较为缺乏。

以上分析表明,气溶胶-天气气候的相互作用对大气灰霾污染的形成有重要影响,一方面通过局地过程(气溶胶-辐射和气溶胶-云相互作用)来影响灰霾污染,另一方面通过大气环流的反馈影响灰霾污染。当考虑天气气候变化所引起的大气灰霾污染变化时,有必要考虑天气气候变化中来自大气灰霾污染本身的贡献,这对进一步研究大气灰霾成因、制定大气污染减排政策有着重要的指导意义。而在前期大气灰霾-天气气候双向反馈的研究中,少有综合考虑局地和大尺度环流反馈共同对大气灰霾的影响,同时在影响这一双向反馈的关键大气物理和化学过程的研究上也有不足。

本章将可变分辨率全球模式应用于东亚区域,通过对东亚区域加密来精细刻画大气污染理化过程,探究气候变化背景下气溶胶-天气气候相互作用如何影响局地大气物理、化学过程和大气环流进而影响我国大气边界层结构和强霾污染;预估不同的减排策略如何通过气溶胶-天气气候相互作用影响未来大气强霾污染。相关研究成果将会有力增强我们对大气灰霾成因的理解,为大气污染控制对策的制定提供科学支持。

5.2　研究目标与研究内容

5.2.1　研究目标

阐明在气候变化背景下气溶胶-天气气候相互作用如何影响我国冬季大气边界层结构和强霾污染;实现变网格全球模式在东亚区域的加密应用,揭示变网格模式模拟大气灰霾关键过程的优势,为大气污染及气溶胶-边界层相互作用研究提供有力工具;开展未来排放情景下空气质量的预估,进一步为制定大气污染减排政策提供科学支撑。

5.2.2　研究内容

气候变化背景下天气气候条件的年代际变化特征分析和模拟:结合边界层高度的探空观测资料和再分析资料分析中国地区平均(年平均、季节平均)边界层高度的年代际变化特征,探究平均边界层高度长期变化趋势的形成原因,明确主导平均边界层年代际变化的因子;分季节定义极端高、低边界层事件,分析极端边界层高度的长期变化趋势及成因,比较平均与极端边界层高度长期变化特征、形成机制的异同;在观测分析的基础上,评估最新的耦合模式比较计划第六阶段(CMIP6)多模式对边界层高度长期变化特征的模拟表现；基于 CAM-Chem-SE 模式设计敏感性试验，探究气溶胶变化如何通过气溶胶-边界层相互作用影响边界层结构的长期变化趋势。

大气灰霾的多尺度模拟及关键过程分析：拓展变网格全球模式的应用范围至东亚地区（目前默认美国地区），实现变网格全球模式在东亚区域的加密应用；比较变网格和均匀粗分辨率全球模式对大气污染的模拟表现，通过设计是否约束气象条件、是否考虑气溶胶辐射效应的多组敏感性试验，探究变网格全球模式模拟东亚地区大气污染及气溶胶-边界层相互作用的优势；结合观测和模式结果，分析排放清单、大气气溶胶关键理化过程（例如黑碳老化过程，二次气溶胶生成）、大气环流等影响大气灰霾模拟的关键过程，改进模式模拟表现。

减排对天气气候和未来强霾污染的影响：综合分析站点和卫星观测资料，探究当前污染物减排如何影响气溶胶-辐射和气溶胶-云相互作用，并将观测分析与多模式模拟相结合开展对模式的约束；基于全球气候模式预估未来气溶胶减排对我国有利于强霾污染生成的天气气候条件的影响，比较气溶胶和温室气体变化对未来强霾变化的相对影响；基于变网格全球模式，预估碳中和情景下未来空气质量的变化，探讨气溶胶-边界层相互作用变化对空气质量改进的贡献；最终基于预估结果，提出在综合考虑气溶胶与天气气候相互作用下，未来大气灰霾污染控制的对策建议。

5.3　研究方案

5.3.1　气候变化背景下天气气候条件的年代际变化特征分析和模拟

综合站点探空、卫星观测和模式模拟，系统分析中国地区平均和极端（10% 和 90% 分位数）边界层高度的长期变化趋势和形成机制。边界层高度资料来自中国探空观测网提供的 1979—2016 年 89 个站点（通过质量控制标准）边界层高度数据，此外使用欧洲中心提供的 ERA5 再分析资料，根据 Richardson 方法计算边界层高度。基于探空数据和再分析资料的计算结果分析中国地区平均（年平均、季节平均）边界层高度的年代际变化，对比两套资料的分析结果，总结平均边界层长期变化的特征。分析影响边界层高度发展的多个因子（例如感热、潜热通量、地表辐射通量等）的长期变化特征，明确决定平均边界层高度变化的主导因子，并进一步探讨该因子长期变化的成因。评估耦合模式比较计划多模式对中国地区平均边界层高度年代际变化特征的模拟表现,理解模式偏差的成因。

考虑到强霾发生发展通常伴随边界层高度极端低值,挑选 10％ 和 90％ 分位数作为阈值,定义极端低、高边界层,进一步分析极端边界层高度的年代际变化特征,对比极端边界层与平均边界层高度长期趋势的差异。为了探讨气溶胶如何影响边界层高度的长期变化趋势,一方面,基于站点观测资料分析气溶胶特性(例如 $PM_{2.5}$ 浓度、黑碳气溶胶浓度)的长期变化趋势,与极端边界层高度的变化相对比;另一方面借助 CAM-Chem-SE 模式,设计开关气溶胶直接辐射效应的敏感性研究,对比两组试验中边界层高度的长期变化特征以及气溶胶-边界层相互作用的关键过程因子(例如地表辐射通量、大气吸收短波辐射、大气加热率、大气稳定度)的变化,明确气溶胶-边界层相互作用在边界层高度年代际变化中所扮演的角色。

5.3.2 大气灰霾污染的大尺度模拟及其关键过程分析

大气灰霾模拟包括了局地过程、大尺度环流、大气灰霾污染理化过程和污染物及其前体物的排放等多个方面。本研究拟从上述不同方面提高对大气灰霾污染的模拟。首先,实现可变分辨率全球大气模式 CAM-Chem-SE 在东亚区域的模拟应用。CAM-Chem-SE 模式气溶胶模块为 MAM4,化学方案采用 MOZART-TS1。将可变分辨率全球大气模式的加密区域从默认的美国地区拓展至东亚区域:对东亚区域水平加密至 0.25°(约 28 km),东亚区域外仍保留 1°(约 111 km)粗分辨率。通过对比变网格模式与传统的均匀粗分辨率(1°)全球模式的模拟结果,分析变网格全球模式对大气污染及气溶胶-边界层相互作用的模拟优势。由于 CAM-Chem-SE 模式默认排放清单 CEDS 中中国地区人为气溶胶及前体物排放存在偏差,将其替换为清华大学团队开发的 MEIC 清单,以此驱动模式。设计对气象条件不加约束的长期试验,模拟 2013—2017 减排时间段大气污染。结合观测资料,比较变网格和粗网格模式对多年平均大气污染以及典型污染事件(例如 2013 年 12 月份)的模拟表现,探究变网格模式模拟优势的成因。进一步设计不约束气象条件的集合模拟试验,通过开关气溶胶辐射效应,比较变网格模式和粗分辨率模式对气溶胶-边界层相互作用关键过程的模拟表现。

其次,针对已有城市天然源排放清单缺乏对城市绿地的考量而导致臭氧模拟低估的问题,本研究拟结合空间分辨率为 10 m 的 FROM-GLC10 和 500 m 的 MODIS 土地覆盖类型数据,识别出城市绿地。在此基础上,利用天然源排放通量估算模型 MEGAN,构建城市绿地挥发性有机化合物(U-BVOCs)排放清单。基于构建的排放清单,分析城市绿地 U-BVOCs 排放的特征,估算其对 BVOCs 排放的贡献。最后,从大气灰霾污染关键理化过程出发,评估和改进模式对黑碳气溶胶的模拟表现。

5.3.3　减排对天气气候和未来强霾污染的影响

探究当前减排背景下,气溶胶的变化如何影响气溶胶-辐射相互作用以及气溶胶-云相互作用。结合气溶胶特性、云属性以及辐射通量的地面站点观测和卫星数据,从长时间变化角度,分析气溶胶-云-辐射的协同变化特征,理解减排背景下气溶胶的变化如何影响气溶胶-辐射以及气溶胶-云相互作用(例如黑碳气溶胶减排如何影响大气吸收短波辐射通量,气溶胶减排如何影响云滴数浓度和云水路径等)。鉴于人为气溶胶的变化主导了上述云和辐射的响应,因而在观测分析的基础上,进一步结合 CMIP6 多模式结果,约束模式模拟人为气溶胶影响云和辐射的关键过程。

预估未来排放情景下,影响强霾生成的天气气候条件的变化以及空气质量的改善。这里关注中国东部大气扩散条件(500 hPa 反气旋活动),使用 Butterworth 滤波方法分离出位势高度在 9~29 天季节内低频时间尺度上的信号,结合对污染事件的合成分析,探究季节内低频变化对重污染事件的影响,并基于中纬度动力学诊断方法探究重污染过程中反气旋形成发展的物理机制。预估气溶胶减排和温室气体增加的情景下,中国东部大气扩散条件的变化。通过设计单一改变气溶胶、温室气体的敏感性试验,厘清气溶胶和温室气体对未来大气扩散条件变化的相对影响;最后基于变网格全球模式,预估碳中和情景下未来空气质量的变化。设计考虑与不考虑黑碳气溶胶辐射效应的敏感性试验,量化散射性气溶胶和吸收性气溶胶通过与边界层相互作用对空气质量改进的贡献。基于粗网格模式设计相同的试验,对比变网格与粗网格模式的预估结果,揭示变网格模式预估未来空气质量的优势。

5.4　主要进展与成果

5.4.1　气候变化背景下天气气候条件的年代际变化特征分析和模拟

行星边界层是近地表物质和能量垂直交换的重要场所,对大气灰霾污染的形成具有重要影响。同时,边界层内的大气气溶胶通过辐射效应会引起高层增温和地表降温,抑制边界层发展,进而加剧大气污染,形成大气污染与边界层的双向反馈。受到观测资料时间分辨率和空间代表性的约束,目前中国地区行星边界层高度长时间尺度变化的机理尚不明确，相关的数值模式研究也较为缺乏。本研究综合利用多源观测资料和全球模式模拟结果，探究了中国地区边界层高度的年代际变化特征及成因。此外，还探究了气候变化背景下影响中国地区强霾污染的大气环流场特征及其变化。

1. 年平均边界层高度长期变化趋势的观测分析和 CMIP6 模式评估

基于再分析资料的分析结果显示，中国东南部地区年平均边界层高度于 2004 年从之前的上升趋势转变为下降趋势，与探空观测资料的结果一致[图 5.1(a)]。为了理解这一变化的成因，分析了同期地表感热通量、潜热通量的变化特征，发现边界层高度的长期变化与感热通量的变化密切相关[图 5.1(c)]，两者的时间变化序列均在 1979—2003 年期间呈上升趋势，2004 年后呈急剧下降趋势。此外，两者变化趋势的空间分布图也十分相近。而潜热通量的变化趋势则没有明显的转折特征，主要表现为 2004 年之后存在明显增加的趋势[图 5.1(b)]。分析结果表明感热通量的变化是边界层高度长期趋势从上升转变为下降的主导因子。

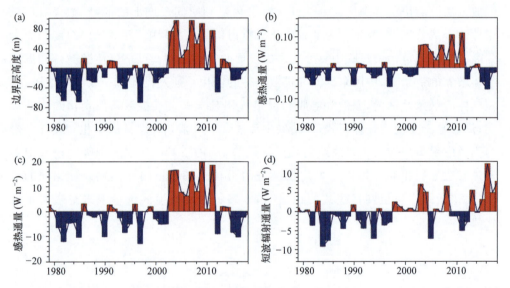

图 5.1　ERA5 再分析资料中北京时间 14：00 中国东南地区年平均(a)行星边界层高度；(b)潜热通量；(c)感热通量；(d)地表净短波辐射通量的时间变化

进一步分析影响地表感热通量变化的多个因子，包括地表反照率、云量和土壤湿度，结果发现地表感热通量的变化受到低云量和土壤湿度变化的协同控制。低云量的变化通过影响地表净短波辐射通量改变地表能量分配。2004 年之前中国东南部地区年平均低云量呈减少趋势（－1.62% decade^{-1}），引起地表净短波辐射通量增加，进而导致地表向上的感热通量增加，促进边界层发展。而 2004 年后低云量呈增加趋势（3.62% decade^{-1}），导致地表净短波辐射通量减少,抑制边界层发展;土壤湿度的变化则通过影响蒸发冷却改变能量分配。2004年前后,中国东南部地区土壤湿度呈现由干燥趋势(-12.4 kg m^{-2} decade^{-1})向湿润趋势(13.5 kg m^{-2} decade^{-1})的变化。干燥的土壤条件可以通过抑制蒸发冷却向近地面放热,有利于边界层的发展;而潮湿的土壤条件则通过增强潜热通量来冷却低层大气,抑制边界层的发展。

在观测分析的基础上,选取再分析资料作为参照,评估最新的耦合模式比较计划第六阶段(CMIP6)多模式对中国地区年平均边界层高度长期趋势的模拟表现。结果表明:不同模式模拟的边界层高度存在很大差异,模式之间最大值和最小值相差约 1.5 倍。与 ERA5 再分析资料相比,模式普遍高估边界层高度,并且在2004 年之前高估尤为明显。所有模式中年平均边界层高度呈现单一的下降趋势,未能再现观测中由上升趋势转为下降趋势的长期变化特征[图 5.2(a)]。进一步分析发现,CMIP6 模式中年平均边界层高度的变化与感热通量的变化显著相关(相关系数超过 0.8),与观测相一致。但是,所有模式中感热通量在研究时段(1979—2014 年)呈现单一的下降趋势,与再分析资料中先上升后下降的趋势转变不同。这意味着模式模拟感热通量变化趋势的偏差是导致模式无法再现年平均边界层高度变化趋势的主要原因。

考虑到模式中感热通量变化主要受到地表净短波通量,尤其是地表向下短波辐射通量变化的影响,我们将模拟的地表向下短波辐射通量进一步分为全天空条件、晴空条件以及有云条件三种情况,分别与再分析资料进行比较以理解模式偏差的成因。从图 5.2(b)~(c)可以看到,ERA5 再分析资料中全天空条件与有云条件下地表向下短波辐射通量的时间演变特征十分接近,均存在由上升到下降的转折,而晴空条件下地表向下短波辐射通量则表现为单一的下降趋势。这表明 ERA5 再分析资料中云辐射效应的变化主导了总的地表向下短波辐射通量的变化趋势。尽管 CMIP6 模式成功地再现了晴空条件下地表向下短波辐射通量的下降趋势,但模式中有云条件下地表向下短波辐射通量的变化趋势并不明显。也就是说,模式所模拟的总的地表向下短波辐射通量的变化趋势由晴空条件下的变化所主导,即受到气溶胶减少的影响,而非云辐射效应的影响。因此,CMIP6 模式对云辐射效应模拟的不足,直接影响了模式对地表向下(或净)短波辐射通量变化的模拟表现,进而导致模拟感热通量的变化趋势存在偏差,最终无法再现观测中年平均边界层高度的长期变化趋势。

综上,该部分工作揭示了复杂的陆面-大气-云相互作用过程在中国地区年平均边界层高度变化趋势的转变(上升趋势转为下降趋势)中起着关键作用,同时指出了当前气候模式由于模拟云辐射效应的变化趋势存在偏差,无法重现观测中中国地区年平均边界层高度的长期变化特征,为后续改进气候模式对边界层结构的模拟表现提供参考。

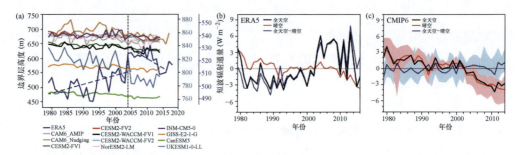

图 5.2 （a）ERA5 再分析资料和 CMIP6 模式中国地区年平均边界层高度的时间变化序列。右侧蓝色纵坐标表征 ERA5 再分析资料的结果,蓝灰色纵坐标表征 UKESM1-0-LL 模式结果,其余模式结果由左侧黑色纵坐标表征；(b)ERA5 再分析资料和(c)CMIP6 模式中国地区年平均地表净短波辐射通量在全天空条件、晴空条件下的时间变化序列以及两者差别

2. 极端边界层高度的长期变化及气溶胶-边界层相互作用的影响

基于 2000—2016 年中国东部地区边界层高度逐日观测数据（89 个站点）,定义边界层高度高（低）于 90%（10%）分位数为极端高（低）边界层高度,开展分析,并与 $PM_{2.5}$ 逐日数据进行匹配。结果表明,中国东部地区不同季节极端高边界层高度与年平均边界层高度的长期变化特征相近,相关物理机制也与年平均边界层高度的变化机制相一致,此处不再赘述。而极端低边界层的长期趋势则与之形成鲜明对比[图 5.3(a)],表现为 2007 年左右出现由下降转为上升的变化特征,并且在污染较重的冬春季节更为明显。这表明影响极端高与极端低边界层长期变化趋势的物理机制存在差异。

为理解极端低边界层高度长期变化的原因,结合 CERES 逐日卫星辐射数据,分析与极端低边界层相对应的短波辐射通量的长期变化趋势[图 5.3(a)]。结果表明云辐射效应（全天空与晴空条件下地表短波辐射通量的差值）在不同季节呈现一致的下降趋势,与极端低边界层的变化趋势不同；而晴空条件下大气吸收短波辐射通量（大气层顶与地表净短波辐射通量的差值）的变化趋势则与极端低边界层高度的变化趋势相似,在 2007 年左右出现变化趋势的转折,并且也是在污染较为严重的冬春季节最为显著。不同的是,大气吸收短波辐射是由显著上升转变为下降趋势,与极端低边界层的变化相反。先前已有研究指出大气吸收短波辐射的变化受到气溶胶,尤其是黑碳气溶胶的影响。进一步对比 $PM_{2.5}$ 的时间变化序列,发现伴随减排措施的实施,该区域 $PM_{2.5}$ 浓度在 2007 年前后也出现由上升转为下降趋势的变化特征,与大气吸收短波辐射的变化相一致,而与极端低边界层高度的长期变化相反。并且,站点黑碳浓度在 2007 年后也呈现显著下降趋势。这意味着中国地区极端低边界层高度的长期变化与气溶胶的变化紧密相关。

　　为了更好地分析黑碳气溶胶的变化对极端低边界层高度变化趋势的影响,本研究基于 CAM-Chem-SE 数值模式,使用 MEIC 人为排放清单驱动模式,设计考虑和不考虑黑碳气溶胶直接辐射效应的两组试验,探讨黑碳气溶胶-边界层相互作用对极端低边界层高度长期变化趋势的影响。由于人为排放清单中,黑碳气溶胶排放量在 2007 年之前变化并不明显,减排(尤其是 2010 年)后才显著下降。为了避免排放清单不确定性对模拟结果的影响,该部分模式研究主要关注黑碳气溶胶减排时间段,即 2007 年后极端低边界层呈现显著下降趋势的时段。同时考虑到极端低边界层高度在冬季变化趋势最为显著,下文也将以冬季为例展开讨论。

　　首先比较两组试验中不同变量的多年平均值,与不考虑黑碳气溶胶辐射效应的试验相比,在考虑黑碳气溶胶辐射效应的模拟试验中,地表向下短波辐射通量减小,中高层短波辐射加热率增加,大气稳定度增加,边界层高度降低。这表明整体而言模式能够模拟出黑碳气溶胶-边界层相互作用。需要指出的是,全球模式模拟黑碳气溶胶浓度以及光学厚度一直存在低估。因此,模式模拟的黑碳气溶胶-边界层相互作用也可能存在潜在的低估。

　　进一步比较两组试验中不同变量的长期变化特征。两组试验中冬季黑碳气溶胶地表浓度、柱浓度均呈现下降趋势,与减排相符合。然而,大气吸收短波辐射与极端低边界层高度的变化趋势却存在显著差异。当不考虑黑碳气溶胶辐射效应时,冬季极端低边界层高度表现为下降趋势,与再分析资料的结果相反;而在考虑黑碳气溶胶辐射效应的试验中,伴随黑碳气溶胶减排,大气吸收短波辐射同步下降,极端低边界层高度则呈现升高趋势[图 5.3(b)]。这意味着只有考虑黑碳气溶胶的辐射效应才能重现观测中极端低边界层高度的长期变化特征,表明气黑碳溶胶-边界层相互作用的变化对极端低边界层高度的长期变化起主导作用。

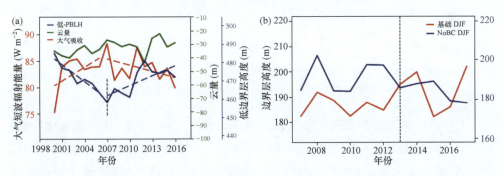

图 5.3　(a)观测资料中冬季极端低边界层高度(蓝色实线和右侧蓝色坐标轴)、与之对应的大气吸收短波辐射通量(红色实线和左侧坐标轴)以及云量(绿色实线和右侧绿色坐标轴)的时间变化序列;(b)CAM-Chem-SE 数值模式考虑和不考虑黑碳气溶胶直接辐射效应的两组试验中冬季极端低边界层高度的时间变化序列

综上,该部分工作阐明了极端高、低边界层高度的长期变化趋势和成因,揭示了黑碳气溶胶-边界层相互作用是影响极端低边界层高度长期变化的关键过程。

3. 强厄尔尼诺影响我国华北地区灰霾的"跷跷板效应"分析

基于我国近年来$PM_{2.5}$观测数据,发现华北地区灰霾浓度在2015年12月和2016年1月分别出现异常高和异常低的"跷跷板效应"(图5.4)。为了探讨"跷跷板效应"的发生机制,首先考虑12月和1月污染源排放相差不大,推断其与气象变化密切相关。进一步利用ERA-Interim再分析资料分析2015年12月和2016年1月的500 hPa位势高度和风场的异常变化特征,发现2015年12月华北地区出现异常高压,减弱了西伯利亚吹向华北平原的东亚冬季风,为华北平原带来暖湿气流,导致不易扩散的静稳天气,从而有利于灰霾形成;而在2016年1月,华北地区出现异常低压,增强的西伯利亚高压加剧了吹向华北平原的东亚冬季风,从而有利于灰霾消散。

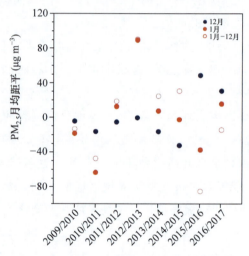

图5.4 2009—2017年美国驻华大使馆北京办事处12月(蓝色)和次年1月(红色实心)$PM_{2.5}$月均值距平,以及12月与1月的差别(空心红色圆圈)。12月(1月)的距平是相对于2009—2016(2010—2017)8年的月平均值

由于此次事件发生在强厄尔尼诺时期,研究进一步探讨了"跷跷板效应"与厄尔尼诺现象的关系。根据Niño3.4指数,发现1950年以来共发生三次强厄尔尼诺事件,分别为2015/2016年、1997/1998年和1982/1983年。在这三次强厄尔尼诺事件中,华北地区也都出现了灰霾浓度的"跷跷板效应"。2015年12月的高浓度灰霾污染对应着此次强厄尔尼诺的成熟期,而2016年1月的低浓度对应强厄尔尼诺的衰减期。同样,研究通过分析1997/1998和1982/1983两次强厄尔尼诺成熟期(1997年12月和1983年1月)及开始衰减期(1998年1月和1983年2月)的

500 hPa 位势高度和风场的异常值,发现这两次强厄尔尼诺期间华北地区均出现了与 2015/2016 年相似的大气环流变化特征。此外,在这三次强厄尔尼诺成熟期,华北地区出现 850 hPa 东南风异常、近地面(2 m)温度异常升高、10 m 风速异常减小,这些气象条件及环流特征均利于灰霾的积聚;而在厄尔尼诺衰减期,华北地区出现 850 hPa 西北风异常、2 m 温度异常降低、10 m 风速异常增大等变化,易于灰霾消散。

定性和定量的分析表明强厄尔尼诺成熟期和衰减期影响华北地区大气环流是北极涛动(AO)和强厄尔尼诺共同作用的结果。通过结合 Niño3.4 和 AO 指数发现:在强厄尔尼诺成熟期,AO 呈现正位相,华北平原对流层中层(如 500 hPa)位势高度异常升高,对流层低层(如 850 hPa)偏南风异常,导致东亚冬季风减弱、边界层高度降低、温度异常升高,从而使灰霾大量积聚;强厄尔尼诺开始衰退时,AO 从正位相急剧转为负位相,引发东亚冬季风增强,导致更多的冷空气和异常的低空偏北风侵入华北平原,易于灰霾迅速扩散。该工作揭示了我国华北地区冬季 PM$_{2.5}$ 浓度振荡机制及调控机理,能够为我国制定灰霾污染调控政策提供科学依据。

5.4.2　大气灰霾污染的多尺度模拟及其关键过程分析

大气灰霾模拟包括局地过程、大尺度环流、大气灰霾污染理化过程及污染物及其前体物的排放等多个方面。该部分研究工作从不同方面提高了大气灰霾污染的模拟。基于变网格全球模式 CAM-Chem-SE,实现在全球模式框架内对东亚区域网格的加密;在模式排放清单方面,发展了城市天然源排放清单,探讨了天然源排放对城市空气质量的影响;分析了模式中大气灰霾污染关键理化过程。

1. 基于区域加密提高对灰霾关键过程的模拟

传统的全球模式和区域模式在研究大气污染与天气气候多尺度相互作用方面受到较多的限制。例如区域模式依赖粗分辨率全球气候模式提供的降尺度气象场或再分析资料的驱动,但不同尺度模式或数据集之间物理、化学参数化方案的不一致性会引起模拟结果的不确定性;传统全球模式受到其粗分辨率的约束,难以细致地表征区域尺度的物理化学过程。近年来,可变分辨率全球气候模式(也称变网格全球模式)的发展与应用填补了区域和传统全球气候模式的不足:一方面可以克服区域模式中初始场和边界条件等不一致性所带来的误差,另一方面可以通过区域加密实现小尺度物理化学过程解析。然而目前变网格全球模式的应用仍局限于默认加密区域(美国),尚缺乏在东亚区域加密的分析应用。本研究基于全球模式 CAM-Chem-SE,实现东亚区域 0.25° 加密,探讨变网格全球模式对大气污染以及气溶胶-边界层反馈的模拟表现。

　　基于约束气象条件的试验，对比变网格模式与均匀粗分辨率模式（水平分辨率为1°）对冬季大气污染的模拟表现。分析发现两种模式模拟的气候态PM$_{2.5}$浓度的空间分布特征较为一致，但变网格模式能够更好地表征PM$_{2.5}$浓度梯度的空间分布和高值中心，例如四川盆地区域。除气溶胶外，变网格模式对臭氧的模拟表现也有所改进。尽管两种模式模拟的臭氧相较于观测均存在高估，但是与粗网格模式相比，变网格模式中误差从77.1％下降到44.0％。这主要是由于变网格模式能够更好地表征NO$_x$和VOCs影响臭氧生成的非线性关系。

　　进一步选取2003年12月份两次典型污染事件，对比变网格与粗网格模式的模拟表现（图5.5）。整体而言，变网格模式的模拟结果与观测更为接近，对污染事件发生发展过程的模拟优于粗网格模式。在北京地区的两次污染事件中，区域加密的变网格全球模式能够更好地模拟出污染的峰值，所模拟的PM$_{2.5}$浓度相较于粗网格模式分别提高了40％和20％。在地形梯度较大的四川盆地，变网格模式的优势更为明显。在两次污染事件中，变网格模式模拟的PM$_{2.5}$浓度峰值相较于粗网格模式，提高77％和107％。

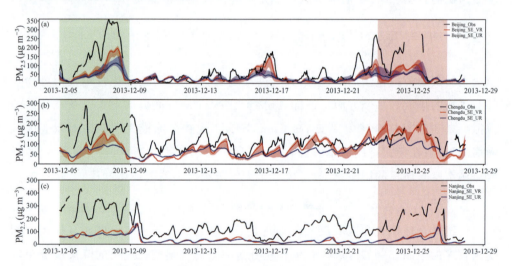

图5.5　全球模式CAM-Chem-SE对2013年12月灰霾期间地表PM$_{2.5}$浓度的模拟及其与观测数据的比较。其中黑色线代表观测，红色线代表区域加密模拟结果（VR），蓝色线代表均匀网格模拟结果（UR），阴影代表模式模拟的最大值与最小值区间

　　为了理解变网格模式改进的原因，基于四川盆地12月21—25日的污染事件，比较变网格和粗网格模式对污染发展、消散过程中环境背景场的模拟表现。结果表明，在污染发展过程中，变网格和粗网格模式对逆温的模拟较为接近，但是变网格模式可模拟出更强的垂直下沉运动，有利于污染物积累；而在污染消散过程中，变网格模式又可模拟出更强的垂直上升运动，有利于大气污染物的扩散。在对水平风场的对比分析中，同样发现变网格模式在污染发展过程中，模拟的风速更弱，

促进污染物积累;在污染消散过程中,模拟的风速更强,加快污染物扩散。因此,区域加密的变网格全球模式能更好地表征大气污染生消过程的垂直和水平扩散条件,从而改善了粗网格模式对大气污染模拟的不足。

在上述模拟试验中,由于约束了气象条件,限制了变网格模式中气溶胶-边界层相互作用。因此,本研究还设计了多组集合模拟试验,试验中气象场均未加约束,试验组之间的差别为是否考虑黑碳气溶胶的辐射效应,用以探究变网格全球模式对气溶胶-边界层相互作用的表征能力,并与粗网格模式进行对比。从 PM$_{2.5}$ 浓度的概率密度分布图(图 5.6)中,可以看到在考虑气溶胶-边界层相互作用后,变网格与粗网格模式模拟结果的差异加剧,尤其是对极端大气污染事件的模拟。在变网格模式中,PM$_{2.5}$ 浓度高值(尤其是高于 100 $\mu g\ cm^{-3}$)出现的概率显著增加。大气污染事件和重污染事件发生概率分别达到 64.8% 和 11.1%,与站点观测结果相近。而粗网格模式中大气污染事件发生概率仅为 16.3%,并且未能表征出大气重污染事件。

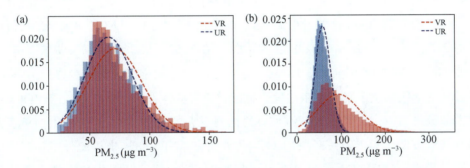

图 5.6　CAM-Chem-SE 变网格和均匀粗网格对气溶胶-边界层相互作用的模拟表现。(a)不考虑和(b)考虑黑碳气溶胶辐射效应,变网格和均匀粗网格模式所模拟的 2013—2017 年冬季 PM$_{2.5}$ 浓度的概率密度分布。其中红色线代表变网格模式模拟结果(VR),蓝色线代表均匀网格模拟结果(UR)

进一步对比变网格与粗网格模式对 PM$_{2.5}$ 浓度、大气吸收短波辐射,以及边界层高度的模拟表现(以四川盆地的模拟结果为例),发现在大气污染情景下,变网格模式考虑(相较于不考虑)黑碳-边界层相互作用的试验,大气吸收短波辐射增加 60.7%,边界层高度下降 −9.3%,进而使得 PM$_{2.5}$ 浓度增加 14.8%;而在粗网格模式中,考虑(相较于不考虑)相互作用的试验,三者的相对变化分别为 54.4%、−6.3% 和 7.5%。在大气重污染情景下,变网格模式考虑黑碳-边界层相互作用后,边界层高度下降(−12.8%)和 PM$_{2.5}$ 浓度增加(10.7%)也十分显著,而粗网格模式则无法再现重污染事件。这表明,与粗网格模式相比,区域加密的变网格模式能模拟更强的气溶胶-边界层相互作用,进而提高了变网格模式对大气污染和大气重污染事件的模拟表现。

2. 我国城市天然源排放清单构建及其对空气质量的影响

天然源挥发性有机化合物（BVOCs）是指由陆地生态系统（包括植物、土壤等）排放的挥发性和半挥发性有机物，被广泛认为是全球最重要的挥发性有化合物（VOCs）的重要来源。过去大量研究关注了自然环境中植被排放的 BVOCs，而城市地区植被排放的 BVOCs 在很大程度上被低估或忽略。这主要因为过去常用的土地覆盖数据的空间分辨率相对较粗（几百米），难以刻画城市绿地。虽然城市植被密度远小于自然森林，但城市绿地 BVOCs（U-BVOCs）排放强度可能高于自然环境，并且排放总量也相当可观，在调节城市空气质量中起着至关重要的作用。

本研究首先结合空间分辨率为 10 m 的 FROM-GLC10 和 500 m 的 MODIS 土地覆盖类型数据识别出城市绿地。在此基础上，利用天然源排放通量估算模型 MEGAN，构建出了我国首套 U-BVOCs 排放清单，形成了 27 km 到 1 km 空间分辨率的排放清单数据集并公开（http://meicmodel.org/? page_id＝1770）。新的 U-BVOCs 排放清单有望在理解和改进臭氧模拟浓度的低估问题上发挥重要作用。

构建的 U-BVOCs 排放清单显示 2015—2019 年我国的 U-BVOCs 年平均排放量为 28.91 ± 0.89 Gr a^{-1}，其中包括异戊二烯 8.59 ± 0.28 Gr a^{-1}、萜烯 1.87 ± 0.03 Gr a^{-1} 和其他 VOCs 共 18.46 ± 0.58 Gr a^{-1}。从全国来看大多数 U-BVOCs 排放高的地区都位于我国中东部发达地区。尽管从各省的贡献来看，U-BVOCs 排放占非城市 BVOCs（简称 N-BVOCs）的比例不大，但在城市尺度这一比例显著升高。就城市尺度 U-BVOCs、N-BVOCs 排放而言，U-BVOCs 排放的分布具有明显空间差异性，U-BVOCs 占 N-BVOCs 排放比例较大的地区主要位于经济发达地区，包括华北地区（NCP）、长三角地区（YRD）和珠三角地区（PRD），而这些地区都频繁出现臭氧污染事件。

基于构建的排放清单进一步探究城市水平的 U-BVOCs 排放状况，NCP、YRD 和 PRD 三个发达地区由于大量的自然森林的存在，农村地区都有密集的 N-BVOCs 排放，而核心城市地区几乎不存在 N-BVOCs 排放。新的 U-BVOCs 排放清单明确了城市核心区的 BVOCs 排放情况，清晰地展现出城市内部绿地的分布也存在巨大的空间差异。考虑到异戊二烯大气寿命相对较短，U-BVOCs 排放空间分布的差异可能会导致城市内部臭氧生成速率的不均匀性，进一步强调了 U-BVOCs 排放在城市中的重要作用。

3. 黑碳模拟中关键过程分析

黑碳气溶胶辐射强迫估计存在很大的不确定性，而模式模拟黑碳老化过程的不足是导致这种不确定性的主要原因。本研究结合中国地区最新的外场观测和实验室模拟的黑碳老化数据，基于 CAM-Chem 模式评估了中国地区黑碳气溶胶的模拟效果,进一步诊断和分析了黑碳老化过程中的关键参数对黑碳气溶胶模拟的影响。

使用 MEIC 人为排放清单作为驱动,模拟 2012—2018 年黑碳气溶胶的变化,并与地表浓度观测数据对比(图 5.7)。观测显示中国地区地表黑碳呈现出东部大于西部的分布特征,平均 BC 浓度为 $2.76 \pm 2.07\ \mu g\ m^{-3}$,其中最大黑碳气溶胶浓度出现在四川盆地的成都($8.12\ \mu g\ m^{-3}$)。模式能模拟出中国地区黑碳气溶胶浓度东高西低的分布特点,但是整体低估了黑碳的浓度。无论是在非城市站点还是在城市站点都体现出相对一致的低估。整体而言,与观测相比,模式模拟的中国地区平均黑碳浓度低估了 34%。

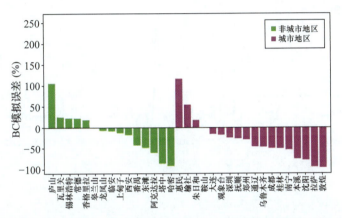

图 5.7　CESM2 模式模拟的 2012—2018 年间地表黑碳气溶胶浓度与 CBNET 站点观测的相对偏差

黑碳老化时间表征黑碳从新鲜的疏水性黑碳转化为老化的亲水性黑碳所需要的时间。图 5.8 为 BC 老化时间及其各分量的日变化。在各分量中,碰并老化时间主要由初级碳模态内部碰并过程主导,没有表现出明显的日变化。凝结老化时间主要由二次有机气溶胶的凝结主导,在白天 8~18 点明显低于夜间,中午 12~14 点达到最低值,反映出 H_2SO_4 和 SOA 通过光化学反应大量生成,从而加速了黑碳的老化。总老化时间具有较大的日变化,变化范围是 2.62 h 至 18.77 h,其中与碰并相比,凝结过程占最主要贡献,并且持续时间从 10 点至 16 点。

保持模式时间范围与前人烟雾箱实验进行的时间(11:00 至 18:00)一致,对比每日同时间段内老化时间(图 5.8)。结果表明,模式碰并老化时间平均值为76 h,远大于实验室测量的 4.6 h;凝结老化时间为 4.06 h,与实验室测量的 4.6 h较为接近。但是总老化时间平均值为 3.65 h,比于实验室测量的 4.6 h 快约 1 h,表明模式明显低估了黑碳的老化时间。并且,当时间条件与烟雾箱实验保持一致时,在整个中国东部地区黑碳老化时间都低于实验得到的 4.6 h。这表明模式对中国东部地区黑碳老化时间存在低估,使得黑碳气溶胶在排放之后更快转化为吸湿性的老化状态，过早参与湿清除，是导致模式模拟中国东部近源区黑碳产生严重低估的重要原因。

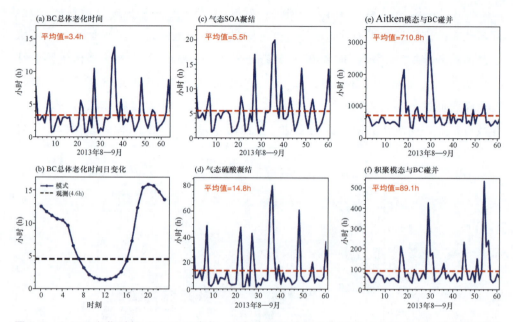

图 5.8　（a）BC 老化时间；（b）BC 日变化；（c）气态硫酸凝结老化时间；（d）气态 SOA 凝结老化时间；（e）～（f）分别为 Aitken 模态碰并、积聚模态碰并老化时间，红色代表实验观测结果

　　黑碳的老化率是表征黑碳老化状态的重要参数，表示为老化的黑碳数浓度在黑碳总数浓度的占比。我们总结了前人工作中利用 sp2 仪器观测的地表黑碳浓度和老化率，并与模式模拟的黑碳老化率进行了对比。结果显示，在大多数地区，模式都高估了黑碳的老化率，并低估了黑碳浓度。黑碳老化率过高，表明更多的黑碳处于老化的亲水性状态，使得黑碳更容易被湿清除，更难进行远距离传输，也是中国地区黑碳浓度被低估的重要原因。

　　以上研究工作表明，当前模式低估了中国东部地区黑碳气溶胶浓度、黑碳老化过快以及对黑碳老化率的高估是导致中国地区黑碳浓度被系统性低估的重要原因，未来需要进一步改进模式中黑碳老化过程的模拟。

5.4.3　减排对天气气候和未来强霾污染的影响

　　大气污染物减排对天气气候有重要影响，未来减排情景下两者反馈过程的变化也会影响未来强霾污染。该部分工作首先分析了当前污染物减排对气溶胶-云-辐射的影响；进一步基于全球气候模式预估未来气溶胶和温室气体变化对极端静稳天气的影响，比较两者的相对作用；最后基于变网格全球模式，预估碳中和情景下未来空气质量的变化,探讨气溶胶-边界层相互作用对空气质量改进的贡献。

1. 减排背景下气溶胶-云-辐射响应

在中国东部地区减排时间段(2005 年后),CERES 辐射卫星资料的分析显示该区域年平均大气吸收短波辐射通量呈现下降趋势(图 5.9)。尤其是在 2010 年之后,由于实施了更为严格的减排措施,大气吸收短波辐射通量的下降更为显著,区域平均的下降达到-5.79 W m^{-2} decade^{-1}。基于地表观测站点的分析结果也呈现与卫星资料相一致的下降特征,并且变化更为明显,达-8.99 W m^{-2} decade^{-1}。为了理解这一观测变化,基于 AERONET 站点观测资料分析了同期气溶胶光学性质的变化趋势。以北京站点为例,减排期间 550 nm 吸收性气溶胶光学厚度呈明显下降趋势(-0.022 decade^{-1})。不仅如此,对中国东部地区其余 AERONET 站点的分析表明,所有站点吸收性气溶胶光学厚度均呈现下降趋势,通过 90% 置信度的显著性检验。这表明由于黑碳气溶胶减排,大气气溶胶的吸收性有所减弱,进而使得大气吸收短波辐射通量呈现下降趋势。

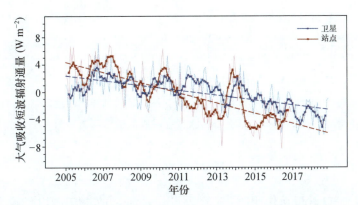

图 5.9　地表站点资料以及 CERES 卫星资料(与地面站点相匹配)中国东部区域(21~41°N,103~123°E)平均的大气吸收短波辐射通量的时间变化序列,浅色线和深色线分别代表原始数据和 5 年滑动平均值

上述观测中的辐射变化趋势与人为黑碳气溶胶的变化密切相关,这为开展对人为黑碳气溶胶辐射强迫的涌现约束提供了契机。将观测结果与最新的 CMIP6 多模式结果相结合,发现多模式模拟的中国东部地区减排期间大气吸收短波辐射通量的变化趋势与模拟的中国平均的人为(当代与工业革命之前的差别)黑碳气溶胶在大气中吸收的短波辐射通量存在很好的线性关系[图 5.10(a)],两者相关系数达-0.69。在此基础上,带入前者的观测值(由卫星和地表站点资料所提供的变化区间),可以得到约束后的中国地区平均的人为黑碳气溶胶在大气中吸收的短波辐射通量为 6.58~8.01 W m^{-2},进一步利用多模式中人为黑碳气溶胶吸收短波辐射通量与人为气溶胶吸收性光学厚度的关系,约束得到人为吸收性气溶胶光学厚度的区间为 0.0194～0.0242[图 5.10(b)]。与未约束的多模式集合平均值 0.0146 相比，我们的结果表明当前气候模式低估了中国地区人为黑碳气溶胶吸收性光学厚度，需要上调 30%～70%。最终得到约束后中国地区人为黑碳气溶胶在大气层顶的辐射强迫为 2.4～3.0 W m^{-2}，高于已有研究的估计。该结果支持黑碳气溶胶具有显著的增暖效应，同时也指出现有模式对人为源区黑碳气溶胶模拟存在低估，为以后的模式改进提供方向。

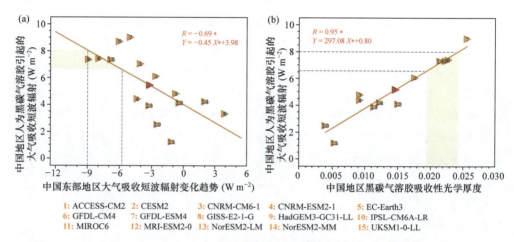

图 5.10　(a)CMIP6 多模式模拟的中国东部地区减排期间大气吸收短波辐射通量的变化趋势与模拟的中国平均的人为黑碳气溶胶在大气中吸收的短波辐射通量散点图；(b)CMIP6 多模式模拟的中国平均的人为黑碳气溶胶在大气中吸收的短波辐射通量和吸收性气溶胶光学厚度散点图。红色三角形代表多模式集合平均值，橙色填色部分表示约束后的结果。(a)图灰色虚线代表观测值，(b)图灰色虚线对应左图的约束结果

除气溶胶-辐射相互作用外，气溶胶可通过与云的相互作用影响全球能量平衡。在气溶胶及其前体物减排的背景下，大范围、长时间的气溶胶与云属性卫星观测数据，为从长时间尺度理解云对气溶胶变化的响应提供了契机。本研究结合卫星观测资料（2003 年至今），分析减排背景下气溶胶与云的长期协同变化，探究了海洋暖云对气溶胶变化的响应（图 5.11）。结果表明 2003—2017 期间气溶胶光学厚度、气溶胶指数和云滴数浓度在中国东海岸地区呈现明显的下降趋势，而云滴有效半径则呈现相反的增加趋势。相似的变化特征也出现在北大西洋 20～40°N 地区（尤其是美国东海岸和欧洲西海岸）。进一步基于 MODIS 长期卫星观测数据，计算中国东海岸地区云滴数浓度对气溶胶光学厚度（或气溶胶指数）的敏感度，并与美国东海岸、欧洲西海岸的计算结果比较。上述三个地区云滴数浓度对气溶胶光学厚度敏感度的估计值分别为 0.32、0.39 和 0.63，而这些基于月均值的结果一般要高于基于瞬时值的估计结果，同时也高于前人基于瞬时卫星观测的研究结果。我们的结果表明，基于长期变化趋势计算得到的云滴数浓度对气溶胶敏感度更接

近于地面和飞机观测结果,该结论为今后量化气溶胶-云相互作用提供了较为可靠的研究方法和思路。

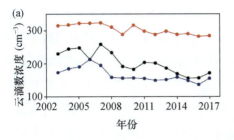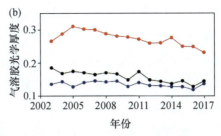

图 5.11　全球主要人为污染源相邻海洋区域年平均云滴数浓度和气溶胶光学厚度在 2003—2017 年间的时间变化序列:欧洲西海岸(黑色),美国东海岸(蓝色),中国东部海域(红色)

从全球角度而言,由于上述三个主要人为活动源区采取了严格的减排措施,气溶胶的减少使得相邻海洋区域云滴数浓度显著下降,进而导致北半球海洋云滴数浓度呈现显著的下降趋势,下降幅度约为 20%,而南半球的云滴数浓度则无明显变化(图 5.12)。因此,云滴数浓度的南北半球差异由北半球的变化所主导,呈现出显著的下降趋势:在短短二十年间近乎减半。如此巨大幅度的变化表明,自工业革命以来,人为活动显著地影响了地球气候系统。

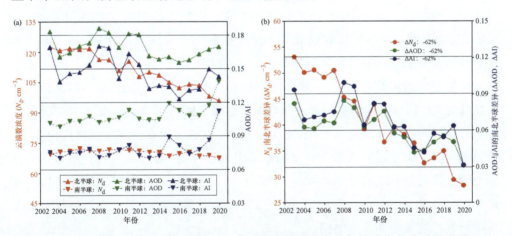

图 5.12　(a)南半球和北半球云滴数浓度、气溶胶光学厚度以及气溶胶指数的时间序列;(b)南北半球云滴数浓度、气溶胶光学厚度以及气溶胶指数的差异,数字表示相对变化(绝对趋势除以气候态均值)

2. 中国东部大气扩散条件的季节内变化和未来预估归因

大气扩散条件是影响大气灰霾事件形成的重要因子,其变化可以从 850 hPa 经向风以及与之相关的反气旋异常得到指示。该部分工作关注中国东部反气旋活动的季节内低频变化对重污染事件的影响,结合中纬度动力学诊断方法探究重污染过程中反气旋形成发展的物理机制,并进一步预估其未来变化,厘清气溶胶和温室气体对未来变化的相对影响。

通过综合考虑污染事件的强度、持续时间和分布面积，首先挑选出东部地区冬季重污染事件，再采用合成分析方法研究污染事件发生发展的环流背景场特征。合成结果表明当污染事件发生时，东亚冬季风减弱，东亚大槽位置由气旋异常转变为反气旋异常。伴随着 500 hPa 反气旋异常增强，850 hPa 南风异常加强，经向环流减弱，冷空气更难到达东亚中纬度地区。反气旋异常引起扩散条件恶化。从重污染事件发生前 6 天到污染发生后 6 天的环流场时间演变可以看出，重污染事件的发生、发展和消散与反气旋异常的进退密切相关。我们发现在反气旋形成过程中，9～29 天季节内低频信号占主导地位。使用 Butterworth 滤波方法分离出位势高度在 9～29 天季节内低频时间尺度上的信号，可发现其时间演变特征与原始场一致且贡献了原始场强度的 70% 以上。

使用三维波活动通量和斜压能量转换方程等中纬度动力学诊断方法从正压波列辐合和斜压反馈两个方面探究反气旋的形成和发展过程，以理解相关物理机制。500 hPa 波活动通量的水平分量显示，季节内波列从北大西洋发源，其中一支南方波列沿着副热带急流，途经地中海、印度洋北部到中国东部；另一支北方波列将极锋急流作为波导，途经斯堪的纳维亚半岛、中西伯利亚并最终和南方波列在中国东部辐合。南北两支波列的相对强度与副热带急流和极锋急流的相对强度有关；850 hPa 垂直波活动通量可有效表征斜压过程在波列形成中的作用，其大值区域代表涡动和背景流之间发生了斜压转换。从空间分布图可以发现在中国东部垂直波活动通量大值区符号为正，表明斜压能量从基本流向反气旋扰动转换，从而维持了反气旋在中国东部的停留。通过计算中国东部区域（30～50°N，120～150°E）斜压能量转换随污染事件发生的变化，发现能量转换峰值出现在反气旋强度峰值之后。这表明先是上游正压波列辐合在中国东部引发反气旋，随后反气旋引起的经向热通量输送从背景温度梯度获得能量，形成了一个能量的正反馈过程以维持反气旋的强度和持续时间。综上所述，上游正压波列辐合和局地斜压正反馈过程共同决定了反气旋的强度和持续时间。

基于气候模式集合试验，通过对比 2006—2015 年和 2090—2099 年两个时间段的差异，进一步预估有利于重污染形成的大气扩散条件（反气旋）在 RCP8.5 未来排放情景下的变化和原因。当前和未来情景下重污染事件环流场的合成分析结果表明，未来影响污染事件形成发展的机制与当前相一致：污染事件的发生发展与中国东部 500 hPa 反气旋异常有关，并且未来情景下反气旋强度变化同样由 9～29 天季节内低频信号所主导，其形成与维持受到上游波列辐合以及中国东部局地斜压反馈的影响。

考虑到污染物绝对浓度与排放量密切相关，为了去除排放变化的影响，有效地比较未来与当前天气和气候过程变化对污染物浓度的影响,使用日平均地表污染物浓度与各时间段气候平均态污染物浓度的比值,即污染物的相对浓度,来表征2006—2015 年以及 2090—2099 年重污染事件的强度。预估结果表明,华北平原污染事件的强度在未来 RCP8.5 排放情景下会增强,从 2006—2015 年的 150% 增加到 2090—2099 年的 190%,此外重污染事件每十年发生的频次也有所增加,从2006—2015 年的 54.3 次变为 2090—2099 年的 60.1 次。这主要是由于 RCP8.5未来情景下,季节内北方波列在巴伦支-喀拉海附近增强,引起了反气旋距平强度的增加;与此同时,上游更强的波列在中国东部引发了更强的经向热输送,局地斜压正反馈加强,反气旋从背景流中获得更多的能量。两者共同作用使得未来情景下东部反气旋异常强度更强并且持续时间加长。

为了进一步探究气溶胶减排和温室气体增加对未来中国东部反气旋变化的贡献,在上述试验的基础上,本研究还对比分析了另外两组敏感性试验的结果:RCP8.5_fixedaerosol(气溶胶及前体物排放固定在 2005 年,而温室气体排放遵循RCP8.5)和 RCP8.5_fixedGHG(温室气体排放固定在 2005 年,而气溶胶及前体物排放遵循 RCP8.5)。比较三组试验中重污染事件相对强度的概率分布(图 5.13),发现温室气体排放固定的试验(RCP8.5_fixedGHG)能够再现 RCP8.5 试验中重污染事件强度在未来有所增强的变化特征,而在气溶胶排放固定的试验(RCP8.5_fixedaerosol)中未来变化不明显。进一步分析不同试验中当前和未来反气旋的差异,发现只有考虑气溶胶减排时,才能再现 RCP8.5 试验中反气旋强度增强和持续时间加长的变化。这表明重污染事件相对强度的变化主要来自气溶胶减少的气候效应,而非温室气体的增加。

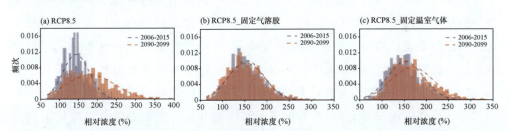

图 5.13　(a～c)三种情景下当前和未来中国东部地区(30～40°N,110～120°E)重污染事件近地面硫酸盐气溶胶相对浓度的概率密度分布图

该部分研究结果表明,未来气溶胶减排的气候效应会导致中国东部的大气扩散条件恶化,可能部分抵消了减排造成的强霾污染事件的减少。这对政府未来制定更完善的污染减排措施具有重要参考意义。本研究首次从中纬度动力学角度分析理解重污染事件的成因,这对未来大气环境、化学和动力的多学科交叉及未来污染治理均提供了新的研究思路。

3. 碳中和排放情景下空气质量预估及气溶胶-边界层相互作用的贡献

随着碳中和目标的提出，未来气溶胶及其前体物将持续大幅减排。该部分工作基于变网格全球模式，探讨碳中和情景下未来空气质量的变化，重点关注未来气溶胶-边界层相互作用如何影响空气质量，并进一步探究变网格全球模式在预估未来空气质量的优势。

分别使用当前和未来（碳中和）排放清单驱动变网格全球模式，进行对比分析。在碳中和排放情景下，中国中东部地区年平均 SO_2、黑碳气溶胶排放量将分别降至当前排放量的 3.8% 和 6.7%。对比两组试验的模拟结果发现，伴随气溶胶及前体物减排，碳排放情景下中国中东部地区冬季 $PM_{2.5}$ 浓度显著下降，区域平均浓度减少达 28.8 $\mu g\ m^{-3}$，并在四川盆地区域出现下降大值中心，表明人为排放减少将显著改善未来空气质量。此外，碳中和情形下，中国中东部地区和四川盆地区域静稳天气日数将显著减少，分别下降 38.4% 和 41.6%，即有利于大气污染事件发生的天气条件将有所减少。不仅如此，对比结果还显示，相对于当前排放情景，由于碳中和情景下散射和吸收性气溶胶同时减少，将引起大气吸收短波辐射减少，到达地表短波辐射通量增加，进而使得大气稳定度下降，边界层高度升高。中国中东部地区和四川盆地区域平均边界层高度分别上升 37 和 90.1 m。这意味着未来气溶胶-边界层相互作用的变化将有利于空气质量的改善。

为了定量探究未来气溶胶-边界层相互作用变化对空气质量改善的贡献，并区分散射性和吸收性气溶胶（黑碳）变化的相对影响，针对碳中和以及当前排放情景，分别额外设计一组不考虑黑碳直接辐射效应的敏感性试验。这两组试验的差别可表征碳中和相对于当前情景，由散射性气溶胶变化所引起的变化。再进一步与上文分析结果比较（代表所有气溶胶变化所引起的变化），即可分离出黑碳气溶胶变化所引起的变化。结果表明：在四川盆地，散射性气溶胶与黑碳气溶胶减少使得地表净短波辐射通量增加 41.7 $W\ m^{-2}$，其中散射性和黑碳气溶胶的贡献分别占 51.8% 和 48.2%，最终两者变化对该区域边界层高度升高的贡献分别为 65.7% 和 34.3%。而在中国东部地区，平均边界层高度的升高主要由黑碳气溶胶辐射效应的变化所主导，其贡献占平均边界层高度变化的 71.6%。总体而言，黑碳气溶胶-边界层相互作用的变化对空气质量改善的贡献不容忽视，可使中国东部和四川盆地地区地表 $PM_{2.5}$ 浓度进一步下降 4.6 $\mu g\ m^{-3}$ 和 16.1 $\mu g\ m^{-3}$，占总 $PM_{2.5}$ 浓度变化的 16.4% 和 18.9%。

与粗分辨率全球模式相比，东亚区域加密的变网格全球模式对碳中和减排情景下空气质量尤其是大气污染事件变化的预估具有显著优势。针对粗网格模式设计上述四组相同的试验，并与变网格模式结果对比（图 5.14）。碳中和与当前情景下不同变量的比较结果表明，在四川盆地地区，变网格模式中冬季平均 $PM_{2.5}$ 浓度的下降幅度以及平均边界层高度的升高幅度相较于粗网格模式均更为显著。并且,由于变网格模式所模拟的黑碳气溶胶-边界层相互作用更强,未来碳中和情景下该相互作用的变化(即黑碳气溶胶辐射效应减弱,边界层高度上升)对冬季 $PM_{2.5}$ 浓度降低的贡献也更高(18.9%相对于 15.9%)。在重污染事件变化的预估上,变网格优势更为明显。变网格模式预估碳中和情景下大气重污染事件发生概率显著减少 11.2%,其中黑碳-边界层相互作用的变化使得重污染事件发生概率减少 10.1%,主导了这一改善。然而粗网格模式由于模拟重污染事件存在偏差,无法预测重污染事件未来的变化。

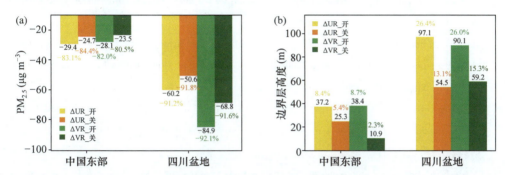

图 5.14 CAM-Chem-SE 变网格(VR)与粗网格模式(UR)对未来空气质量变化的预估。变网格与粗网格模式中考虑和不考虑黑碳气溶胶辐射效应所预估的碳中和情景相对于当前情景冬季平均(a)$PM_{2.5}$ 浓度和(b)边界层高度的绝对和相对变化

5.4.4　本项目资助发表论文(按时间倒序)

(1) Yue M, Wang M H, Guo J P, et al. Long-term trend comparison of planetary boundary layer height in observations and CMIP6 models over China. Journal of Climate, 2021, 34: 8237-8256.

(2) Liu Y W, Liu Y M, Wang M H, et al. Anthropogenic-biogenic interaction amplifies warming from emission reduction over the southeastern US. Environmental Research Letters, 2021, 16.

(3) Liu Y W, Wang M H, Qian Y, et al. A strong anthropogenic black carbon forcing constrained by pollution trends over China. Geophysical Research Letters, 2022, e2022GL098965.

(4) Feng W Y, Wang M H, Zhang Y, et al. Intraseasonal variation and future projection of atmospheric diffusion conditions conducive to extreme haze formation over eastern China. Atmospheric and Oceanic Science Letters, 2020, 13: 346-355.

(5) Cao Y, Wang M H, Rosenfeld D, et al. Strong aerosol effects on cloud amount based on long-term satellite observations over the east coast of the United States. Geophysical Research Letters, 2021, 48(6).

(6) Liu Y M, Dong X Y, Wang M H, et al. Analysis of secondary organic aerosol simulation bias in the Community Earth System Model (CESM2. 1). Atmospheric Chemistry and Physics, 2021, 21: 8003-8021.

(7) Li X, Liu Y W, Wang M H, et al. Assessment of the Coupled Model Intercomparison Project phase 6 (CMIP6) Model performance in simulating the spatial-temporal variation of aerosol optical depth over Eastern Central China. Atmospheric Research, 2021, 261, 105747.

(8) Bai H M, Wang M H, Zhang Z B, et al. Synergetic satellite trend analysis of aerosol and warm cloud properties ver ocean and its implication for aerosol-cloud interactions. Journal of Geophysical Research: Atmospheres, 2020, 125.

(9) Gao Y, Zhang L, Zhang G, et al. The climate impact on atmospheric stagnation and capability of stagnation indices in elucidating the haze events over North China Plain and Northeast China. Chemosphere, 2020, 258, 127335.

(10) Zhang G, Gao Y, Cai W J, et al. Seesaw haze pollution in North China modulated by the sub-seasonal variability of atmospheric circulation. Atmospheric Chemistry and Physics, 2019, 19: 565-576.

(11) Ma M C, Gao Y, Ding A, et al. Development and assessment of a high-resolution biogenic emission inventory from urban green spaces in China (vol 56, pg 175, 2022). Environmental Science & Technology, 2022, 56: 3300-3301.

(12) Gao Y, Ma M C, Yan F F, et al. Impacts of biogenic emissions from urban landscapes on summer ozone an secondary organic aerosol formation in megacities. Science of the Total Environment, 2020, 814, 152654.

(13) Yang J L, Liu M Y, Cheng Q, et al. Investigating the impact of air pollution on AMI and COPD hospital admissions in the coastal city of Qingdao, China. Frontiers of Environmental Science & Engineering, 2022, 16(5).

(14) Yang L Y, Yang J L, Liu M Y, et al. Nonlinear effect of air pollution on adult pneumonia hospital visits in the coastal city of Qingdao, China: A time-series analysis. Environmental Research, 2022, 209.

(15) Liang Y, Yang B, Wang M H, et al. Multiscale simulation of precipitation over East Asia by variable resolution CAM-MPAS. Journal of Advances in Modeling Earth Systems, 2021, 13, e2021MS002656.

(16) Liu Z K, Wang M H, Rosenfeld D, et al. Evaluation of cloud and precipitation response to aerosols in WRF-Chem with satellite Observations. Journal of Geophysical Research: Atmospheres, 2020, 125.

(17) Fan C X, Wang M H, Rosenfeld D, et al. Strong precipitation suppression by aerosols in marine low clouds. Geophysical Research Letters, 2020, 47.

(18) Dong X, Liu Y, Li X, et al. Modeling analysis of ciogenic secondary organic aerosol de-

pendence on anthropogenic emissions in China. Environmental Science & Technology Letters, 2022, 9: 286-292.

(19) Kukulies J, Chen D L, Wang M H. Temporal and spatial variations of convection and precipitation over the Tibetan Plateau based on recent satellite observations. Part I: Cloud climatology derived from CloudSat and CALIPSO. International Journal of Climatology, 2019, 39: 5396-5412.

(20) Zhou C, Zelinka M D, Dessler A E, et al. Greater committed warming after accounting for the pattern effect. Nature Climate Change, 2021, 11.

(21) Kukulies J, Chen D L, Wang M H. Temporal and spatial variations of convection, clouds and precipitation over the Tibetan Plateau from recent satellite observations. Part II: Precipitation climatology derived from global precipitation measurement mission. International Journal of Climatology, 2020, 40: 4858-4875.

(22) Zeng Y, Wang M H, Zhao C, et al. WRF-Chem v3.9 simulations of the East Asian dust storm in May 2017: Modeling sensitivities to dust emission and dry deposition schemes. Geoscientific Model Development, 2020, 13: 2125-2147.

(23) Rosenfeld D, Zhu Y, Wang M, et al. Aerosol-driven droplet concentrations dominate coverage and water of oceanic low-level clouds (vol 363, eaav0566, 2019). Science, 2019, 364.

(24) Guo Z, Wang M H, Larson V E, et al. A cloud top radiative cooling model coupled with CLUBB in the community atmosphere model: Description and simulation of low clouds. Journal of Advances in Modeling Earth Systems, 2019, 11: 979-997.

参考文献

[1] Huang R J, Zhang Y L, Bozzetti C, et al. High secondary aerosol contribution to particulate pollution during haze events in China. Nature, 2014, 514: 218-222.

[2] Wang Z F, Li J, Wang Z, et al. Modeling study of regional severe hazes over mid-eastern China in January 2013 and its implications on pollution prevention and control. Science China Earth Sciences, 2014, 57: 3-13.

[3] Ding A J, Fu C B, Yang X Q, et al. Intense atmospheric pollution modifies weather: A case of mixed biomass burning with fossil fuel combustion pollution in eastern China. Atmospheric Chemistry and Physics, 2013, 13: 10545-10554.

[4] Chan C K, Yao X. Air pollution in mega cities in China. Atmospheric Environment, 2008, 42: 1-42.

[5] Tie X X, Cao J J. Aerosol pollution in China: Present and future impact on environment (vol 7, pg 426, 2009). Particuology, 2010, 8: 79-79.

[6] He K B, Yang F M, Ma Y L, et al. The characteristics of PM$_{2.5}$ in Beijing, China. Atmospheric Environment, 2001, 35: 4959-4970.

[7] 朱彤, 尚静, 赵德峰. 大气复合污染及灰霾形成中非均相化学过程的作用. 中国科学: 化学, 2010, 40: 1731-1740.

[8] 贺泓, 王新明, 王跃思, 等. 大气灰霾追因与控制. 中国科学院院刊, 2013, 28: 344-352.

[9] 任阵海, 万本太, 虞统, 等. 不同尺度大气系统对污染边界层的影响及其水平流场输送. 环境科学研究, 2004, 17: 7-13.

[10] 徐祥德, 丁国安, 周丽, 等. 北京城市冬季大气污染动力: 化学过程区域性三维结构特征. 科学通报, 2003, 48: 496-501.

[11] 胡非, 洪钟祥, 雷孝恩. 大气边界层和大气环境研究进展. 大气科学, 2003, 27: 712-728.

[12] 张美根, 胡非, 邹捍, 等. 大气边界层物理与大气环境过程研究进展. 大气科学, 2008, 32: 923-934.

[13] Quan J N, Gao Y, Zhang Q, et al. Evolution of planetary boundary layer under different weather conditions, and its impact on aerosol concentrations. Particuology, 2013, 11: 34-40.

[14] Chen Y, Zhao C S, Zhang Q, et al. Aircraft study of mountain chimney effect of Beijing, China. Journal of Geophysical Research: Atmospheres, 2009, 114.

[15] Lin W S, Wang A Y, Wu C S, et al. A case modeling of sea-land breeze in Macao and its neighborhood. Advances in Atmospheric Sciences, 2001, 18: 1231-1240.

[16] 吴兑, 陈位超, 游积平. 海口地区近地层流场与海陆风结构的研究. 热带气象学报, 1995, 11: 306-314.

[17] 马敏劲, 郭世奇, 王式功. 近 11 年兰州空气污染特征及其边界层结构影响的分析. 兰州大学学报: 自然科学版, 2013, 48: 69-73.

[18] Wang H J, Chen H P. Understanding the recent trend of haze pollution in eastern China: Roles of climate change. Atmospheric Chemistry and Physics, 2016, 16: 4205-4211.

[19] Chen H P, Wang H J. Haze days in North China and the associated atmospheric circulations based on daily visibility data from 1960 to 2012. Journal of Geophysical Research: Atmospheres, 2015, 120: 5895-5909.

[20] Song L-C, Rong G, Ying L, et al. Analysis of China's haze days in the winter half-year and the climatic background during 1961—2012. Advances in Climate Change Research, 2017, 5(1): 1-6.

[21] Su B, Zhan M, Zhai J, et al. Spatio-temporal variation of haze days and atmospheric circulation pattern in China (1961—2013). Quaternary International, 2015, 380: 14-21.

[22] Zhao S, Li J, Sun C. Decadal variability in the occurrence of wintertime haze in central eastern China tied to the Pacific Decadal Oscillation. Scientific Reports, 2016, 6: 1-9.

[23] Ding Y H, Liu Y J. Analysis of long-term variations of fog and haze in China in recent 50 years and their relations with atmospheric humidity. Science China Earth Sciences, 2014,

57：36-46.

[24] Cai W J，Li K，Liao H，et al. Weather conditions conducive to Beijing severe haze more frequent under climate change. Nature Climate Change，2017，7：257-262.

[25] Zou Y F，Wang Y H，Zhang Y Z，et al. Arctic sea ice，Eurasia snow，and extreme winter haze in China. Science Advances，2017，3.

[26] Han Z Y，Zhou B T，Xu Y，et al. Projected changes in haze pollution potential in China：An ensemble of regional climate model simulations. Atmospheric Chemistry and Physics，2017，17：10109-10123.

[27] 石广玉，王标，张华，等. 大气气溶胶的辐射与气候效应. 大气科学，2008，32：826-840.

[28] 张华，王志立. 黑碳气溶胶气候效应的研究进展. 气候变化研究进展，2009，5：311.

[29] Twomey S. Influence of pollution on shortwave albedo of clouds. Journal of the Atmospheric Sciences，1977，34：1149-1152.

[30] 黄梦宇，赵春生，周广强，等. 华北地区层状云微物理特性及气溶胶对云的影响. 南京气象学院学报，2005，28：360-368.

[31] Lohmann U，Feichter J. Global indirect aerosol effects：A review. Atmospheric Chemistry and Physics，2005，5：715-737.

[32] 吴蓬萍，周长春. 人为源气溶胶的间接气候效应研究综述. 高原山地气象研究，2013，33：84-92.

[33] 段婧，毛节泰. 气溶胶与云相互作用的研究进展. 地球科学进展，2008，23：252-261 .

[34] Liao H，Chang W Y，Yang Y. Climatic effects of air pollutants over China：A review. Advances in Atmospheric Sciences，2015，32：115-139.

[35] Zhang H，Wang Z L，Wang Z Z，et al. Simulation of direct radiative forcing of aerosols and their effects on East Asian climate using an interactive AGCM-aerosol coupled system. Climate Dynamics，2012，38：1675-1693.

[36] Li Z Q，Lau W K M，Ramanathan V，et al. Aerosol and monsoon climate interactions over Asia. Reviews of Geophysics，2016，54：866-929.

[37] 吴涧，蒋维楣，刘红年，等. 硫酸盐气溶胶直接和间接辐射气候效应的模拟研究. 环境科学学报，2002，22(2)：129-134..

[38] 陈丽，银燕，杨军，等. 沙尘气溶胶对云和降水影响的模拟研究. 大气科学学报，2007，30(5)：590-600.

[39] 吴蓬萍，韩志伟. 东亚地区硫酸盐气溶胶间接辐射和气候效应的数值模拟研究. 大气科学，2011，35：547-559.

[40] Menon S，Hansen J，Nazarenko L，et al. Climate effects of black carbon aerosols in China and India. Science，2002，297：2250-2253.

[41] Ding A J，Huang X，Nie W，et al. Enhanced haze pollution by black carbon in megacities in China. Geophysical Research Letters，2016，43：2873-2879.

[42] Gao Y，Zhang M，Liu Z，et al. Modeling the feedback between aerosol and meteorological

variables in the atmospheric boundary layer during a severe fog-haze event over the North China Plain. Atmospheric Chemistry and Physics，2015，15：4279-4295.

[43] Jiang Y Q，Liu X H，Yang X Q，et al. A numerical study of the effect of different aerosol types on East Asian summer clouds and precipitation. Atmospheric Environment，2013，70：51-63.

[44] Smith D M，Booth B B B，Dunstone N J，et al. Role of volcanic and anthropogenic aerosols in the recent global surface warming slowdown. Nature Climate Change，2016，6：936-940.

[45] Niu F，Li Z Q，Li C，et al. Increase of wintertime fog in China：Potential impacts of weakening of the Eastern Asian monsoon circulation and increasing aerosol loading. Journal of Geophysical Research：Atmospheres，2010，115，D00K20.

[46] Jiang Y Q，Yang X Q，Liu X H，et al. Anthropogenic aerosol effects on East Asian winter monsoon：The role of black carbon-induced Tibetan Plateau warming. Journal of Geophysical Research：Atmospheres，2017，122：5883-5902.

第6章 华北地区气溶胶-辐射-气象相互作用机制及其对大气复合污染的影响

韩志伟,李嘉伟,武云飞,熊喆,夏祥鳌,张仁健

中国科学院大气物理研究所

华北地区是我国重污染地区之一,其大气复合污染的成因,特别是其中大气物理和大气化学的相互作用机制仍不清楚。本项目在北京冬季连续开展了外场综合观测试验,研究了该地区冬季气溶胶的粒子谱分布、化学组成、混合状态、吸湿增长规律和气溶胶光学特性及影响因子,发展并运用大气化学/气溶胶-气候耦合模式研究了气溶胶-辐射-气象相互作用机制及其对气象要素和气溶胶的影响,量化该机制中各物理和化学过程对气溶胶浓度变化的相对贡献。研究发现重霾期间气溶胶的辐射效应及其反馈机制可以使近地面气温下降,相对湿度增加,风速减小,边界层高度降低,使华北地区平均 $PM_{2.5}$ 浓度增加 39%;气溶胶辐射反馈可通过减弱湍流扩散、增强化学反应和增加区域输送促进气溶胶浓度的增加从而加剧霾污染。本研究揭示了气溶胶辐射反馈机制对华北地区霾污染的重要影响,对气溶胶-辐射-气象相互作用机制提出了新认识,对深入了解我国大气复合污染成因及其天气/气候效应有重要的科学意义。

6.1 研究背景

6.1.1 中国大气复合污染和气溶胶效应

近几十年来,随着我国经济的持续发展、工业化和城市化进程加快,人为排放的气溶胶及其前体物达到很高的水平,大气复合污染成为我国最受关注的环境问题之一,其主要的表现形式之一是霾。世界各地都有霾的现象,如在印度洋、南亚和东南亚上空的"大气棕色云"(Atmospheric Brown Cloud),其主要来源是人为化石燃料和生物质燃烧[1]。近年来,我国东部霾污染事件频发,如 2013 年 1 月,京津

冀共计发生 5 次强霾污染过程，其中 1 月 9 日至 15 日，京津冀发生了本世纪最严重的大气复合污染事件，北京地区连续 5 天空气质量指数级别为严重污染，在此期间，$PM_{2.5}$ 最大小时浓度超过 $600\ \mu g\ m^{-3}$，最大日均浓度超过 $400\ \mu g\ m^{-3}$，远高于国家二级标准（$75\ \mu g\ m^{-3}$）。我国霾发生频率较高的区域有华北地区、关中平原、长三角地区、珠三角地区和四川盆地[2]。尽管从 2013 年开始，我国对人为排放进行了控制，气溶胶浓度有所下降，但中国东部霾污染仍时有发生，大气复合污染研究和防控依然任重道远[3]。

霾的化学组成很复杂，既有通过人为活动直接排放的一次气溶胶，如黑碳、有机碳、土壤尘等，也有气态前体物经化学反应生成的二次气溶胶，如硫酸盐、硝酸盐、铵盐、二次有机碳气溶胶等，还有通过自然过程产生的沙尘、海盐和生物气溶胶等。由于气溶胶可携带有毒有害物质，细小的气溶胶可以进入呼吸道和肺部，甚至进入血液，因此会对人体健康产生很大的危害。气溶胶可通过散射和吸收太阳辐射和长波辐射，改变辐射平衡和能量收支，进而影响大气结构和气候系统，这称为直接效应；气溶胶也可作为云凝结核，改变云滴数浓度、云的反照率和寿命，影响降水和气候，这称为间接效应；一些吸收性气溶胶，如黑碳和沙尘，可以吸收太阳辐射加热大气，这称为半直接效应。

气溶胶与气候系统之间存在复杂的非线性关系。气象要素的变化一方面会改变温压梯度、大气稳定度、输送、湍流扩散和干湿沉降等物理过程，对气溶胶时空分布产生影响；另一方面，辐射、温度、湿度和云的变化对光解率和化学反应产生影响，进而影响气溶胶的二次产生过程。另外，辐射和气象要素的变化会影响自然气溶胶及其前体物的排放（如植被排放挥发性有机物和生物气溶胶、沙尘、海洋气溶胶等），进而影响大气中的气溶胶浓度。大气中物理、化学和动力学过程之间的相互作用具有高度的复杂性和非线性，是目前大气科学研究中的前沿问题之一。

6.1.2　气溶胶-辐射-气象相互作用及其对霾污染的影响

霾的形成机理很复杂，是多种人为和自然因素、多种物理和化学过程共同作用的结果。我国在近十几年对于大气复合（霾）污染开展了大量的研究工作，从天气条件、边界层结构、源排放、区域输送、化学过程等方面分析霾的形成机制[2, 4-13]。气溶胶可通过散射/吸收辐射和作为云凝结核改变辐射平衡和大气动力热力学结构，进而影响边界层湍流、输送和化学过程，对气溶胶的时空分布产生反馈作用，但对气溶胶-辐射-气象-化学之间的相互作用机制及其对霾污染影响的研究相对较少。国际上从十多年前开始，气溶胶的辐射效应及其反馈机制就引起了关注[14]。国内关于气溶胶-辐射-气象之间相互作用的研究近些年才开始，例如，在对 2012 年 6 月华东地区的一次重污染事件的集成观测分析中发现，化石燃料和生物质燃烧

产生的气溶胶可以使地面太阳辐射强度减少 70%,感热减少 85%,地面气温下降 5
~10℃,降水也发生明显变化,其对辐射和气象要素的影响大于世界其他地区(如
亚马孙森林)生物质燃烧的影响[15]。在对我国春季沙尘暴的研究中发现,沙尘气
溶胶减少地面太阳辐射,使白天地面降温、地表感热/潜热通量减小、风速减小,大
气稳定度增加,进而导致沙尘源区起沙量减少,地表沙尘向上垂直输送减弱,大气
中以及向下游输送的沙尘浓度减小[16]。在霾污染事件中,发现黑碳可通过加热边
界层上层大气,抑制边界层的发展而使霾污染加剧[17]。2013 年 1 月,华北地区发
生了 5 次重度霾事件,针对此典型霾时段开展了一些关于气溶胶-气象反馈机制的
研究[18-21]。上述研究结果都反映了相似的气溶胶-气象反馈机制,即随着气溶胶浓
度增加,通过散射和吸收使近地面太阳辐射减少,地面冷却,大气稳定度增加,边界
层高度降低,湍流扩散减弱,气溶胶浓度累积上升加剧霾污染。然而,已有研究中
反馈机制导致的 $PM_{2.5}$ 浓度变化的模拟结果之间差异大,上述模式模拟通常低估
$PM_{2.5}$ 的峰值浓度和二次气溶胶浓度以及气溶胶的光学参数,导致模拟结果的不
确定性。另外,上述研究只考虑反馈机制对 $PM_{2.5}$ 的总体影响,一次和二次气溶胶
对反馈机制的不同响应,以及反馈机制中各种物理和化学过程对气溶胶浓度变化
的相对贡献还不清楚。因此目前对气溶胶辐射反馈机制的认识仍然不足,需要进
一步研究。

6.1.3　天气/气候-化学/气溶胶耦合模式

要研究气溶胶、辐射和气象之间的相互作用,需要运用天气/气候-化学/气溶
胶耦合模式。耦合模式的发展不仅提高了对人类活动和气候系统之间、生物化学
和动力物理过程之间相互作用机制的认识,而且为提高气象预报和空气质量预报
的准确性提供了新的思路和方法。近十几年国际上耦合模式得到了重视和发
展[22],代表性的工作是美国 WRF-Chem 的建立[23],空气质量模块与气象模块完全
耦合。在欧洲,此类耦合模式近几年也得到发展。在中国,耦合模式在近十年得到
了发展,目前国内自主研发的大气化学/气溶胶-天气/气候耦合模式有:中国气象
局研发的全球 GRAPES-CUACE 化学-天气预报模式系统[24],中国科学院大气物
理所研发的区域 RIEMS-Chem 模式系统[25-26]和南京大学研发的区域 RegCCMS
模式系统[27]。以上模式在天气/气候模式中双向耦合大气化学和气溶胶理化过
程,并用于研究中国地区气溶胶辐射和气候效应,以及气溶胶-辐射-天气/气候之
间的相互作用。然而目前耦合模式对重霾期间的边界层过程和大气化学过程的描
述仍有不足,模式模拟的气溶胶辐射效应和反馈机制仍有不确定性。例如,气溶胶
浓度和气溶胶光学性质是气溶胶影响大气辐射的关键因素,但由于对化学机制的
认识不足,目前模式普遍低估霾污染期间硫酸盐和二次有机气溶胶的浓度;由于对

气溶胶粒径分布、混合状态、吸湿性等性质的观测分析和认识不足,模式对气溶胶光学性质的模拟不够准确。另外耦合模式对气象要素模拟的准确性也影响大气化学过程以及气象-气溶胶反馈机制模拟的准确性,因此耦合模式仍需要进一步发展。

本章内容包括北京冬季开展的气溶胶外场观测试验和分析结果,大气化学/气溶胶-气候耦合模式的发展,大气化学/气溶胶-辐射-气象相互作用机制研究结果等。本研究揭示了气溶胶对辐射和边界层气象的重要影响以及对细颗粒物浓度的反馈作用,量化了反馈机制中各个物理和化学过程对气溶胶浓度变化的相对贡献。本项目成果对进一步认识复合污染的成因和气溶胶的天气/气候效应具有重要的科学意义。

6.2 研究目标与研究内容

6.2.1 研究目标

通过地基、卫星资料和外场综合观测资料分析,了解华北地区气溶胶的粒径谱分布、化学组成、混合状态、吸湿增长规律、气溶胶光学特性及其影响因子;基于上述分析结果发展并运用大气化学/气溶胶-气候耦合模式研究霾污染期间气溶胶化学成分浓度、光学厚度、单次散射反照率和直接辐射强迫的时空分布,揭示气溶胶-辐射-气象相互作用机制及其对边界层气象、气溶胶浓度和霾的影响,量化反馈机制中物理过程和化学过程对气溶胶浓度变化的相对贡献。

6.2.2 研究内容

1. 基于已有的观测资料和外场观测试验,探究华北地区冬季气溶胶的粒子谱分布、化学组分、混合状态和吸湿增长规律,研究气溶胶光学性质及影响因素。

2. 基于观测数据和理论分析,发展大气化学/气溶胶-气候耦合模式,提高模式对边界层气象要素、气溶胶化学组分浓度、光学和辐射参数模拟的准确性。

3. 利用发展的耦合模式,通过敏感性试验和过程分析技术,研究霾的发生发展原因和气溶胶-辐射-气象之间的相互作用机制,量化气溶胶反馈机制中各物理和化学过程对气溶胶浓度的相对贡献。

4. 研究近年来(2010—2016)华北地区冬季典型霾污染事件中气溶胶化学浓度、光学性质和辐射强迫的时空分布,以及气溶胶-辐射-气象反馈机制对边界层气象和霾过程的影响。

6.3 研究方案

本项目将采用观测试验、理论分析和数值模式相结合的技术路线(图 6.1),具体如下:

(1)连续 3 年冬季在北京中国科学院大气所铁塔(325 m)开展气溶胶物理、化学和光学特性的综合观测试验,每次持续 1～2 个月,对气溶胶粒子谱分布、化学组成、混合状态、吸收/散射系数、垂直方向消光系数、吸湿增长进行同步观测和分析,仪器包括扫描电迁移率粒径谱仪 SMPS、单颗粒黑碳气溶胶质谱 SP2、积分浊度仪、黑碳仪、激光雷达等,铁塔还有气象要素的同步观测资料。

(2)基于上述观测数据和分析结果,发展大气化学/气溶胶-气候耦合模式,考虑加入外场观测的气溶胶粒子谱分布信息、混合状态变化规律以及气溶胶吸湿增长参数化方案。将过程分析技术耦合于模式以分辨和量化各大气物理和化学过程对气溶胶浓度的贡献。

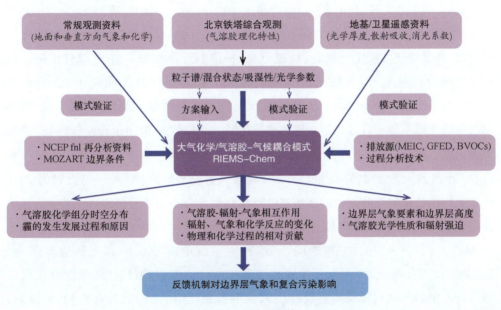

图 6.1 研究方案

(3)利用发展的耦合模式模拟气象要素、$PM_{2.5}$ 及其化学组分浓度、气溶胶散射/吸收和消光系数、光学厚度、边界层高度等,与地面、铁塔、激光雷达和卫星观测资料进行系统的对比和验证,评估和改进模式,提高模式模拟的准确性。

(4)选取近年来华北地区冬季典型霾污染时段,利用发展的模式,研究气溶胶直接辐射效应及其导致的气象变化和对气溶胶浓度的反馈作用,量化上述反馈机制中物理过程（输送扩散、干湿沉降）和化学过程（多相化学反应）对气溶胶浓度变化的相对贡献。

6.4 主要进展与成果

6.4.1 北京冬季中国科学院大气所铁塔气溶胶综合观测实验

为了了解北京地区气溶胶的理化性质，从 2017 年开始连续 3 个冬季在中国科学院大气所铁塔开展了大气气溶胶外场观测实验，观测仪器包括：单颗粒黑碳气溶胶光谱仪 SP2，扫描电迁移率粒径谱仪 SMPS，连续颗粒物监测仪 SHARP5030，黑碳仪 AE31，浊度仪 Aurora3000 等。获得了气溶胶质量浓度、粒子谱分布、混合状态、气象要素等基础数据，具体如下：2016 年 12 月—2017 年 1 月进行了大气化学外场观测试验，观测期间 $PM_{2.5}$ 均值为 129.6 $\mu g\ m^{-3}$，发生两次持续时间较长的重污染过程，分别是 2016 年 12 月 16 日—2016 年 12 月 22 日、2016 年 12 月 29 日—2017 年 1 月 7 日，$PM_{2.5}$ 小时均值超过 600 $\mu g\ m^{-3}$。2017 年 12 月—2018 年 1 月开展了气溶胶理化性质的加强观测试验，观测项目有：单颗粒黑碳气溶胶光谱仪 SP2 测黑碳气溶胶混合状态、粒径分布，扫描电迁移率粒径谱仪 SMPS 测亚微米级气溶胶粒径分布，亚微米级气溶胶粒径分布测量 $PM_{2.5}$ 质量浓度，黑碳仪 AE31 和浊度仪 Aurora3000 探测气溶胶吸收和散射系数，微脉冲激光雷达 MPL 测气溶胶散射系数垂直廓线等。观测期间 $PM_{2.5}$ 平均值为 38.4 $\mu g\ m^{-3}$，$PM_{2.5}$ 小时最大浓度不超过 300 $\mu g\ m^{-3}$，远小于 2016 年同时段 $PM_{2.5}$ 平均值 131.8 $\mu g\ m^{-3}$ 和 $PM_{2.5}$ 小时最大浓度 600 $\mu g\ m^{-3}$。观测时段气溶胶平均散射和吸收系数约为 2016 年冬季观测结果的三分之一。气溶胶散射系数垂直分布主要呈现出以下特点：近地层明显高于上层，并随高度递减，在近地面最大后向散射系数超过 60 Mm^{-1}（1 $Mm^{-1}=10^{-6}\ m^{-1}$）；重霾期间，气溶胶主要集中在 400 m 以下的边界层内。2018 年 12 月 1 日至 30 日利用单颗粒黑碳光度计（SP2）和颗粒物化学组分在线监测仪（ACSM）分别对黑碳气溶胶（BC）和细颗粒物化学组分，包括有机物、硫酸盐、硝酸盐、铵盐和氯化物进行在线观测，同时运用黑碳仪（AE31）和颗粒物同步混合监测仪（SHARP）分别实时测定大气气溶胶吸收系数和 BC 质量浓度，并结合气象要素对 2018 年冬季的污染过程进行了研究。整个观测期间共出现四次不同程度的污染过程：12 月 1 日 11:00—3 日 01:00（污染过程 1）、9 日 15:00—11 日 03:00（污染过程 2）、14 日 14:00—16 日 11:00（污染过程 3）、20 日 14:00—22 日 06:00（污染过程 4），除了污染过程 1 中 $PM_{2.5}$ 小时浓度达到 250 $\mu g\ m^{-3}$，其他 3 次污染过程中 PM$_{2.5}$ 小时浓度都小于 150 μg m^{-3}，PM$_{2.5}$ 浓度总体上明显低于 2016 年和 2017 年冬季。污染过程 1 主要由无机盐主导，其他 3 次污染过程均由有机物主导。以上观测分析为认识气溶胶的理化性质、年际变化特征、模式的发展和检验提供了重要的基础数据。

6.4.2　气溶胶的物理和化学性质研究

1. 北京城区黑碳气溶胶粒径分布及来源

利用单颗粒黑碳气溶胶光谱仪(SP2)研究了北京城区黑碳气溶胶的质量粒径分布，发现其呈现较好的双模态对数正态分布，主模态的峰值粒径约为 213 nm；同时发现，霾期间黑碳粒径明显增大。洁净天气，本地交通源是北京城区黑碳的重要来源，排放粒径较小的黑碳粒子；而霾期间，由于区域输送的贡献增加，其他源(如燃煤、生物质燃烧)排放较大粒径的黑碳粒子。基于黑碳气溶胶混合状态和粒径的经验线性关系，推算本地交通源排放的黑碳平均粒径为 150 nm，本地交通源对北京城区黑碳浓度的相对贡献平均为 59%，而在严重污染期间，该比重下降至 35%，说明区域输送过程中其他来源(如燃煤、生物质燃烧等)对黑碳的重要贡献[19]。黑碳气溶胶的质量等效粒径的数谱分布呈双对数正态分布，主模态的峰值粒径约在 100 nm，粒径分布变化与污染程度有关。2016 年 12 月污染相对较重，其峰值粒径增加为 129 nm；而 2018 年 1 月污染较轻，黑碳的峰值粒径为 106 nm。黑碳气溶胶的混合状态随污染水平而变化，清洁天气时，30%～40% 的黑碳气溶胶与其他气溶胶是内部混合，但在重污染情况下，黑碳气溶胶内混比重显著增加，约 80% 的黑碳气溶胶被其他成分所包裹。分析了扫描电迁移率粒径谱仪 SMPS 测量的气溶胶数谱的粒径分布(约 15～700 nm)，结果显示，清洁时为超细粒子主导($D_p <$ 100 nm)，峰值直径通常在 40～50 nm，随着污染的发生和发展，数谱粒径分布向积聚模态转移，峰值直径在 200 nm 附近。15～700 nm 的气溶胶数浓度平均直径可以从清洁时的 40～50 nm 增加至重污染时的 120 nm。以上分析结果加深了对气溶胶理化性质的认识，也为模式发展提供了重要的基础数据。

2. 基于观测分析北京冬季重霾形成机理

利用北京冬季霾污染期间的铁塔加强观测数据，从气溶胶化学组成、粒径谱分布、非均相反应、气象要素等几个方面，系统分析了北京冬季霾污染的发生发展过程，提出了不同污染程度下的霾形成机理。在霾污染开始阶段，南风主导下污染物区域输送是造成 PM$_{2.5}$ 浓度快速增加的主要原因，这时气溶胶数浓度增加，同时气溶胶的几何平均直径快速增加；而在霾发展过程中，高浓度的气态前体物在颗粒物表面的非均相反应是造成颗粒物污染进一步加重的重要因素，这也反映在这一阶段气溶胶数浓度基本上变化不大，而气溶胶平均半径从 108 nm 增加到 120 nm，体积浓度增加 67%[22]。研究还发现，华北地区气溶胶具有很强的吸湿增长能力，这与水溶性二次无机气溶胶占比高有关，促使在高湿环境下能见度进一步恶化，加剧霾污染。

3. 华北南部地区气溶胶的吸湿特性

来自华北南部地区的污染物输送是造成北京霾污染的重要原因之一，也会影响北京地区气溶胶理化特性。利用在衡水饶阳的观测数据（浊度仪并联方法），对气溶胶吸湿增长开展研究。结果表明，该地区气溶胶具有很强的吸湿增长能力，相比于干状态（RH<40%），RH=80% 的散射系数能增大 2 倍以上，这与该地区较高的水溶性二次无机气溶胶的比重有关。通过对化学成分、粒径分布的深入分析，发现气溶胶吸湿增长因子随二次无机组分在细颗粒物 $PM_{2.5}$ 中的比重增加（同时对应有机组分比重的降低）有明显增大，但这种随化学组分的变化关系同时受到颗粒粒径的影响，尤其是水溶性成分粒径分布的影响。当水溶性二次无机组分分布在较大粒径的颗粒（如 $PM_{1\sim2.5}$）中时，气溶胶吸湿增长会受到明显的抑制[20]。

4. 气溶胶光学性质观测研究

气溶胶光学参数是直接辐射效应计算的关键参数。气溶胶辐射效应评估和模式对比往往采用 AOD 日均值，但不同地区 AOD 存在显著不同的日变化，与太阳高度角之间的耦合将导致气溶胶直接辐射效应计算出现偏差。系统分析了我国北方 18 个 CARSNET 和 AEROENT 台站 AOD 日变化，结果表明西北地区 AOD 的日变化与华北存在显著差异：西北地区上午和下午 AOD 低于日均值而中午前后 AOD 高于日均值，呈拱形分布，四季有微弱差异；华北地区与世界其他城市地区类似，四季均是从清晨到午后持续上升，冬季尤为显著。基于辐射传输模式模拟表明不考虑 AOD 日变化将导致华北地区地表气溶低估 0.17 W m^{-2}。此外，天空有云时，卫星遥感 AOD 非常困难，会导致 AOD 缺测，而在高污染时段和地区，卫星云检测算法中经常将气溶胶误判为云，导致卫星遥感 AOD 存在比较严重的采样偏差。我们利用地基太阳光度计 AOD 和 MODIS/AOD 产品，结合统计学习方法——贝叶斯最大熵方法，探讨了华北地区冬季 MODIS/AOD 订正方法，结果显示贝叶斯最大熵方法能有效提高卫星 AOD 采样率，经过时空插补后的 AOD 的数据完整率达到 96%，而且填补的 AOD 精度接近 MODIS 反演的 AOD 产品[14]。以上研究为模式的验证提供更合理的方法和更可靠的数据集。

6.4.3 模式发展和模式研究

本项目运用的数值模式是自主研发的区域气候-大气化学/气溶胶耦合模式 RIEMS-Chem，为深入研究气溶胶-辐射-气象相互作用，该模式得到了进一步的发展。

1. 模式发展

首先改进了 RIEMS-Chem 气象模式中陆面参数化方案,减少了模式模拟华北地区地面气温的负偏差。还改进了非均相化学反应模块,使 RIEMS-Chem 对无机盐气溶胶浓度的模拟水平有明显的提升,与北京铁塔和华北其他站点观测资料对比显示模式模拟硫酸盐、硝酸盐和铵盐的相关系数为 0.88～0.92,平均偏差在 -2%～-6%;模拟有机碳相关系数为 0.88,平均偏差为 -3%;模拟 $PM_{2.5}$ 相关系数为 0.8,平均偏差为 -7%,表明模式对华北地区气溶胶化学组分有好的模拟能力[1]。在国际大气模式比较计划中,RIEMS-Chem 对华北地区 $PM_{2.5}$ 浓度的模拟性能是包括 WRF-Chem 的 6 个区域耦合模式中最好的(相关系数 0.91,均一化偏差 0.52%)[13]。另一个重要的改进是将北京铁塔观测的气溶胶理化性质信息耦合到模式中,如 SMPS 观测和分析的无机盐、黑碳和有机碳的平均半径为 0.1 μm、0.05 μm 和 0.1 μm,标准差分别为 1.65、1.6、1.65。观测发现在清洁天气溶胶之间主要是外部混合,而霾天气溶胶之间主要是内部混合,上述观测信息不仅作为检验模式的必要基础数据,而且直接耦合于模式,提高了模式对气溶胶光学性质模拟的准确性,例如,模式模拟的气溶胶消光和吸收系数与观测的相关系数为 0.7～0.8,平均偏差为 4%～10%,与单次散射反照率的相关系数为 0.65,平均偏差为 5%;与 CARSNET 在华北地区 4 个站观测 AOD 的对比显示相关系数为 0.81,平均偏差为 -9%。模式对气溶胶光学性质模拟性能的改进,提升了模式模拟气溶胶辐射效应以及反馈影响结果的可信度。模式还耦合了过程分析方法,以解析和量化各物理和化学过程(水平和垂直平流、水平和垂直扩散、干沉降、湿清除、气相化学、液相化学、热力学平衡、非均相化学等)对霾污染演变和辐射反馈过程的贡献,深化对霾污染生消机制的认识。研究还发现气象/气候模式中考虑气溶胶的辐射效应及反馈机制可同时提高气象要素和气溶胶模拟的准确性,使地面气温和风速的正偏差、相对湿度的负偏差减小,使 $PM_{2.5}$ 及其化学组分的负偏差减小[1]。

2. 模式研究

(1) 多模式对华北地区气溶胶及其辐射反馈的集成研究

基于国际大气化学模式比较计划 MICS-Asia Ⅲ,多个气象-化学耦合模式针对 2010 年冬季华北地区气溶胶浓度、辐射效应及其反馈作用进行了研究。各模式对 $PM_{2.5}$ 浓度模拟效果较好,但大多数模式低估了无机气溶胶和有机气溶胶浓度。结果显示多模式模拟的华北地区地面、大气中和大气顶气溶胶辐射强迫的集合平均值分别为 -8.8 W m^{-2}、$+7.7$ W m^{-2} 和 -1.1 W m^{-2},气溶胶的直接效应远大于间接效应。模式总体上显示霾污染时气溶胶的消光可以使北京地面短波辐射最大减少 80%,地面短波辐射的减少使地面气温下降约 3℃,相对湿度增加,风速减小，边界层降低，近地面 $PM_{2.5}$ 浓度增加。总的来看，气溶胶辐射反馈使 2010 年 1 月华北地区近地面 $PM_{2.5}$ 浓度增加约 10%，但各模式模拟的上述变化的绝对值相差很大，其主要原因与各模式模拟的化学成分浓度和气象要素差异有关。RIEMS-Chem 作为模式比较计划中的主要模式，进一步研究了气溶胶的混合状态、吸湿增长、沙尘和黑碳对气溶胶辐射强迫和反馈作用的影响。研究发现气溶胶内混时(基准试验)气溶胶辐射反馈作用更强，在华北地区平均使气温、风速和 $PM_{2.5}$ 分别变化 $-0.6℃$、$-0.04\ m\ s^{-1}$ 和 $+2.2\ \mu g\ m^{-3}$，而外混时分别变化为 $-0.62℃$、$-0.03\ m\ s^{-1}$ 和 $+1.8\ \mu g\ m^{-3}$。华北地区相对湿度减少 5%～10% 可使气溶胶地面辐射强迫减弱约 10%；冬季沙尘对华北地区气溶胶辐射强迫的贡献在 5%～10%。黑碳对气溶胶辐射反馈有重要的作用，基准试验中如果不考虑黑碳，地面气温、风速和 $PM_{2.5}$ 分别变化 $-0.5℃$、$-0.02\ m\ s^{-1}$ 和 $+1.0\ \mu g\ m^{-3}$；当黑碳加倍时，上述变化为 $-0.7℃$、$-0.05\ m\ s^{-1}$ 和 $+3.2\ \mu g\ m^{-3}$，反映黑碳对总气溶胶辐射反馈的贡献约 40%～50%，但是因为模式低估了无机气溶胶和有机气溶胶浓度，因此黑碳的作用会被高估。由于气溶胶理化性质和混合状态等因素的不确定性，黑碳在气溶胶辐射反馈中的相对贡献仍有不确定性[2]。

(2) 华北地区气溶胶-辐射-气象反馈机制及其对霾污染的影响

利用 RIEMS-Chem 和过程分析方法，针对 2014 年 2—3 月深入研究了冬春季华北地区气溶胶-辐射-气象反馈机制及其对霾污染的影响，定量计算了反馈机制中各物理化学过程对气溶胶浓度变化的相对贡献。

① 在一次持续一周的重霾事件中(2014 年 2 月 20—26 日，事件 1)，气溶胶使华北地区平均地面短波辐射减少了 57 W m^{-2}，在华北南部最大小时短波辐射减少 384 W m^{-2}。

② 重霾期间气溶胶反馈作用导致华北地区平均地面气温降低 1.8℃，风速减小 0.5 m/s，相对湿度增加 10%，边界层高度降低 184 m，导致平均 $PM_{2.5}$ 浓度增加 39%（图 6.2）。其中二次气溶胶浓度的增加幅度大于一次气溶胶，因为辐射反馈除了使湍流扩散和输送减弱，还导致化学反应增强，气溶胶反馈作用使霾的持续事件有所增加。

③ 针对北京进行了深入的过程分析研究。在上述重霾事件(事件 1)的发展阶段(growth)，化学过程（33.5 $\mu g\ m^{-3}\ h^{-1}$）和局地源（29.8 $\mu g\ m^{-3}\ h^{-1}$）是北京 $PM_{2.5}$ 浓度增加的主要因素，而输送扩散沉降等物理过程（$-49.1\ \mu g\ m^{-3}\ h^{-1}$）总体上使浓度减小[图 6.3(a)]；在另一次霾事件(2014 年 3 月 1—4 日，事件 2)的发展阶段，河北向北京的输送作用（22.4 $\mu g\ m^{-3}\ h^{-1}$）与化学过程（23.9 $\mu g\ m^{-3}\ h^{-1}$）和局地源（29.8 $\mu g\ m^{-3}\ h^{-1}$）的贡献相当，反映了南风条件下区域输送的重要贡献[图 6.3(b)]。

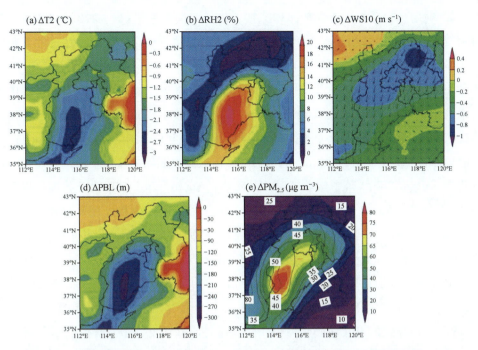

图 6.2　一次重霾事件(2014 年 2 月 20—26 日)中气溶胶-辐射-气象反馈导致的(a)2 m 气温;(b)2 m 相对湿度;(c)10 m 风速;(d)边界层高度;(e)近地面 PM$_{2.5}$ 浓度的变化。图(e)等值线为 PM$_{2.5}$ 浓度变化百分比

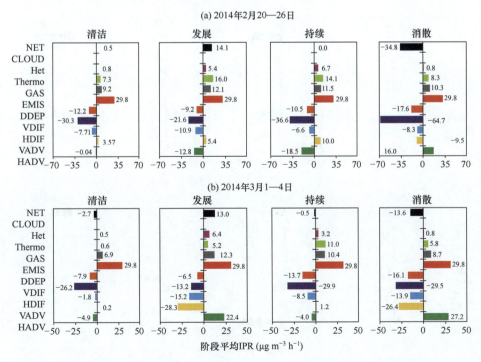

图 6.3　(a)事件 1 和(b)事件 2 霾事件的四个阶段各物理和化学过程对北京近地面 PM$_{2.5}$ 浓度变率(IPR)的贡献

④ 利用过程分析方法定量计算了霾事件的不同阶段（发展、持续、消散）气溶胶辐射反馈机制通过各物理和化学过程对北京 $PM_{2.5}$ 浓度变化的贡献。在事件 1 霾的发展阶段，辐射反馈使边界层垂直方向湍流扩散和平流减弱，使干沉降速度减小，分别使 IPR 增加了 6.3 $\mu g\ m^{-3}\ h^{-1}$、8.8 $\mu g\ m^{-3}\ h^{-1}$ 和 0.5 $\mu g\ m^{-3}\ h^{-1}$；而水平输送和扩散流出增加，导致 IPR 分别减小 12.9 $\mu g\ m^{-3}\ h^{-1}$ 和 0.5 $\mu g\ m^{-3}\ h^{-1}$；辐射反馈使化学反应增强，通过气相、热力学平衡和非均相反应导致 IPR 分别增加 2.23 $\mu g\ m^{-3}\ h^{-1}$、4.54 $\mu g\ m^{-3}\ h^{-1}$ 和 0.5 $\mu g\ m^{-3}\ h^{-1}$；辐射反馈通过上述理化过程导致的 IPR 净变化约为 9.5 $\mu g\ m^{-3}\ h^{-1}$，其中化学过程的贡献（7.3 $\mu g\ m^{-3}\ h^{-1}$）明显大于物理过程贡献（2.2 $\mu g\ m^{-3}\ h^{-1}$）[图 6.4(a)]。而在事件 2 霾的发展阶段，辐射反馈导致 IPR 的净变化为 2.4 $\mu g\ m^{-3}\ h^{-1}$，其中化学过程贡献的贡献为 1.0 $\mu g\ m^{-3}\ h^{-1}$，而水平输送使 IPR 明显增加 10.2 $\mu g\ m^{-3}\ h^{-1}$，这是由于辐射反馈导致南风输送通量的增加，反映了河北对北京区域输送的增加；在事件 2 中，总的物理过程对 $PM_{2.5}$ 浓度变化的贡献（1.4 $\mu g\ m^{-3}\ h^{-1}$）大于化学过程贡献（1.0 $\mu g\ m^{-3}\ h^{-1}$）[图 6.4(b)]。在霾的持续阶段，辐射反馈导致的 IPR 净变化较小，$PM_{2.5}$ 维持在高浓度，在消散阶段，辐射反馈导致净 IPR 明显减小。本研究揭示了气溶胶辐射反馈可通过减弱湍流扩散、增强化学反应和增加区域输送促进北京气溶胶浓度的增加从而加剧霾污染，阐明了气溶胶辐射反馈对复合污染的重要影响，对气溶胶-辐射-气象相互作用机制提出了新认识[1]。

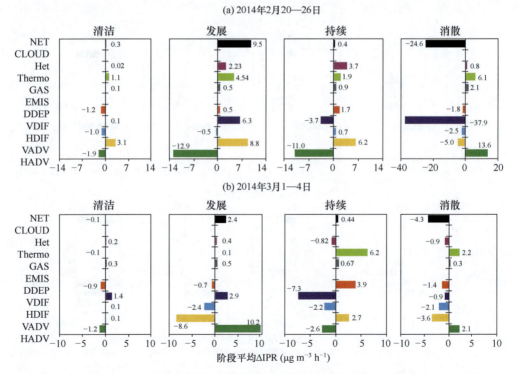

图 6.4　(a)事件 1 和(b)事件 2 霾事件的不同阶段中气溶胶辐射反馈导致的 $PM_{2.5}$ 浓度变化中各物理和化学过程的平均贡献

⑤ 选取 2013 年冬季和 2016 年冬季两次重霾事件(2013 年 1 月 8—14 日，2016 年 12 月 15—22 日)模拟研究了气溶胶辐射反馈机制对霾污染的影响，并与上述 2014 年冬季霾的研究结果进行了对比。总的来看，3 个冬季重霾事件中，气溶胶辐射效应导致的气象要素变化的趋势相似，华北地区区域平均，气溶胶辐射反馈导致的近地面 $PM_{2.5}$ 浓度的变化在 2013 年最大为 61.1 $\mu g\ m^{-3}$(相对变化 47%)，2016 年最小为 37.7 $\mu g\ m^{-3}$(相对变化 26%)，2014 年居中为 45.1 $\mu g\ m^{-3}$(相对变化 39%)，这与 2013 年霾污染中 $PM_{2.5}$ 浓度相对较高有关。在北京，气溶胶辐射反馈导致的 $PM_{2.5}$ 浓度的变化在 2014 年最大为 68 $\mu g\ m^{-3}$(相对变化 39%)，2016 年最小为 14.1 $\mu g\ m^{-3}$(相对变化 10%)，2013 年居中为 59.5 $\mu g\ m^{-3}$(相对变化 36%)。在 2013 年和 2014 年的霾事件中，辐射反馈导致的北京 $PM_{2.5}$ 浓度增加中化学过程的贡献大于物理过程的贡献，而在 2016 年的霾事件中，物理过程的贡献大于化学过程的贡献，这是由于辐射反馈导致河北向北京的区域输送增加。

6.4.5　本项目资助发表论文（按时间倒序）

(1) Li J W, Han Z W, Wu Y F, et al. Aerosol radiative effects and feedbacks on boundary layer meteorology and $PM_{2.5}$ chemical components during winter haze events over the Beijing-Tianjin-Hebei region. Atmospheric Chemistry and Physics，2020，20(14)：8659-8690.

(2) Gao M, Han Z W, Tao Z N, et al. Air quality and climate change, Topic 3 of the Model Inter-Comparison Study for Asia Phase Ⅲ(MICS-Asia Ⅲ)-Part 2：Aerosol radiative effects and aerosol feedbacks. Atmospheric Chemistry and Physics，2020，20(2)：1147-1161.

(3) Ma Q X, Wu Y F, Fu S L, et al. Pollution severity-dependent aerosol light scattering enhanced by inorganic species formation in Beijing haze. Science of the Total Environment，2020，719，137545.

(4) Li J, Han Z W, Li J W, et al. The formation and evolution of secondary organic aerosol during haze events in Beijing in wintertime. Science of the Total Environment，2020，703，134937.

(5) Xia Y J, Wu Y F, Huang R J, et al. Variation in black carbon concentration and aerosol optical properties in Beijing：Role of emission control and meteorological transport variability. Chemosphere，2020，254，126849.

(6) Fu, D S, Song Z J, Zhang X L, et al. Similarities and differences in the temporal variability of $PM_{2.5}$ and AOD between urban and rural stations in Beijing. Remote Sensing，2020，12(7)：1193.

(7) Xia X A. Advances in sunphotometer-measured aerosol optical properties and related topics in China：Impetus and perspectives. Atmospheric Research，2020，249，105286.

(8) Fu D S, Song Z J, Zhang X L, et al. Mitigating MODIS AOD non-random sampling error on

surface PM$_{2.5}$ estimates by a combined use of Bayesian Maximum Entropy method and linear mixed-effects model. Atmospheric Pollution Research，2020，11（3）：482-490.

（9）Wu Y F，Xia，Y J，Huang R J，et al. A study of the morphology and effective density of externally mixed black carbon aerosols in ambient air using a size-resolved single-particle soot photometer （SP2）. Atmospheric Measurement Techniques，2019，12（8）：4347-4359.

（10）Han Z W，Li J W，Yao X H，et al. A regional model study of the characteristics and indirect effects of marine primary organic aerosol in springtime over East Asia. Atmospheric Environment，2019，197：22-35.

（11）Li J W，Han Z W，Yao X H，et al. The distributions and direct radiative effects of marine aerosols over East Asia in springtime. Science of the Total Environment，2019，651：1913-1925.

（12）Song Z J，Fu D S，Zhang X L，et al. MODIS AOD sampling rate and its effect on PM$_{2.5}$ estimation in North China. Atmospheric Environment，2019，209：14-22.

（13）Gao M，Han Z W，Liu Z R，et al. Air quality and climate change，Topic 3 of the Model Inter-Comparison Study for Asia Phase Ⅲ（MICS-Asia Ⅲ）-Part 1：Overview and model evaluation. Atmospheric Chemistry and Physics，2018，18：4859-4884.

（14）Song J J，Xia X A，Che H Z，et al. Daytime variation of aerosol optical depth in North China and its impact on aerosol direct radiative effects. Atmospheric Environment，2018，182：31-40.

（15）Fu D S，Xia X A，Duan M Z，et al. Mapping nighttime PM$_{2.5}$ from VIIRS DNB using a linear mixed-effect model. Atmospheric Environment，2018，178：214-222.

（16）Fu D S，Xia X A，Wang J，et al. Synergy of AERONET and MODIS AOD products in the estimation of PM$_{2.5}$ concentrations in Beijing. Scientific Reports，2018，8（1）：10174.

（17）Zhou Y K，Han Z W，Liu R T，et al. A modeling study of the impact of crop residue burning on PM$_{2.5}$ concentration in Beijing and Tianjin during a severe autumn haze event. Aerosol and Air Quality Research，2018，18（7）：1558-1572.

（18）Song Z J，Fu D S，Zhang X L，et al. Diurnal and seasonal variability of PM$_{2.5}$ and AOD in North China Plain：Comparison of MERRA-2 products and ground measurements. Atmospheric Environment，2018，191：70-78.

（19）Wu Y F，Wang X J，Tao J，et al. Size distribution and source of black carbon aerosol in urban Beijing during winter haze episodes. Atmospheric Chemistry and Physics，2017，17（12）：7965-7975.

（20）Wu Y F，Wang X J，Yan P，et al. Investigation of hygroscopic growth effect on aerosol scattering coefficient at a rural site in the southern North China Plain. Science of the Total Environment，2017，599：76-84.

（21）Liu R T，Han Z W，Wu J，et al. The impacts of urban surface characteristics on radiation balance and meteorological variables in the boundary layer around Beijing in summertime.

Atmospheric Research，2017，197（nov.）：167-176.

（22）Ma Q X，Wu Y F，Zhang D Z，et al. Roles of regional transport and heterogeneous reactions in the PM$_{2.5}$ increase during winter haze episodes in Beijing. Science of the Total Environment，2017，599：246-253.

（23）Ma Q X，Wu Y F，Tao J，et al. Variations of chemical composition and source apportionment of PM$_{2.5}$ during winter haze episodes in Beijing. Aerosol and Air Quality Research，2017，17(11)：2791-2803.

（24）Kajino M，Ueda H，Han Z W，et al. Synergy between air pollution and urban meteorological changes through aerosol-radiation-diffusion feedback—A case study of Beijing in January 2013. Atmospheric Environment，2017，171：98-110.

（25）梁琳，韩志伟，李嘉伟，等. 北京春季沙尘和霾期间气溶胶的对比模拟研究. 气候与环境研究，2019，25(2)：125-138.

（26）何一滢，韩志伟，刘瑞婷，等. 秸秆燃烧对北京秋季气溶胶浓度和短波辐射影响的模拟研究. 气候与环境研究，2019，3：369-382.

参考文献

[1] Ramanathan V，Crutzen P J，Lelieveld J，et al. Indian Ocean experiment：An integrated analysis of the climate forcing and effects of the great Indo-Asian haze. Journal of Geophysical Research：Atmosphere，2001，106(D22)：28371-28398.

[2] Zhang X Y，Wang Y Q，Niu，T，et al. Atmospheric aerosol compositions in China：Spatial/temporal variability，chemical signature，regional haze distribution and comparisons with global aerosols. Atmospheric Chemistry and Physics，2012，12：779-799.

[3] Zhang，Q，Zheng Y X，Tong D，et al. Drivers of improved PM$_{2.5}$ air quality in China from 2013 to 2017. PNAS，2019，116：24463-24469.

[4] 张远航. 大气复合污染是灰霾内因. 环境，2008(7)：32-33.

[5] 朱彤，尚静，赵德峰. 大气复合污染及灰霾形成中非均相化学过程的作用. 中国科学：化学，2010，40(12)：1731-1740.

[6] Huang R J，Zhang Y L，Bozzetti C，et al. High secondary aerosol contribution to particulate pollution during haze events in China. Nature，2014，514：218-222.

[7] Tao M H，Chen L F，Su L，et al. Satellite observation of regional haze pollution over the North China Plain. Journal of Geophysical Research：Atmosphere，2012，117，D12203. doi：10.1029/2012JD017915.

[8] Che H Z，Xia X A，Zhu J，et al. Column aerosol optical properties and aerosol radiative forcing during a serious haze-fog month over North China Plain in 2013 based on ground-based sun photometer measurements. Atmospheric Chemistry and Physics，2014，14：2125-

2138.

[9] Sun Y, Jiang Q, Wang Z, et al. Investigation of the sources and evolution processes of severe haze pollution in Beijing in January 2013. Journal of Geophysical Research: Atmosphere, 2014, 119: 4380-4398. doi:10.1002/2014JD021641.

[10] Cheng Y F, Zheng G, Wei C, et al. Reactive nitrogen chemistry in aerosol water as a source of sulfate during haze events in China. Science Advances, 2016, 2, e1601530.

[11] Li J W, Han Z W. A modeling study of severe winter haze events in Beijing and its neighboring regions. Atmospheric Research, 2016, 170: 87-97.

[12] Wang H J, Chen H P. Understanding the recent trend of haze pollution in eastern China: Roles of climate change. Atmospheric Chemistry and Physics, 2016, 16: 4205-4211.

[13] Li M, Liu H, Geng G N, et al. Anthropogenic emission inventories in China: A review. National Scientific Review, 2017, 4: 834-866.

[14] Zhang Y, Wen X Y, Jang C J. Simulating chemistry-aerosol-cloud-radiation-climate feedbacks over the continental U. S. using the online-coupled Weather Research Forecasting Model with chemistry (WRF/Chem). Atmospheric Environment, 2010, 44: 3568-3582. doi: 10.1016/j.atmosenv.2010.05.056.

[15] Ding A J, Fu C B, Yang X Q, et al. Intense atmospheric pollution modifies weather: A case of mixed biomass burning with fossil fuel combustion pollution in eastern China. Atmospheric Chemistry and Physics, 2013, 13: 10545-10554.

[16] Han Z W, Li J W, Guo W D, et al. A study of dust radiative feedback on dust cycle and meteorology over East Asia by a coupled regional climate-chemistry-aerosol model. Atmospheric Environment, 2013, 68: 54-63.

[17] Ding A J, Huang X, Nie W, et al. Enhanced haze pollution by black carbon in megacities in China. Geophysical Research Letters, 2016, 43:7. doi:10.1002/2016GL067745.

[18] Wang Z F, Li J, Wang Z, et al. Modeling study of regional severe hazes over mid-eastern China in January 2013 and its implications on pollution prevention and control. Science China-Earth Sciences, 2014, 57: 3-13.

[19] Wang J, Wang S X, Jiang J, et al. Impact of aerosol-meteorology interactions on fine particle pollution during China's severe haze episode in January 2013. Environmental Research Letters, 2014, 9, 094002. doi:10.1088/1748-9326/9/9/094002.

[20] Zhang B, Wang Y, Hao J, et al. Simulating aerosol-radiation-cloud feedbacks on meteorology and air quality over eastern China under severe haze conditions in winter. Atmospheric Chemistry and Physics, 2015, 15: 2387-2404. doi:10.5194/acp-15-2387-2015.

[21] Gao Y, Zhang M G, Liu Z, et al. Modeling the feedback between aerosol and meteorological variables in the atmospheric boundary layer during a severe fog-haze event over the North China Plain. Atmospheric Chemistry and Physics, 2015, 15: 4279-4295.

[22] Grell G A, Peckham S E, Schmitz R, et al. Fully coupled "online" chemistry within the

WRF model. Atmospheric Environment，2005，39：6957-6975.

[23] Baklanov A，Schlünzen K，Suppan P，et al. Online coupled regional meteorology chemistry models in Europe：Current status and prospects. Atmospheric Chemistry and Physics，2014，14：317-398.

[24] Gong S L，Zhang X Y. CUACE/Dust-an integrated system of observation and modeling systems for operational dust forecasting in Asia. Atmospheric Chemistry and Physics，2008，8：2333-2340. doi：10. 5194/acp-8-2333-2008.

[25] Fu C B，Wang S Y，Xiong Z，et al. Regional climate model intercomparison project for Asia. Bulletin of the American Meteorological Society，2004，86：257-266.

[26] Han Z W. Direct radiative effect of aerosols over East Asia with a Regional coupled Climate/Chemistry model. Meteorologische Zeitschrift，2010，19(3)：287-298.

[27] Wang T J，Li S，Shen Y，et al. Investigations on direct and indirect effect of nitrate on temperature and precipitation in China using a regional climate chemistry modeling system. Journal of Geophysical Research：Atmosphere，2010，115，D00K26. doi：10. 1029/2009JD013264.

第 7 章　冬春季四川盆地西南涡活动对大气复合污染的影响与机制研究

王式功[1]，宁贵财[2]，胡钰玲[2]，倪长健[1]，罗彬[3]，罗磊[4]，冯鑫媛[1]，张莹[1]，廖婷婷[1]，
曾胜兰[1]，杜云松[3]，张婕[1]，封彩云[1]，樊晋[1]，黄小娟[1]，康平[1]，肖丹华[1]，杨柳[1]

[1] 成都信息工程大学，[2] 兰州大学，[3] 四川省生态环境监测总站，[4] 四川省气象局

　　夏秋季节的西南涡活动是我国西南地区、长江流域、陕南甚至华北暴雨的重要降水系统之一，已成为不争的事实，备受关注。然而，冬春季西南涡活动对大气复合污染的影响却尚未引起重视。本章基于初步研究发现四川盆地冬春季区域性大气重污染过程大都与西南涡活动密切相关这一事实，采用观测试验、诊断分析与数值模拟相结合的研究方法，从四方面就冬春季西南涡活动对四川盆地大气复合污染的影响与机制进行了系统性的创新研究。取得的主要创新成果如下：① 在深入细致探析四川盆地大气污染时空分布特征的基础上，通过对盆地不同部位（盆底、盆边、盆沿）各空气污染物浓度时空变化的综合研究，首次给出了四川盆地边界层内各种污染物浓度随高度垂直分布的不同函数表达式，可为当地大气复合污染防治提供新的参考依据。② 研究揭示了冬春季不同类型的西南涡对四川盆地大气边界层结构及空气污染的影响；首次发现冬季干西南涡在四川盆地的空降"锅盖效应"，并揭示了其对盆地重空气污染过程的影响机制，由此对当地大气污染物浓度突然出现爆发性增长的现象给出了另一种科学解释。③ 探明了全球尺度的海-气协同作用、区域大气环流（南支槽）、天气尺度系统（短波槽）、中尺度系统（西南涡）、局地次级环流等多尺度气象条件的配置关系与协同作用及其对四川盆地大气重污染过程的综合影响，构建了盆地冬季大气复合重污染的多尺度气象条件耦合影响机制概念模型。④ 制作了一套能满足四川盆地数值模式需要的大气污染物排放源补充清单，对数值模式系统的本地化改进与模拟能力的提升起到了积极作用。

　　本研究对揭示形成大气复合污染的关键化学过程和关键大气物理过程，阐明大气复合污染的成因并建立其理论体系均有一定贡献；丰富了大气多尺度物理过程与大气复合污染的相互作用的理论体系及其内涵。

7.1　研究背景

随着经济快速发展,能源消耗量增加,城市化进程加快,我国大部分城市(群)的空气污染日趋严重,呈现出从以往单一煤烟型污染向复合型污染转变、局地性向区域性拓展的态势。以细粒子、臭氧污染为主要特征的区域性、复合型大气污染问题日趋凸显,特别是京津冀、长三角、珠三角和四川盆地等城市群已成为我国区域性大气复合污染最严重的四大区域(Zhang et al.,2012;张小曳等,2013)。尤其是进入 21 世纪 10 年代,以雾霾天气为主要特征的区域持续性重空气污染发生频次的明显增加,引起了我国政府、公众及学者们的广泛关注。因此,"中国大气复合污染的成因、健康影响与应对机制"联合重大研究计划应运而生,四川盆地也被列入重点研究区。

山地(盆地)城市易出现重空气污染已成为全世界范围内的共性问题(Boznar et al.,1993;Jazcilevich et al.,2005;Saide et al.,2011;Gustin et al.,2015)。在我国也不例外,兰州、太原、北京、乌鲁木齐等大气污染严重的城市都与盆地等特殊地形密切相关(王式功等,1999;苗爱梅,2004;徐祥德等,2004;魏毅,2010)。四川盆地早在 20 世纪 90 年代就被列为我国的酸雨重点防控区之一(朱联锡等,1993;邹四维等,1994;王自发等,1998;刘炳江等,1998),盆地内的重庆市也是我国最早发现酸雾的地区(彭中贵等,1986;张永和、朱聿来,1990)。

相关研究表明,虽然造成大气污染的根本原因是污染物的过量排放,但污染物浓度的变化乃至重污染事件的发生却主要归结为不利于污染物扩散的气象条件(包括大气环流形势、独特天气系统、大气边界层结构特征及相应气象要素等)。人类活动所排放的颗粒污染物与气态污染物通常以大气边界层为主要载体,同时会受到大尺度、中尺度、小尺度等多种不同尺度天气系统的影响或控制,通过物理扩散、化学转化甚至光化学等多种过程,形成了大气复合污染的多时空尺度分布特征。众所周知,活跃在四川盆地及青藏高原东南缘的独特天气系统——西南涡是在青藏高原、横断山脉和四川盆地等不同尺度特殊地形条件下,在特定环流形势和天气系统影响下而生成的中尺度气旋性低压系统,是夏秋季节造成我国西南地区、长江流域、陕南甚至华北暴雨的重要降水系统之一,深受广大气象科技工作者的高度重视。然而,西南涡作为一种独特天气系统,其生消过程通过改变大气边界层结构以及降水的清除作用,进而对大气复合污染产生重要影响,此问题却尚未引起重视。事实上,与我国其他几个大气重污染区相比,四川盆地自身的地形地貌、天气气候和大气边界层结构的独特性,使得冬季成为一年中该地区空气污染最严重的季节。此外，四川盆地也是我国城市化进程快、人口密度（约488人 km⁻²）最大的地区之一（吕晨等，2009），其人口密度仅次于长三角城市群人口密度（643人 km⁻²），空气污染对当地居民健康危害风险之大也是不言而喻的。因此，从污染气象学的角度着重对冬春季四川盆地西南涡活动的大气复合污染影响与机制进行深入系统的研究，具有重要的科学价值和现实意义。

7.2　研究内容与研究目标

7.2.1　研究内容

（1）研究冬春季四川盆地不同污染物时空分布与西南涡活动之间的关系。

（2）研究冬春季盆地西南涡活动期间的多尺度气象特征及其对大气污染的影响。

（3）开展冬春季四川盆地典型西南涡生消对大气重污染过程影响的监测、诊断与数值模拟研究。

（4）对比研究四川盆地不同季节、类型、强度的西南涡形成的多尺度气象条件配置和大气边界层结构特征及其对大气污染过程的影响。

7.2.2　研究目标

通过对实际监测资料的统计分析，探明四川盆地冬春季不同污染物时空分布特征及其与西南涡活动之间关系；搞清盆地西南涡活动期间的污染气象特征及其对大气污染的影响；研制出能满足盆地冬春季空气质量数值模拟需求的大气污染物排放源清单。通过诊断分析与数值模拟研究，探明四川盆地西南涡生消过程对当地大气边界层结构和大气污染物时空变化的影响与机制，研究揭示不同类型的西南涡生消过程对四川盆地大气边界层结构及空气污染的影响与机制及其反馈作用；探究含有高浓度污染物的西南涡东移过程对邻近下游地区大气污染状况、降水酸化程度与降水强度的影响与机理；明晰多尺度气象条件的配置关系与协同作用及其对四川盆地大气污染过程的综合影响，并构建概念模型。以期为四川盆地空气质量预报、大气环境容量评估以及污染防治提供科学依据与本地化模式储备。

7.3 研究方案

7.3.1 研究方法

采用观测试验、统计诊断、数值模拟和理论分析相结合的研究方法。

7.3.2 总体技术路线

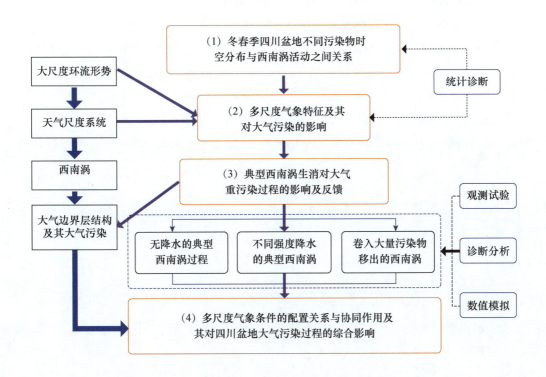

7.4 主要进展与成果

7.4.1 四川盆地大气复合污染特征及其与东部地区的差异

1. 四川盆地大气复合污染特征

四川盆地内有18个省会和地市级城市,根据其地形和地理位置以及本研究的需要,又将其划分为三个经济区:① 成都平原经济区,包括成都市、德阳市、绵阳市、遂宁市、眉山市、资阳市、雅安市、乐山市；② 川南经济区，包括重庆市、内江市、自贡市、宜宾市、泸州市；③ 川东北经济区，包括广元市、巴中市、南充市、达州市、广安市。这18个城市2015—2017三年的AQI指数平均值的分布情况表明，AQI最大值为98，位于川南经济区的自贡市，其次是成都市AQI值为87，排在前五位的城市依次分别是自贡市、成都市、泸州市、眉山市和德阳市；AQI最小值为56，分布于巴中市，广元市的AQI值为57，略高于巴中市。从三大经济区域上来说，AQI指数平均值在成都平原经济区和川南经济区相对较高，其区域平均值分别为83和77；而在川东北经济区相对较低，区域平均值大小为67。

2. 四川盆地大气污染物浓度的时间变化特征

（1）典型代表城市污染物浓度的年际变化

为了解四川盆地内大气污染物质量浓度的长期变化趋势，统计分析了监测资料序列比较长的成都市和重庆市的1981—2017年37年3种大气污染物[颗粒物TSP(Total Suspended Particulate)(1981—2000年)/PM_{10}(2001—2017年)、NO_x (1981—1999年)/NO_2(2000—2017年)和SO_2(1981—2017年)]的年均质量浓度值，得到两城市大气污染的长期序列变化曲线，如图7.1所示。

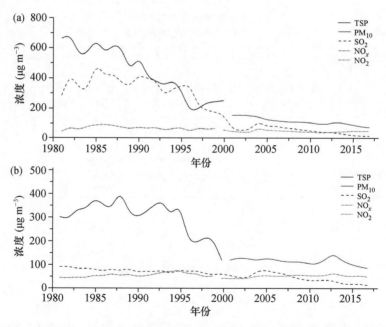

图7.1 1981—2017年成渝两城市大气污染物质量浓度年际变化曲线。
(a)重庆市；(b)成都市

从这3种大气污染物浓度37年的变化趋势中可以看出，大气颗粒物的年均质量浓度变化在2001年之前呈现波动降低趋势，降幅较大；而在2001年之后质量浓度值虽总体呈现降低趋势,但是降低幅度明显减小。两个城市的颗粒物浓度在1995 年之后均有明显的降低,之后没有明显的增长趋势,这与前文中提到的国家在环保方面相关政策的颁布和实施密切相关。继 20 世纪 90 年代国家有关部门颁布了《酸雨控制区和二氧化硫污染控制区划分方案》之后,对于大气中 SO_2 的治理方面也在逐步加强,从图 7.2(a)中重庆市 SO_2 的变化趋势也可以看出,SO_2 质量浓度在 1997 年之前呈现明显的波动降低趋势,在 1997 年之后,降低幅度明显减小,浓度值也降低到一个相对较低的稳定变化状态。从 1985 年到 2017 年,SO_2 质量浓度的年均值降幅达到 97.6%。而 $NO_x(NO_2)$ 的长期变化趋势则不明显,趋于平稳状态。成都市 $NO_x(NO_2)$ 和 SO_2 质量浓度的长期变化趋势均不明显,也都趋于平稳变化的状态。

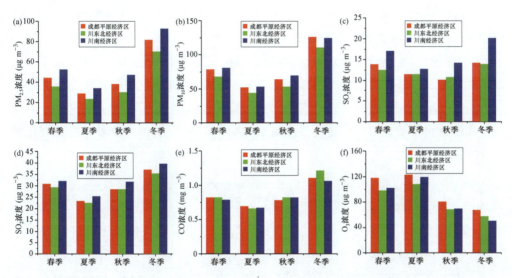

图 7.2　2015—2017 年四川盆地三个经济区 6 种大气污染物质量浓度的季节变化。(a) $PM_{2.5}$;(b) PM_{10};(c) SO_2;(d) NO_2;(e) CO;(f) O_3

总体来说,近 37 年来,成都市和重庆市大气颗粒物和 SO_2 的质量浓度值均呈现明显降低,只有 $NO_x(NO_2)$ 质量浓度值的变化波动不大。3 种大气污染物质量浓度 37 年年际变化特征,表明了国家对大气污染物排放的管控在颗粒物和 SO_2 污染改善方面较为明显。

(2) 三个经济区大气污染物浓度的季节变化

通过对四川盆地三个经济区 6 种大气污染物在四个季节质量浓度均值的统计分析,发现 $PM_{2.5}$ 和 PM_{10} 质量浓度值的年内变化呈现明显冬季高、夏季低的变化特征,结果如图 7.2 所示。从季节分布也可以看出,$PM_{2.5}$ 和 PM_{10} 的质量浓度的排序为冬季>春季>秋季>夏季。在盆地的三个区域中,$PM_{2.5}$ 冬季质量浓度均值分别为:川南经济区 93 $\mu g\ m^{-3}$,成都平原经济区 82 $\mu g\ m^{-3}$,川东北经济区 70 $\mu g\ m^{-3}$;这三个经济区夏季浓度均值依次为 33 $\mu g\ m^{-3}$、29 $\mu g\ m^{-3}$、23 $\mu g\ m^{-3}$。而 PM_{10} 冬季质量浓度均值分布依次为 125 $\mu g\ m^{-3}$、126 $\mu g\ m^{-3}$、111 $\mu g\ m^{-3}$，夏季质量浓度均值分布依次为 53 $\mu g\ m^{-3}$、52 $\mu g\ m^{-3}$、44 $\mu g\ m^{-3}$。NO_2、SO_2 和 CO 的浓度值也表现为冬季高于夏季。但 SO_2 和 NO_2 浓度的季节分布类似于颗粒物，也是冬季＞春季＞秋季＞夏季；而 CO 的浓度则在秋季要略高于春季，四季排序为冬季＞秋季＞春季＞夏季。O_3 质量浓度的年内季节变化则呈现明显的"夏高冬低"，其夏季的浓度值在三个经济区依次为 102 $\mu g\ m^{-3}$、118 $\mu g\ m^{-3}$、98 $\mu g\ m^{-3}$，而冬季为 50 $\mu g\ m^{-3}$、67 $\mu g\ m^{-3}$、57 $\mu g\ m^{-3}$，O_3 质量浓度的季节分布则是夏季＞春季＞秋季＞冬季。

（3）三个经济区大气污染物浓度的日变化特征

对 6 种大气污染物的质量浓度进行了逐小时统计分析，发现 $PM_{2.5}$ 和 PM_{10} 质量浓度的日变化相似，呈现双峰双谷型，其质量浓度值日内峰值分别出现在 12 时和 23 时左右；而谷值则分别出现在 7 时和 17 时左右。NO_2 和 CO 质量浓度的日变化特征相似，也呈现双峰双谷型，峰值分别在 9 时和 21 时左右；谷值分别在 6 时和 16 时左右。SO_2 质量浓度的日变化则呈现单峰型，其质量浓度的峰值出现在 11 时左右。O_3 质量浓度的日变化只在 11—21 时之间呈现单峰型，峰值在 16 时左右，其他时间段质量浓度的变化特征则不太明显，6 种污染物质量浓度的日变化情况如图 7.3 所示。

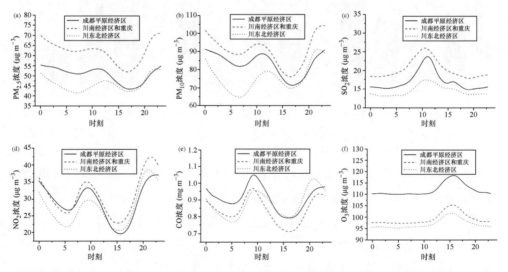

图 7.3 2015—2017 年四川盆地三个经济区 6 种大气污染物质量浓度的日变化曲线。（a）$PM_{2.5}$；（b）PM_{10}；（c）SO_2；（d）NO_2；（e）CO；（f）O_3

（4）四川盆地大气污染与我国东部地区的比较

四川盆地属于我国五大空气重污染区（华北平原、长三角地区、珠三角地区、四川盆地和汾渭平原地区）之一。五大空气重污染区地域跨度大，天气气候差异显著,其大气污染特征具有各自的独特性。在这五大空气重污染区中,四川盆地地形地貌特征最为复杂。特殊的地形地貌使得当地天气气候条件独特,进而导致当地大气污染形成机制特殊。因此,亟须着重对比分析四川盆地大气污染特征与其他空气重污染区的差异。通过对比分析,可以更加深入地认识四川盆地当前大气污染的独特性,以便为当地大气污染防控提供科学参考。

2015 年 1 月 1 日至 2017 年 12 月 31 日,中国 357 个城市 $PM_{2.5}$ 和 PM_{10} 日均浓度多年平均空间分布显示,总体上中国北方地区颗粒污染物浓度显著高于南方地区,其中,$PM_{2.5}$ 和 PM_{10} 多年平均浓度的最大值均位于我国南疆地区的喀什地区,分别高达 125.47 $\mu g\ m^{-3}$ 和 332.80 $\mu g\ m^{-3}$,为国家二级标准浓度限值的 3.58 倍和 4.75 倍。南疆地区人烟稀少,受人为污染物排放影响小;自然沙尘常年对当地空气质量影响强烈,是导致当地出现高浓度颗粒污染物的根本原因。对于主要受人为排放影响的中国空气重污染区,华北平原颗粒污染物浓度最高。其 $PM_{2.5}$ 浓度最大值位于保定,高达 93.54 $\mu g\ m^{-3}$;PM_{10} 浓度最大值位于邯郸,高达 157.88 $\mu g\ m^{-3}$。其次是四川盆地,颗粒污染物浓度整体高于长三角地区。四川盆地底部 15 个城市 $PM_{2.5}$ 和 PM_{10} 近 3 年的区域平均浓度分别为 52.90 $\mu g\ m^{-3}$ 和 82.85 $\mu g\ m^{-3}$,均超过了国家二级标准。长三角地区 26 个城市 $PM_{2.5}$ 和 PM_{10} 近 3 年的区域平均浓度分别为 49.21 $\mu g\ m^{-3}$ 和 77.67 $\mu g\ m^{-3}$,也超过了国家二级标准。珠三角地区的颗粒污染物浓度较低,9 个城市 $PM_{2.5}$ 和 PM_{10} 近 3 年的区域平均浓度分别为 33.07 $\mu g\ m^{-3}$ 和 52.44 $\mu g\ m^{-3}$,未超过国家二级标准。

2015 年 1 月 1 日至 2017 年 12 月 31 日,中国 357 个城市 $PM_{2.5}$ 和 PM_{10} 日均浓度多年平均空间分布显示,在我国空气重污染区中,4 种气态污染物近 3 年平均浓度的高值区均位于华北平原。华北平原 CO、SO_2、NO_2 和 O_3-8h 多年平均浓度的最大值分别位于唐山(2120 $\mu g\ m^{-3}$)、淄博(59.24 $\mu g\ m^{-3}$)、邢台(58.93 $\mu g\ m^{-3}$)和胶南(113.77 $\mu g\ m^{-3}$)。根据中国《环境空气质量标准》(GB 3095—2012)可知,SO_2 和 NO_2 的年平均浓度的二级标准限值分别为 60 $\mu g\ m^{-3}$ 和 40 $\mu g\ m^{-3}$,而 CO 和 O_3-8h 没有给出年平均浓度的标准限值。由此可知,华北平原 NO_2 的年平均超过了二级标准;O_3-8h 年平均浓度超过了日最大 8 h 平均臭氧浓度的一级限值 100 $\mu g\ m^{-3}$,表明当地 O_3 污染十分严重;而 SO_2 的年平均浓度未超过国家二级标准。

与颗粒污染物浓度多年平均空间分布不同的是,长三角地区 4 种气态污染物多年平均浓度均显著高于四川盆地和珠三角地区。长三角地区 26 个城市 CO、SO_2、NO_2 和 O_3-8h 近 3 年区域平均浓度分别为 902 $\mu g\ m^{-3}$、37.38 $\mu g\ m^{-3}$、17.65 $\mu g\ m^{-3}$ 和 94.68 $\mu g\ m^{-3}$。此外,珠三角地区 NO_2 和 O_3 的多年平均浓度也高于四川盆地。珠三角地区 9 个城市 CO、SO_2、NO_2 和 O_3-8h 近 3 年的区域平均浓度分别为 860 $\mu g\ m^{-3}$、33.95 $\mu g\ m^{-3}$、11.29 $\mu g\ m^{-3}$ 和 87.78 $\mu g\ m^{-3}$。而四川盆地 15 个城市 CO、SO_2、NO_2 和 O_3-8h 近 3 年的区域平均浓度分别为 871 $\mu g\ m^{-3}$、31.20 $\mu g\ m^{-3}$、14.80 $\mu g\ m^{-3}$ 和 84.22 $\mu g\ m^{-3}$。

华北平原、长三角、珠三角和四川盆地四大空气重污染区大气污染最严重的季节均为冬季。为此，本章选取了四个地区各自典型代表城市北京、上海、广州和成都，分析了 2015 年 1 月 1 日—2017 年 12 月 31 日各代表城市冬季空气重污染事件的持续性特征（在一次污染过程中，日均 AQI＞200，被定义为一次空气重污染过程）。在我国四大空气重污染区中，华北平原冬季污染最重，北京空气重污染过程共出现 30 次；成都共出现 14 次空气重污染过程；上海共出现 12 次空气重污染过程；而珠三角地区污染最轻，2015 年 1 月 1 日—2017 年 12 月 31 日冬季广州仅出现过一次空气重污染过程。此外，四大空气重污染区冬季空气重污染过程中的首要污染物均为 $PM_{2.5}$。表 7-1 为成都、北京和上海三市（广州由于仅出现一次空气重污染过程，未对其进行统计）冬季空气重污染过程的基本信息统计。

表 7-1　成都、北京和上海三市冬季空气重污染过程基本信息统计

城市	空气重污染平均持续天数(d)	污染发展至峰值浓度平均所需天数(d)	峰值浓度至污染结束平均所需天数(d)	重污染过程最长持续天数(d)	污染发展至峰值浓度所需最长天数(d)	峰值浓度至污染结束所需最长天数(d)
成都	14.86	10.21	5.64	23	16	13
北京	4.13	3.03	2.07	9	7	7
上海	3	2	2	7	5	6

很显然，从表 7-1 可看出，上述三城市中成都冬季空气重污染过程持续性时间最长，平均持续时间为 14.86 天，最长一次重污染过程的持续时间长达 23 天；毫无疑问，这种长时间持续性空气重污染过程将导致当地居民长期暴露在空气重污染环境中，对居民健康的危害会更大。相比于成都，北京和上海冬季空气重污染过程持续时间较短，平均持续时间分别为 4.13 天和 3 天，不足成都的 1/3；最长持续时间分别为 9 天和 7 天。此外，成都大气污染形成、发展至峰值浓度所需的时间也显著长于北京和上海，平均所需天数为 5.64 天，最长所需天数高达 16 天；而北京和上海平均所需天数分别为 2.07 和 2 天，最长所需天数分别为 7 天和 5 天。由此表明，成都空气重污染的形成过程较为缓慢；而北京和上海的形成过程很相似，两地大气污染物浓度能够在较短的时间内累积上升到峰值浓度。深入分析表 7-1，还发现成都冬季空气重污染的消散过程也缓慢，从峰值浓度至污染过程结束平均需要 5.64 天，最长所需天数高达 13 天；而对于北京和上海，冬季空气重污染消散要快得多，从峰值浓度至污染结束平均所需天数分别为 2.07 天和 2 天，最长所需天数分别为 7 天和 6 天。上述综合分析结果表明，北京和上海冬季空气重污染的形

成和消散过程较相似,大多属于快速形成和快速消散;而四川盆地冬季空气重污染的形成和消散过程均呈现出缓慢的进程,导致其污染过程具有长时间持续性特征,对当地居民的暴露风险增大。

利用2015年1月1日至2017年12月31日中国357个城市监测的6种标准大气污染物逐小时浓度数据,重点分析了我国四大空气重污染区(华北平原、长三角、珠三角和四川盆地)大气污染的时空分布特征。得到以下主要结论:

在我国四大空气重污染区中,对于颗粒污染物($PM_{2.5}$和PM_{10}),华北平原的浓度最大,四川盆地次之,珠三角地区的浓度最小;而对于气态污染物(CO、SO_2、NO_2和O_3-8h),华北平原的浓度最大,长三角次之,且珠三角地区的SO_2和O_3-8h的浓度高于四川盆地。

分析成都、北京和上海3个城市冬季空气重污染过程的持续性特征发现,成都冬季空气重污染过程的平均持续时间为14.86天,显著长于北京的4.13天和上海的3天;而且成都冬季空气重污染过程的形成和消散属于慢过程,北京和上海冬季空气重污染过程的形成和消散大多属于快过程。

3. 不同大气污染物浓度随海拔高度的变化特征

四川盆地是我国乃至全世界最典型的深盆地形区之一,拥有20座城市,其中包括成都和重庆两座人口超过1000万的特大城市。盆地内人口密度大,工业发达,机动车保有量大。2015年四川盆地20个城市生产总值高达45 000亿元,人为大气污染物排放量大。此外,四川盆地位于青藏高原东侧,其东部相交于巫山,北部与大巴山和秦岭相邻,南面紧靠云贵高原(图7.4),属于深盆地形,盆沿到盆底的最大深度超过2000 m。在特殊地形的作用下,当地夜间降温慢,昼夜温差小;年平均风速小,易造成大气停滞性污染事件的发生。受周围青藏高原及云贵高原等大地形的作用,盆地上空大气环流形势独特,导致当地空气湿度大、雾天气多发,有利于气溶胶粒子的吸湿增长,加剧大气污染。总之,过量的污染物排放、复杂的地形和独特的气象条件共同作用,使得四川盆地成为我国乃至全球$PM_{2.5}$细颗粒物污染最严重的区域之一;夏季当地臭氧污染问题也较突出。

由于垂直监测条件所限,至今对当地各种大气污染物的分布状况并不清楚。本项目尝试根据当地地形海拔落差及其分布特征,将四川盆地分为盆地底部(海拔高度低于500 m)、盆地边坡(海拔高度约1000 m)和盆沿(海拔高度大于2000 m)三个部位,并利用国家环保部(现生态环境部)发布的2015年1月1日—2016年12月31日6种标准大气污染物小时浓度数据,分别对上述三个部位(总计20个城市)的大气污染浓度特征进行了统计和对比分析。其中,成都(CD)、自贡(ZG)、眉山(MS)、泸州(LZ)、德阳(DY)、内江(NJ)、乐山(LS)、达州(DZ)、宜宾(YB)、南充(NC)、资阳(ZY)、广安(GA)、遂宁(SN)、重庆(CQ)和绵阳(MY)属于盆地底部城市；雅安（YA）、巴中（BZ）和广元（GY）属于盆地边坡城市；甘孜州（GZZ）和阿坝州（ABZ）属于盆沿城市（图7.4）。利用CALIPSO和EV-lidar观测的大气消光系数廓线研究四川盆地颗粒污染物浓度的垂直分布特征，探究四川盆地大气污染在三维立体空间内的分布及其时间变化特征，以便更加全面地认识盆地大气污染的三维状况。

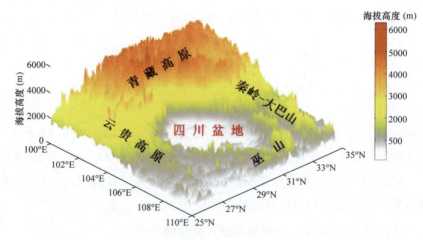

图7.4　四川盆地及其周边地区三维地形分布（引自 Ning et al.，2018a）

（1）颗粒污染物浓度随海拔高度的变化

为了剖析颗粒污染物浓度随海拔高度的变化特征，将盆底15个城市、边坡3个城市和盆沿2个城市的 $PM_{2.5}$ 和 PM_{10} 日均浓度分别进行区域平均，然后对得到的区域平均浓度再进行季节平均和年平均。最后对三个部位的 $PM_{2.5}$ 和 PM_{10} 季节平均浓度和年平均浓度随海拔高度的变化分别进行非线性拟合，如图7.5所示。

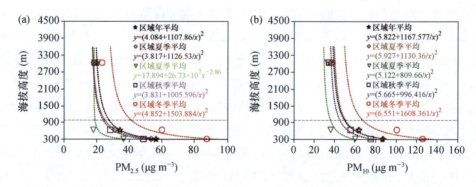

图7.5　四川盆地三个部位（a）$PM_{2.5}$ 和（b）PM_{10} 年平均和季节平均浓度随海拔高度的变化（带标签的虚线表示颗粒污染物浓度随海拔高度变化的拟合曲线，黑色横虚线表示 1000 m 海拔高度）（引自 Ning et al.，2018a）

从图 7.5 可知，PM$_{2.5}$ 和 PM$_{10}$ 质量浓度 y 随海拔高度 x 的变化可以用非线性函数 $y = (a + b/x)^2$ 进行拟合。这种非线性拟合函数适用于海拔高度低于 3300 m 的范围，系数 a 和 b 随着季节变化。由图 7.5 的拟合曲线可知，在盆底至边坡，颗粒污染物质量浓度随着海拔高度的递减率增大；从边坡至盆沿，随着海拔高度的增加，颗粒污染物质量浓度减小幅度微弱。这些特征表明，高质量浓度的颗粒污染物主要集中在离地面垂直高度较低的边界层范围内。此外，由图 7.5 还发现，颗粒污染物质量浓度具有显著的季节性差异，而且这种季节性差异随着海拔高度的增加显著减小。

相关研究表明，大气消光系数的垂直变化主要依赖于颗粒污染物浓度的变化。因此，可以利用 2015 年 1 月至 2016 年 11 月 CALIPSO 卫星 532 nm 波段监测的四川盆地大气消光系数廓线的月平均值，验证上述颗粒污染物质量浓度随海拔高度变化的拟合效果。由于 CALIPSO 卫星搭载的激光雷达夜间监测结果显著优于白天的观测，因此本章只选取晴空夜间监测的大气消光系数廓线。图 7.6 为 CALIPSO 卫星 532 nm 波段监测的大气消光系数季节平均廓线图。分析图 7.6 可知，在海拔

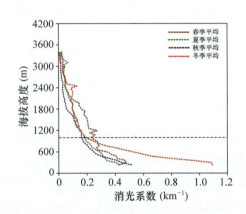

图 7.6　CALIPSO 卫星 532 nm 波段监测到的四川盆地底部（107.5°E，30°N，海拔高度大约为 200～500 m）季节平均的大气消光系数廓线（黑色横虚线表示 1000 m 的海拔高度）（引自 Ning et al.，2018a）

高度低于 1000 m 的范围内，大气消光系数随着海拔高度的增加快速减小；而在海拔高度高于 1000 m 以上时，大气消光系数随着海拔高度的增加变化较缓慢，这与图 7.5 颗粒污染物质量浓度的拟合曲线十分相似，表明利用不同海拔高度监测点实际监测的颗粒污染物质量浓度随海拔高度变化特征，是可以真实反映四川盆地颗粒污染物质量浓度垂直变化的。此外，CALIPSO 卫星监测的大气消光系数廓线也存在显著的季节性差异。总之该研究结果表明，上述颗粒污染物质量浓度随海拔高度变化的非线性拟合函数 $y = (a + b/x)^2$ 能够较为准确地反映四川盆地颗粒污染物质量浓度的垂直分布，而且其季节性差异也正好体现了其季节变化特征（图 7.6）。

此外，还利用位于成都市 EV-lidar 监测的大气消光系数廓线，进一步验证颗粒污染物质量浓度随海拔高度变化的拟合函数。如图 7.7 所示，本章只获取了成都市秋季和冬季特定日期的大气消光系数廓线。EV-lidar 监测期间，成都市均为

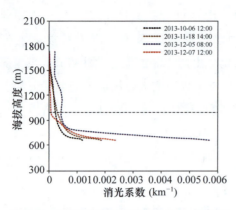

图 7.7 特定时期成都市 EV-lidar 监测到的大气消光系数廓线（黑色横虚线表示1000 m 的海拔高度）（引自 Ning et al.，2018a）

空气重污染天气，PM_{10} 和 $PM_{2.5}$ 质量浓度分别大于 200 $\mu g \cdot m^{-3}$ 和 150 $\mu g \cdot m^{-3}$。而上述 CALIPSO 卫星监测点位于盆地底部的乡村，颗粒污染物质量浓度较低。因此，成都市 EV-lidar 监测的大气消光系数值（图 7.7）显著大于 CALIPSO 卫星的观测结果（图 7.6）。城乡两个监测点的有机结合，旨在使验证结果具有更高的可信度。

尽管图 7.7 中由地基 EV-lidar 监测的大气消光系数垂直廓线图属于瞬时状态，但与 CALIPSO 卫星监测的大气消光系数廓线十分相似。两者监测的大气消光系数廓线均与图 7.5 中实际监测的颗粒污染物质量浓度随海拔高度变化的拟合曲线形态基本吻合。此外，由图 7.7 还发现，四川盆地底部高质量浓度的颗粒污染物垂直层厚度少于 500 m。这些研究结果可进一步提高人们对四川盆地颗粒污染物质量浓度垂直分布的认识水平，也为当地政府相关部门更精准地制定大气环境防治政策和措施提供了重要科学依据。

（2）气态污染物浓度随海拔高度的变化

本研究还对 4 种气态污染物随海拔高度的变化也进行了函数拟合，如图 7.8 所示。不难看出，与颗粒污染物不同，气态污染物随海拔高度的变化较为复杂。在同一季节，不同种类的气态污染物浓度随海拔高度的变化不一样；同一种气态污染物在不同季节，其浓度随海拔高度的变化也不一样。其中，SO_2 体积分数（ppb，10^{-9}）随海拔高度变化不明显，低海拔盆底地区和高海拔盆沿地区 SO_2 体积分数值差异小；NO_2 和 CO 体积分数随高度增加而减小的幅度，在不同高度层次较为接近；O_3 体积分数随海拔高度的变化趋势与颗粒污染物类似，但在低层（海拔高度小于 1000 m）随海拔高度增加而递减的幅度远小于颗粒污染物浓度的垂直变化。总之，与颗粒污染物相比，气态污染物浓度随海拔高度的变化更为复杂，且不能用单一函数形式进行拟合。

众所周知，污染天气分型也是大气环境研究的重要内容之一。以往关于中国空气质量天气分型的研究大多集中在华北、长三角和珠三角等平原地区，且用于天气分型的气象资料大多为海平面气压场或 925 hPa 层的位势高度场。已有研究表明，受高原等复杂地形的作用，显著影响四川盆地空气质量的天气系统大多位于

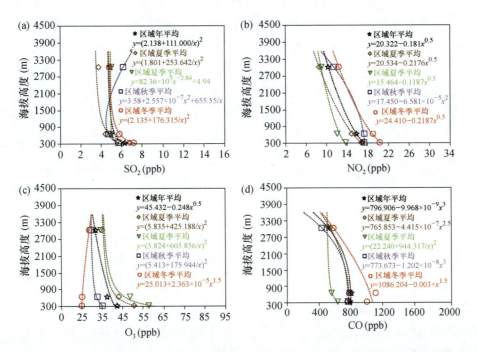

图 7.8　四川盆地三个部位(a)SO_2;(b)NO_2;(c)O_3 和(d)CO 年平均和季节平均体积分数随海拔高度的变化。(带标签的虚线表示气态污染物体积分数随海拔高度变化的拟合曲线)(引自 Ning et al.,2018a)

700 hPa 等压面层及以上;此外,相关研究也表明再分析资料中 700 hPa 层气象变量受地形的影响已较小,数据准确性高。因此,本章利用来自欧洲中期天气预报中心(ECMWF)ERA-Interim 再分析资料中 700 hPa 层次的位势高度,对四川盆地冬季大气环流形势进行天气分型。ERA-Interim 再分析资料的空间分辨率为 0.75°×0.75°,分型区域为 90～115°E,20～40°N。ERA-Interim 再分析资料中 700 hPa 等压面层的位势高度日资料,每日有 4 个时次(即 08、14、20 和 02 时,北京时)数据。08 时的再分析资料同化了全球地面和探空观测数据,具有最高的准确度,与其他时次资料相比更能反映实况。基于此,选取 2013 年 12 月 1 日至 2017 年 2 月 28 日冬季 08 时 700 hPa 位势高度进行天气分型。为了探究不同天气型背景下空气质量的差异及其气象成因,还收集分析了 2013 年 12 月 1 日至 2017 年 2 月 28 日冬季成都市 6 种标准大气污染物小时浓度数据,成都温江站地面气象观测及探空资料,ERA-Interim 再分析资料中等压面层的温度、位温、风场数据,ERA-Interim 再分析资料地面层的边界层高度数据。

（3）四川盆地冬季典型污染天气型分析

利用 T-model 斜交旋转主成分分析法(PCT)对成都市 2013 年 12 月 1 日至

2017 年 2 月 28 日冬季 700 hPa 层次的位势高度分别分成 4～17 类，并利用解释聚类方差（ECV）评估上述各类分型结果的优劣。一般而言，ECV 的值随着天气分型种数的增加而非线性增大，ECV 的值越大，天气分型结果越接近实际环流型。但

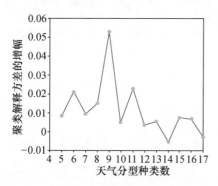

图 7.9 四川盆地不同种类天气型对应的
ΔECV 值（引自 Ning et al.，2019）

确定天气分型种类数，需要综合考虑 ECV 值和不同天气型背景下成都市空气质量差异性两个因素。目前对于客观天气分型，还没有确定的标准用于确定天气分型种类数。本章将利用 ECV 值和不同分型种类数 ECV 之间的差值两个因子（图 7.9）确定分型种数。由图 7.9 可知，随着天气分型种数的增加，聚类解释方差 ECV 的值增大，但其增幅是非线性。当天气分型种数为 9 时，其聚类

解释方差 ECV 的增幅最大，为 0.0529，显著大于分型种数为 10 时（增幅 0.005）和分型种数为 8 时。因此，本研究将成都市冬季大气环流形势分成 9 种，分别讨论其对应大气污染气象特征及其与当地空气质量的关联性。

基于 2013 年 12 月 1 日至 2017 年 12 月 28 日冬季四川盆地 ERA-Interim 再分析资料每日 08 时 700 hPa 的位势高度场，可将其分成 9 种天气型。根据其高压和低压系统相对于成都市的位置，又可将 9 种天气型简要表述为：①北部低压型对应西南风（NL），②西北部弱高压型对应偏北风（NWH⁻），③南部低压型对应西南风（SL⁺），④南部弱低压型对应偏西风（SL⁻），⑤西部强高压型对应偏北风（WH⁺），⑥西部弱高压型对应偏北风（WH⁻），⑦西部低涡型对应南北风切边线（WV），⑧南部低压型对应西南风（SL），⑨低压型对应偏西风（L）。9 种天气型发生频率由高到低分别为：NL（31.3%），NWH⁻（13.3%），L（12.5%），SL⁻（11.6%），SL（9.1%），WV（8.3%），WH⁻（7.8%），SL⁺（4.7%）和 WH⁺（1.4%）。由上述分析结果可知，四川盆地上空冬季低压系统出现的频率大于高压系统，这与当地易出现低值系统的天气气候状况相符。其中低槽天气型 NL、L、SL⁻、SL 和 SL⁺ 占当地冬季总天数的 69.2%；而高压前部型 NWH⁻、WH⁻ 和 WH⁺ 仅占当地冬季总天数的 22.5%。为了更有利于阐明其分别与当地大气污染状况的关联性，又可将上述 9 种天气型大致归纳为三大类：①低槽型，包括 NL、SL⁺、SL⁻、SL 和 L；②高压前部型，包括 NWH⁻、WH⁺ 和 WH⁻；③低涡型，WV。后续将对三大类天气型（低槽型、高压前部型和低涡型）对应的大气污染特征及其对四川盆地冬季对流层低层大气热力、动力结构的影响进行对比分析，有助于深入探明四川盆地冬季天气型与当地空气质量的内在关系。

（4）不同天气型控制下大气污染特征

图 7.10 为不同天气型控制下成都市冬季不同等级空气质量出现频率分布图。由图 7.10(a)可知,低槽天气型对应的空气质量最差,低涡天气型对应的空气质量最好。在 2013 年 1 月 1 日—2017 年 12 月 28 日冬季期间,共出现 10 天严重空气污染,其中 9 天发生在低槽天气型控制下,只有 1 天出现在高压天气型控制下(NWH⁻)。重污染天数共有 76 天,其中 69 天发生在低槽天气型控制背景下,6 天出现在高压天气型控制下,只有 1 天出现于低涡天气型控制下。

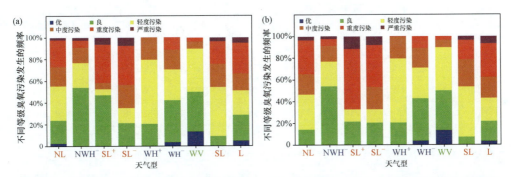

图 7.10　2013 年 12 月 1 日至 2017 年 2 月 28 日冬季成都市不同天气型背景下不同等级空气污染发生频率分布特征。(a) 低槽天气型包含降水;(b) 低槽天气型不包含降水。(引自 Ning et al.,2019)

由上述分析可知,四川盆地冬季空气质量在不同天气型控制时差异明显。特别是在低槽天气型控制下,易出现空气重污染事件。从气候学角度看,四川盆地和青藏高原东部边坡上空 700 hPa 由于受复杂地形的热力和动力作用易形成低值天气系统(低槽或低涡),该低值天气系统在不同季节具有不同性质。在夏秋季,由于水汽充沛,低值天气系统极易产生降水,湿清除作用明显。在冬春季,它们则属于干冷低值天气系统,东移到四川盆地上空时所产生的空降效应对当地空气重污染事件的发生起到关键作用。在 2013 年 1 月 1 日—2017 年 12 月 28 日的冬季期间,低槽天气型控制背景下,有超过 71% 的天数没有出现降水,对应着较差的空气质量。这种不产生降水过程的低槽天气型被称为"干低槽天气型"。为了更好地剖析四川盆地冬季空气质量恶化的气象成因,重点评估了干低槽天气型对盆地空气质量影响的物理机制。

如图 7.10(b)所示,5 种干低槽天气型、3 种高压天气型和 1 种低涡天气型控制背景下的盆地空气质量差异非常显著。其中干低槽天气型控制背景下,四川盆地出现中度及以上等级空气污染(包括中度污染、重度污染和严重污染)的频率显著高于高压天气型和低涡天气型。在干低槽天气型作用下,57.8% 的天数出现了中度及以上等级的空气污染,比 3 种高压天气型控制时的发生频率高 2.3

倍左右。表 7-2 为 5 种干低槽天气型、3 种高压天气型和 1 种低涡天气型控制背景下，四川盆地 5 种标准大气污染物浓度特征。由表 7-2 可知，干低槽天气型对应的 5 种标准大气污染物浓度均明显高于高压天气型和低涡天气型。干低槽天气型控制背景下 $PM_{2.5}$ 和 PM_{10} 的平均浓度分别为 134.6 $\mu g\ m^{-3}$ 和 206.0 $\mu g\ m^{-3}$，是高压型和低涡型控制下的 1.5～2.0 倍。综上所述，干低槽天气型容易引起空气重污染，而高压天气型和低涡天气型分别对应相对中度空气污染和相对较好的空气质量。

表 7-2　四川盆地不同天气型控制背景下 5 种标准大气污染物（$PM_{2.5}$，PM_{10}，SO_2，CO 和 NO_2）
平均浓度（平均值±1 倍标准差，mean±1 standard deviation）。
（$PM_{2.5}$，PM_{10}，SO_2 和 NO_2 的单位是 $\mu g\ m^{-3}$，
CO 的单位是 $mg\ m^{-3}$）（引自 Ning et al.，2019）

类型	NL	NWH^-	SL^+	SL^-	WH^+	WH^-	WV	SL	L
$PM_{2.5}$	128±56	82±53	150±80	143±64	89±24	88±44	68±38	121±49	131±76
PM_{10}	194±83	133±78	221±99	218±84	140±33	141±62	107±55	195±67	202±102
SO_2	23±12	19±9	27±13	22±12	17±8	17±6	16±8	23±9	23±10
CO	1.57±0.41	1.31±0.47	1.57±0.30	1.64±0.45	1.24±0.18	1.35±0.39	1.14±0.33	1.60±0.38	1.57±0.44
NO_2	65±21	59±17	70±15	71±22	54±6	58±15	49±15	68±13	68±19

（5）不同天气型对四川盆地西部大气污染影响机制探析

图 7.11 为不同天气型控制下四川盆地西部 24 h 变温（$\Delta T_{24\ h}$）和风场（u 和 ω）东西向垂直剖面图。当干低槽天气型（NL、SL^+、SL^-、SL 和 L）控制时，在盆地上空 750～550 hPa 层内易出现增温，而在 750 hPa 以下层次则出现降温或弱增温。这种 24 h 变温的垂直结构将会导致对流层底层大气稳定度增强，结果引起 NL、SL^+ 和 SL 天气型控制下盆地上空 2000～3500 m 高度层处正位温异常随高度的增加而增强 [图 7.12(a)、(c)、(h)]，SL^- 和 L 控制时盆地上空 1000～3000 m 高度处正位温异常随高度增强 [图 7.12(d)、(i)]。位温正异常最大值出现在盆地上空 3000～3500 m 高度层内，大概相当于 700 hPa 等压面处（图 7.12）。当地位温廓线的垂直结构特征表明，盆地上空边界层顶以上层次形成了强稳定层，好比在盆地上空边界层顶以上层盖上了一个大锅盖，产生"锅盖效应"，严重抑制了当地大气污染物的垂直混合与扩散，导致当地空气质量快速恶化。

当受高压天气型 [图 7.11(b)、(e)、(f)] 和低涡天气型 [图 7.11(g)] 控制时，四川盆地上空 750～550 hPa 层处出现降温，而在 750 hPa 以下层次出现增温或弱降温。24 h 变温的垂直结构与干低槽天气型控制时完全相反，并且能够削弱对流层低层大气稳定度。正如图 7.12(b)所示，盆地上空海拔 3500 m 高度以下层次均为

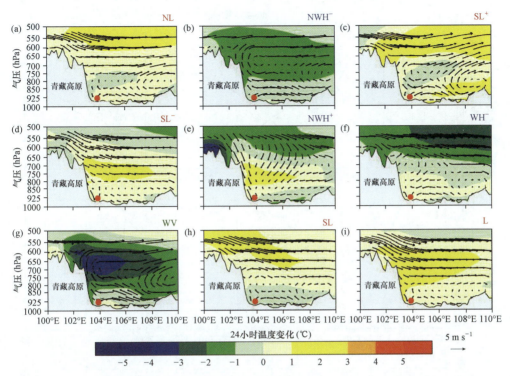

图 7.11　不同天气型控制下四川盆地 24 h 变温和风场(u 和 ω 合成)东西向（30.75°N）垂直剖面图。红色实心圆点代表成都市,灰色阴影表示地形(引自 Ning et al. , 2019)

位温负异常且随着高度增强,在图 7.12(e)、(f)离地面 2000～4000 m 厚度层内也观察到这些特征。24 h 变温垂直结构和位温的垂直廓线特征表明,高压天气型和低涡天气型控制时对流层低层大气稳定度比干低槽天气型控制时弱,由此提高了大气污染物的垂直混合扩散能力,有利于当地空气质量的改善。特别是低涡天气型控制时,偏北冷空气与偏南暖湿气流在盆地上空汇合,通常有利于形成降水天气。据统计,低涡天气型发生时,超过 80% 的天数出现降水过程,降水对大气污染物具有显著的湿清除作用,有利大气扩散能力和湿清除效应两者叠加,使得四川盆地空气质量最好。

　　通过深入分析图 7.11,我们还发现不同天气型控制下,对流层中低层大气动力结构也存在明显差异。当干低槽天气型控制时,盆地上空近地层次级环流的发展受到边界层顶以上强稳定层的抑制作用,次级环流中心高度大致位于 850 hPa 层[图 7.11(a)、(c)、(d)、(h)、(i)]。相反,当受高压天气型或湿低涡天气型控制时[图 7.11(b)、(e)、(f)、(g)],盆地上空近地层次级环流增强抬升,环流中心高度被抬升至 700 hPa 层(抬高了约 1000 m),相对应的空气质量明显变好。事实上,大气

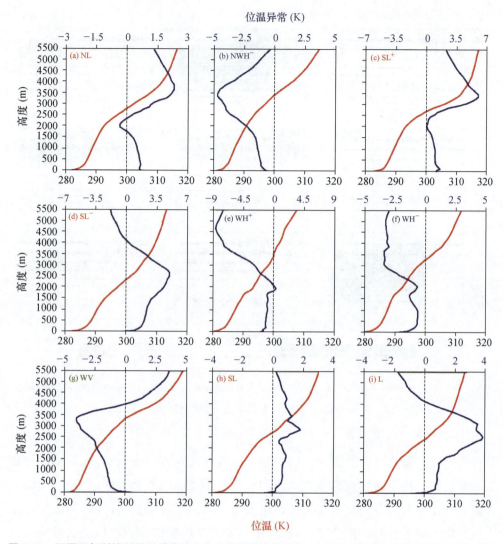

图 7.12　不同天气型控制下四川盆地上空位温垂直廓线分布。红色实线表示不同天气型下位温平均值（单位：K），蓝色实线表示不同天气型控制下位温异常值（单位：℃）（引自 Ning et al.，2019）

边界层高度的发展是影响当地空气质量的关键因素，如图 7.13 所示，干低槽天气型控制下的大气边界层高度均低于 900 m，而高压天气型和湿低涡天气型控制时的大气边界层高度均大于 970 m。前面提到的 5 种干低槽天气型控制时平均边界层高度为 852.8 m，比高压和湿低涡天气型控制下的平均边界高度低 150 m，导致其垂直混合能力减弱。总之，干低槽天气型控制下边界层大气对污染物的扩散能力（表现为浅薄的大气边界层结构和被抑制的近地层次级环流）显著小于高压型和湿低涡天气型，因此，易形成重度甚至严重空气污染。

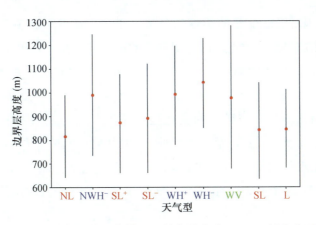

图 7.13 不同天气型控制背景下四川盆地上空 14:00 时(北京时)大气边界层高度(mean±1 standard deviation)(引自 Ning et al.,2019)

通过上述分析,我们发现四川盆地不同天气型控制时空气质量的差异与对流层低层大气稳定度密切相关,而后者的变化又取决于对流层低层变温的垂直结构。根据天气学中的热力学能量方程,可以将垂直层内的变温分解归因于水平温度平流项、垂直温度对流项和非绝热加热项三者共同作用。图 7.14 为不同天气型控制下四川盆地上空不同垂直层内(700～600 hPa 和 950～850 hPa)热力学能量方程各项的平均值分布。其中,在 700～600 hPa 垂直层内[图 7.14(a)],干低槽天气型控制时垂直温度对流项均为正值,是导致边界层内大气增温的关键因素;而水平温度平流项和非绝热项却为负值或者微小的正值。在气象学中,正的(负的)

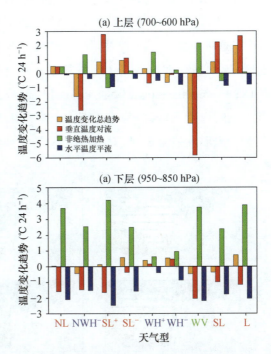

图 7.14 不同天气型控制时四川盆地上 700～600 hPa 厚度层内和 950～850 hPa 厚度层内热力学能量方程各项平均值分布(引自 Ning et al.,2019)

垂直温度对流项表示垂直下沉(上升)运动。因此,干低槽天气型控制时四川盆地上空边界层顶以上层次强稳定层的形成(图 7.12)主要是由强烈的垂直下沉运动(相当于焚风效应)造成(图 7.11)。相反,在高压天气型和湿低涡天气型控制时,垂直温度对流项均为负值,表示盆地上空边界层顶以上层次主要为垂直上升运动(图 7.11)。此外,在 950～850 hPa 垂直层内[图 7.14(b)],所有天气型控制背景下非绝热加热项对温度变化的贡献均显著大于水平温度平流项和垂直温度对流项，表明非绝热加热是导致近地层温度变化的最关键因素。此研究结果表明，盆地上空边界层顶以上层次的垂直运动对对流层低层大气稳定度的变化起着至关重要的作用。

另外，对流层低层垂直运动的变化也受到天气型和复杂地形协同效应的显著影响。图 7.15 为不同天气型控制时，四川盆地（约 30.75°N）温度和风场（u 和 ω）东西向垂直剖面图。不难看出，在干低槽天气型控制下，四川盆地上空位于干低槽前部受偏西气流控制[图 7.11(a)、(c)、(d)、(h)、(i)]，青藏高原上空的冷空气还未侵入盆地上空。盆地上空和青藏高原上空同等高度处存在明显的温度梯度[图 7.15(a)、(c)、(d)、(h)、(i)]。青藏高原上空的冷空气在偏西气流的引导下向东输送至盆地上空，其在地球重力场作用下会在盆地上空产生强烈的下沉运动，使得沿青藏高原东部边坡出现下沉增温[图 7.11(a)、(c)、(d)、(h)、(i)]。这种现象在气象学中称之为"焚风效应"，经常出现在高耸山脉的背风坡地区，比如阿尔卑斯山、台湾和新疆地区（WMO, 1992; Richner and Hächler, 2013; Chang and Lin, 2011; Li et al., 2015）。在干低槽天气型和青藏高原大地形的协同作用下，四川盆地西部上空易产生焚风效应，进而在当地上空边界层顶以上层次形成强稳定层，对近地层大气污染物的垂直扩散产生"锅盖效应"。在

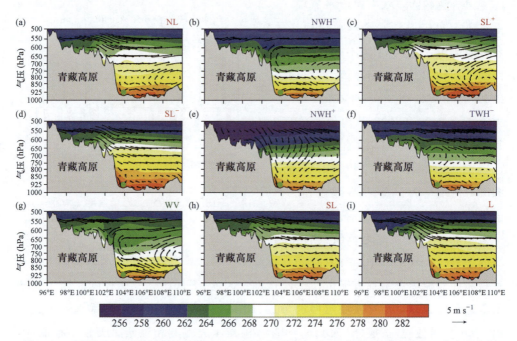

图 7.15　不同天气型控制下四川盆地大气温度和风场（u 和 ω 合成）东西向(30.75°N)垂直剖面图。绿色实心圆点代表成都市，灰色阴影表示地形(引自 Ning et al.,2019)

高压天气型和湿低涡天气型控制背景下,四川盆地上空受偏北气流控制,导致冷空气侵入盆地上空[图7.11(b)、(e)~(g)]。结果是,盆地上空的温度比青藏高原上空同等高度处的温度低[图7.15(b)、(e)~(g)],引起盆地上空大气层结不稳定性增强,出现垂直上升运动[图7.15(b)、(f)、(g)]。高压天气型和湿低涡天气型控制时出现的垂直上升运动则为当地大气污染物扩散提供了有利条件,比如减弱大气稳定度、增强和抬升次级环流、促进边界层发展等(图7.13、7-14、7-15)。

为了更加全面地理解四川盆地冬季天气型对空气质量作用物理机制,将上述研究结果与中国其他三大空气重污染区(京津冀地区、长三角地区和珠三角地区)进行了对比分析。在东部平原地区,通常采用925 hPa层位势高度场或者海平面气压场对当地空气质量密切相关的大气环流进行天气分型。然而,四川盆地的天气气候显著地受青藏高原的影响,且属于典型的深盆地形,当地冬季空气质量主要受700 hPa从青藏高原东移的天气系统影响。因此,与东部平原地区不同,在四川盆地选用700 hPa层位势高度场进行天气分型,效果最好。

如上所述,受到高原干低槽东移和高原-深盆大地形的协同作用,四川盆地上空垂直下沉运动引起的焚风效应将导致当地边界层顶以上层次出现强稳定层,由此抑制了边界层次级环流及其混合层的发展。相比之下,在中国东部平原地区的逆温层常与水平温度平流和高压天气系统引起的下沉运动密切相关。此外,四川盆地属于中国高湿地区,冬季相对湿度均大于77%,且不同天气型控制背景下的差异很小。因此,相对湿度并不是引起四川盆地冬季空气质量变化的主要因素。而在华北平原地区,相对湿度与当地空气质量密切相关,因为相对湿度能够在很大程度上影响大气污染物的二次转化,导致当地气溶胶颗粒污染物的爆发性增长。总之,四川盆地空气污染形成机制与中国东部平原地区的显著差异进一步表明,四川盆地空气污染问题的独特性和复杂性,对当地政府和民众应对空气污染问题提出了更大的挑战。

7.4.2　四川盆地西北部城市群冬季空气重污染气象成因

紧邻青藏高原东部边坡地区的成都、德阳和绵阳三市,属于高原低值天气系统(低槽或低涡等)东移影响的最敏感区,而且这3个城市构成了盆地西北部高速发展的城市群。该城市群冬季空气重污染事件较易发生,尤其是成都市,21世纪10年代,一年内空气质量超过国家二级标准的大气污染超标天数最多时超过100天。因而亟须从气象统计学角度,深入、系统地探究冬季高原干低值天气系统(尤其是干冷西南涡)东移活动对四川盆地西北部大气扩散能力的影响,进而揭示其对当地空气重污染的影响机制。

1. 空气重污染事件和气象条件的统计特征

以往研究表明,四川盆地冬季的首要污染物是大气颗粒物,当前生态环境部规定监测的大气颗粒污染物为 PM_{10} 和 $PM_{2.5}$。本章主要利用 2006 年 1 月 1 日至 2012 年 12 月 31 日、2014 年 1 月 1 日至 2017 年 2 月 28 日四川盆地西北部的成都、德阳和绵阳三市 PM_{10} 质量浓度数据,筛选出冬季多个空气重污染过程。当三个城市中出现 PM_{10} 日均质量浓度 $\geqslant 350\ \mu g\ m^{-3}$ 时,定义为空气重污染过程(事件)。

经普查,2006 年 1 月 1 日—2012 年 12 月 31 日、2014 年 1 月 1 日—2017 年 2 月 28 日期间,冬季四川盆地西北部成都、德阳和绵阳城市群共发生了 10 次空气重污染事件(PM_{10} 日均质量浓度 $>350\ \mu g\ m^{-3}$),其中 9 次均伴随有低值天气系统(低槽或低涡),仅一次空气重污染过程 700 hPa 层未出现低值天气系统;且 9 次低值天气系统中,8 次均为干过程(无降水),仅有 1 次出现弱降水。因此,我们主要研究这 8 次干低值天气系统活动对四川盆地西北部冬季空气重污染事件的影响与机制。8 次空气重污染事件概况见表 7-3。

由表 7-3 可知,8 次空气重污染事件发生期间,能见度均较低,首要污染物均为颗粒污染物(PM_{10} 或 $PM_{2.5}$)。从持续时间来看,盆地空气重污染过程大多为持续性污染过程,其中有 6 次事件属于持续性空气重污染过程,最长持续时间高达 10 天,严重危害当地居民健康。此外,盆地空气重污染事件具有区域群发性特征,其间多个城市均出现中度污染的事件就有 5 次。从污染最重日期来看,其中两次重污染过程(事件 6 和事件 7)的 PM_{10} 日均质量浓度最大值出现在春节,由此表明中国传统春节烟花爆竹集中燃放也会导致污染物在有限时间段内大量排放,加剧了同期当地空气质量的恶化。

表 7-3 2006—2017 年四川盆地西北部城市群 8 次空气重污染事件统计
(引自 Ning et al.,2018b)

事件序号	首要污染城市	污染时间段		污染最重日期状况			污染消散日期状况			期间出现污染的其他城市
		污染起止时间	污染期间 PM_{10} 浓度范围 ($\mu g\ m^{-3}$)	日期	PM_{10}	能见度 (m)	日期	PM_{10} ($\mu g\ m^{-3}$)	能见度 (m)	
1	绵阳	2006-01-13～14	284～442	2006-01-13	442	800	2006-01-15	166	12000	成都
2	成都	2006-01-29	407	2006-01-29	407	<50	2006-01-30	190	11000	无
3	成都	2006-12-19～23	348～385	2006-12-23	385	1500	2006-12-24	246	11000	无
4	成都	2007-12-21～24	260～529	2007-12-23	529	800	2007-12-25	174	3000	绵阳
5	成都	2009-01-18～20	264～381	2009-01-19	381	<50	2009-01-21	220	11000	绵阳
6	成都	2011-02-03	403	2011-02-03	403	2000	2011-02-04	190	11000	无
7	成都	2014-01-22～31	282～562	2014-01-31	562	<500	2014-02-01	207	2500	德阳
8	成都	2017-01-01～06	294～480	2017-01-05	480	100	2017-01-07	118	11000	德阳

通过对上述 8 次空气重污染事件 700 hPa 层天气形势分析发现,在空气污染加重时段,研究区均处于 700 hPa 低值天气系统(低槽或低涡)前部,主要受偏南暖气流控制,对边界层顶之上强逆温的形成起重要作用。

在气象学中,可利用相对涡度这一物理量来定量表征天气系统的强弱。通常当相对涡度为正值时,对应低值天气系统;反之,则对应高值天气系统。因此,本章分别就上述 8 次空气重污染过程,对其污染加重时段和消散时段 700 hPa 层相对涡度的变化进行统计(表 7-4)与分析。

由表 7-4 可知,8 次空气重污染事件在其污染加重时段,盆地西北部上空 700 hPa 层的相对涡度均为正值;结合天气形势分析发现,当地均位于低值天气系统前部,受偏南暖气流控制,导致边界层顶之上增温,有利于大气层结稳定性增强,不利于大气污染物扩散。而在空气污染消散时段,其中 6 次空气重污染事件(事件 6 和事件 7 除外)中盆地西北部上空 700 hPa 层相对涡度均由正涡度变为负涡度,表明此时低值天气系统东移过境,使当地上空转为受偏北干冷气流控制,边界层顶之上降温,大气层结由稳定逐渐转为不稳定,有利于大气污染物扩散,因此污染物浓度快速降低,重污染过程结束。

表 7-4　四川盆地 8 次空气重度污染过程中污染加重时段、污染消散时段
700 hPa 层涡度统计(引自 Ning et al., 2018b)

事件序号	污染加重时段		污染消散时段	
	时间 (北京时)	涡度 ($1 \times 10^{-5}\,\mathrm{s}^{-1}$)	时间 (北京时)	涡度 ($1 \times 10^{-5}\,\mathrm{s}^{-1}$)
1	2006-01-13 0200	2.58	2006-01-13 2000	−0.94
2	2006-01-29 0200	4.15	2006-01-30 0800	−3.36
3	2006-12-22 2000	4.64	2006-12-23 1400	−1.09
4	2007-12-22 1400	0.59	2007-12-23 1400	−0.82
5	2009-01-19 0200	1.75	2009-01-19 0800	−2.48
6	2011-02-03 0200	2.96	2011-02-031400	3.16
7	2014-01-31 0200	9.12	2014-01-31 1400	5.49
8	2017-01-04 2000	6.49	2017-01-05 0800	−5.74

为了进一步探究低值天气系统对对流层低层大气热力和动力扩散条件的影响,我们又分别对 8 次空气重污染事件中污染加重时段和污染消散时段大气边界层高度进行了统计分析,结果见表 7-5 所示。

表 7-5　8 次重度空气污染过程中不同污染时段研究区边界层高度、对流层低层大气
稳定度和平均风速改变量统计（引自 Ning et al., 2018b）

事件序号	污染加重时段			污染消散时段与污染加重时段的差		
	边界层高度（m）	对流层低层稳定度（K）	对流层低层整层平均风速（m s⁻¹）	边界层高度改变量（m）	对流层低层稳定度改变量（K）	对流层低层整层平均风速改变量（m s⁻¹）
1	278.16	23.13	2.86	144.75	−11.23	0.41
2	375.42	29.45	4.12	139.08	−10.2	1.93
3	279.50	18.54	2.99	−16.45	−5.61	0.34
4	282.61	18.58	1.91	−39.62	−7.23	1.04
5	251.53	19.63	3.11	51.17	−7.88	0.85
6	282.16	25.80	4.22	−16.87	0.55	1.91
7	232.57	25.95	4.21	30.77	−1.97	−1.07
8	266.23	18.88	2.59	107.57	−8.4	0.27

由表 7-5 可知，大多数污染过程中污染消散时段大气边界层高度相比于污染加重时段虽有一定的增加，但不如我国东部平原地区边界层高度增加得那么显著；甚至少数污染过程（事件 3、事件 4 和事件 6）边界层高度呈现出略有降低的现象，表明 700 hPa 层低值天气系统从四川盆地西北部上空过境对城市群大气边界层高度的影响较弱。因此，单纯考虑盆地西北部大气边界层范围内的气象条件变化对当地大气污染的影响具有一定的局限性。故此，本研究借鉴先前研究，着眼于高度更高的对流层低层大气层结稳定度，构建了对流层低层整层平均风速指数，并统计分析其在上述 8 次空气重污染事件中的变化特征（表 7-5）。不难看出，在空气污染加重时段，700 hPa 层与地面位温差均大于 18.5 K，最大值高达 29.45 K，表明对流层低层大气层结非常稳定；此外，8 次空气重污染过程中对流层低层整层平均风速较弱，均小于 4.3 m s⁻¹，最小值仅为 1.91 m s⁻¹。这种对流层低层呈现出强稳定、弱风速的特征，即静稳型天气。当低值天气系统过境后，其中 6 次空气重污染事件的对流层低层大气稳定度大幅减弱，最大减幅高达 −11.23 K，并且对流层低层整层平均风速也增大。这表明，低值天气系统过境，干冷空气的侵入使得对流层低层大气稳定度显著减弱，风速增强，大气热力、动力扩散能力增强，有利于大气污染物的稀释、扩散。而对于两次出现在春节期间的大气污染事件 6 和事件 7，在其污染物浓度降低阶段，尽管盆地西北部上空大气热力、动力扩散条件变化并不明显，但由于除夕烟花爆竹集中燃放的停止，大气污染物排放量大幅减少，进而导致颗粒污染物浓度显著下降。事件 7 中 PM_{10} 日均质量浓度单日下降高达 355 μg m⁻³。因此，本研究按照空气重污染事件发生的日期，将上述 8 次空气重污染事件分成两类：即扩散受阻型常规空气重污染事件（事件 1、事件 2、事件 3、事件 4、事件 5 和事件 8）和春节过量排放型空气重污染事件（事件 6 和事件 7）。下面分别

研究低值天气系统对这两类空气重污染事件的影响机制。

2. 低值天气系统对空气重污染事件的影响

从上述两类空气重污染事件中,各选取 1 次典型空气污染事件进行详尽分析,深入剖析低值天气系统过境前后对应的对流层低层大气热力、动力状况以及空气质量的变化特征,以便深入探究低值天气系统活动对空气重污染事件的影响过程与机制。

（1）扩散受阻型常规空气重污染事件

如表 7-3 中事件 8 所示,此次空气重污染过程发生在 2017 年 1 月 1—6 日,其间上述城市群中成都市污染最重,其颗粒污染物（PM_{10} 和 $PM_{2.5}$）日均质量浓度最大值出现在 1 月 5 日,其中 PM_{10} 日均质量浓度高达 480 $\mu g\ m^{-3}$,其质量浓度急剧升高时段为 1 月 3 日 00 时至 5 日 08 时（图 7.16）,其间 NO_2 和 CO 质量浓度也呈现上升态势;1 月 5 日 12 时之后,颗粒污染物质量浓度开始大幅下降。

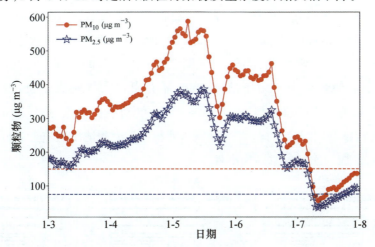

图 7.16　事件 8 空气重污染过程中 2017 年 1 月 3 日 00 时—8 日 00 时 PM_{10} 和 $PM_{2.5}$ 平均质量浓度的时间变化（引自 Ning et al., 2018b）

对事件 8 空气重污染过程中污染加重时段和污染物消散时段的 700 hPa 层天气形势分析可知,重污染发生之前,城市群上空 700 hPa 层受西北干冷气流控制,无低值天气系统。2017 年 1 月 2 日 14 时,城市群上空西侧 700 hPa 层有短波槽生成,之后此低槽加深发展,直至 1 月 5 日 02 时,城市群上空长时间位于 700 hPa 层低槽前部,受西南暖气流控制,大气扩散条件恶化;其间,四川盆地西北部成都、德阳和绵阳三市颗粒污染物质量浓度急剧上升,空气污染加剧,形成空气重污染事件。1 月 5 日 02 时,700 hPa 层低槽进一步东移发展,形成低涡,城市群上空位于低涡后部,转为受偏北干冷气流控制,大气污染物被迅速稀释扩散,污染浓度显著降低,重污染过程结束。

为了进一步探明低值天气系统对盆地西北部对流层低层大气热力、动力扩散能力的影响，本章制作了当地东西向 24 h 变温和风场（u 和 w 合成）剖面图（图 7.17）、温度和水平风速的探空廓线图（图 7.18），并分别进行深入剖析。

由图 7.17(a)、(b) 和 (c) 可知，当所研究的四川盆地西北部城市群上空位于 700 hPa 层低值天气系统前部时，低空受偏南暖气流控制，而此时 500 hPa 层呈现为弱下沉运动，暖平流和弱下沉增温双重作用使得该区上空 800～650 hPa 厚度层内形成增温中心，最大 24 h 增温高达 10℃［图 7.18(a)］；与此同时，当地近地面至 800 hPa 层内出现弱降温，上、下两者的共同作用使得对流层低层大气稳定度显著增强，如图 7.18(a) 所示，当地上空 775～650 hPa 厚度层内出现强逆温。此高原低值天气系统长时间稳定维持在城市群西侧上空，导致当地大气边界层顶之上强逆温层长时间维持，这与我国东部平原地区冬季易在大气边界层内出现贴地强逆温不同。此类低空强逆温类似于在城市群大气边界层顶之上盖上了一个大盖子，严重抑制了当地大气污染物的稀释扩散，我们将其称为"锅盖效应"。此类锅盖效应又表现为迫使城市群区域内的次级环流局限于大气边界层内，该次级环流中心大致位于 850 hPa 层（约海拔 1500 m）［图 7.17(a)、(b) 和 (c)］，导致当地大气污染物可扩散空间明显缩小。此外，锅盖效应还会阻碍大气垂直交换，造成地面至 800 hPa 层内的水平风速较小（≤2 m s⁻¹），大气动力扩散能力弱［图 7.18(b)］。因此，大气污染物在近地面层内持续累积，其相关污染物浓度快速上升并达到峰值（图 7.16），形成一次空气重污染事件。

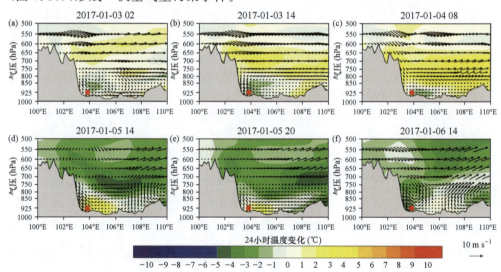

图 7.17　事件 8 空气重污染事件低值天气系统影响期间：(a) 2017-01-03T02；(b) 2017-01-03T14；(c) 2017-01-04T08 和低值系统过境后 (d) 2017-01-05T14；(e) 2017-01-06T08；(f) 2017-01-06T14 的 24 h 变温（阴影，单位：℃）和 u、w 合成风矢量通过（30.75°N，103.875°E）中心的剖面图（红色实心圆点代表城市群，灰色阴影表示地形，黑色箭矢表示 u、w×100 合成风矢量）（引自 Ning et al.，2018b）

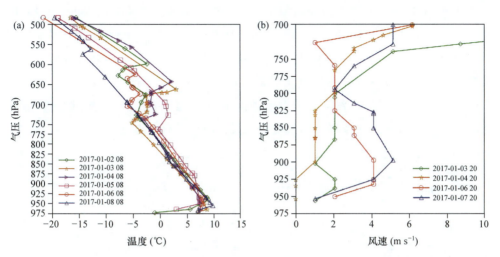

图 7.18　事件 8 空气重污染过程在低值天气系统影响期间和低值天气系统过境后的成都温江气象站(a)温度和(b)水平风速的垂直廓线(引自 Ning et al.，2018b)

由图 7.17 还可看出,700 hPa 层低值天气系统过境后,上述城市群上空转为受西北干冷气流控制,导致当地上空 800～650 hPa 厚度层内出现降温中心[图 7.17(d)～(f)]。与此同时,近地面至 800 hPa 厚度层内的逆温仍得以维持[图 7.17(d)],但强度明显减弱[图 7.17(e)]。其温度垂直廓线具体表现如图 7.18(a)所示,盆地西北部城市群上空原有的 775～650 hPa 厚度层内强逆温的锅盖效应也逐渐减弱、消失,大气垂直混合、扩散能力增强,进而导致原有局限于大气边界层内的局地次级环流明显增强抬升,其中心抬升至 775 hPa 层的高度上[图 7.17(d)～(f)],垂直混合导致动量下传效应增强,使得对流层低层风速逐渐增大[图 7.18(b)],大气污染物可扩散空间显著增大,整体热力、动力扩散能力增强,相关污染物浓度迅速降低,此次空气重污染过程结束。

为了更全面地探析上述低值天气系统对扩散受阻型常规空气重污染事件影响机制是否具有普遍性,本研究还统计分析了其他 5 次扩散受阻型常规空气重污染事件在低值天气系统影响中和过境后大气热力、动力变化特征(图 7.19)。由图 7.19 可知,其他 5 次空气重污染事件在污染加重时段,上述城市群均受 700 hPa 层低值天气系统前部偏南暖气流控制,在 800～650 hPa 厚度层内同样存在强逆温层的"干暖锅盖"[图 7.19(a)],表明此现象具有普遍性;此锅盖效应会迫使局地次级环流限于大气边界层内,近地面至 800 hPa 厚度层内的水平风速小,尤其是 850 hPa 层以下风速均小于 2 m s^{-1}[图 7.19(c)],造成当地大气污染物可扩散空间明显减小,热力、动力扩散能力差,大气污染物浓度累积效应增强并达到峰值,形成了上述 5 次空气重污染事件。此研究结果表明,上述个例分析结果具有普遍意义,反映出四川盆地西北部诸多空气重污染事件的气象成因与机制具有相似性。

此外,上述其他 5 次扩散受阻型常规空气重污染事件的解除过程也有共性,即当 700 hPa 层低值天气系统过境后,四川盆地西北部上空 800～650 hPa 厚度层内强逆温层所产生的锅盖效应也都抬升、减弱[图 7.19(b)],相应局地次级环流增强抬升,垂直动量下传效应增强,对流层低层风速变大[图 7.19(d)],当地大气污染物可扩散空间明显增大,污染物浓度迅速降低,空气重污染过程都相继结束,表明此类空气重污染事件的减弱与结束过程及其机制也具有相似性。

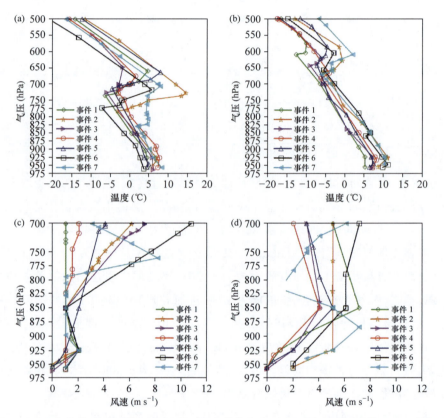

图 7.19　5 次扩散受阻型常规空气重污染事件在低值天气系统影响时段[(a),(c)]和过境后[(b),(d)]成都市温江气象站温度[(a),(b)]和水平风速[(c),(d)]探空廓线(引自 Ning et al.,2018b)

（2）春节烟花爆竹燃放过量排放型空气重污染事件

如表 7-3 所示的污染事件 6 和事件 7,其空气污染最重时段均出现在春节期间,表现为颗粒污染物浓度急剧上升;事实上,春节期间放长假,部分工厂停工停产,城市机动车流量也明显减少,其相关污染物排放量是减少的,表现在事件 6 和事件 7 整个污染过程中气态污染物浓度也均较低。深究其原因,发现中国传统春节时烟花爆竹在除夕夜至农历正月初一集中燃放,造成大量污染物排放,这是导致春节期间颗粒污染物浓度大幅上升的主要原因。此外,上述两次空气重污染过程中,在颗粒污染物浓度急剧上升时段,四川盆地西北部上空 700 hPa 层上也均伴有低值天气系统活动。因此,探究 700 hPa 层低值天气系统活动和春节烟花爆竹燃放造成过量污染物排放双重作用对空气重污染过程的影响,对于更加全面理解当地冬季空气重污染事件的成因具有十分重要的意义。

从事件 6 空气重污染过程中污染加重时段和污染减轻时段 700 hPa 层天气形势演变可知,在空气污染加重前,四川盆地西北部城市群上空 700 hPa 层受反气旋和偏北干冷气流影响。在 2011 年 1 月 2 日 02 时,当地上空西侧 700 hPa 层上有短波槽生成,受其槽前西南暖气流影响,当地大气边界层顶之上增温明显,导致大气稳定度增强,大气污染物在边界层内逐渐累积;与此同时,中国传统节日春节烟花爆竹集中燃放,两者的双重影响造成当地空气污染急剧加重。但在大气污染物浓度降低时段,与扩散受阻型常规空气重污染事件相比,700 hPa 层低值天气系统对春节过量排放型空气重污染过程的影响具有不同的特征。比如,2011 年 2 月 3 日 14 时至 4 日 02 时,尽管盆地西北部上空仍位于 700 hPa 层低槽前部,并非处在其过境后部,但由于烟花爆竹大量燃放停止所造成的人为大气污染物排放量的大幅减少,使得颗粒污染物浓度显著下降(日均 PM_{10} 质量浓度每日降幅高达 213 $\mu g\ m^{-3}$)。此后,低值天气系统过境,盆地西北部上空 700 hPa 层才转为受西北干冷气流控制,当地大气污染状况进一步减轻。总之,一方面,春节期间烟花爆竹集中燃放所造成的大气污染物的短时过量排放,改变了大气污染物峰值浓度出现的常规进程与时间;另一方面,春节过后由烟花爆竹大量燃放造成的污染物排放的停止,同样也改变了大气污染物浓度大幅降低的常规进程,这与扩散受阻型常规空气重污染事件的发展到结束的进程有显著差异。总而言之,这两个主要由春节大量烟花爆竹集中燃放所造成的空气重污染事件的分析结果证实,不论是从防火安全来考虑,还是从大气环境保护的角度来衡量,适度禁止燃放烟花爆竹都是非常必要的。

进一步分析图 7.20(a)可知,事件 6 重污染过程中,在其污染加重时段,由于受来自青藏高原低值天气系统的影响,四川盆地西北部上空 800~650 hPa 厚度层内同样出现增温中心,而近地面至 800 hPa 厚度层内则出现弱降温,两者的共同作用使得当地对流层低层大气稳定度显著增强。如图 7.21(a)所示,775~700 hPa 厚度层内也呈现出强逆温所产生的锅盖效应,迫使当地次级环流局限于大气边界层内,其中心大致位于 850 hPa 层[图 7.20(a)~(d)],由此也造成对流层低层风速减小[图 7.21(b)],大气稀释扩散能力降低,其整体大气热力、动力特征与扩散受阻型常规空气重污染事件相似。所不同的是,事件 6 重污染过程中大气污染物浓度峰值的出现与春节除夕夜及大年初一早上烟花爆竹集中燃放密切相关;而污染物浓度开始降低时,并非大气扩散条件的改善所致,而首先是春节集中燃放烟花爆竹停止之结果,其具有先决贡献。之后,随着 700 hPa 层低值系统过境,四川盆地西北部重污染区上空 800～650 hPa 厚度层内出现降温中心[图 7.20(d)]，空中强逆温层遭到破坏，其锅盖形态和效应也逐渐消失；同时，局地次级环流增强抬升[图 7.20(e)]，对流层低层水平风速增大[图 7.21(b)]，大气污染物质量浓度快速降低，空气重污染过程结束。

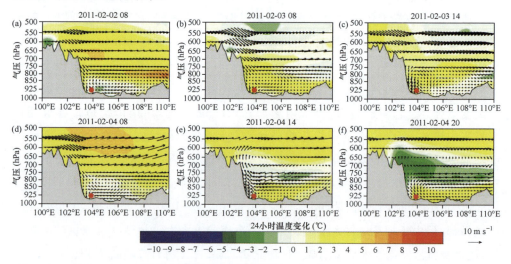

图 7.20　事件 6 空气重污染过程在低值天气系统影响期间 (a)2011-02-02T08；(b)2011-02-03T14；(c)2011-02-03T14 和 (d)2011-02-04T08，以及低值系统过境后 (e)2011-02-04T14 和 (f)2011-02-04T20 的 24 h 变温(阴影，单位：℃)和 u、w 合成风矢量通过(30.75°N,103.875°E)中心的剖面图(红色实心圆点代表研究区，灰色阴影表示地形，黑色箭矢表示 u、$w \times 100$ 合成风矢量)(引自 Ning et al.，2018b)

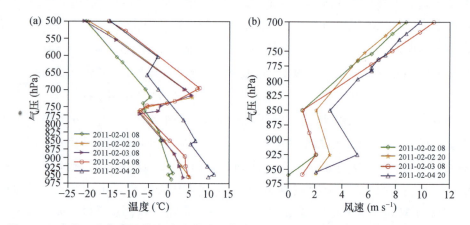

图 7.21　事件 6 空气重污染事件在低值天气系统影响期间和低值天气系统过境后(2011-02-04T20)成都温江 (a)温度和 (b)水平风速的探空廓线比较(引自 Ning et al.，2018b)

除此之外，本研究还分析了污染事件 7 的对流层低层大气热力、动力特征，以便更全面深刻地认识低值天气系统对春节过量排放型空气重污染事件的影响机制(图 7.22)。由此图可知，空气污染加重时段，四川盆地西北部城市群上空 700 hPa

层受来自高原低值天气系统的影响,775～700 hPa 厚度层内同样形成强逆温层,由此对污染物的垂直扩散产生锅盖效应,导致当地对流层低层风速减弱,大气垂直、水平扩散能力变差。但在污染开始减轻时段,空中逆温层不但没有减弱,反而略有加强[图 7.22(a)],对流层低层风速变化不太明显,同样说明污染物浓度峰值的出现及之后的明显降低,都与烟花爆竹集中燃放及结束密不可分,它是导致本次空气重污染事件发生的主要原因之一,不利的大气扩散条件的作用降至第二位,这与扩散受阻型常规空气重污染事件的成因与机制有一定差别。

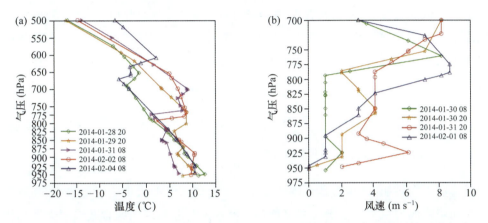

图 7.22 事件 7 空气重污染过程在低值天气系统影响期间和低值天气系统过境后成都市温江气象站(a)温度和(b)水平风速的探空廓线比较(引自 Ning et al., 2018b)

综合上述一系列研究,可总结归纳出来自青藏高原的 700 hPa 层干低值天气系统对四川盆地西北部城市群冬季空气重污染过程的影响与机制,如机理概念图 7.23 所示。

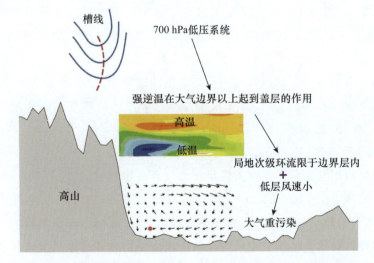

图 7.23 青藏高原干低值天气系统东移对四川盆地西北部城市群冬季空气重污染事件的影响机理概念图(引自 Ning et al., 2018b)

冬季，当四川盆地西北部城市群上空受来自青藏高原短波槽或低涡等干冷低值天气系统东移影响，在地球重力场的作用下，进入四川盆地西北部城市群上空时产生空降（或背风坡焚风）效应，当其降至大约700 hPa层时，便形成干暖低值（低涡等）天气系统；加之受其前部偏南暖气流输送的影响，盆地西北部城市群大气边界层顶之上出现类似于一个大盖子的低空强逆温层，严重抑制了当地大气污染物的稀释扩散，本研究称其为锅盖效应。此锅盖效应迫使当地次级环流局限于大气边界层内，并导致对流层低层水平风速很小；大气污染物扩散空间压缩，垂直混合和水平扩散能力很差，呈现出深盆地形特有的、结构复杂的静稳型天气特征，使大气污染物浓度在前期积累的基础上快速升高，形成空气重污染事件。此创新性研究成果为四川盆地大气污染物浓度易出现爆发性增长的现象给出了另一种科学解释。

7.4.3 四川盆地空气重污染天气过程中西南涡等中小尺度系统配置及其影响机制

上述研究表明，四川盆地冬季700 hPa层天气环流型大致为干低槽型、高压天气型和湿低涡型三类。三类天气尺度环流型通过与盆地西侧的青藏高原大地形协同作用，对盆地上空中尺度的次级环流和逆温层产生关键性影响，进而影响局地尺度的大气污染物垂直、水平扩散条件，这些都是造成四川盆地冬季空气重污染事件的关键物理因素（图7.24）。

（1）干低槽型

冬季，青藏高原属于冷源，高原上近地面的空气温度显著低于盆地上空同等高度的空气温度。当四川盆地上空受来自高原的干低槽天气尺度环流型控制时，就会产生空降下沉效应，即高原低空的冷空气向东输送至盆地上空时，受地球重力场作用在盆地上空下沉，产生焚风效应，使得盆地上空700 hPa层上下形成强逆温稳定层，抑制了当地中尺度次级环流和局地尺度的边界层发展，严重压缩了当地大气污染物可扩散空间。此类多尺度气象条件与过量污染物排放共同作用，易形成大气重污染事件[图7.24(a)]。

（2）高压天气型

冬季，当四川盆地受高压型天气尺度大气环流控制时，盆地上空盛行偏北干冷气流，使得盆地上空750～550 hPa厚度层内显著降温，而盆地近地面至750 hPa厚度层内却由于非绝热加热作用而表现为增温，大气层结不稳定性骤增，垂直交换能力显著增强，导致盆地低空中尺度次级环流增强抬升和局地尺度边界层发展，大气污染物水平和垂直扩散能力增强，此时盆地空气质量相对较好[图7.24(b)]。

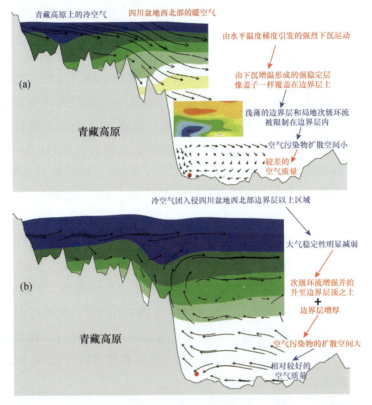

图 7.24　四川盆地冬季天气型和青藏高原大地形对当地空气质量影响机制概念图。(a)干低槽天气型;(b) 冷高压天气型(引自 Ning et al.，2019)

(3) 湿低涡型

冬季,当湿低涡型中尺度环流系统控制四川盆地时,偏北干冷空气与偏南暖湿气流在盆地上空汇聚,易触发降水过程,对大气污染物产生湿清除作用。统计表明,湿低涡天气型控制时,四川盆地 80% 左右天数均出现降水过程,其对大气污染物的湿清除贡献非常大,通常盆地空气质量最佳。

7.4.4　南支槽活动对四川盆地典型空气重污染过程的影响与机制

1. 空气重污染期间气象参数变化特征

虽然大气污染通常是由过量的污染物排放造成的,但气象条件在空气重污染事件的形成中起着决定性的作用(Zhang et al.，2013),特别是在污染物浓度的日变化和日际变化中(Zhang et al.，2015)。因此,分析受南支槽活动影响的四川盆地典型空气重污染过程中的气象参数变化具有重要意义。图 7.25 为 2017 年 12

月 17 日至 2018 年 1 月 4 日成都市温江站气温、降水量、相对湿度、能见度、风速和风向的逐小时变化。可以看出，空气重污染过程期间温江站最大日平均气温为 16.3℃，相对湿度最高达 95%，能见度低，风速约为 2 m s^{-1}，风向变化不规则。污染过程期间日平均气温、相对湿度、能见度和风速分别为 5.7℃、77%、12 km 和 1.4 m s^{-1}，毫无疑问，这些气象要素特征与当地复杂的地形条件密切相关。但总体上，四川盆地空气重污染过程期间温度和相对湿度均较高，这与珠江三角洲和长江三角洲空气重污染期间的温度和相对湿度的变化特征相似（Bell et al.，2011；Fu et al.，2008；Wu et al.，2007；Xiao et al.，2006）。已有研究表明，低风速有利于污染物的积累，易导致空气质量恶化（Liu et al.，2013）；高温则有利于二次污染物的生成（Jacob and Winner，2009；Rasmussen et al.，2012）；相对湿度较高时，亲水气溶胶粒子吸湿增长，增强其散射能力，降低大气能见度（Chen et al.，2011；Liu et al.，2013；Quan et al.，2011；Randriamiarisoa et al.，2006；Sun et al.，2014；Tang，1996）。2018 年 1 月 3—4 日，四川盆地出现降水，气温下降，相对湿度升高，能见度显著增加，盛行偏北风，风速可达 4 m s^{-1}。降水具有湿清除效应（Tao et al.，2009；Tham et al.，2008），较大的风速对空气污染物具有水平扩散作用（Hu et al.，2018）。因此，在上述几个气象要素的共同作用下，四川盆地空气质量得到很大程度的改善，污染过程结束。

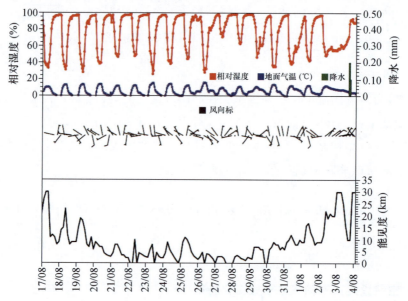

图 7.25 2017 年 12 月 17 日 08 时—2018 年 1 月 4 日 08 时成都市温江气象站每 3 小时气温、降水量、相对湿度、能见度、风速和风向的变化（横轴：dd/hh）

2. 受南支槽影响的四川盆地典型空气重污染事件的诊断

在上述多个气象参数分析的基础上,为了对 2017—2018 年跨年的空气重污染事件有更深入的认识,有必要采用再分析资料和 WRF-Chem 模式对其大气边界层演变特征进行诊断分析和数值模拟研究。众所周知,大气边界层对大气环境和人类健康具有重要影响,人类活动所排放的污染物主要集中在大气边界层内(Zhang et al.,2011),其高度变化不仅影响湍流和污染物的扩散范围(Dabberdt et al.,2004),而且对污染物浓度的日变化具有非常重要的作用(Ying et al.,2009)。即大气边界层高度较高时近地面污染物浓度较低,高度较低时近地面污染物浓度则较高(Liao et al.,2014;Liu et al.,2013;Quan et al.,2013)。图 7.26 是 2017 年 12 月 17 日 08 时至 2018 年 1 月 4 日 08 时成都市上空大气边界层高度随时间的变化以及垂直速度、气温、大气中水汽含量和风场的高度-时间剖面图。不难看出,四川盆地空气重污染过程期间,基于再分析资料和 WRF-Chem 模式模拟两者的大气边界层高度具有相似的变化特征,白天大气边界层高度最大值约 700～1200 m,明显偏低,不利于大气污染物的垂直扩散。2018 年 1 月 3—4 日四川盆地有降水产生,期间大气边界层高度也较低,究其原因,白天云层反射来自太阳的短波辐射,导致地表加热效率低,湍流混合弱,不利于大气边界层的发展。而夜间,由于云顶冷却,大气层结转为不稳定,对流上升运动占主导,致使大气边界层高度明显高于污染加重阶段的边界层高度,有利于大气污染物的稀释扩散。

分析空气重污染期间成都市上空垂直速度的高度-时间剖面图,基于再分析资料的诊断结果显示,2017 年 12 月 17—24 日成都市上空 200 hPa 层以下下沉运动占主导;到 2017 年 12 月 25—27 日,成都上空 400 hPa 层以上转为上升运动,而 400 hPa 层以下仍以下沉运动为主;至 2017 年 12 月 28 日—2018 年 1 月 2 日,成都上空对流层中低层下沉运动占主导地位,因持续下沉运动不利于大气污染物的垂直扩散,成都市近地面污染物逐渐积累,污染物浓度达到过程峰值,形成重污染事件。直到 2018 年 1 月 3—4 日,地面辐合诱发的上升运动在成都上空对流层低空占主导地位,此上升运动有利于大气污染物的垂直扩散,使得近地面污染物浓度迅速下降,空气重污染过程结束。总之,无论是基于 ERA-Interim 再分析资料的诊断,还是 WRF-Chem 模式的数值模拟,均表明对流层中下层持续的下沉运动占主导是造成四川盆地空气重污染事件的关键所在。

此外,环境气温及其逆温层的产生是另一个抑制大气边界层发展的关键因素。一般情况下,辐射(Ji et al.,2012)、高压脊(Wei et al.,2013)、下沉运动(Liu et al.,2013)、锋面和海洋平流(Saaroni et al.,2010;Zhang et al.,2009)等所诱发的逆温层均可抑制大气边界层的发展和污染物的垂直扩散。基于再分析资料诊断和 WRF-Chem 模式模拟,分析 2017 年 12 月 17 日至 2018 年 1 月 4 日成都上空气温的高度-时间剖面图,发现模式模拟的气温的高度-时间剖面图与基于再分析资料的气温的高度-时间剖面图具有相似的变化特征。即 2017 年 12 月 17—25 日和 2017 年 12 月 28 日—2018 年 1 月 1 日两时间段,成都上空均存在较强的低空逆温层。逆温层所产生的锅盖效应将当地污染物局限在盆地边界层内,抑制其在垂直方向的扩散,导致近地面大气污染物浓度急剧上升,空气质量恶化。至 2018 年 1 月 3—4 日,北方冷空气南下,此逆温层才被破坏,助力大气污染物的垂直扩散,随即四川盆地空气质量得到明显改善,重污染过程结束。

基于再分析资料和 WRF-Chem 模式的模拟结果,分析 2017 年 12 月 17 日—2018 年 1 月 4 日成都上空水汽含量的高度-时间剖面图,发现 2017 年 12 月 21—23 日、12 月 25—29 日和 2018 年 1 月 2—3 日三个时间段,成都上空 500～900 hPa 的水汽含量都明显偏高,因为较高的水汽含量有利于气溶胶粒子的吸湿增长(Chen et al.，2011；Liu et al.，2013；Randriamiarisoa et al.，2006；Sun et al.，2014；Tang，1996)。到 2018 年 1 月 3—4 日成都上空 300～900 hPa 较高的水汽含量则有利于降水的形成,对当地大气污染物产生湿清除效应,加快了重污染过程结束的进程。

为了探究风场对四川盆地空气质量的影响,同样基于再分析资料和 WRF-Chem 模式的模拟结果分析成都上空风场的高度-时间剖面图,如图 7.26 所示:2017 年 12 月 17—22 日、24—25 日、27—28 日、2017 年 12 月 31 日—2018 年 1 月 1 日几个时间段,成都上空 900 hPa 层以下盛行偏南风,风速较小,此偏南暖湿气流不利于污染物的扩散,导致当地空气质量较差;2017 年 12 月 23 日、26 日和 29—30 日,成都上空 900 hPa 层以下盛行东北风,此偏北干冷气流则有利于污染物的稀释扩散,空气质量较好。2018 年 1 月 2—4 日,成都上空 750 hPa 层及以上以西南风为主,750 hPa 层以下以东北风为主,750 hPa 层上下南北风切变有利于垂直运动发展及降水的产生,使得近地面大气污染物浓度降至最低。与此同时,对比成都上空水汽含量和风场的高度-时间图,也发现对流层低空高的水汽含量与偏南风相联系,因为偏南暖湿气流有助于将孟加拉湾水汽输送至四川盆地上空。

3. 南支槽影响四川盆地空气重污染的机制

综上所述,冬季南支槽活动影响四川盆地空气重污染的机制为:当四川盆地位于南支槽前时,一定强度和规模的西南气流受青藏高原和云贵高原大地形的影响,在青藏高原东部四川盆地大气边界层内形成背风坡垂直次级环流;同时西南暖湿气流的持续输送在四川盆地上空形成逆温层,对当地大气污染物的扩散产生锅盖效应,因为逆温层限定了低空次级环流的活动高度,进而制约了污染物在垂直方向的扩散范围,导致近地面大气污染物浓度迅速升高,严重超标,形成空气重污染事件。当南支槽东移出四川盆地后,四川盆地上空逆温层减弱消失,背风坡垂直次

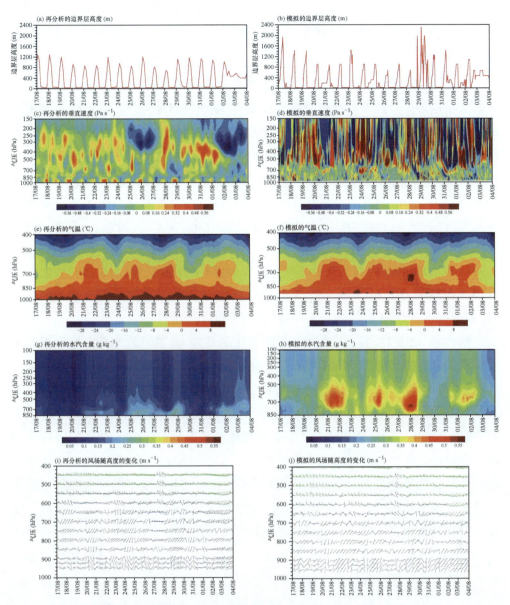

图 7.26　基于再分析资料和 **WRF-Chem** 模式模拟的 2017 年 12 月 17 日 08 时至 2018 年 1 月 4 日 08 时成都上空大气边界层高度的时间变化以及垂直速度、气温、水汽含量和风场的高度-时间剖面图(横轴：dd/hh)

级环流活动高度明显抬升,有利于大气污染物在垂直方向的稀释扩散,使得当地近地面大气污染物浓度快速降低,空气重污染过程结束。

虽然南支槽活动与青藏高原低值系统(低槽或低涡)东移影响四川盆地空气重污染的过程及形态有非常相似之处,但其影响机制有明显的差异,主要表现在低空逆温层成因方面：前者是南支槽前持续的西南暖湿气流输送所致；而后者主要是青藏高原短波槽或低涡东移，在地球重力场的作用下，进入四川盆地上空时产生空降（或背风坡焚风）效应所致，两者的形成过程与机制有本质的差别。

4. 四川盆地深盆地形对当地空气污染影响的数值模拟试验

复杂地形通过影响与之相关的气象条件，进而对当地空气污染产生非常不利的影响，本研究通过设计两组敏感性试验来探究四川盆地典型重污染过程中深盆地形对当地空气污染的影响。其中，试验方案 1 中将盆底地形高度抬升至海拔2500 m（相当于四川盆地西部盆沿的高度），试验方案 2 中我们将盆底地形高度抬升至海拔 4000 m（相当于青藏高原的平均海拔高度）。分别讨论真实四川盆地底部海拔高度（约 500 m）和将盆底地形高度分别抬升至海拔 2500 m 和 4000 m 时，模式模拟获得的气象要素及其相应 $PM_{2.5}$ 浓度的变化情况。考虑到模式的自旋启动时间，同时排除重污染过程中的降水时段，我们主要分析 2017 年 12 月 20 日 08时—2018 年 1 月 2 日 08 时真实四川盆地（试验前）和改变四川盆地盆底地形高度（试验后）后模拟的 $PM_{2.5}$ 浓度和相应气象要素日均值的差异。

2017 年 12 月 20 日 08 时—2018 年 1 月 2 日 08 时四川盆地真实地形高度下模拟的 $PM_{2.5}$ 日均浓度较外围地区显著偏高，四川盆地区域平均 $PM_{2.5}$ 浓度为 145 $\mu g\ m^{-3}$。真实四川盆地地形高度下和将盆底地形高度抬升至海拔 2500 m 时模拟的 $PM_{2.5}$ 日均浓度差的空间分布显示，当盆底地形高度抬升至海拔 2500 m后，四川盆地各个环境监测站 $PM_{2.5}$ 日均浓度显著降低（表 7-6），计算的区域平均 $PM_{2.5}$ 浓度仅为 63 $\mu g\ m^{-3}$，说明四川盆地深盆地形相较于盆沿海拔高度对加重当地空气污染的贡献为 54％。此外，从真实四川盆地地形高度下和将盆底地形高度抬升至海拔 4000 m 时模拟的 $PM_{2.5}$ 日均浓度差的空间分布也可以看出，当盆底地形高度抬升至海拔 4000 m 后，四川盆地各个环境监测站 $PM_{2.5}$ 日均浓度进一步降低（表 7-6），计算的区域平均 $PM_{2.5}$ 浓度为 33 $\mu g\ m^{-3}$，说明四川盆地真实深盆地形相较于青藏高原平均海拔高度对加重当地空气污染的贡献达 76％。

表 7-6　试验前和试验后四川盆地各个环境监测站 $PM_{2.5}$ 日均质量浓度及地形贡献比较

站点	$PM_{2.5}$	Exp1_$PM_{2.5}$	Exp1_地形贡献比	Exp2_$PM_{2.5}$	Exp2_地形贡献比
巴中	93.64	52.39	44％	22.96	75％
成都	160.22	85.58	47％	39.51	75％
达州	113.76	69.72	39％	41.87	63％
德阳	130.19	75.71	42％	35.04	73％
广安	164.51	71.85	56％	44.33	73％

站点	PM$_{2.5}$	Exp1_PM$_{2.5}$	Exp1_地形贡献比	Exp2_PM$_{2.5}$	Exp2_地形贡献比
广元	59.82	49.96	16%	32.14	46%
乐山	143.94	52.38	64%	23.98	83%
泸州	196.15	55.41	72%	36.96	81%
眉山	157.32	54.12	66%	24	85%
绵阳	110.83	62.85	43%	29.19	74%
南充	169.33	71.16	58%	43.78	74%
内江	188.98	65.51	65%	36.9	80%
遂宁	163.11	64.92	60%	37.58	77%
雅安	88.87	57.06	36%	15.32	83%
宜宾	146.9	48.7	67%	25.23	83%
资阳	150.13	58.71	61%	31.07	79%
自贡	186.06	60.95	67%	32.02	83%
重庆	189.43	68.35	64%	47.49	75%

分析试验前和试验后(四川盆地盆底地形高度分别抬升至海拔 2500 m 和 4000 m)2017 年 12 月 20 日 08 时—2018 年 1 月 2 日 08 时 PM$_{2.5}$ 日均浓度与 u 和 $\omega \times 100$ 合成风场沿 30°N 的剖面图(图 7.27),可以看出四川盆地盆底地形高度抬升越高,PM$_{2.5}$ 浓度越低;当盆底地形高度抬升至海拔 4000 m 时,背风坡垂直次级环流消失,污染物在西风气流的影响下向东扩散,污染层变薄,重污染中心东移。这些数值试验结果证实,四川盆地深盆地形通过影响相关气象条件,进而成为诱发当地出现空气重污染的一个非常重要的地理因素。

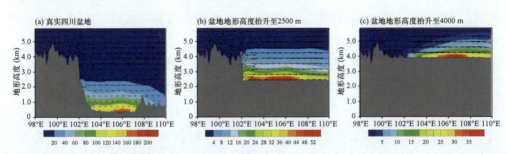

图 7.27　试验前和试验后 PM$_{2.5}$ 日均浓度(阴影,单位:μg m^{-3})和风场(u 与 $\omega \times 100$ 合成,箭头)沿 30°N 的剖面图(图中灰色阴影表示地形)

进一步从四川盆地上空对流层低层大气热力和动力条件的变化来讨论四川盆地深盆地形影响四川盆地空气重污染的潜在机制。分析试验前与试验后(盆底海拔高度不同程度提高)2017 年 12 月 20 日 08 时—2018 年 1 月 2 日 08 时地面气温、相对湿度、大气边界层高度、海平面气压及风场日均值之差的空间分布,其结果显示,试验前较试验后地面气温偏高、相对湿度偏大、大气边界层高度偏低、海平面气压偏高、近地面风速偏小。即真实四川盆地地形条件下，四川盆地区域平均气温为 3.3℃，相对湿度为 61%，大气边界层高度为 197 m，海平面气压为 1026 hPa，风速为 2.38 m s^{-1}；试验方案 1 中四川盆地（盆底地形高度抬升至海拔 2500 m）区域平均气温降为 0.04℃，相对湿度降到 58%，大气边界层高度升为 478 m，风速增大到 3.93 m s^{-1}；试验方案 2 中四川盆地（盆底地形高度抬升至海拔 4000 m）区域平均气温降为 −2.8℃，相对湿度降至 49%，大气边界层高度升高至 795 m，风速增大至 5.6 m s^{-1}。说明真实四川盆地地形条件下，地面高温和高相对湿度有利于大气污染物的二次转化，而且高湿条件下非均相反应加剧导致 PM$_{2.5}$ 浓度增加（Bo et al.，2015）。此外，大气边界层高度偏低也不利于污染物在垂直方向的扩散，从而加剧四川盆地的空气污染。四川盆地受青藏高原和云贵高原大山脉的阻挡，对流层上部的动量下传受到抑制，最终形成弱的机械湍流混合（Wang et al.，2017），进而抑制大气边界层的发展，使污染物局限在较浅薄的大气边界层内。再者，深盆地形作用使得近地面风速减小，也抑制了污染物的水平扩散。总而言之，四川盆地特殊地形通过影响上述局地气象条件，加剧当地空气污染。

7.4.5 引发中国西南地区冬季干旱和霾污染的大气环流背景及海-气遥相关特征

前述研究显示，冬春季西南地区干旱是造成四川盆地同季节空气污染加重的主要原因之一，而诱发西南地区干旱的气候背景及海-气遥相关特征如何也是亟须研究的关键问题。为此，本研究选取欧亚大陆（0°～70°N，140°W～140°E）作为研究对象，将 1980—2012 年冬季 500 hPa 位势高度场和风场分别回归到 1980—2012 年我国西南地区冬季降水的前两个模态对应的主成分时间序列上，旨在探究与中国西南地区冬季降水的前两个模态相联系的大气环流型。不同的降水模态对应不同的环流型，与第一模态主成分时间序列相关联的大尺度环流型在我国西南地区及喜马拉雅山以南为一反气旋环流，这个反气旋环流与上游交替出现的气旋和反气旋密切相关。两者通过伴随亚-非副热带急流东传的准静止波呈现遥相关关系，这种遥相关被称为欧亚遥相关型，已经被证实对东南亚气候具有非常显著的影响（Jian et al.，2008；Liu et al.，2014；Wallace and Gutzler，1981；Wang et al.，2013）。与第二模态主成分时间序列相联系的环流型则在阿拉伯海为反气旋式环流，我国西南地区为气旋式环流，其东北部为反气旋式环流，这样阿拉伯海反气旋环流东侧的偏北气流和我国西南地区气旋式环流西侧的偏北气流汇合，导致我国西南地区盛行偏北风，由此阻止西南暖湿气流将孟加拉湾的暖湿水汽输送至我国西南地区，易造成西南地区干旱。尽管第二模态环流型的活动中心不及第一模态环流型的活动中心强，但这种遥相关型也呈现为欧亚遥相关型。总之，不论是第一模态对应的环流型,还是第二模态对应的环流型,都不利于我国西南地区降水的形成,因而均易造成西南地区干旱,无疑四川盆地也包含在此干旱区之内。

为了进一步探究引发我国西南地区冬季出现干旱的大气环流背景及海-气遥相关型,我们将 1980—2012 年冬季欧亚大陆上空 500 hPa 位势高度场和风场分别回归到 1980—2012 年冬季我国西南地区霾日数(间接反映大气污染状况)的前两个模态对应的主成分时间序列上,从相关研究结果可看出,我国西南地区冬季霾日数的不同模态对应不同的环流型,与霾日数第一模态主成分时间序列相关联的大尺度环流型跟与降水的第一模态主成分时间序列回归得到的环流型一致,都表现为气旋和反气旋交替出现在欧亚大陆上的地中海地区、非洲东北部、阿拉伯海以及青藏高原南部。与此相对应,我国西南地区及喜马拉雅山以南为反气旋式环流,其与上游交替出现的气旋和反气旋密切相关。这种遥相关型,即为前面提到的欧亚遥相关型。由我国西南地区冬季降水的第一模态显示,当地降水减少的信号在1997—2012 年增强,对应干旱事件接连发生;而冬季霾日数的第一模态也表明,1997—2012 年我国西南地区的四川盆地、贵州省、云南省东部和广西壮族自治区西部冬季霾日数也显著增加,引发相关空气污染事件。因此,造成我国西南地区冬季出现干旱的大气环流背景对当地空气污染也具有诱发作用。

对比霾日数的第二模态主成分时间序列和降水的第二模态主成分时间序列回归得到的大气环流型,我们发现尽管活动中心位置不完全一致,但大气环流型是相似的。其中,与霾日数第二模态主成分时间序列相关联的大气环流型在阿拉伯海为气旋式环流,在我国西南地区以南为反气旋式环流,而在我国西南地区及以北则为气旋式环流,这样我国西南地区以南反气旋式环流东北部的西北气流与我国西南地区及以北气旋式环流西南部的西北气流汇合,使得我国西南地区盛行偏北风,由此阻止了孟加拉湾暖湿水汽输送至我国西南地区,抑制降水的形成,诱发干旱。同样,这种遥相关型也呈现欧亚遥相关型,且活动中心比第一模态环流型的活动中心更强。因此,不论是霾日数的第一模态对应的大气环流型还是第二模态对应的大气环流型,都与降水的第一模态和第二模态回归得到的大气环流型相似,也都对我国西南地区,特别是四川盆地空气污染产生不利影响。

为了探析大尺度环流型背后的气候驱动,本研究对 1980—2012 年冬季欧亚大陆上空 500 hPa 位势高度场和风场作多变量 EOF 分解(在分解之前对所有变量作标准化处理),可以看出,冬季环流的第一模态解释方差为 19.8%,对应的大气环流型与降水的第一模态主成分时间序列回归得到的大气环流型一致,都表现为位势高度为负值的气旋和位势高度为正值的反气旋交替出现在欧亚大陆上的地中海地区(45°N,2°E)、非洲东北部(29°N,29°E)、阿拉伯海(15°N,59°E)以及青藏高原南部(25°N,92°E)。从形态演变过程看,这种波列起源于大西洋,随着副热带急流向东传播。再结合主成分时间序列图，可以看出，我国西南地区上空气旋式环流占主导的年份降水偏多，而我国西南地区上空反气旋式环流占主导的年份，当地降水则偏少，甚至出现干旱。与2009年冬季至2010年春季发生在我国西南地区的极端干旱事件相对应的是反气旋式环流，因为异常的反气旋式环流抑制了局地对流的发展，不利于降水的形成。1980—2012年冬季环流主成分时间序列与降水主成分时间序列之间的相关系数为-0.522，通过了$\alpha=0.01$的显著性水平检验（表7-7），这说明降水的第一模态可能是由以上遥相关型诱发的。为了证明该推断是否属实，我们将降水叠加到大气环流型的第一模态主成分时间序列上，可以看出反气旋环流对应我国西南地区降水偏少，与我们的推断相一致。而且通过计算降水和环流型的前两个模态主成分时间序列与AO和Niño3.4指数之间的相关系数（表7-7），发现我国西南地区冬季降水的第一模态主成分时间序列和冬季环流的第一模态主成分时间序列都与AO指数有很好的相关性。冬季降水的第一模态主成分时间序列与AO的相关系数为-0.435，通过了$\alpha=0.05$的显著性水平检验；冬季环流的第一模态主成分时间序列与AO的相关系数为0.766，通过了$\alpha=0.01$的显著性水平检验（表7-7）。说明环流与AO的相关性最好[图7.28(c)]，环流与降水的相关性次之，且都好于降水与AO的相关性，这说明AO活动会直接影响相关大气环流，进而影响我国西南地区降水。20世纪80年代后期至21世纪，AO指数呈现递减趋势[图7.28(a)和图7.28(c)]，并且从20世纪90年代中期由正位相[极区气压负异常，中纬度（37°～45°N）气压正异常]转为负位相（极区气压正异常，中纬度气压负异常）。进入21世纪，AO指数为负位相，有利于极区冷空气向南爆发，导致寒流频繁出现，对我国西南地区来自低纬度海洋的水汽输送产生不利影响。

表7-7　降水和环流型前两个模态主成分时间序列与AO和Niño3.4指数之间的相关系数

	Cir_PC1	Cir_PC2	AO	Niño3.4
Pre_PC1	-0.522^{**}		-0.435^{*}	-0.26
Pre_PC2		-0.237	0.122	-0.301
Cir_PC1	1		0.766^{**}	0.153
Cir_PC2		1	-0.149	0.715^{**}

* 表示通过了$\alpha=0.05$的显著性水平检验；** 表示通过了$\alpha=0.01$的显著性水平检验。

　　冬季环流的第二模态解释方差为13.8%，对应大气环流型的空间分布跟冬季降水的第二模态主成分时间序列回归得到的环流型的空间分布相似。其中，阿拉伯海为反气旋式环流，我国西南地区为气旋式环流，其东北部为反气旋式环流，这样阿拉伯海反气旋式环流东侧的偏北气流和我国西南地区气旋式环流西侧的偏北气流汇合，导致我国西南地区盛行偏北风，阻止了孟加拉湾的暖湿水汽向我国西南

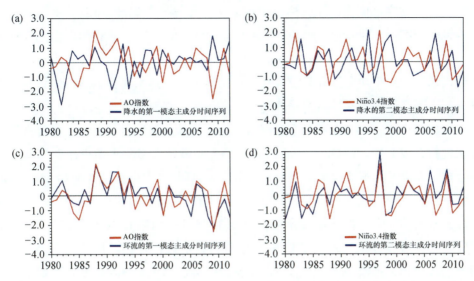

图 7.28　降水和环流型 EOF 分解的前两个模态对应的主成分时间序列与 AO 及 Niño3.4 指数随时间的变化

地区输送,在一定程度上加剧了当地干旱。同样,我们将降水回归到大气环流型的第二模态主成分时间序列上,可以看出我国西南地区盛行偏北风时,降水偏少,而且西南地区降水与我国东部降水呈现跷跷板变化。通过计算常用来表征 ENSO 强度的 Niño3.4 指数与冬季降水的前两个模态主成分时间序列和冬季环流的前两个模态主成分时间序列之间的相关系数(表 7-7),发现冬季环流第二模态主成分时间序列和 Niño3.4 指数具有很好的相关性[图 7.28(d)],两者的相关系数为 0.715,通过了 $\alpha=0.01$ 的显著性水平检验,说明冬季环流的第二模态可能主要由 ENSO 诱发。Niño3.4 指数和冬季降水第二模态主成分时间序列之间的相关性不如其与冬季环流第二模态主成分时间序列之间的相关性强[图 7.28(b)和图 7.28(d)],进而说明影响我国西南地区冬季降水的因素并不是单一的,除了通过 ENSO 诱发的大气环流型外,其他天气系统及局地地形等造成的对流活动也是影响我国西南地区冬季降水的重要因素(Tan et al.,2017)。

相关研究也表明,热带太平洋和北大西洋海温异常诱发的异常环流对全球气候都具有非常重要的影响,而且与热带太平洋中东部海温异常相联系的厄尔尼诺和拉尼娜现象也已成为预报全球气候异常的重要信号。但是,截至目前,与中国西南地区冬季干旱和霾污染相关联的海温型却尚不清楚。因此,我们运用合成分析的方法探究与中国西南地区冬季干旱和霾污染相联系的海温型。

为了确定与我国西南地区冬季干旱相联系的太平洋海温型,我们对 1980—2012 年冬季我国西南地区降水偏少年和降水偏多年的热带太平洋海温进行合成分析。可以看出热带中东太平洋海温异常偏低、而西太平洋海温异常偏高时,我国西南地区冬季降水偏少；反之，热带中东太平洋海温异常偏高、而西太平洋海温异常偏低时，我国西南地区冬季降水则偏多。1980—2012 年冬季我国西南地区标准化的区域平均降水时间序列与 Niño3.4 指数之间的相关系数为 0.322，说明由厄尔尼诺诱发的太平洋海温异常使得我国西南地区冬季降水偏多；相反地，由拉尼娜诱发的太平洋海温异常使得我国西南地区冬季降水则偏少。

同样，对 1980—2012 年冬季我国西南地区霾日数偏多年和偏少年的北太平洋海温进行合成分析，可以看出合成的北太平洋海温异常与降水偏少年和降水偏多年合成的北太平洋海温异常具有相似的分布型，即热带中东太平洋海温异常偏低、西太平洋海温异常偏高对应我国西南地区冬季霾日数较多；相反，热带中东太平洋海温异常偏高、西太平洋海温异常偏低则对应我国西南地区冬季霾日数较少。1980—2012 年冬季我国西南地区标准化的区域平均霾日数时间序列与 Niño3.4 指数之间的相关系数为 −0.226。因此，得到同样的结论：由厄尔尼诺诱发的太平洋海温异常使得我国西南地区冬季霾日数偏少；相反，由拉尼娜诱发的太平洋海温异常使得我国西南地区冬季霾日数偏多。

分析 1980—2012 年冬季我国西南地区降水偏少年和降水偏多年北大西洋海温的合成图，可以看出我国西南地区冬季降水偏少年北大西洋北部（45 °N 以北）海温正异常，北半球中纬度北大西洋（20～45 °N）海温负异常，低纬度北大西洋（15 °N 以南）海温正异常，海温异常呈经向"三极子"分布。该"三极子"型结构的中间极子为气旋性环流，对应 NAO（北大西洋涛动）的负位相（Tan et al.，2017）。这样北大西洋海温异常诱发的波动向东传播途经欧洲，进而对我国西南地区的气候产生影响。而且 1980—2012 年冬季我国西南地区标准化的区域平均降水时间序列与 NAO 指数之间的相关系数为 0.392，通过了 $\alpha = 0.05$ 的显著性水平检验，说明负位相的 NAO 对应我国西南地区冬季降水偏少。相反，北大西洋北部（45 °N 以北）海温负异常，北半球中纬度北大西洋（20～45 °N）海温正异常，低纬度北大西洋（15 °N 以南）海温负异常，且中纬度北大西洋为正位相的 NAO 时，我国西南地区冬季降水则偏多。

类似地，1980—2012 年冬季我国西南地区霾日数偏多年和偏少年合成的北大西洋海温异常图中可以看出，合成的北大西洋海温异常与降水偏少年和降水偏多年合成的北大西洋海温异常具有相似的分布型，都表现为北大西洋北部（45 °N 以北）海温正异常，北半球中纬度北大西洋（20～45 °N）海温负异常，低纬度北大西洋（15 °N 以南）海温正异常，海温异常也呈经向"三极子"分布。该"三极子"型结构的中间极子也为气旋性环流，对应 NAO 的负位相（Tan et al.，2017），说明负位相的 NAO 对应我国西南地区冬季降水偏少，霾日数偏多；相反，北大西洋北部（45 °N 以北）海温负异常，北半球中纬度北大西洋（20～45 °N）海温正异常，低纬度北大西洋(15 °N 以南)海温负异常,且中纬度北大西洋为正位相的 NAO 时,我国西南地区冬季降水偏多,霾日数则偏少。

综上所述,与我国西南地区冬季霾污染相关联的大气环流背景及海-气遥相关型主要包括 EU、负位相的 AO、负位相的 NAO 和拉尼娜事件。我国西南地区冬季霾污染与引发当地冬季出现干旱的大气环流背景及海-气遥相关型之间具有十分密切的联系,这反映了我国西南地区冬季霾污染和大气环流之间的物理响应。因此,我们可通过海-气遥相关信号预测西南地区的干旱气候特征,进而预报当地的空气污染潜势,此研究结果可为当地中长期空气污染潜势预报的开展提供理论支持。

7.4.6 西南地区干旱和非干旱事件对当地空气污染事件的影响

降水短缺是干旱最直接的表现。本研究利用我国西南地区冬季降水数据和空气污染监测数据来定量评估干旱和非干旱事件对当地空气污染的影响。考虑到降水数据和空气污染数据的并存性,我们主要分析 2015—2017 年冬季我国西南地区去趋势的降水来挑选典型干旱和非干旱事件以评估其对空气污染的影响。研究结果发现,我国西南地区冬季降水异常主要发生在 12 月份(表 7-8)。其中 2015 年 12 月我国西南地区区域平均降水量为 42.6 mm,是气候上我国西南地区 12 月份区域平均降水量的 2.7 倍;2017 年 12 月我国西南地区区域平均降水量仅为 11.7 mm,比气候平均态我国西南地区 12 月份区域平均降水量偏少 25%。因此,我们选 2015 年 12 月为非干旱事件,选 2017 年 12 月份为干旱事件。

表 7-8 2015—2017 年冬季(11、12、1 和 2 月)我国西南地区区域平均降水量
(单位: mm month^{-1})和气温(单位: ℃)的统计

年份 月份	2015				2016				2017			
	十一月	十二月	一月	二月	十一月	十二月	一月	二月	十一月	十二月	一月	二月
月平均气温	13.7	8.3	6.9	8.6	12.9	9.7	9.1	9.9	12.6	8.6	8.1	8.6
月降水量	52.5	42	36.3	20.7	53.7	11.6	26.1	23.1	26.8	11.6	30.4	9.9

我国是世界上大气污染物排放最多的国家之一,污染物排放量约占全球污染物排放量的 18%～35%(Hoesly et al.,2018)。污染源(自然源和人为源)和气象条件的共同作用是诱发空气重污染事件最重要的两个因素(Jones et al.,2010;Wang et al.,2015)。其中,污染物排放是内因,气象条件是外因(吴兑,2011)。为了应对比较严重的空气污染问题,我国政府实施了清洁空气行动计划,从 2010 年开始,我国人为排放的污染物开始持续下降(Zheng et al.,2018)。西南地区更是

如此，2013、2014、2015、2016 和 2017 年我国西南地区总的氮氧化物排放量分别为 2.1×10^6、1.9×10^6、1.7×10^6、1.5×10^6 和 1.3×10^6 吨；总的硫氧化物排放量分别为 3.0×10^6、2.8×10^6、2.7×10^6、1.9×10^6 和 1.7×10^6 吨；总的烟（粉）尘排放量分别为 1.1×10^6、1.4×10^6、1.2×10^6、0.8×10^6 和 0.7×10^6 吨（http://data. stats. gov. cn/）；逐年比较可看出，2013—2017 年我国西南地区上述几种主要污染物排放量呈逐年下降趋势。基于此背景，评估我国西南地区冬季干旱对当地空气污染的影响。

1. 西南地区干旱与非干旱条件下观测到的大气污染物浓度变化情况

为了确定干旱与非干旱条件下观测到的 6 种标准大气污染物浓度的变化情况，我们对比分析了 2015 年 12 月和 2017 年 12 月我国西南地区三大区域 46 个环境监测站 6 种污染物（$PM_{2.5}$、PM_{10}、CO、NO_2、SO_2 和 O_3）日均浓度及差值（2017 年 12 月—2015 年 12 月，下同）的空间分布，可以看出，2015 年 12 月和 2017 年 12 月我国西南地区 $PM_{2.5}$、PM_{10}、CO 和 NO_2 的高浓度区都出现在四川盆地。

分析比较 2015 年 12 月和 2017 年 12 月我国西南地区 6 种污染物浓度差的空间分布，可以看出，2017 年 12 月我国西南大部分地区颗粒污染物浓度是显著增加的。观测的区域平均大气污染物浓度的统计分析结果见表 7-9，显而易见，四川盆地区域平均 $PM_{2.5}$ 浓度由 2015 年 12 月的 68 $\mu g\ m^{-3}$ 增加至 2017 年 12 月的 86 $\mu g\ m^{-3}$，增加了 27%；区域平均 PM_{10} 浓度由 2015 年 12 月的 103 $\mu g\ m^{-3}$ 增加至 2017 年 12 月的 133 $\mu g\ m^{-3}$，增加了 29%；区域平均 O_3 浓度由 2015 年 12 月的 37 $\mu g\ m^{-3}$ 增加至 2017 年 12 月的 49 $\mu g\ m^{-3}$，增加了 32%。与 2015 年 12 月相比，2017 年 12 月四川盆地区域平均 NO_2 浓度有轻微的增加；区域平均 SO_2 浓度由 2015 年 12 月的 18 $\mu g\ m^{-3}$ 减少至 2017 年 12 月的 14 $\mu g\ m^{-3}$；2015 年 12 月和 2017 年 12 月四川盆地区域平均 CO 浓度没有明显变化。对贵州省而言，区域平均 $PM_{2.5}$ 浓度由 2015 年 12 月的 36 $\mu g\ m^{-3}$ 增加至 2017 年 12 月的 50 $\mu g\ m^{-3}$，增加了 39%；区域平均 PM_{10} 浓度由 2015 年 12 月的 54 $\mu g\ m^{-3}$ 增加至 2017 年 12 月的 81 $\mu g\ m^{-3}$，增加了 50%。云南省 2017 年 12 月区域平均 $PM_{2.5}$ 浓度较 2015 年 12 月有轻微增加（3.3%），区域平均 PM_{10} 浓度增加了 20%。贵州省、云南省 2015 年 12 月和 2017 年 12 月区域平均 SO_2、O_3、NO_2 和 CO 浓度的变化与其在四川盆地的变化相似。需要注意的是云南省 6 种污染物中 NO_2 浓度增加最为显著，由 2015 年 12 月的 19 $\mu g\ m^{-3}$ 增加至 2017 年 12 月的 26 $\mu g\ m^{-3}$，增加了 37%。尽管 2017 年 12 月我国西南地区大气污染物排放量较 2015 年 12 月偏少，但是 2017 年 12 月观测的我国西南地区的污染物浓度较 2015 年 12 月却偏高，毫无疑问，这肯定与大气扩散或降水湿清除条件（气象条件）不利密切相关。

表 7-9　2015 年 12 月和 2017 年 12 月观测的四川盆地、贵州省和云南省区域平均污染物浓度
及差值（$PM_{2.5}$、PM_{10}、NO_2、SO_2 和 O_3 的单位为 $\mu g \ m^{-3}$，CO 的单位为 $mg \ m^{-3}$）

| 区域名称 | 污染物 | 平均值±标准偏差 | | 差值 |
		2015 年 12 月	2017 年 12 月	2017 年 12 月—2015 年 12 月
四川盆地	$PM_{2.5}$	68 ± 14.5	86 ± 15.9	18(26.5%)
	PM_{10}	103 ± 17.3	133 ± 17.6	30(29.1%)
	SO_2	18 ± 6.4	14 ± 5.3	−4(−22.2%)
	CO	1.1 ± 0.2	1.1 ± 0.2	0
	NO_2	41 ± 8.9	49 ± 9.7	8(19.5%)
	O_3	37 ± 7.9	49 ± 15.2	12(32.4%)
云南省	$PM_{2.5}$	30 ± 7.1	31 ± 9.4	1(3.3%)
	PM_{10}	50 ± 13	60 ± 11.9	10(20.0%)
	SO_2	16 ± 10.8	15 ± 8.0	−1(−6.3%)
	CO	0.9 ± 0.3	0.9 ± 0.2	0
	NO_2	19 ± 5.7	26 ± 6.5	7(36.8%)
	O_3	61 ± 8.9	70 ± 9.8	9(14.8%)
贵州省	$PM_{2.5}$	36 ± 8.3	50 ± 12.0	14(38.9%)
	PM_{10}	54 ± 10.6	81 ± 13.3	27(50.0%)
	SO_2	30 ± 14.9	29 ± 15.6	−1(−3.3%)
	CO	0.8 ± 0.2	1.0 ± 0.2	0.2(25.0%)
	NO_2	25 ± 5.4	33 ± 6.2	8(32%)
	O_3	48 ± 5.5	63 ± 8.2	15(31.2%)

2. 干旱与非干旱条件下空气污染状况变化的降水湿清除效应分析

综上所述，除了大气扩散条件外，降水湿清除作用在 2015 年 12 月我国西南地区污染物浓度变化中扮演着非常重要的角色。基于此，有必要重点分析我国西南地区 2015 年 12 月和 2017 年 12 月降水量的时空分布情况，旨在探究干旱（降水量减少）对大气污染物浓度的影响。分析结果显示，2015 年 12 月四川盆地区域平均降水量为 19.5 mm，但 2017 年 12 月仅为 5.2 mm，减少了 14.3 mm（减少 73%）；2015 年 12 月贵州省区域平均降水量为 55.7 mm，2017 年 12 月为 11.4 mm，减少了 44.3 mm（减少 80%）；云南省区域平均降水量由 2015 年 12 月的 32.2 mm 减少至 2017 年 12 月的 9.3 mm，减少了 22.9 mm（减少 71%）。对整个西南地区而言，2017 年 12 月该地区降水量呈显著减少，干旱程度加剧。由于当地降水量大幅度减少可明显降低其对污染物的湿清除效应（Zhang et al.，2012），导致 2017 年 12 月我国西南地区在大气污染物排放量明显减少的情况下，其实际监测浓度却较 2015 年 12 月份明显升高。

不仅如此，2017 年 12 月我国西南地区降水日数比 2015 年 12 月份也显著减少，特别是云南、贵州东部和广西西部；就区域平均而言，四川盆地区域平均降水日

数由 2015 年 12 月的 10.3 天减少至 2017 年 12 月的 4.8 天，减少了 5.5 天（减少 53％）。贵州省区域平均降水日数由 2015 年 12 月的 16.5 天减少至 2017 年 12 月的 10.6 天，减少了 5.9 天（减少 36％）。对云南省而言，降水日数由 2015 年 12 月的 9.2 天减少至 2017 年 12 月的 2.5 天，减少了 6.7 天（减少 73％）。

总体上，2017 年 12 月我国西南地区降水日数也呈显著减少，从降水频次明显减少的层面降低了其对当地大气污染物的湿清除效应，这与降水量大幅度减少而显著降低其对污染物的湿清除效应的共同作用，使得 2017 年 12 月我国西南地区大气污染状况比 2015 年 12 月严重得多。

7.4.7 多尺度气象条件耦合对四川盆地大气重污染过程的综合影响机制概念模型

综上所述，本研究基本探明了全球尺度的海-气协同作用、区域大气环流（南支槽）、天气尺度系统（短波槽）、中尺度系统（西南涡）、局地次级环流等多尺度气象条件的配置关系与协同作用及其对四川盆地大气重污染过程的综合影响，构建出了四川盆地冬季大气复合重污染的多尺度气象条件耦合影响机制概念模型。其中，全球尺度的海-气协同作用通过遥相关及洲际尺度大气环流，影响我国西南地区的气候模态、区域大气环流（南支槽）和天气尺度系统（短波槽等）；进而通过大气动力学、热力学和地球重力学等物理过程，对移至四川盆地上空的中尺度天气系统（西南涡等）及其空降作用（焚风效应）而诱发低空强逆温层的形成；最终由其所产生的锅盖效应抑制了局地次级环流和大气边界层高度发展，导致四川盆地空气重污染过程的形成或维持。

当青藏高原低值天气系统（低槽或低涡）或者南支槽过境，使得四川盆地转为受偏北干冷气流控制时，当地大气污染扩散能力迅速增强，时常也会有降水湿清除助力，导致大气污染浓度快速降低，空气重污染过程结束。

7.4.8 本项目资助发表论文（按时间倒序）

(1) Kong D，Ning G，Wang S，et al. Clustering diurnal cycles of day-to-day temperature change to understand their impacts on air quality forecasting in mountain-basin areas. Atmospheric Chemistry and Physics，2021，21：14493-14505.

(2) Ning G，Yim S H L，Wang S，et al. Synergistic effects of synoptic weather patterns and topography on air quality：A case of Sichuan Basin of China. Climate Dynamics，2019，53：6729-6744.

(3) Ning G，Wang S，Yim S H L，et al. Impact of low-pressure systems on winter heavy air pollution in the northwest Sichuan Basin, China. Atmospheric Chemistry and Physics，

2018，18：13601-13615.

（4）Hu Y，Wang S. Formation mechanism of a severe air pollution event：A case study in the Sichuan Basin，Southwest China. Atmospheric Environment，2021，246，118135.

（5）Fan J，Shang Y，Zhang X，et al. Joint pollution and source apportionment of $PM_{2.5}$ among three different urban environments in Sichuan Basin，China. Science of the Total Environment，2020，714，136305.

（6）Hu Y，Wang S，Yang X，et al. Impact of winter droughts on air pollution over Southwest China. Science of the Total Environment，2019，664：724-736.

（7）Liao T，Gui K，Jiang W，et al. Air stagnation and its impact on air quality during winter in Sichuan and Chongqing，southwestern China. Science of the Total Environment，2018，635：576-585.

（8）Ning G，Wang S，Ma M，et al. Characteristics of air pollution in different zones of Sichuan Basin，China. Science of the Total Environment，2017，612：975-984.

（9）Cao B，Wang X，Ning G，et al. Factors influencing the boundary layer height and their relationship with air quality in the Sichuan Basin，China. Science of the Total Environment，2020，727，138584.

（10）Feng X，Wei S，Wang S. Temperature inversions in the atmospheric boundary layer and lower troposphere over the Sichuan Basin，China：Climatology and impacts on air pollution. Science of the Total Environment，2020，726，138579.

（11）Feng X，Liu C，Fan G，et al. Analysis of the structure of different Tibetan Plateau vortex types. Journal of Meteorological Research，2017，31（3）：514-529. doi：10.1007/s13351-017-6123-5.

（12）Zhang J，Huang X，Wang Y，et al. Characterization，mixing state，and evolution of single particles in a megacity of Sichuan Basin，Southwest China. Atmospheric Research，2018，209：179-187.

（13）Zhang J，Luo B，Zhang J，et al. Analysis of the characteristics of single atmospheric particles in Chengdu using single particle mass spectrometry. Atmospheric Environment，2017，157：91-100

（14）Zhang Y，Wang S，Fan X，et al. A temperature indicator for heavy air pollution risks （TIP）. Science of the Total Environment，2019，678：712-720.

（15）Hu Y，Wang S，Ning G，et al. A quantitative assessment of the air pollution purification effect of a super strong cold-air outbreak in January 2016 in China. Air Quality，Atmosphere and Health，2018，11（8）：907-923.

（16）Hu Y，Wang S. Associations between winter atmospheric teleconnections in drought and haze pollution over Southwest China. Science of the Total Environment，2020，766，142599.

（17）Yang X，Wu K，Wang H，et al. Summertime ozone pollution in Sichuan Basin，China：

Meteorological conditions, sources and process analysis. Atmospheric Environment, 2020, 226, 117392.

(18) Li J, Wang S, Chu J, et al. Characteristics of air pollution events over Hotan Prefecture at the southwestern edge of Taklimakan Desert, China. Journal of Arid Land, 2018, 10(5): 686-700

(19) Zhang Y, Wang S, Zhang X, et al. Mortality risk attributed to ambient temperature in Nanjing, China. Biomedical and Environmental Sciences, 2019, 32(1):42-46. doi: 10. 3967/bes2019.006.

(20) Luo M, Ning G, Xu F, et al. Observed heatwave changes in arid Northwest China: Physical mechanism and long-term trend. Atmospheric Research, 2020, 242, 105009.

(21) Zhang Y, Wang S, Zhang X, et al. Association between moderately cold temperature and mortality in China. Environmental Science and Pollution Research, 2020, 27(21): 26211-26220.

(22) Li Y, Ye P, Feng J, et al. Simulation and projection of blocking highs in key regions of Eurasia by CMIP5 Models. Journal of the Meteorological Society of Japan, 2017, 95(2): 147-165. doi:10.2151/jmsj.2017-008.

(23) Li Y, Ye P, Pu Z, et al. Historical statistics and future changes in long-duration blocking highs in key regions of Eurasia. Theoretical and Applied Climatology, 2017, 130(3-4): 1195-1207. doi 10.1007/s00704-017-2079-8.

(24) Song X, Wang S, Li T, et al. The impact of heat waves and cold spells on respiratory emergency department visits in Beijing, China. Science of the Total Environment, 2018, 615:1499-1505.

(25) Zhang Y, Wang S, Fan X, et al. Temperature modulation of the health effects of particulate matter in Beijing, China. Environmental Science and Pollution Research, 2018, 25 (11): 10857-10866.

(26) Song X, Wang S, Hu Y, et al. Impact of ambient temperature on morbidity and mortality: An overview of reviews. Science of the Total Environment, 2017, 586:241-254.

(27) Wu K, Kang P, Tie X, et al. Evolution and assessment of the atmospheric composition in Hangzhou and its surrounding areas during the G20 Summit. Aerosol and Air Quality Research, 2019, 19(12):2757-2769.

(28) Zhang J, Xin J, Zhang W, et al. Validation of MODIS C6 AOD products retrieved by the Dark Target method in the Beijing-Tianjin-Hebei urban agglomeration, China. Advances in Atmospheric Sciences, 2017, 34(8):993-1002. doi: 10.1007/s00376-016-6217-5.

(29) Hu Y, Wang S, Song X, et al. Precipitation changes in the mid-latitudes of the Chinese mainland during 1960—2014. Journal of Arid Land, 2017, 9(6):924-937.

(30) Zhang Y, Fan X, Zhang X, et al. Moderately cold temperature associates with high cardiovascular disease mortality in China. Air Quality, Atmosphere & Health, 2019, 12:

1225-1235.

（31）Zhang Y，Wang S，Zhang X，et al. Temperature modulation of the adverse consequences on human mortality due to exposure to fine particulates：A study of multiple cities in China. Environmental Research，2020，185，109353.

（32）Zhang Y，Zhang X，Fan X，et al. Modifying effects of temperature on human mortality related to black carbon particulates in Beijing，China. Atmospheric Environment，2020，243，117845.

（33）曹佳阳,樊晋,罗彬,等.川南四座城市 $PM_{2.5}$ 化学组分污染特征及其源解析.环境化学，2021,40(02):559-570.

（34）曹庭伟,吴锴,康平,等.成渝城市群臭氧污染特征及影响因素分析.环境科学学报,2018,38(04):1275-1284. doi:10.13671/j. hjkxxb. 2017.0460.

（35）邓佩云,倪长健,朱育雷.大气消光系数垂直分布模型及其适用性研究.中国环境科学,2018,38(07):2432-2437. doi:10.19674/j. cnki. issn1000-6923.2018.0249.

（36）封彩云,余莲,季承荔,等.成都一次持续性污染天气过程的气象条件分析.高原山地气象研究,2019,39(04):59-66.

（37）冯鑫媛,张莹.川渝地区大气污染物质量浓度时空分布特征.中国科技论文,2018,13(15):1708-1715.

（38）苟玉清,许东蓓.成都市 2017 年 12 月下旬重污染过程及气象条件特征.干旱气象,2018,36(06):1012-1019.

（39）胡春梅,陈道劲,周国兵,等.基于 IBAM 指数的重庆地区空气污染气象条件预报方法.气象科技,2020,48(05):741-751. doi:10.19517/j. 1671-6345.20190466.

（40）胡文斌,王嘉鑫,李文榜,等.陕西关中地区一次重污染天气的气象条件分析.环境科学与技术,2018,41(03):72-79. doi:10.19672/j. cnki. 1003-6504.2018.03.011.

（41）蒋雨荷,王式功,靳双龙,等.中国北方一次强沙尘暴天气过程的大气污染效应.干旱区研究,2018,35(06):1344-1351. doi:10.13866/j. azr. 2018.06.11.

（42）李芳芳,倪长健,姚佳林,等. 成都市大气颗粒物谱分布特征//环境工程 2017 增刊 2 下册,2017:370-374+414.

（43）连俊标,王式功,罗彬,等.四川盆地一次当地排放和沙尘输送双重影响的区域空气重污染过程研究.沙漠与绿洲气象,2019,13(05):122-131.

（44）苏秋芳,冯鑫媛,韩晶晶,等.2014 年冬季至 2017 年春季干、湿西南涡活动对四川盆地空气污染影响的对比研究.气象与环境科学,2019,42(03):78-85. doi:10.16765/j. cnki. 1673-7148.2019.03.010.

（45）孙苏琪,王式功,罗彬,等.应用机器学习算法的成都市冬季空气污染预报研究.气象与环境学报,2020,36(02):98-104.

（46）尚子溦,宁贵财,王捷馨,等.十个代表城市空气污染指数与能见度和相对湿度的关系.干旱气象,2017,35(04):590-597.

（47）王誉晓,张云秋,王式功.2013—2017 年四川省大气污染防治成效评估.兰州大学学报（自然科学版),2020,56(03):388-395.doi:10.13885/j.issn.0455-2059.2020.03.014.

(48) 吴锴,康平,王占山,等.成都市臭氧污染特征及气象成因研究.环境科学学报,2017,37(11):4241-4252.doi:10.13671/j.hjkxxb.2017.0218.

(49) 吴锴,康平,于雷,等.2015—2016年中国城市臭氧浓度时空变化规律研究.环境科学学报,2018,38(06):2179-2190.doi:10.13671/j.hjkxxb.2018.0040.

(50) 吴亚平,张琦,王炳赟,等.四川雅安三种主要大气污染物浓度与气象条件的关系及其预测研究.高原气象,2020,39(04):889-898.

(51) 肖丹华,王式功,张莹,等.四川盆地城市群6种大气污染物的时空分布.兰州大学学报(自然科学版),2018,54(05):662-669.doi:10.13885/j.issn.0455-2059.2018.05.013.

(52) 杨柳,王式功,张莹.成都地区近3a空气污染物变化特征及降水对其影响.兰州大学学报(自然科学版),2018,54(06):731-738.doi:10.13885/j.issn.0455-2059.2018.06.003.

(53) 尹单丹,倪长健,石荞语,等.成都冬季相对湿度概率分布及其污染效应研究.环境科学与技术,2019,42(S2):232-237.doi:10.19672/j.cnki.1003-6504.2019.S2.037.

(54) 赵婉露,冯鑫媛,王式功,等.四川盆地干湿西南涡个例大气环境效应对比研究.高原气象,2020,39(01):130-142.

(55) 张晗,王式功,辛金元,等.基于地基观测订正的MODIS AOD反演四川盆地$PM_{2.5}$时空分布特征.兰州大学学报(自然科学版),2019,55(05):610-615＋623.doi:10.13885/j.issn.0455-2059.2019.05.007.

(56) 张莹,王式功,倪长健,等.成都冬季$PM_{2.5}$污染天气形势的客观分型研究.环境科学与技术,2020,43(05):139-144.doi:10.19672/j.cnki.1003-6504.2020.05.020.

(57) 朱育雷,倪长健,邓佩云.颗粒物分界层Mie散射激光雷达识别的sigmoid算法.中国环境科学,2018,38(10):3654-3661.doi:10.19674/j.cnki.issn1000-6923.2018.0395.

(58) 朱育雷,倪长健,孙欢欢,等.MODIS卫星遥感AOD反演近地面"湿"消光系数新模型的构建及应用.环境科学学报,2017,37(07):2468-2473.doi:10.13671/j.hjkxxb.2017.0084.

(59) 古珊,杨显玉,吕世华,等.基于OMI数据的四川盆地对流层甲醛时空分布特征.环境科学学报,2019,39(09):2860-2872.doi:10.13671/j.hjkxxb.2019.0149.

(60) 胡成媛,康平,吴锴,等.基于GAM模型的四川盆地臭氧时空分布特征及影响因素研究.环境科学学报,2019,39(03):809-820.doi:10.13671/j.hjkxxb.2018.0444.

(61) 胡春梅,陈道劲,周国兵,等.基于自组织神经网络算法的重庆秋冬季空气污染与天气分型的关系.气象,2020,46(09):1222-1234.

(62) 蒋婉婷,谢汶静,王碧菡,等.2014—2016年四川盆地重污染大气环流形势特征分析.环境科学学报,2019,39(01):180-188.doi:10.13671/j.hjkxxb.2018.0397.

(63) 罗清,郁淑华,罗磊,等.不同涡源西南涡的若干统计特征分析.高原山地气象研究,2018,38(04):8-15.

(64) 宋明昊,张小玲,袁亮,等.成都冬季一次持续污染过程气象成因及气溶胶垂直结构和演变特征.环境科学学报,2020,40(02):408-417.doi:10.13671/j.hjkxxb.2019.0421.

(65) 于人杰,康平,任远,等.成都市降水对大气颗粒物湿清除作用的观测研究.环境污染与防治,2020,42(08):990-995.doi:10.15985/j.cnki.1001-3865.2020.08.011.

(66) 曾惠雨,康平,王式功,等.西南涡对气溶胶光学厚度变化特征的影响研究.环境科学学报,2020,40(02):418-428.doi:10.13671/j.hjkxxb.2019.0410.

(67) 张莹,贾旭伟,刘卫平,等.典型城市大气重污染风险温度阈值研究.环境科学与技术,2019,42(10):1-8.doi:10.19672/j.cnki.1003-6504.2019.10.001.

(68) 张莹,王式功,张婕,等.成都市不同温度段对呼吸和心脑血管疾病死亡影响的归因风险评估.中国卫生统计,2019,36(06):818-823+828.

(69) 周子涵,张小玲,康平,等.基于异常天气分析法探究四川盆地冬季大气污染的气象成因.安全与环境工程,2020,27(02):66-77.doi:10.13578/j.cnki.issn.1671-1556.2020.02.009.

(70) 崔粲,黄小娟,蒋燕,等.自贡市大气颗粒物中水溶性离子的特征及来源.环境科学与技术,2020,43(S1):78-85.doi:10.19672/j.cnki.1003-6504.2020.S1.014.

(71) 雷雨,张小玲,康平,等.川南自贡市大气颗粒物污染特征及传输路径与潜在源分析.环境科学,2020,41(07):3021-3030.doi:10.13227/j.hjkx.201911096.

(72) 王璐,袁亮,张小玲,等.成都地区黑碳气溶胶变化特征及其来源解析.环境科学,2020,41(04):1561-1572.doi:10.13227/j.hjkx.201908190.

参考文献

[1] Bell M L, Cifuentes L A, Davis D L, et al. Environmental health indicators and a case study of air pollution in Latin American cities. Environmental Research, 2011, 111(1): 57-66.

[2] Boznar M, Lesjak M, Mlakar P. A neural network-based method for short-term predictions of ambient SO_2 concentrations in highly polluted industrial areas of complex terrain. Atmospheric Environment. Part B. Urban Atmosphere, 1993, 27: 221-230.

[3] Bo Z, Qiang Z, Yang Z, et al. Heterogeneous chemistry: A mechanism missing in current models to explain secondary inorganic aerosol formation during the January 2013 haze episode in North China. Atmospheric Chemistry and Physics, 2015, 14, 2031-2049.

[4] Chen J, Zhao C S, Ma N, et al. A parameterization of low visibilities for hazy days in the North China Plain. Atmospheric Chemistry and Physics Discussions, 2011, 11: 4935-4950.

[5] Dabberdt W F, Carroll M A, Baumgardner D, et al. Meteorological research needs for improved air quality forecasting: Report of the 11th prospectus development team of the U.S. Weather Research Program *. Bulletin of the American Meteorological Society, 2004, 85: 563-+.

[6] Fu Q, Zhuang G, Jing W, et al. Mechanism of formation of the heaviest pollution episode ever recorded in the Yangtze River Delta, China. Atmospheric Environment, 2008, 42: 2023-2036.

[7] Gustin M S, Fine R, Miller M, et al. The Nevada Rural Ozone Initiative (NVROI): In-

sights to understanding air pollution in complex terrain. Science of The Total Environment，2015，530-531：455-470.

[8] Hoesly R M，Smith S J，Feng L，et al. Historical (1750—2014) anthropogenic emissions of reactive gases and aerosols from the Community Emissions Data System (CEDS). Geoscientific Model Development，2018，11：369-408.

[9] Hu Y，Wang S，Ning G，et al. A quantitative assessment of the air pollution purification effect of a super strong cold-air outbreak in January 2016 in China. Air Quality Atmosphere and Health，2018.

[10] Hu Y，Wang S. Associations between winter atmospheric teleconnections in drought and haze pollution over Southwest China，Science of the Total Environment，2021，766，142599.

[11] Hu Y，Wang S. Formation mechanism of a severe air pollution event：A case study in the Sichuan Basin，Southwest China. Atmospheric Environment，2021，246，118135.

[12] Jacob D J，Winner D A. Effect of climate change on air quality. Atmospheric Environment，2009，43：51-63.

[13] Jazcilevich A D，García A R，Caetano E. Locally induced surface air confluence by complex terrain and its effects on air pollution in the valley of Mexico. Atmospheric Environment，2005，39：5481-5489.

[14] Ji D，Wang Y，Wang L，et al. Analysis of heavy pollution episodes in selected cities of northern China. Atmospheric Environment，2012，50：338-348.

[15] Jian L，Yu R，Zhou T. Teleconnection between NAO and Climate Downstream of the Tibetan Plateau. Journal of Climate，2008，21：4680-4690.

[16] Jones A M，Harrison R M，Baker J. The wind speed dependence of the concentrations of airborne particulate matter and NO_x. Atmospheric Environment，2010，44：1682-1690.

[17] Liao X N，Zhang X L，Wang Y C，et al. Comparative analysis on meteorological condition for persistent haze cases in summer and winter in Beijing. Environmental Science，2014，35：2031-2044.

[18] Liu X G，Li J，Qu Y，et al. Formation and evolution mechanism of regional haze：A case study in the megacity Beijing，China. Atmospheric Chemistry and Physics，2013，13：4501-4514.

[19] Liu Y，Lin W，Wen Z，et al. Three Eurasian teleconnection patterns：Spatial structures，temporal variability，and associated winter climate anomalies. Climate Dynamics，2014，42：2817-2839.

[20] Ning G，Wang S，Ma M，et al. Characteristics of air pollution in different zones of Sichuan Basin，China. Science of the Total Environment，2018a，612：975-984.

[21] Ning G，Wang S，Yim S H L，et al. Impact of low-pressure systems on winter heavy air pollution in the northwest Sichuan Basin，China. Atmospheric Chemistry and Physics，

2018b，18(18)：13601-13615.

[22] Ning G，Yim S H L，Wang S，et al. Synergistic effects of synoptic weather patterns and topography on air quality：A case of the Sichuan Basin of China. Climate Dynamics，2019，53(11)：6729-6744.

[23] Quan J，Gao Y，Zhang Q，et al. Evolution of planetary boundary layer under different weather conditions，and its impact on aerosol concentrations. Particuology，2013，11：34-40.

[24] Quan J，Zhang Q，He H，et al. Analysis of the formation of fog and haze in North China Plain (NCP). Atmospheric Chemistry and Physics Discussions，2011，(15 Pt. 2)：11.

[25] Randriamiarisoa H，Chazette P，Couvert P，et al. Relative humidity impact on aerosol parameters in a Paris suburban area. Atmospheric Chemistry and Physics，2006，6：1389-1407.

[26] Rasmussen D J，Fiore A M，Naik V，et al. Surface ozone-temperature relationships in the eastern US：A monthly climatology for evaluating chemistry-climate models. Atmospheric Environment，2012，47：142-153.

[27] Saaroni H，Ziv B，Uman T. Does a synoptic classification indicate the NO_x pollution potential? The case of the Metropolitan Area of Tel Aviv，Israel. Water，Air，and Soil Pollution. 2010，207：139-155.

[28] Saide P E，Carmichael G R，Spak S N，et al. Forecasting urban PM_{10} and $PM_{2.5}$ pollution episodes in very stable nocturnal conditions and complex terrain using WRF-Chem CO tracer model. Atmospheric Environment，2011，45：2769-2780.

[29] Sun Y，Jiang Q，Wang Z，et al. Investigation of the sources and evolution processes of severe haze pollution in Beijing in January 2013. Journal of Geophysical Research：Atmospheres，2014，119：4380-4398.

[30] Tan H，Cai R，Chen J，et al. Decadal winter drought in Southwest China since the late 1990s and its atmospheric teleconnection. International Journal of Climatology，2017，37：455-467.

[31] Tang I N. Chemical and size effects of hygroscopic aerosols on light scattering coefficients. Journal of Geophysical Research：Atmospheres，1996，101：19245-19250.

[32] Tao J，Ho K-F，Chen L，et al. Effect of chemical composition of $PM_{2.5}$ on visibility in Guangzhou，China，2007 spring. Particuology，2009，7：68-75.

[33] Tham Y W F，Takeda K，Sakugawa H. Polycyclic aromatic hydrocarbons (PAHs) associated with atmospheric particles in Higashi Hiroshima，Japan：Influence of meteorological conditions and seasonal variations. Atmospheric Research，2008，88：224-233.

[34] Wallace J M，Gutzler D S. Teleconnections in the geopotential height field during the Northern hemisphere winter. Monthly Weather Review，1981，109：784-812.

[35] Wang S Y，Yoon J H，Gillies R R，et al. What caused the winter drought in Western Nepal

during recent years? Journal of Climate, 2013, 26(21): 8241-8256.

[36] Wang X, Dickinson R E, Su L, et al. PM$_{2.5}$ Pollution in China and how it has been exacerbated by terrain and meteorological conditions. Bulletin of the American Meteorological Society, 2017, 99: 105-119.

[37] Wang Y Q, Zhang X Y, Sun J Y, et al. Spatial and temporal variations of the concentrations of PM$_{10}$, PM$_{2.5}$ and PM$_1$ in China. Atmospheric Chemistry and Physics Discussions, 2015, 15: 3585-13598.

[38] Wei L, Pu Z, Wang S. Numerical simulation of the life cycle of a persistent wintertime inversion over Salt Lake City. Boundary-Layer Meteorology, 2013, 148: 399-418.

[39] Wu D, Bi X, Deng X, et al. Effect of atmospheric haze on the deterioration of visibility over the Pearl River Delta. Journal of Meteorological Research, 2007, 21: 215-223.

[40] Xiao F, Brajer V, Mead R W. Blowing in the wind: The impact of China's Pearl River Delta on Hong Kong's air quality. Science of the Total Environment, 2006, 367: 96-111.

[41] Ying Z, Tie X, Li G. Sensitivity of ozone concentrations to diurnal variations of surface emissions in Mexico City: A WRF/Chem modeling study. Atmospheric Environment, 2009, 43: 851-859.

[42] Zhang J P, Zhu T, Zhang Q H, et al. The impact of circulation patterns on regional transport pathways and air quality over Beijing and its surroundings. Atmospheric Chemistry and Physics, 2012, 12: 5031-5053.

[43] Zhang Q, Ma X, Tie X, et al. Vertical distributions of aerosols under different weather conditions: Analysis of in-situ aircraft measurements in Beijing, China. Atmospheric Environment, 2009, 43: 5526-5535.

[44] Zhang Q, Quan J, Tie X, et al. Impact of aerosol particles on cloud formation: Aircraft measurements in China. Atmospheric Environment, 2011, 45: 665-672.

[45] Zhang X, Huang Y, Zhu W, et al. Aerosol characteristics during summer haze episodes from different source regions over the coast city of North China Plain. Journal of Quantitative Spectroscopy & Radiative Transfer, 2013, 122: 180-193.

[46] Zhang X Y, Wang Y Q, Niu T, et al. Atmospheric aerosol compositions in China: Spatial/temporal variability, chemical signature, regional haze distribution and comparisons with global aerosols. Atmospheric Chemistry and Physics, 2012, 11: 26571-26615.

[47] Zhang Z, Zhang X, Gong D, et al. Evolution of surface O$_3$ and PM$_{2.5}$ concentrations and their relationships with meteorological conditions over the last decade in Beijing. Atmospheric Environment, 2015, 108: 67-75.

[48] Zheng B, Tong D, Li M, et al. Trends in China's anthropogenic emissions since 2010 as the consequence of clean air actions. Atmospheric Chemistry and Physics, 2018, 18: 14095-14111.

[49] 刘炳江, 郝吉明, 贺克斌, 等. 中国酸雨和二氧化硫污染控制区区划及实施政策研究. 中

国环境科学，1998，18(1)：1-7.

[50] 吕晨，樊杰，孙威. 基于 ESDA 的中国人口空间格局及影响因素研究. 经济地理，2009，29(11)：1797-1802.

[51] 苗爱梅. 地形对太原市污染物稀释扩散影响的模拟试验. 气象学报，2004，62(1)：112-118.

[52] 彭中贵，吴宏，宗毅. 重庆城区大气环境中酸雾的采样及分析. 重庆环境保护，1986，02：1-5＋55.

[53] 王式功，张镭，陈长和，等. 兰州地区大气环境研究的回顾与展望. 兰州大学学报，1999，3：189-201.

[54] 王自发，黄美元，高会旺，等. 关于我国和东亚酸性物质的输送研究 I.硫化物浓度空间分布特征及季节变化. 大气科学，1998，05：18-25.

[55] 魏毅. 乌鲁木齐市空气污染成因及防治对策研究. 干旱区资源与环境，2010，24(9)：68-71.

[56] 吴兑. 灰霾天气的形成与演化. 环境科学与技术，2011，34：157-161.

[57] 徐祥德，周丽，周秀骥，等. 城市环境大气重污染过程周边源影响域. 中国科学(D 辑：地球科学)，2004，10：958-966.

[58] 张永和，朱聿来. 重庆的酸雾. 重庆师范学院学报(自然科学版)，1990，02：59-64.

[59] 张小曳，孙俊英，王亚强，等. 我国雾-霾成因及其治理的思考. 科学通报，2013，58(13)：1178-1187.

[60] 朱联锡，蒋文举，金燕，等. 四川酸雨现状及趋势. 成都科技大学学报，1993，(05)：55-64.

[61] 邹四维，朱联锡，蒋文举，等. 四川酸性物湿沉降模式及预测. 四川环境，1994，(02)：12-19.

第 8 章　厄尔尼诺-南方涛动(ENSO)对中国典型地区大气污染的影响与机理

张华,于晓超,王志立,赵树云,谢冰

中国气象科学研究院

厄尔尼诺-南方涛动(ENSO)代表了全球气候变率的最强年际波动,具有多样的分布特征和复杂的强度变化,对全球气候和区域大气污染具有重要影响。探究厄尔尼诺-南方涛动的冷、暖相位(即拉尼娜和厄尔尼诺事件)、不同分布型和强度事件影响中国冬季霾污染的机制,有利于深入理解典型气候事件对区域大气污染的调制作用。

本章主要研究了中国及其典型地区(京津冀、长三角和珠三角地区)站点观测霾日数与全球海温的相关关系;构建了具有不同分布型厄尔尼诺-南方涛动事件分布特征的海温模态,开展厄尔尼诺-南方涛动的冷、暖相位以及不同分布型和强度事件影响中国冬季气溶胶浓度分布的各种模拟试验,旨在揭示厄尔尼诺-南方涛动的不同相位间以及不同分布型和强度事件如何影响中国冬季气溶胶浓度时空分布、季节内重霾污染天数的差异与潜在机制。通过统计分析,对比不同分布型厄尔尼诺年京津冀地区站点观测霾日数的异常变化;结合大尺度环流形势和天气尺度环流类型差异,给出不同分布型厄尔尼诺事件调制京津冀地区冬季霾污染作用的机理。研究结果为提前防治中国及其典型地区冬季重大霾污染过程提供了理论依据。

8.1　研究背景

自 2013 年起,中国东部地区冬季连续遭遇持续性强、频次高、范围广的严重霾污染事件,严重危害大气环境与居民健康[1-5]。急剧增长的人为气溶胶及其前体物排放是中国地区空气质量恶化的主要原因[6-8],在"大气国十条"颁布后得到了严格的控制[9]。尽管控制人为气溶胶排放对空气质量的改善存在显著性效果,但在减排期间仍有持续性霾污染发生[10],在年际尺度上中国冬季霾日数的变化与人为气溶胶的排放变化并不完全一致[11]。因此,异常气象条件与气候因子年际变化对霾污染过程的作用成为值得关注的重点问题,并且是科学制定减排政策的重要依据。

8.1.1　中国冬季霾污染研究现状

霾污染主要是人为排放的污染物在静稳大气条件下形成的,与近地表气温、风向、风速、湿度和大气稳定度等局地环境因素以及大地形作用下大尺度环流形势密切相关[12-16]。同时,气候变化对中国冬季霾污染的形成和发展过程具有显著影响,尤其体现在典型气候事件对大气污染物的生成和累积过程的调制作用[17-22]。研究表明,中国东部地区霾污染与东亚季风系统存在显著的负相关关系[3,8,13,19,23-26]。Wang 等[20]和 Zou[22]等指出,近年来华东冬季霾污染事件的增加与前秋北极海冰减少有关。厄尔尼诺-南方涛动(后文简称 ENSO)作为主导了北半球热带与热带以外地区间遥相关运动的典型气候事件,对中国地区霾污染存在较强的影响[27,28]。然而,对 ENSO 影响中国地区霾污染的研究还仅停留在针对个例事件的分析,显示出较大的不确定性[29-32]。因此,研究不同分布类型、不同强度的 ENSO 事件对气溶胶污染物时空分布的影响对于预测污染物变化、采取适当减排措施、改善空气质量具有重要意义。

8.1.2　ENSO 的复杂性及气候影响

厄尔尼诺指赤道东太平洋海面的异常增暖现象,它与该地区洋面的异常降温现象(拉尼娜现象)构成逐年波动的系统,称为 El Niño-Southern Oscillation(EN-SO)[29]。ENSO 最初被认为是包含海-气耦合过程的流域尺度现象[33]。随着研究的不断深入,ENSO 的概念被不断扩充,其发展过程的时空差异性和所产生的多样、深远的气候影响引起了科研领域的广泛关注[34-36]。ENSO 的复杂性首先体现在其具有多样的分布特征和强度变化,不同个例事件在空间分布、发展过程、强度等方面均具有一定差异。这种复杂性主要归因于热带太平洋地区共存的两个主导模态(准四年和准两年振荡耦合模态)间的相互作用[37,38]。根据该地区海温的异常分布情况,符合准两年振荡耦合模态的厄尔尼诺事件命名为 El Niño Modoki(本章称为 CP 型厄尔尼诺事件)[35],而以准四年振荡耦合模态为主导的事件称为典型厄尔尼诺事件(本章称为 EP 型厄尔尼诺事件)。相比之下,EP 型厄尔尼诺事件主要受赤道信风异常和温跃层反馈影响,伴随较强的赤道对流区东移、纬向温跃层倾斜和海洋热容极向释放等异常变化,容易在结束后向拉尼娜事件转变;而 CP 型事件多受局地风场和纬向对流反馈影响,赤道对流区东移、纬向温跃层倾斜与海洋热容极向释放等异常变化相对较弱。同时，CP 型事件在衰弱期易受风场噪声影响而停止向拉尼娜事件转变[34,39]。ENSO 的复杂性还表现在它的强度具有年际、年代际等不同时间尺度的波动[40,41]。2000 年以后 CP 型事件发生频率逐渐增加，厄尔尼诺事件强度也有所减弱[42-45]。最后，ENSO 事件还具有相位间的不对称性，表现为拉尼娜事件的振幅强度明显弱于厄尔尼诺事件，它的多样性也相对不明显。这种不确定性与 ENSO 事件的潜在动力过程相关[29,46]。目前，外部强迫（特别是人类活动引起的全球变暖）对 ENSO 多样性的影响加剧了该事件的复杂性。基于当前观测数据和模式的限制，这种影响还具有较大的不确定性，值得深入研究。

8.1.3 ENSO 影响中国冬季霾污染研究现状

ENSO 通过遥相关产生全球性的气候影响。当赤道太平洋海表温度发生改变时，大气深对流也随之变化，继而对沃克环流产生影响并激发全球尺度的大气波列，造成多地区表面温度和降水的分布异常[47-49]。厄尔尼诺盛行的冬季，中国南方地区气温普遍上升、降水增加，西北太平洋地区有反气旋异常生成，从而影响东亚冬季风活动[50,51]。厄尔尼诺消散的春夏季，副热带高压北抬，向西深入内陆，导致降水的分布异于常年[52]。当厄尔尼诺结束并迅速向拉尼娜相位转变时，西太平洋副高北抬早于其他年份，伴随副热带西风急流北移，造成中国华北地区降水增加[53]。此外，这些气候要素异常会影响气溶胶的传输、沉降、化学转化等过程，最终对中国区域空气质量起到关键作用。Gao 和 Li[54]通过分析长期观测数据，发现厄尔尼诺事件发生时中国东部霾污染频率明显增加。利用化学传输模式（GEOS-Chem）的模拟研究表明，1994/1995 年厄尔尼诺事件的成熟阶段，中国东部地区气溶胶浓度增加，而消散阶段有相反的影响；环流异常对污染物输送的影响远大于降水异常对污染物沉降的影响[55]。通过对比 1987/1988 和 1997/1998 年厄尔尼诺事件的环流形势和气溶胶浓度异常，Feng 等[31]发现厄尔尼诺事件对中国地区气溶胶污染物浓度的影响存在于它的整个生命周期，并且不同事件的影响机制具有明显的差异。Chang 等[30]指出 2014/2015 年厄尔尼诺事件引起的近地面南风、弱风异常加剧了中国华北地区 12 月份气溶胶的累积。而 Li 等[21]使用回归分析方法证明厄尔尼诺事件对中国南方降水增加具有更显著的影响，导致该地区霾日数减少。Sun 等[56]认为厄尔尼诺对中国南方霾污染的影响较为复杂：一方面，南风异常结合南岭地形限制了气溶胶污染物的输送；另一方面，南风异常带来丰富的水汽，加速降水的清除作用。

目前，针对不同分布型拉尼娜事件气候影响的研究还相对较少。Yuan 等[57]指出，相较于 EP 型事件，CP 型拉尼娜事件引起了强度更大的海温异常，并且两类分布型拉尼娜事件在热带地区对流层高层引起的大气环流异常存在明显的差异。

Feng 等[58]研究发现,不同分布型拉尼娜事件在秋季发展期存在最明显的海温异常分布差异。并且 CP 型拉尼娜事件在东南亚和澳大利亚等地区引起更强的降水。对于中国地区,Gong 等[59]研究表明,拉尼娜事件盛行期间,中国北方降水增加,南方降水减少。

8.2　研究目标与研究内容

ENSO 作为典型气候事件对中国冬季大气污染存在显著影响。本章对站点观测霾日数资料和全球海温数据进行统计学分析,并利用不同分布型和强度 ENSO 事件海温强迫数据开展模拟研究,结合模式结果、再分析资料与天气型分析方法,多时空角度分析不同分布型和强度 ENSO 事件影响中国及典型地区冬季大气污染的潜在机制。

8.2.1　研究目标

(1) 给出 ENSO 与中国冬季霾日数的相关关系,揭示 ENSO 对中国冬季大气气溶胶浓度分布的影响及潜在物理机制。

(2) 细化不同分布型和强度 ENSO 事件影响中国冬季气溶胶浓度分布间的差异,解释其潜在物理机制。

(3) 给出不同分布型厄尔尼诺事件与中国典型重霾污染地区(即京津冀地区)霾日数的相关关系,从多时空尺度环流异常揭示其潜在机制。

8.2.2　研究内容

1. ENSO 对中国冬季霾污染的影响

利用中国气象局国家气象信息中心雾霾专题数据集和美国海洋和大气管理局海温数据,计算中国典型地区(京津冀、长三角和珠三角地区)站点观测霾日数与全球海温的相关关系。利用月均 Niño3.4 指数结合回归分析方法,构建具有 ENSO 特征的海温模态。利用 ENSO 海温模态制作的海温强迫数据开展探究 ENSO 影响中国冬季气溶胶浓度分布的模拟试验。从对流层中-下层环流形势和气溶胶沉降等方面揭示 ENSO 事件影响中国冬季气溶胶浓度分布的潜在物理机制。利用模拟试验输出的日均数据,进一步探究 ENSO 事件对季节内霾污染天数的影响。

2. 不同分布型和强度 ENSO 事件对中国冬季大气气溶胶浓度分布的影响及潜在机制的模拟研究

利用中国气象局最新颁布的国家标准《厄尔尼诺/拉尼娜事件判别方法》获取 1961—2016 年间发生的所有 ENSO 事件，并进行归类。使用美国海洋和大气管理局海温数据结合不同分布型厄尔尼诺指数计算不同类型事件的海表温度扰动。利用该扰动制作海温强迫数据，开展不同分布型和强度 ENSO 事件影响中国冬季大气气溶胶浓度分布的模拟试验。结合近地表、对流层中-下层环流形势异常比较不同分布型和强度 ENSO 事件影响气溶胶浓度分布的机制差异。利用模拟试验输出的日均数据，从季节内气溶胶浓度和环流场异常角度解释不同分布型和强度 ENSO 事件对中国冬季重霾污染天数的影响。

3. 基于观测统计分析不同分布型厄尔尼诺事件对中国典型霾污染地区冬季霾日数的影响及潜在机制

利用中国气象局国家气象信息中心雾霾专题数据集和不同分布型厄尔尼诺指数，计算京津冀地区站点观测霾日数与不同分布型厄尔尼诺事件的相关关系。对京津冀地区站点观测霾日数数据进行统计学分析，对比不同类型厄尔尼诺年份该地区霾日数的异常。利用欧洲中期天气预报中心再分析资料（ERA-40 和 ERA-Interim），对比不同分布型厄尔尼诺年份东亚地区大尺度环流形势的差异，得到与京津冀地区冬季霾日数变化的联系。利用天气型分析方法区分京津冀地区冬季天气尺度环流类型，对比不同分布型厄尔尼诺年份各天气类型在发生概率、环流形势等方面的变化，得到与京津冀地区冬季霾日数变化的联系。

8.3　研究方案

8.3.1　统计分析中使用的数据

（1）中国气象局国家气象信息中心提供的雾霾专题数据集（V1.0），时间跨度为 1960 年 1 月至 2014 年 7 月。该数据原始时间分辨率为日，逐月累加得到月值。按照观测规范，霾日定义为日均能见度小于 10 km 且日均相对湿度小于 90% 的天[60-62]。（2）哈德莱中心及美国国家海洋和大气管理局提供的海温和海冰数据，水平分辨率为 $1° \times 1°$，时间跨度为 1870 年 1 月至 2016 年 12 月[63]。（3）中国气象局国家气候中心给出的 Niño3 区指数（Niño3 区海温异常平均值，$I_{\text{Niño3}}$）、Niño4 区指数（$I_{\text{Niño4}}$）和 Niño3.4 区指数（$I_{\text{Niño3.4}}$）（http://cmdp.ncc-cma.net/download/Monitoring/Index/M_Oce_Er.txt），时间跨度为 1961 年 3 月至 2012 年 3 月。所有的 Niño 指数均由哈德莱中心海冰和海表温度数据集(HadISST;1961 年 3 月至 1981 年 12 月)和美国国家海洋和大气管理局(NOAA)日均最佳插值海表温度数据集(OLv2)计算得到。(4) 美国国家环境预报中心(NCEP)气候再分析资料的月均数据,主要包括表面空气气温、500 hPa 位势高度和 850 hPa 风场等气象要素。该资料水平分辨率为 1°×1°,时间跨度为 1951 年 1 月至 2016 年 12 月。(5) 欧洲中期天气预报中心(ECMWF)再分析资料数据集 ERA-40 和 ERA-Interim 的日均和月均数据,主要包含海平面气压、地表 2 m 处温度、地表 10 m 处风场、500 hPa 位势高度以及 850~1000 hPa 风场(包含 850 hPa、875 hPa、900 hPa、925 hPa、950 hPa、975 hPa 和 1000 hPa 等 7 个等压面)等气象要素。两套数据集的水平分辨率均为 0.25°×0.25°,时间跨度为 1961 年 3 月至 2013 年 2 月,其中 1961 年 3 月至 1978 年 12 月的数据来自 ERA-40,1979 年 1 月至 2013 年 2 月的数据来自 ERA-Interim。(6)全球降水气候中心(GPCC)提供的全球陆地月均降水量再分析资料[64],空间分辨率为 0.5°×0.5°,时间跨度为 1961 年 3 月至 2013 年 2 月。

8.3.2　不同分布型和强度 ENSO 事件海表温度扰动的计算

根据中国气象局发布的国家标准《厄尔尼诺/拉尼娜事件判别方法》(http://cmdp.ncc-cma.net/pred/cn_enso_index.php),本章首先挑选出 1951—2016 年间发生的所有厄尔尼诺(拉尼娜)事件。Niño3.4 区指数 3 个月滑动平均值达到或超过 0.5℃ 且持续至少 5 个月判定为一次厄尔尼诺(拉尼娜)事件。然后,使用东部型指数(I_{ep})和中部型指数(I_{cp})对所有厄尔尼诺(拉尼娜)事件进行分布型归类,判别公式如下:

$$I_{ep} = I_{Niño3} - a \times I_{Niño4} \tag{8.1}$$

$$I_{cp} = I_{Niño4} - a \times I_{Niño3} \tag{8.2}$$

根据经验公式,当 $I_{Niño3} \times I_{Niño4} > 0$ 时,$a = 0.4$;当 $I_{Niño3} \times I_{Niño4} \leqslant 0$ 时,$a = 0$。事件过程中,$I_{ep}(I_{cp})$ 绝对值达到或超过 0.5℃ 且持续至少 3 个月可判别为一次东(中)部型厄尔尼诺或拉尼娜事件。Niño3 区、Niño4 区和 Niño3.4 区的范围分别为(150°W~90°W,5°S~5°N)、(160°E~150°W,5°S~5°N)和(170°W~120°W,5°S~5°N)。图 8.1 给出了 1951—2016 年 $I_{Niño3.4}$、I_{ep} 和 I_{cp} 指数的时间序列。接下来,根据事件峰值强度(事件过程中 $I_{Niño3.4}$ 指数 3 个月滑动平均值达到最大的数值)将不同分布型厄尔尼诺事件分为弱(0.5~1.3℃)、中(1.3~2.0℃)、强(2.0~2.5℃)和超强(≥2.5℃)四种强度。表 8-1 中给出了不同分布类型和强度厄尔尼诺事件的具体归类。值得注意的是,本章将 3 次超强厄尔尼诺事件和 1972/1973 年的强厄尔尼诺事件统一归为强事件。由于不同强度拉尼娜事件的数量存在较大的差异,因此本章未对拉尼娜事件进行强度分类,仅讨论不同分布型事件的影响,其归类结果展示于表 8-2。

不同分布型 ENSO 事件的海温模态分别通过回归月均 $I_{Niño3.4}$、I_{ep} 和 I_{cp} 指数和去趋势后的海表温度(SST)得到［详见本项目资助发表论文(21)］。然后,根据表 8-1 和 8-2 的分组情况计算出代表不同类型事件的综合月均 Niño 指数(图8.2)。最后,我们得到不同分布型和强度厄尔尼诺事件以及不同分布型拉尼娜事件的海表温度扰动分布。

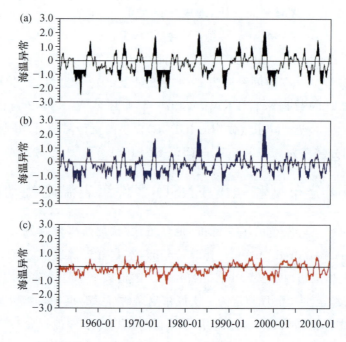

图 8.1　厄尔尼诺指数年际变化。(a) $I_{Niño3.4}$;(b) I_{ep};(c) I_{cp}(单位：℃)

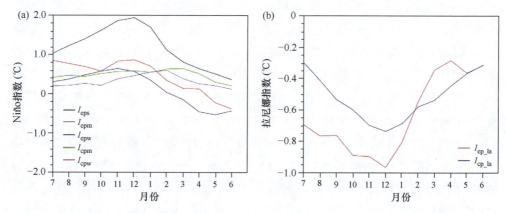

图 8.2　(a)不同分布型和强度平均的月均尼诺指数(单位：℃)。I_{eps}、I_{epm} 和 I_{epw} 分别代表强、中和弱东部型事件的平均指数;I_{cpm} 和 I_{cpw} 分别代表中和弱中部型事件的平均指数。(b)不同分布型平均的月均拉尼娜指数(单位：℃)。I_{ep_la}、I_{cp_la} 分别代表东部型和中部型事件的平均指数

表 8-1　厄尔尼诺事件归类情况

	强事件（S）	中事件（M）	弱事件（W）
EP	1972/1973、1982/1983、1997/1998、2015/2016	1957/1958、1965/1966、1987/1988、1991/1992	1951/1952、1963/1964、1976/1977、1979/1980、2006/2007
CP		1994/1995、2002/2003、2009/2010	1968/1970、1977/1978、2004/2005

表 8-2　拉尼娜事件归类情况

	EP	CP
拉尼娜事件	1950/1951、1954/1956、1964/1965、1970/1972、1984/1985、1988/1989、1995/1996、1998/2000、2007/2008、2010/2011	1973/1974、1975/1976、2000/2001、2011/2012

8.3.3　BCC_AGCM2.0_CUACE/Aero 模式简介

本章利用国家气候中心新一代大气环流模式 BCC_AGCM2.0（Atmospheric General Circulation Model of Beijing Climate Center version 2.0）和中国气象科学研究院气溶胶模式 CUACE/Aero（China Meteorological Administration Unified Atmospheric Chemistry Environment for Aerosols）的在线双向耦合模式（BCC_AGCM2.0_CUACE/Aero）研究 ENSO 对大气中气溶胶浓度的影响。该模式包含了气溶胶的直接、半直接和对水云的间接效应[7,65,66]。BCC_AGCM2.0 发展自美国大气研究中心（NCAR）第三代大气环流模式（CAM3.0），并在参考温度等动力框架、对流过程等物理过程方面做出改进[67]，水平方向采用 42 波三角截断方案（T42，分辨率近似为 2.8°×2.8°），垂直方向采用混合 σ-压力坐标系，划分为 26 层，顶层为 2.9 hPa 刚性边界。此外，该模式还采用了蒙特卡洛独立气柱近似（Monte Carlo Independent column approximation，简称 McICA）云垂直重叠处理方案[68]、国家气候中心的 BCC-RAD 辐射方案[69]以及双参数云微物理方案[70]，用于提高模式的模拟能力。气溶胶模式 CUACE/Aero 包含气溶胶的排放、传输、化学转化、与云的相互作用、沉降等过程[71]。目前，模式中主要包含黑碳（BC）、有机碳（OC）、硫酸盐（SF）、沙尘（SD）、海盐（SS）等五种成分，人为气溶胶（BC、OC、SF）的排放数据为给定的离线结果，SD、SS 等自然气溶胶排放使用在线计算。CUACE/Aero 采用分档表述方法描述气溶胶的颗粒分布。在半径 0.005～20.48 μm，每种气溶胶按几何等级数划分为 12 个连续非重叠的分离的档。这种方法使模式能够更精准地刻画气溶胶在不同粒径下的浓度以及光学性质，从而更准确地反映气溶胶对气象场的影响。之前的很多研究已经就 BCC_AGCM2.0_CUACE/Aero 对气溶胶浓度、光学性质的全球分布[72]、全球辐射收支[69]、大气环流[43]等方面的模拟能力进行了详细的评估。同时，该模式参加了 AeroCom 多模式比对计划[73,74]并多次用来研究气溶胶及其对气候的影响，如气溶胶的全球时空变化[75]，气溶胶直接、间接辐射强迫效应[76-79]，气溶胶与气候系统间相互作用[80]等。

8.3.4 天气型分析方法

本章采用天气型分析方法以识别最频繁出现的气象数据子集，从而在季节尺度内考虑多个气象变量的相互作用关系，并在分类过程中探索京津冀地区大气污染的潜在物理机制[81,82]。在众多天气型分析方法中，本章使用的 T-mode PCA（Principal Component Analysis）结合 K-means 聚类分析方法是最有效的识别方法，具有高再现性、时空稳定性和低预设参数依赖性等特点[83,84]。该方法在识别与大气污染相关的天气类型研究中已经被广泛应用[85-87]。与 He 等[87]一致，本章采用京津冀地区日均海平面气压数据作为天气型分类的样本。首先，将包含时间、纬度和经度维的三维再分析日均数据转化为具有时间和格点维的二维数据，并针对时间维进行标准化。随后，将标准化的海平面气压数据进行 T-mode 主成分分析

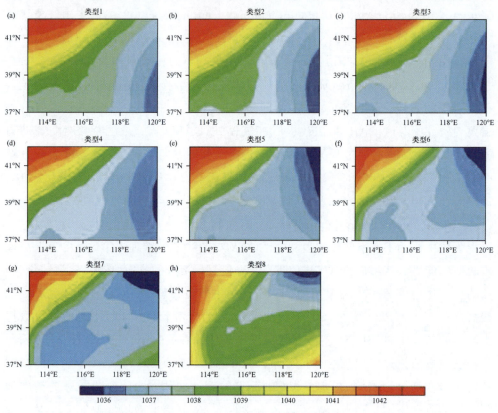

图 8.3　冬季京津冀地区 8 种天气类型气候态海平面气压的分布(单位：hPa)

并根据累计方差贡献(≥95%)获取主成分。然后,根据 K-means 聚类分析方法将主成分进行归类并根据求得的准则函数拐点确立最佳聚类个数[88]。在本章中,最佳聚类个数为 8 组。根据聚类结果,将逐日海平面气压资料划分为 8 种天气尺度环流类型。其他气象变量,例如地表 2 m 处温度和 10 m 处风场等,以相同方式进行划分。最终确立了各天气型的环流形势(图 8.3 和 8.4)。

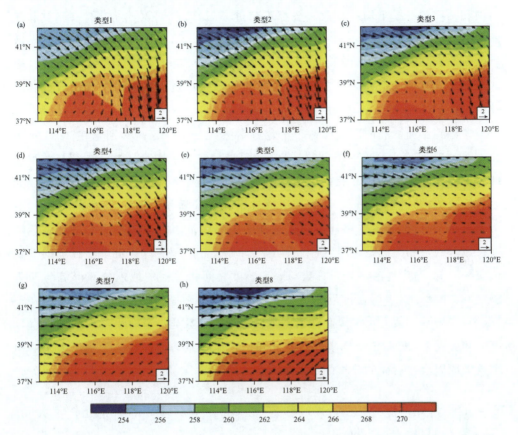

图 8.4　冬季京津冀地区 8 种天气类型气候态 2 m 处空气温度(填色,单位:℃)和 10 m 处风场(矢量,单位:m s⁻¹)的分布

8.4　主要进展与成果

8.4.1　中国冬季霾日数与全球海温的相关性

根据中国大陆近 50 年和 2000 年以来冬季平均霾日数的地理分布,本章选取三个典型污染区域,分析各区域冬季霾日数与全球海表温度的相关性。

在 1960—2013 年冬季,北京、河北西南部、山西中部和南部、陕西中部以及河南省北部霾污染的频率高于中国其他地区。除上述地区外，湖北、湖南、江西、浙江、广西、广东等地也有气象站观测到霾污染，冬季平均霾日数介于 5～10 天。据此，本章选取三个代表性区域：京津冀地区（包括北京市、天津市、河北省共 179 个台站），江浙沪地区（包括江苏省、浙江省、上海市共 164 个台站）和两广地区（包括广东和广西共 178 个台站）分别代表华北、华东和华南。2000 年以前，京津冀、江浙沪和两广的冬季平均霾日数一般都不超过 3 天，而在 1980 年前后，京津冀和江浙沪两区域的霾日数达到了一个小高峰。2000 年以后，三个地区冬季平均霾日数急剧增加，尤其是在江浙沪和两广地区。2000 年后，京津冀地区冬季平均霾日数的增加晚于其他两个地区。实际上，2012 年以前京津冀地区冬季平均霾日数相对较少，这与 Chen 和 Wang[24] 的研究结果相一致。

考虑到江浙沪和两广地区冬季平均霾日数在 2010 年后，特别是在 2013 年增长过快，本章仅使用了 1960—2010 年三个区域的冬季平均霾日数分析其与冬季全球海表温度的关系。在开展相关性分析之前，首先消除了霾日数和海表温度数据的线性趋势，并进行了 2～8 年的带通滤波以除去月际和年代际尺度噪声的干扰。结果显示，两广地区冬季霾日数与太平洋中东部以及印度洋中部的赤道海表温度存在显著的负相关关系，并与西太平洋赤道海表温度正相关[详见本项目资助发表论文(28)]。两广地区冬季霾日数与海表温度之间相关性的地理分布形势与 EN-SO 模态相反。这表明在拉尼娜（厄尔尼诺）盛行的冬季，该地区霾日数往往高于（低于）气候平均值。京津冀和江浙沪地区冬季霾日数与赤道海表温度均不存在显著的相关关系，表明 ENSO 事件对华北和华东地区冬季霾日数的影响不大。这种现象的原因会在后面的分析中加以解释。

8.4.2 不同类型 ENSO 事件影响中国冬季气溶胶时空分布的数值模拟

1. ENSO 事件冷、暖相位对中国冬季气溶胶时空分布的影响

共进行三组试验，分别命名为 CLI、EL 和 LA，每组试验包括初始条件不同的 20 个成员。为得到不同初始条件，首先利用模式的默认设置进行了准备试验。准备试验逐日输出初始文件、重启文件和历史记录文件。然后将准备试验产生的 20 个初始文件作为不同集合成员的初始条件。CLI 组的海表温度和海冰外强迫场是气候平均态(1981 年至 2010 年)的数据，该数据已在 8.3.1 小节中介绍过，并线性插值成模式可用的分辨率。在 EL 和 LA 组中，海表温度外强迫场是在气候平均态海表温度月平均值上分别叠加了厄尔尼诺和拉尼娜事件的扰动，海冰外强迫场与 CLI 组相同。CLI 组的模拟时间为当年 10 月至次年 8 月。而 EL 和 LA 的模拟时

间均为当年 10 月至次年 2 月。三组试验的北半球冬季(12 月至次年 2 月)模拟结果用于分析,前面两个模拟月用于模式对海表温度扰动的适应。在所有试验中使用的硫酸盐、黑碳、有机碳气溶胶和/或其前体物的排放数据来自政府间气候变化专门委员会的典型排放路径 4.5(IPCC RCP4.5)中 2010 年的排放数据。主要分析了硫酸盐、黑碳、有机碳三种气溶胶的变化,它们主要是由人为活动所造成,且是霾污染的重要成分。

2. 不同分布型和强度厄尔尼诺事件对中国冬季气溶胶时空分布的影响

共进行 6 组模拟试验,每组试验通过扰动初始场的方式包含 5 个集合模拟。每组试验均采用相同的模式设置,仅仅是使用不同的 SST 数据驱动模式运行。试验 1 为气候态海温试验(参照试验,简称 CLIM):采用去趋势的 1951—2016 年气候态的月均 SST 作为海洋边界条件。其余 5 组试验分别采用在气候态的月均 SST 上叠加不同厄尔尼诺事件 SST 扰动的数据驱动模式,它们分别是东部型强事件(EPS)、东部型中等事件(EPM)、东部型弱事件(EPW)、中部型中等事件(CPM)和中部型弱事件(CPW)试验。6 组试验均使用固定的海表温度,这意味着试验结果仅显示厄尔尼诺事件对气溶胶的单向影响。模式输出结果中的月均和日均数据用于研究,每个厄尔尼诺事件试验与气候态参照试验(CLIM)的差值定义为厄尔尼诺事件的影响。每个模拟试验运行 12 年,取后 10 年平均结果来分析。所有试验中均使用气候态的月均海冰数据以排除海冰异常的干扰[20-22],气溶胶排放数据固定为最新的支撑第 6 次耦合模式比较计划(CMIP6)的 2014 年排放数据[89]。主要关注厄尔尼诺事件对黑碳、有机碳和硫酸盐三类细粒子人为气溶胶总浓度的影响。

3. 不同分布型拉尼娜事件对中国冬季气溶胶时空分布的影响

共进行 2 组试验,每组试验通过扰动初始场的方式包含 5 个集合模拟。每组试验的模式设置、运行时长和气溶胶排放数据均与试验 2 相同,但采用在气候态的月均 SST 上叠加不同分布型拉尼娜事件 SST 扰动,以驱动模式运行。它们分别是东部型(EPLA)和中部型拉尼娜事件(CPLA)试验。模式输出结果中的月均数据用于研究,每个拉尼娜事件试验与气候态参照试验(CLIM)的差值定义为拉尼娜事件的影响。主要关注拉尼娜事件对黑碳、有机碳和硫酸盐三类细粒子人为气溶胶总浓度的影响。

8.4.3 模拟研究 ENSO 对中国冬季气溶胶浓度时空分布的影响及机制

1. ENSO 对冬季大气气溶胶浓度的影响

ENSO 影响下中国冬季大气气溶胶地表浓度和柱浓度的异常分布结果表明,

ENSO 的冷、暖相位(即拉尼娜和厄尔尼诺事件)均导致中国东北和华东地区冬季气溶胶地表浓度降低。而在拉尼娜事件影响下中国长江以南大部分地区也存在冬季气溶胶地表浓度负异常。对比发现，ENSO 的冷、暖相位事件对中国南方冬季气溶胶地表浓度的影响存在明显的差异。这与 Feng 等[55]的模拟结果一致。另外，厄尔尼诺事件导致冬季气溶胶柱浓度在 105°E 以东和 40°N 以南大部分地区显著增加，在中国东北和华北部分地区减少。拉尼娜事件引起的气溶胶柱浓度负异常在中国东部地区表现为"－ ＋ －"的经向分布。两事件影响间的差异在长江以南的大部分区域最为明显。对比两组试验结果发现，ENSO 的冷、暖相位转换对中国长江以南地区冬季大气气溶胶含量存在显著的调制作用[详见本项目资助发表论文(28)]。这在一定程度上与 8.4.1 小节结果相符，即冬季霾日数仅在中国南方地区与 ENSO 表现为显著相关关系。因此，在接下来的分析中，将重点探讨 ENSO 对华南地区冬季大气气溶胶浓度的影响机制。

2. ENSO 对冬季环流和降水的影响

气象场可以决定气溶胶的输送、扩散和清除，进而决定了大气气溶胶的浓度。因此，本小节重点讨论了 ENSO 对东亚冬季环流和降水的影响。厄尔尼诺引起的冬季环流异常有两个重要特征。首先，乌拉尔山和贝加尔湖附近的 500 hPa 位势高度场分别存在负距平和正距平，表明东亚冬季风减弱。有研究表明，厄尔尼诺发生的冬季，东亚冬季风趋于偏弱[90-92]。其次，西北太平洋 850 hPa 高度出现异常的反气旋。Wang 等[27]发现在厄尔尼诺发展时期，西北太平洋上空的异常反气旋形成于北半球的秋季，在冬季达到高峰，并且持续到次年的春季和初夏时期。西北太平洋异常反气旋的出现是厄尔尼诺影响华南冬季大气污染的重要标志。因为中南半岛和南亚地区的气溶胶浓度较高，该反气旋西北部的西南风异常将给华南地区带来更多的水汽和气溶胶。与厄尔尼诺造成的西北太平洋 850 hPa 的异常反气旋相对应，中南半岛和西北太平洋冬季降水量减少，华南地区的冬季降水量增加。相反，拉尼娜则导致乌拉尔山和贝加尔湖附近 500 hPa 位势高度场分别存在正距平和负距平，同时在西北太平洋引起异常气旋。在拉尼娜事件发生的冬季，中南半岛和西北太平洋降水增加，华南地区降水减少。这可能是拉尼娜冬季两广地区霾日数增多的原因，而另一个不可忽视的原因可能是华南地区更加干燥的条件减小了区分雾和霾事件的误差。

气溶胶的区域间传输也会影响特定区域的大气气溶胶浓度。Zhang 等[79]提到，南亚和东南亚地区在 2010 年已成为人为气溶胶的重要来源地。厄尔尼诺(拉尼娜)在西北太平洋低层造成了异常反气旋(气旋)，其西北部的西南风(东北风)导致由南亚和东南亚到华南地区的气溶胶输送增强(减弱)[详见本项目资助发表论文(28)]。从 ENSO 冷、暖相位引起的华南地区冬季大气气溶胶浓度异常分布和东亚地区大气环流和降水异常的匹配程度来看,该事件主要通过影响大气环流主导区域间的气溶胶输送,进而影响局地气溶胶浓度变化,降水异常的贡献相对较小[8]。

3. ENSO 对季节内重霾污染天数的影响

统计显示,在拉尼娜(厄尔尼诺)时期的冬季,华南地区的霾日数往往比正常情况多(少)。然而,数值结果表明拉尼娜(厄尔尼诺)导致华南地区冬季平均大气气溶胶浓度下降(增加)。两种分析结果间存在矛盾。因此,本小节进一步探究了华南地区($21°N \sim 27°N, 104°E \sim 118°E$)冬季日均气溶胶地表浓度的概率密度分布函数(PDF)(图 8.5)。需要注意的是,本研究中模拟的气溶胶地表浓度比观测数据小 $1 \sim 2$ 个数量级。因此,为了校准从而方便比较,在计算 PDF 之前,将模拟的华南地区冬季日均气溶胶地表浓度数值放大了 10 倍。

由图 8.5 可以看出,华南地区冬季日均气溶胶地表浓度的 PDF 在 CLI 试验向右倾斜,峰值约为 65 $\mu g\ m^{-3}$。LA 试验组 PDF 数值在 $45 \sim 85$ $\mu g\ m^{-3}$ 范围大于 CLI 试验组,在其他范围小于 CLI 组。与之相反,EL 试验组 PDF 数值在浓度大于 70 $\mu g\ m^{-3}$ 范围内大于 CLI 试验组,尤其是地表气溶胶高浓度(>130 $\mu g\ m^{-3}$)分布概率明显增加。换言之,在拉尼娜冬季,华南地区的清洁和重度霾日往往较少,但中度霾日数增加;而在厄尔尼诺冬季,华南地区的重霾日数较多,而清洁和中度霾日数较少。这可能是华南地区厄尔尼诺(拉尼娜)年冬季霾日数少(多)而大气气溶胶浓度增加(减少)的原因。

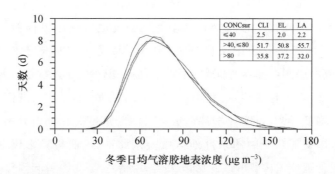

图 8.5　中国南方地区区域平均冬季日均气溶胶地表浓度(单位:$\mu g\ m^{-3}$)概率分布情况。黑、红和蓝线分别表示气候态、厄尔尼诺和拉尼娜事件试验结果。不同试验中气溶胶地表浓度不超过 40 $\mu g\ m^{-3}$,在 $40 \sim 80$ $\mu g\ m^{-3}$ 和大于 80 $\mu g\ m^{-3}$ 的天数的平均结果在图右上角表格中给出

根据 2010 年的气溶胶排放水平,厄尔尼诺(拉尼娜)引起的南亚和东南亚气溶胶向我国华南地区输送的增强(减弱)是同年冬季华南地区大气气溶胶浓度增

加（减少）的主要原因。因此，预计未来当南亚和东南亚地区气溶胶排放量减少时，ENSO 对华南地区冬季霾日数与气溶胶平均浓度影响之间的矛盾也将不复存在。

8.4.4 模拟研究不同分布型和强度厄尔尼诺事件对中国冬季气溶胶浓度时空分布的影响及机制

1. 对冬季平均气溶胶浓度的影响

本小节首先分析了平均强度下（强、中等和弱三种强度的平均），不同分布型厄尔尼诺事件对中国冬季气溶胶浓度的影响［详见本项目资助发表论文（21）］。结果显示，平均强度下不同分布型事件对中国冬季平均气溶胶地表浓度的影响较为相似，即中国东北和东南部分地区、东部沿海地区地表浓度增加，中国中部及西南地区地表浓度明显减小。不同分布型厄尔尼诺事件均造成中国长江以北地区气溶胶柱浓度负异常，而中国东北和长江以南地区气溶胶柱浓度出现正异常。然而，两类事件产生的局地气溶胶浓度异常在强度上有很大的差别。CP 型事件在长江以南引起气溶胶柱浓度增加明显更强，最大值超过 $1\ \mathrm{mg\ m^{-2}}$；EP 型事件在长江以北引起的气溶胶柱浓度负异常和东北地区的正异常均强于 CP 型事件，最大变化分别达到 $-1.5\ \mathrm{mg\ m^{-2}}$ 和 $0.4\ \mathrm{mg\ m^{-2}}$。相似的差异同样存在于气溶胶地表浓度异常中。EP 型事件在中国中部引起的气溶胶地表浓度负异常最大值范围为 $-1\sim-0.8\ \mu\mathrm{g\ m^{-3}}$，高于 CP 型事件（$-0.8\sim-0.5\ \mu\mathrm{g\ m^{-3}}$）。

接下来，本小节对比了相同分布型中不同强度厄尔尼诺事件对气溶胶浓度的影响［详见本项目资助发表论文（21）］。对于 EP 型厄尔尼诺事件，EPS 事件和 EPW 事件造成的中国冬季气溶胶浓度变化具有相似的分布特征：两种强度事件均在中国东北部、南方地区引起气溶胶浓度增加异常，而在中国东部、中部地区引起气溶胶浓度降低异常。EPM 事件造成的气溶胶浓度变化具有独特的分布特征，浓度正异常范围覆盖整个中国东部地区以及东北地区，而负异常仅存在于中国西部地区。从三种强度 EP 型事件的影响来看，中等强度事件引起强度最强、范围最广的气溶胶浓度增加异常，东北地区气溶胶地表浓度正异常峰值超过 $0.5\ \mu\mathrm{g\ m^{-3}}$，气溶胶柱浓度正异常峰值超过 $0.5\ \mathrm{mg\ m^{-2}}$；强事件则产生强度最强、范围最广的气溶胶浓度减小异常，中国中部和华东地区的气溶胶地表浓度和柱浓度负异常高值中心分别超过 $-1\ \mu\mathrm{g\ m^{-3}}$ 和 $-1.5\ \mathrm{mg\ m^{-2}}$。弱事件引起的气溶胶浓度负异常介于两者之间，正异常在中国地区最弱。对比不同强度 CP 型事件的影响也可看出相似的气溶胶浓度变化。尽管 CPM 和 CPW 事件造成气溶胶浓度异常的分布相似，但是在中国东南和东北地区，中等强度 CP 型事件明显造成了更强的气溶胶浓度增加。

综上所述,厄尔尼诺造成的冬季平均气溶胶含量增加异常主要存在于中国东北和东南部分地区。除了 EPM 型事件,中国长江以北地区多出现气溶胶含量显著减小。这种分布特征在地表浓度及柱浓度中均有所体现,并且与之前的一些研究结果一致[31,55]。冬季平均气溶胶含量对不同类型厄尔尼诺事件的响应存在明显差异,CP型事件在中国长江以南地区引起更强的正异常,特别是柱浓度的变化;而中等强度事件导致中国东部区域大范围的气溶胶含量增加,尤其体现在地表浓度的变化。

2. 对冬季平均大气环流及气溶胶沉降的影响

由于本研究的气溶胶排放是固定的,因此,环流和降水等影响气溶胶输送和沉降的气象条件就成为导致气溶胶含量异常的主要因素[18,22]。本小节首先分析了不同厄尔尼诺事件造成的近地面风场和气溶胶质量通量散度的变化[详见本项目资助发表论文(21)]。从中可以看出,受厄尔尼诺影响,菲律宾海域和中纬度西太平洋上空分别出现反气旋异常。由于南亚、东南亚等地是人为气溶胶排放的重要源区之一[93],反气旋西侧的西南风距平将南亚和东南亚的气溶胶粒子不断向北输送。这是造成中国华南和东部沿岸地区气溶胶含量增长的重要原因。尤其是EPM 型事件引起的异常南风,分别由东南沿海和西南地区吹向中国北方,同时在中国东部出现大范围的气溶胶质量辐合异常,从而导致东部地区气溶胶浓度显著升高。而 EPS、EPW、CPM 和 CPW 事件大多在中国北方造成西北风异常,形成更强的季节盛行风并伴随气溶胶质量辐散异常。局地产生的气溶胶很可能随西北风向东南方输送、扩散,导致中国北方气溶胶含量减少。同时也加剧了气溶胶粒子在中国南方的积聚,最终造成中国东部气溶胶含量出现"北负南正"的偶极型变化特征。在 CPW 型事件中这种风场距平的影响体现得尤为明显,显著的北风异常自蒙古高原吹向中国北方,在长江流域与南风异常汇合。这一风场异常情况使中国北方冬季高浓度气溶胶粒子向南方输送,并与东南亚向北输送的气溶胶粒子共同加剧中国南方的污染。简言之,近地面风场的变化与受其影响的气溶胶质量通量散度变化对气溶胶浓度的异常分布起到了重要的作用。

随后,本小节分析了不同厄尔尼诺事件造成的冬季平均 500 hPa 位势高度和850 hPa 风场的异常情况[详见本项目资助发表论文(21)]。不同类型和强度的厄尔尼诺事件均在菲律宾海和中纬度西太平洋地区造成正位势高度异常,在中国东部和东南部造成负位势高度异常,并且在贝加尔湖以西造成正位势高度异常。不同的是正负位势高度异常中心的强度和位置。对比 EP 和 CP 同等强度的厄尔尼诺事件可以发现,CP 型事件在菲律宾海附近造成的正位势高度异常更为明显,相应的 850 hPa 上西南风异常也更为强劲。这很可能是 CP 型事件比 EP 型事件在华南地区造成的冬季气溶胶浓度增加更明显的原因。此外,EP 型事件在贝加尔湖以西造成的正位势高度异常小于在中纬度西太平洋造成的正位势高度异常,尤其以 EP 型中等强度事件最为明显。CP 型事件在贝加尔湖以西造成的正位势高度异常略大于或等于在中纬度西太平洋造成的正位势高度异常。这意味着,相较于同等强度的 EP 型事件,CP 型事件在中国北方引起更强的 850 hPa 北风异常,更有利于气溶胶污染物向南输送,而前者在较强的中纬度西太平洋 500 hPa 位势高度正异常作用下在东北乃至华北地区产生偏南气流和气溶胶浓度升高。这解释了为何 CP 型事件造成的中国冬季气溶胶柱浓度异常分布表现为以长江为界的偶极型特征,而 EP 型事件造成的柱浓度异常则在中国东部地区呈现明显的三极分布特征。

同类型不同强度的厄尔尼诺事件造成的环流异常也有一些差异。EP 型强事件和弱事件在中纬度西太平洋上空引起的 500 hPa 位势高度正异常向右倾斜,对应的西南-东北向的 850 hPa 反气旋异常在中国东部沿海地区以及日本南部引起更多南风异常,导致中国东部沿岸地区气溶胶地表浓度上升。然而,EP 型中等事件 500 hPa 位势高度有南-北向的正异常存在于日本以东海域并与贝加尔湖以西位势高度正异常相连。中国东部上空出现一个明显的气旋性距平,导致东部沿海地区受南风异常控制。该异常有利于中国东部气溶胶颗粒物由南向北的输送及辐合,同时抑制中部地区的北风异常对气溶胶浓度的影响。此外,EP 型中等强度事件在贝加尔湖以西引起的 500 hPa 位势高度正异常相对较弱,导致其在中国中部引起的北风异常弱于其他两种强度事件。这种异常的环流形势可能是 EP 型中等强度事件导致中国东部大范围地区气溶胶地表浓度上升,而 EP 型强事件和弱事件仅在中国南方和东北部分地区引起气溶胶地表浓度升高的原因。同时,相似的差异同样出现在 CP 型中等事件和弱事件中。

针对气溶胶干沉降和湿沉降的研究结果显示,西太平洋反气旋西侧的西南风距平持续地向陆地输送水汽,中国南方出现降水正异常,导致气溶胶湿沉降的异常变化较干沉降更加显著。不同类型厄尔尼诺事件均造成中国东南沿海气溶胶湿沉降显著增加。除 EPW 型事件外,中国西南和长江流域地区存在气溶胶湿沉降正异常,然而气溶胶浓度却出现增加。同时,多数厄尔尼诺事件在中国北方引起的湿沉降异常(无论正异常还是负异常)与气溶胶浓度的异常也不一致。以上分析表明,不同类型的厄尔尼诺事件造成的气溶胶浓度异常分布差异主要归因于环流变化对气溶胶输送和扩散的影响。这与之前的研究结果一致[31,55]。

3. 对冬季重霾污染天数的影响

冬季平均的污染物浓度变化并不一定能很好地反应冬季霾污染天数的变化[30]。本小节将中国东部地区分为南北两个区域,分别给出不同模拟试验下的气溶胶日均地表浓度概率分布(图 8.6)以及不同类型厄尔尼诺事件对区域平均的重污染天数的影响(表 8-3)。值得注意的是,模式低分辨率会削弱不同厄尔尼诺事件对区域平均的气溶胶地表浓度的影响,使得各组试验的日均浓度的分布曲线比较相近。此外,本小节使用模式底层气溶胶浓度来代表地表浓度,该浓度对应地表至地表以上 100 m(甚至更高)处的平均结果。这使得模拟的气溶胶地表浓度比观测结果小 1～2 个量级。另外,本研究重点关注不同分布型及强度厄尔尼诺事件对人为气溶胶浓度的影响,这也可能是导致地表气溶胶浓度偏低的原因。为了探究不同厄尔尼诺事件与重霾污染间的联系并校准于观测结果,本研究将地表气溶胶模拟结果放大 10 倍。基于 Cai 等[13] 的研究,将气溶胶日均地表浓度达到或超过 150 μg m^{-3} 的天数定义为重霾日数。考虑到模式不含硝酸盐、氨盐以及二次有机气溶胶等成分,该阈值根据硫酸盐、黑碳和有机碳等气溶胶粒子在总人为气溶胶粒子中的占比缩减为 110 μg m^{-3}[2]。这些方法与实际观测站点对霾污染天的定义存在一定的区别,只是近似地展现重污染天数在不同类型厄尔尼诺事件中的差异。

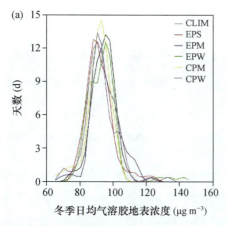
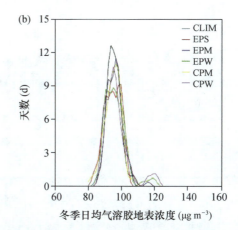

图 8.6　不同试验中冬季日均气溶胶地表浓度概率分布。(a) 中国北方,30°N～45°N,100°E～120°E;(b) 中国南方,15°N～30°N,100°E～120°E

在中国北方(30°N～45°N),厄尔尼诺事件使日均气溶胶地表浓度概率分布峰值向左移动,尤其是 EPS 型事件[图 8.6(a)]。这意味着低气溶胶地表浓度的天数增多(相比于气候态海温试验 CLIM)。尽管多数厄尔尼诺事件在中国北方引起冬季平均气溶胶地表浓度减少,但除了 CPM 型事件外,其他厄尔尼诺事件均造成北方重污染天数增加[图 8.6(a)和表 8-3],尤其是 EPM 型事件引起的增加最大,高达 4.1 天。EPS 型和 EPW 型事件在中国北方造成的重污染天数增加均是 CLIM 的 1 倍左右。不同强度 CP 型事件对中国北方重污染天数造成相反的影响:CPM 型事件造成重污染天数减少 1.8 天,而 CPW 型事件则造成重污染天数增加了 0.9 天。在中国南方(15°N～30°N),不同厄尔尼诺试验中的日均气溶胶浓度概率分布曲线的峰值没有明显的左右移动,但高气溶胶地表浓度天数明显增加[图 8.6(b)]。EPW 型和 CPW 型事件造成南方重污染天数增长显著,分别增加 3.8 天和 6.0 天

（表 8-3）。EPM 型事件在中国南方造成的重污染天数变化不大，相比于气候态海温试验 CLIM 增长了 0.8 天。虽然 EPS 型和 CPM 型事件造成中国南方冬季平均气溶胶地表浓度增加异常，但是它们造成区域平均的污染天数略有减少，分别减少 0.2 天和 0.1 天。

综上所述，无论在南方还是在北方，弱厄尔尼诺事件普遍引起重污染天数增加，CPW 型事件在南方引起最大增长，高达 6.0 天。不同分布型的中等强度厄尔尼诺事件引起重污染天数截然不同的变化：EPM 型事件中南、北方重污染天数同时增加而 CPM 型事件中同时减少；EPS 型事件在北方引起重污染天数增加，在南方则表现为相反的结果。

为了探究重污染天数变化的原因，本小节分析了不同类型厄尔尼诺事件引起的季节内日均气溶胶地表浓度和经向风异常随时间的变化（图 8.7）。气溶胶地表

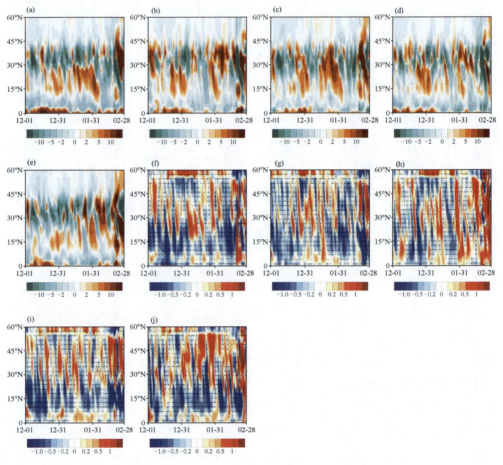

图 8.7　(a) EPS、(b) EPM、(c) EPW、(d) CPM 和 (f) CPW 事件造成的冬季 $100°E\sim120°E$ 平均的 (a)～(e) 日均气溶胶地表浓度（单位：$\mu g\ m^{-3}$）和 (f)～(j) 经向风（单位：$m\ s^{-1}$）随纬度的时间变化[(f)～(j) 中黑点处代表南风异常]

浓度异常[图 8.7(a)～(e)]与风场异常[图 8.7(f)～(j)]显示出较好的一致性:无论在中国北方还是南方,当出现南风异常时,局地日均气溶胶地表浓度上升。然而,中国南方地区的日均气溶胶地表浓度增加不仅与当地的弱南风异常有关,还与同天内中国北方的强北风异常相关。这种气溶胶浓度对风场的响应结果很好地解释了厄尔尼诺事件引起的南-北方向异常输送对气溶胶含量变化的主导作用。尽管除 EPM 型事件外的厄尔尼诺事件在中国北方引起冬季平均气溶胶地表浓度减少,但季节内仍旧存在大量的日均气溶胶地表浓度正异常天数。尤其是 EPS 型事件在中国北方引起冬季平均气溶胶地表浓度最强负异常,但日均气溶胶地表浓度结果中存在多个正异常高值区[图 8.7(a)],这使得强厄尔尼诺发生的冬季中国北方平均的重污染天数明显增加(表 8-3)。

表 8-3　不同试验中冬季重污染天数(单位:天;括号中数值表示重污染天数的变化)

	CLIM	EPS	EPM	EPW	CPM	CPW
中国北方	1.8	4.1(+2.3)	5.9(+4.1)	3.0(+1.2)	0(−1.8)	2.7(+0.9)
中国南方	0.2	0(−0.2)	1.0(+0.8)	4.0(+3.8)	0.1(−0.1)	6.2(+6.0)

不同厄尔尼诺事件对季节内日均气溶胶地表浓度和经向风的影响存在明显差异:相比于 CP 型事件(CPM 和 CPW),EP 型事件(EPS、EPM 和 EPW)在中国北方引起更多伴随南风异常的天数[图 8.7(f)～(h)],这不仅使日均气溶胶地表浓度正异常天数增多[图 8.7(a)～(c)],同时导致重污染天数增加[图 8.6(a)和表8-3]。然而,在中国南方,不同强度的厄尔尼诺事件对重霾污染天数的影响显现更大的差异:相对于强事件和中等强度事件,弱厄尔尼诺事件(EPW 和 CPW)引起更多的日均气溶胶地表浓度正异常天数[图 8.7(c)和(e)],这可能是因为同时间内北方地区存在更多北风异常天数[图 8.7(h)和(j)],高浓度气溶胶颗粒向南传输,造成南方地区重污染天数增加[图 8.6(b)和表 8-3]。

8.4.5　模拟研究不同分布型拉尼娜事件对中国冬季气溶胶浓度时空分布的影响及机制

1. 对冬季平均气溶胶浓度的影响

不同分布型拉尼娜事件对中国冬季气溶胶浓度具有明显的影响,且存在强度和分布差异[详见本项目资助发表论文(22)]。EP 型事件导致中国东部沿海、东北以及西南地区气溶胶地表浓度升高,部分华北、华中及中国南方沿海地区气溶胶地表浓度降低。此外,该事件引起东北、华中、华东及其以南的大范围区域出现气溶胶柱浓度正异常,最大值超过 0.8 mg m^{-2};同时,气溶胶柱浓度负异常仅局限于华北及其以西的小范围区域,最大值在 $-0.6 \sim -0.4$ mg m^{-2}。CP 型拉尼娜事件在中国东部、东北部地区引起显著的气溶胶地表浓度负异常,最大值在 $-0.8 \sim -0.5$ μg m^{-3}。另外,CP 型事件在西南地区和华东沿海地区引起气溶胶地表浓度正异常,最大值在 $0.3 \sim 0.5$ μg m^{-3}。CP 型拉尼娜事件在中国东南地区引起气溶胶柱浓度降低,在中国西南地区以及长江以北的大范围区域引起气溶胶柱浓度增加。

相比之下,CP 型拉尼娜事件引起了更明显的气溶胶浓度降低,尤其是该事件在中国东部和东北部地区引起了大范围的气溶胶地表浓度降低。而 EP 型事件中,中国东部沿海以及东北地区均出现气溶胶地表浓度增加。同时,CP 型拉尼娜事件在中国南方引起的气溶胶地表浓度负异常无论在范围上还是在强度上均强于 EP 型事件结果。此外,两类分布型拉尼娜事件引起的气溶胶柱浓度异常具有明显的分布差异:CP 型拉尼娜事件引起的气溶胶柱浓度异常具有"南负北正"的分布特征,而 EP 型事件引起的气溶胶柱浓度负异常仅局限于华北及周边地区。最后,两类分布型拉尼娜事件在部分地区引起的气溶胶浓度异常均存在地表浓度负异常伴随柱浓度正异常的特征,尤其是在 EP 事件中的华中西南部地区和 CP 型事件中的华北地区。这意味着拉尼娜事件对气溶胶的垂直分布存在显著的影响。

2. 对冬季平均大气环流及气溶胶沉降的影响

本小节进一步分析了不同分布型拉尼娜事件造成的近地表风场和气溶胶质量通量散度的变化[详见本项目资助发表论文(22)]。结果表明,受拉尼娜事件影响,西太平洋上空出现气旋性异常,朝鲜半岛上空出现反气旋性异常。两种异常环流结构共同导致中国南方地区出现东北风异常并伴随气溶胶质量通量辐散,加剧了该地区气溶胶粒子向西输送。这是该事件造成中国南方沿海地区气溶胶地表浓度减少的主要原因。然而,朝鲜半岛上空反气旋异常在中国北方引起明显的南风和西南风异常,同时在该地区存在明显的气溶胶质量通量辐合。上述环流异常抑制了季节盛行西北风对气溶胶污染物的输送,造成中国东部部分地区气溶胶地表浓度升高。

两种不同分布型拉尼娜事件引起的近地表环流异常存在明显的差异。相比于 EP 型事件,CP 型事件同时在西太平洋上空和朝鲜半岛上空引起更强的环流异常,特别是该事件西太平洋上空气旋性异常中心明显更靠近中国东部沿海地区。受此影响,CP 型事件在中国南方引起更强的东风异常和气溶胶粒子西向输送,造成该地区气溶胶地表浓度出现显著减少。这种现象很可能是因为 CP 型拉尼娜事件具有相对偏西的海温异常分布情况,导致该事件对东亚地区环流形势的影响也明显强于 EP 型事件[58]。此外,EP 型拉尼娜事件在乌拉尔山脉上空引起气旋性异常。

该异常的影响范围深入中国华北、东北地区并与朝鲜上空反气旋异常相连结,导致该地区出现明显的南风和西南风异常,抑制了气溶胶污染物向外输送。这可能是 EP 型拉尼娜事件导致中国华东、华北及东北地区出现气溶胶地表浓度增加的主要原因。然而,CP 型拉尼娜事件在西伯利亚群岛上空引起气旋性异常。该异常导致欧亚大陆出现大范围平直的西南风,一定程度上加强了季节盛行西北风对气溶胶粒子的输送能力,造成中国北方气溶胶地表浓度明显降低。

此外,本小节还分析了不同分布型拉尼娜事件引起的对流层中-下层水平环流和垂直速度的异常变化[详见本项目资助发表论文(22)]。两种分布型拉尼娜事件均在西太平洋上空造成 500 hPa 位势高度负异常并在 850 hPa 引起气旋性环流,导致中国南方地区出现东北风异常。相比于 EP 型事件,CP 型拉尼娜事件在西太平洋上空引起了更明显的位势高度负异常,导致中国南方出现更强劲的东北风异常。这可能是该事件较 EP 型拉尼娜事件在中国南方引起更强气溶胶柱浓度降低的原因。此外,CP 型拉尼娜事件在中国东部引起显著的 500 hPa 位势高度正异常,并在 850 hPa 引起反气旋异常。该异常与西太平洋上空位势高度负异常共同在中国南方引起更强劲的东风和东北风异常。同时,850 hPa 反气旋异常西部的南风和西南风异常明显减弱了季节盛行西北风对中国中部和西南地区气溶胶颗粒物的输送效果,结合西南地区地形的阻挡作用,最终导致气溶胶污染物在西南地区和部分华中地区累积。与之相反,EP 型拉尼娜事件在贝加尔湖以西引起显著的 500 hPa 位势高度正异常。该异常在蒙古高原南部引起 850 hPa 西北风异常,并在华北地区引起西南风异常,一定程度上加强了季节盛行风对气溶胶污染物的局地输送作用,导致华北地区气溶胶柱浓度降低。850 hPa 风场异常结果显示,EP 型拉尼娜事件同样在中国东部地区引起反气旋环流异常,导致中国西南和华中地区出现气溶胶柱浓度升高。

结合近地表与对流层中-下层环流异常可以看出,拉尼娜引起的对流层大气运动同样对气溶胶的重新分配具有显著的影响。特别是在中国南方地区,这种"对流层中层下沉运动结合近地表气溶胶质量通量辐散"的异常环流形势引起了该地区气溶胶浓度减小。然而,不同分布型拉尼娜事件引起的 500 hPa 垂直速度异常在中国南方存在明显差异。相比于 CP 型事件,EP 型拉尼娜事件在该地区引起了更强的下沉运动,造成了更稳定的局地环流形势。通过前面的分析可以看出,EP 型事件在中国南方引起的近地表东北风异常和气溶胶质量通量辐散相对较弱。这种强对流层中层下沉运动配合弱近地表辐散异常,可能是导致该事件造成中国南方气溶胶浓度显著增加的重要原因。

气溶胶含量异常分布结果显示,EP 型拉尼娜事件在华中西部和华南地区引起气溶胶地表浓度降低,CP 型事件在中国北方引起气溶胶地表浓度减少。然而,两类分布型拉尼娜事件在对应地区均引起气溶胶柱浓度增加。这意味着该事件影响了气溶胶在大气中的垂直分布。因此，有必要对上述区域的垂直环流特征展开分析。由于拉尼娜事件引起的气溶胶浓度异常在中国中部和东部沿海地区存在明显的差异，本研究将 100°E 以东地区分为中国中部（CC，100°E～110°E）和中国东部（EC，110°E～120°E）地区，分别研究这两个区域纬向平均的经向环流情况。图 8.8 给出了不同分布型拉尼娜事件引起的经向环流和大气温度异常垂直剖面。两类事件均在西太平洋赤道附近地区引起明显的对流层大气温度负距平，对流层高层的温度负异常明显强于对流层中下层，导致该地区出现显著的上升气流，与水平环流场气旋性异常相吻合。同时，拉尼娜事件还在 20°N～45°N 区域对流层高层引起大气温度正距平，形成逆温异常并伴随下沉气流。该异常与低纬度的异常上升气流形成闭合的环流结构，造成 15°N～30°N 区域近地表出现北风异常，这解释了拉尼娜事件在中国南方引起的气溶胶地表浓度降低。

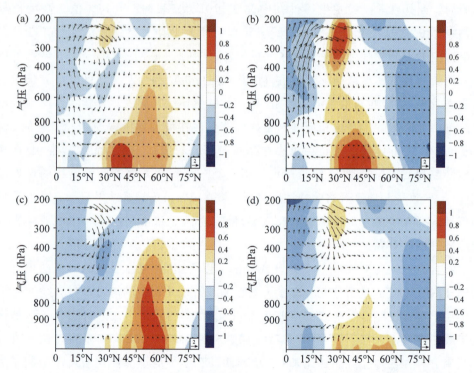

图 8.8　(a)、(c)EP 型和(b)、(d)CP 型拉尼娜事件造成的冬季平均(a)、(b)110°E～120°E 和(c)、(d)100°E～110°E 经向环流(v 单位：$\mathrm{m\ s^{-1}}$；ω 单位：$\mathrm{hPa\ s^{-1}}$)和大气温度（单位：℃）异常随气压的经向变化

对于 EC 区域，EP 型拉尼娜事件在 15°N～30°N 区域对流层下层引起北风异常，而在对流层中层引起的北风异常明显较弱[图 8.8(a)]，结合对流层中-下

层水平环流异常情况,最终导致气溶胶在对流层中层累积。这可能是该事件导致中国南方气溶胶地表浓度降低而柱浓度升高的主要原因。另外,EP 型拉尼娜事件在 CC 区域30°N 附近地区对流层低层引起明显的上升气流,造成局地气溶胶向上输送。同时,EP 型事件在该区域对流层中层出现下沉气流,抑制了气溶胶污染物继续向上输送,最终导致滞留。这可能是 EP 型事件在华中西部地区引起气溶胶地表浓度减少而柱浓度增加的主要原因。CP 型拉尼娜事件在 EC 和 CC 区域引起的经向环流异常与 EP 型事件引起的异常相似,甚至在 15°N～30°N 区域引起相对较弱的北风异常。然而,该事件在中国南方引起气溶胶地表浓度和柱浓度同时降低。这说明水平环流异常对气溶胶浓度分布更具有主导性作用。

8.4.6　基于观测事实讨论不同分布型厄尔尼诺事件对中国京津冀地区冬季霾日数的影响及其机制

1. 对霾日数的影响

本小节首先对中国东部地区各站点冬季霾日数时间序列与不同类型厄尔尼诺指数的相关性进行了分析[详见本项目资助发表论文(10)]。无论东部型还是中部型厄尔尼诺事件,其指数与冬季中国南方地区站点霾日数均表现为一致的负相关。这种分布特征与 8.4.1 节结论相一致。这是因为厄尔尼诺盛行期间,西太平洋反气旋异常带来的降水增加对中国南方冬季霾日数具有明显的减弱效果。然而,对于京津冀地区超过 60% 的站点,冬季霾日数与东部型厄尔尼诺指数呈现正相关关系(121 个站点,占总站点数的 62.1%),与中部型厄尔尼诺指数呈现负相关关系(126 站点,占总站点数的 64.6%)。若仅考虑通过 90% 显著性检验的站点,表示正相关(负相关)的站点的占比将增加至 70.5%(86.2%)(图 8.9)。其余站点可能归因于霾污染的各种诱因的干扰,例如局部排放、天气条件和地形等。尽管站点观测冬季霾日数与厄尔尼诺指数的相关性普遍较低(单站点几乎不超过 0.4),但冬季霾日数对不同分布型厄尔尼诺年的响应存在明显差异[图 8.9(b)和(c)]。东部型和中部型事件与冬季京津冀地区各站点平均的霾日数的相关系数分别达到 0.16 和−0.20,且分别通过了 95% 和 99% 的显著性检验(表 8-4)。这些低相关系数可能意味着 ENSO 对京津冀地区冬季霾日数的影响并不剧烈。值得注意的是,若仅选取通过 90% 显著性检验的站点(图 8.9),计算得到的京津冀地区各站点平均的冬季霾日数与东部型和中部型厄尔尼诺指数时间序列的相关系数分别达到 0.31 和−0.43,且均通过 99% 显著性检验(表 8-4)。

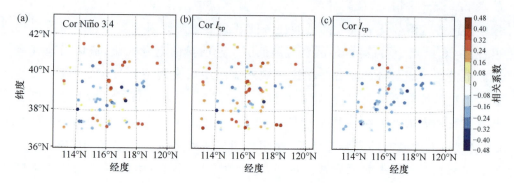

图 8.9　(a)$I_{Niño3.4}$、(b)I_{ep} 和(c)I_{cp} 指数与冬季京津冀地区各站点霾日数时间序列的相关系数。图中仅显示了通过 90% 显著性检验的站点

表 8-4　不同类型厄尔尼诺指数与京津冀地区各站点平均的冬季霾日数时间序列的相关系数（括号中数值表示仅使用通过 90% 显著性检验站点计算站点平均冬季霾日数时间序列的结果）

	Niño3.4	I_{ep}	I_{cp}
相关系数（Cor）	0.04（0.06）	0.16（0.31）	−0.20（−0.43）
P	0.65（0.45）	0.05（<0.01）	0.01（<0.01）

　　图 8.10 展示了相对于冬季气候态（1961—2013 年冬季平均结果）不同厄尔尼诺年合成的京津冀地区冬季平均站点霾日数异常情况。对于京津冀地区的大部分站点，东部型厄尔尼诺年冬季平均霾日数均出现正异常（149 个站点，占总站点数的 76.4%），霾日最大增加值超过 2.0 天（增幅为气候态结果的 17%～79%）。相反，中部型厄尔尼诺年该区域几乎所有站点冬季平均霾日数有所减少（172 个站点，占总站点数的 91.8%），最大减少超过 −2.0 天（降幅为气候态结果的 −13%～−70%）。例如，在东部型厄尔尼诺年冬季，北京、天津及周边地区霾日数增长明

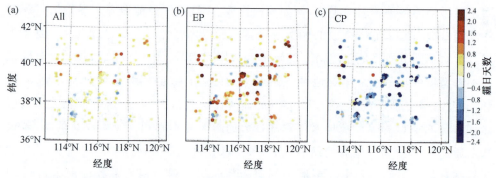

图 8.10　(a)所有厄尔尼诺年、(b)东部型厄尔尼诺年和(c)中部型厄尔尼诺年京津冀地区冬季平均站点霾日数异常情况（单位：天）

显,增幅普遍超过 1.2 天,而中部型厄尔尼诺年冬季同地区霾日数出现相反的变化。另外,应对不同分布型厄尔尼诺年,京津冀西北和东北部地区同样显示出霾日数的相反变化。最后,在京津冀地区两种分布型厄尔尼诺事件引起的霾日数异常的空间相关系数达到−0.71,通过了 99% 显著性检验。

图 8.11 给出了不同分布型厄尔尼诺年冬季京津冀地区站点霾日数的异常分布。根据上述分析可以发现,京津冀地区冬季霾日数异常还会受到局地排放、天气形势和地形等因素的干扰。这些扰动导致对应单个厄尔尼诺年份的霾日数异常分布结果跨度很大。从图 8.11(a)中可以发现,中部型厄尔尼诺年该区域站点霾日数距平中值均在零线以下,说明超过 50% 的站点显示出霾日数负异常;尽管站点霾日数距平中值随不同年份而有所波动,但东部型厄尔尼诺年站点霾日数异常在正距平区域具有更广的分布,多数该类事件年份站点霾日数正距平极值超过 10 天[未展示在图 8.11(a)中]。此外,不同分布型厄尔尼诺年站点霾日数异常分布还表现出年代际变化的特征。1980—1999 年,准四年振荡模态更强,东部型事件发生频率高,京津冀地区站点霾日数正异常比重大、正极值高。2000 年后,中部型事件发生频率增加,对应热带太平洋以准两年振荡模态为主导,该区域站点霾日数负异常比重增加、负极值增大。这种现象可能与厄尔尼诺典型模态相对活跃性的年代际转换相关[94]。从图 8.11(b)不同类型厄尔尼诺年的合成变化情况也可以看出,东部型厄尔尼诺年京津冀地区站点霾日数异常主要分布于正距平区域,中部型年份霾日数异常以负距平为主。

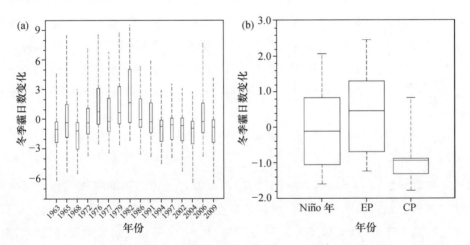

图 8.11　厄尔尼诺年京津冀地区冬季站点霾日数异常分布(a)时间序列和(b)不同类型厄尔尼诺年合成(单位:天;蓝色:东部型厄尔尼诺年;红色:中部型厄尔尼诺年;黑色:所有厄尔尼诺年;每一个箱型图中方框的上、下边界分别代表上、下四分位,方框中的横线代表中值,虚线的上、下端点分别代表样本中的 5% 和 95% 分位)

综上所述，不同分布类型厄尔尼诺事件对京津冀地区霾日数存在相反的影响，东部型事件导致京津冀地区冬季霾日数增加，而中部型事件造成该区域冬季霾日数减少。这可能是以往将厄尔尼诺事件作为整体考虑的研究[21,95]中发现京津冀地区冬季霾日数和厄尔尼诺指数时间序列的相关系数统计上不显著的原因。

2. 不同分布型厄尔尼诺年冬季平均的大尺度环流异常

本小节从大尺度环流异常的角度，分析了不同分布型厄尔尼诺事件影响京津冀地区霾日数的潜在物理机制[详见本项目资助发表论文(10)]。先前的研究发现，中国北方冬季严重霾污染事件往往伴随近地表北风风速和对流层中层东亚大槽减弱[24]；东亚季风减弱、500 hPa 高压异常以及大气稳定度增加则会显著促进北京地区大气污染的形成[3,96]。

东部型厄尔尼诺年冬季，东亚地区表面温度普遍升高，尤其是中国北方、东北以及西伯利亚东部地区，升温异常最大值达到 2 K。东亚地区海平面气压普遍降低，尤其是 30°N 以北地区海平面气压降低更加显著，其中西伯利亚东部地区最大距平达到 -4 hPa。这种近地表增温和低压的气象条件异常一方面不利于西伯利亚高压系统南下，减弱东亚冬季风对中国北方气溶胶污染物的输送作用；另一方面形成相对静稳的环流形势，有利于污染物的生成和累积。此外，东部型厄尔尼诺年冬季，西北太平洋上空 500 hPa 处存在显著的位势高度正异常，中心位于日本南部和西北太平洋上空，最大正距平超过 20 gpm（位势米）。该位势高度正异常向西覆盖了中国东北和东部地区。同时，中国西南地区上空 500 hPa 处存在位势高度负异常。如此的位势高度异常分布使得冬季中国东部、东北部地区对流层中-下层出现南风异常。对于京津冀地区，显著的南风异常削弱了季节盛行的西北风，风速最大负距平超过 0.5 m s^{-1}。这种异常环流形势不利于京津冀地区气溶胶污染物向外输送。相似的大尺度环流形势异常还存在于 2015/2016 年超强东部型厄尔尼诺事件中[30]。

相比之下，中部型厄尔尼诺年冬季，近地表增温和气压下降等异常在中国南方更加明显。在长江以南地区，表面温度正异常和海平面气压负异常最大值分别达到 0.8 K 和 -3 hPa。然而，在中国北方，表面温度正异常和海平面气压负异常的强度明显弱于相应的东部型厄尔尼诺年的变化。在中国东北以及西伯利亚地区，表面温度显著降低，最大负距平达到 -2 K。此外，中部型厄尔尼诺年，贝加尔湖以西和阿留申地区上空 500 hPa 处存在位势高度负异常，日本南部、朝鲜半岛上空 500 hPa 处存在位势高度正异常。这种位势高度场异常导致东亚大槽向西偏移[97]。受此影响，中国 30°N 以北地区对流层中-下层出现大范围的北风和西北风异常，导致该季节盛行的北风风速显著增加。如此的环流形势异常有利于京津冀地区空气污染物的扩散。中部型厄尔尼诺年冬季，中国东部地区月均降水量明显增加,特别是东南沿海地区,最大正距平超过 20 mm。而东部型厄尔尼诺年冬季,月均降水仅在中国南方增加,最大增长超过 10 mm,中国中部和东北地区降水略有减少。尽管不同分布型事件年份京津冀地区均存在降水量异常增加,并且增加幅度相当,但中部型厄尔尼诺年冬季该地区降水量正异常范围明显更广。这更有利于增强颗粒物的湿沉降。

前人的研究强调了二次无机和有机气溶胶生成对霾污染存在重要贡献[98-100]。Ma 等[101]将 $PM_{2.5}$ 由重污染($150{\sim}250\ \mu g\ cm^{-3}$)上升到严重污染($>250\ \mu g\ cm^{-3}$)归因于气溶胶的化学转化过程,并认为其主导了重霾污染的后期阶段。实验室研究和环境监测结果显示,二次气溶胶的生成及其理化特性显著依赖于温度[102-104]和相对湿度[105-108]。考虑到中国北方冬季温度低、臭氧含量低、煤炭消耗高[109],$PM_{2.5}$浓度上升主要归因于非均相反应的贡献,而不是光化学反应[101]。因此,有利于非均相反应的气象要素,诸如相对湿度等,被证实正相关于 $PM_{2.5}$ 浓度[99,100]。然而,一些研究指出相对湿度和中国北方冬季霾日数之间的相关关系并不显著,或为负相关关系[24,95,110]。本研究结果发现,中部型厄尔尼诺年中国东部地区相对湿度显著增加,而在东部型年份,相对湿度仅在中国南方有所增加,在京津冀地区的变化并不显著。这些应对于不同分布型厄尔尼诺年份的对流层中-下层相对湿度异常与京津冀地区相应的冬季霾日数变化并不一致。这表明不同分布型厄尔尼诺事件主要通过影响气溶胶污染物的跨区域输送调节京津冀地区霾日数的变化,对应霾污染的初期阶段[101]。

3. 不同分布型厄尔尼诺年冬季季节内局地气象条件的异常

这部分从季节内局地气象条件变化角度进一步分析了不同分布型厄尔尼诺事件对京津冀地区霾污染的影响。根据 T-mode 主成分分析和 K-means 聚类分析方法,首先鉴别了冬季京津冀地区 8 种天气类型,然后对比了不同分布型厄尔尼诺事件对这些天气类型的影响。10 个东部型(6 个中部型)厄尔尼诺年各天气类型冬季平均结果与气候态天气类型冬季平均结果的差值定义为东部型(中部型)厄尔尼诺年冬季局地气象条件变化。

图 8.3 和 8.4 分别给出了京津冀地区冬季 8 种天气类型气候态的海平面气压、2 m 处空气温度和 10 m 处风场的分布。从图中可以看出,类型 1、类型 2、类型 3 和类型 4 等 4 个天气类型中京津冀地区具有更大的西北-东南向的海平面气压梯度[图 8.3(a)~(d)]和更强的北风[图 8.4(a)~(d)]。特别是对于类型 1 和类型 2,京津冀地区西北部存在强度更强、覆盖范围更广的高压系统[图 8.3(a)和(b)]以及更强的季节盛行西北风和北风[图 8.4(a)和(b)]。这意味着在这些天气类型下冷空气活动较强,有利于局地气溶胶污染物向外传输。相反,类型 5、类型 6、类型 7 和类型 8 等 4 个天气类型中京津冀地区西北-东南方向海平面气压梯度明显

较小[图 8.3(e)～(h)]，季节盛行风为西风或西北风并且风速较弱[图 8.3(e)～(h)]。类型 7 和类型 8 中，京津冀地区存在显著的带状低压区域[图 8.3(g)和(h)]，该区域的东南部，季节盛行风转变为西南风[图 8.4(g)和(h)]。这种低压、弱风的环流形势不利于冷空气的南下活动，同时造成了京津冀局地大气静稳，导致局地气溶胶污染物累积。因此，本小节将类型 1、类型 2、类型 3 和类型 4 定义为清洁天气类型，将类型 5、类型 6、类型 7 和类型 8 定义为污染天气类型。

表 8-5 分别给出了气候态和不同分布型厄尔尼诺年份冬季清洁和污染天气类型的发生概率。相较于气候态结果，东部型和中部型厄尔尼诺年污染和清洁天气类型发生概率的合成变化完全相反。东部型厄尔尼诺年清洁天气类型发生概率减少了 0.2%，污染天气类型发生概率增加了 0.4%；而中部型厄尔尼诺年冬季清洁天气类型发生概率增加了 0.6%，污染天气类型发生概率减少了 0.5%。这意味着东部型厄尔尼诺年冬季冷空气活动天数减少，有利于气溶胶污染物累积的天数增加；而中部型厄尔尼诺年冷空气活动天数有所增加，有利于气溶胶污染物累积的天数减少。值得注意的是，不同分布型厄尔尼诺事件引起的各污染或清洁天气类型发生概率变化间存在差异。这种差异导致发生概率的综合变化在量级上相对较小。然而，不同分布型厄尔尼诺年份污染和清洁天气类型发生概率的综合变化与同期霾日数的变化整体上是一致的。

表 8-5　气候态和不同分布型厄尔尼诺年份冬季各天气类型的发生概率
（单位:%；括号内数值代表相对于气候态结果的变化）

		气候态	EP	CP
清洁天气类型	T1	10.3%	10.6%（+0.3%）	10.3%（+0%）
	T2	13.1%	13.6%（+0.5%）	14.0%（+0.9%）
	T3	14.8%	14.7%（−0.1%）	14.9%（+0.1%）
	T4	15.6%	14.7%（−0.9%）	15.2%（−0.4%）
	总和	53.8%	53.6%（−0.2%）	54.4%（+0.6%）
污染天气类型	T5	17.2%	16.6%（−0.6%）	14.9%（−2.3%）
	T6	13.5%	13.0%（−0.5%）	15.1%（+1.6%）
	T7	10.6%	10.2%（−0.4%）	11.3%（+0.7%）
	T8	4.8%	6.7%（+1.9%）	4.3%（−0.5%）
	总和	46.1%	46.5%（+0.4%）	45.6%（−0.5%）

东部型厄尔尼诺年冬季，除了类型 1 和类型 6 中京津冀地区存在普遍的海平面气压负异常，其余天气类型中该地区西北部、北部海平面气压降低，东南部、南部海平面气压显著升高（图 8.12）。因此，相比于气候态结果（图 8.3），东部型厄尔尼

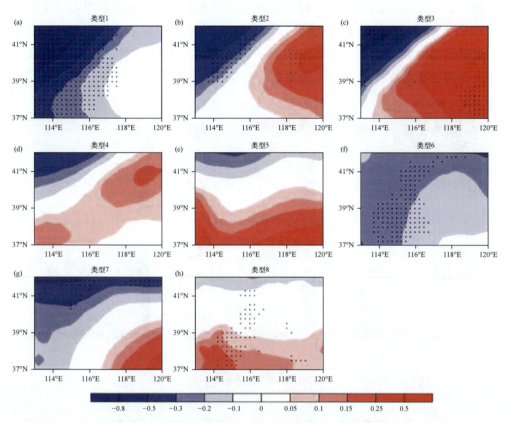

图 8.12　东部型厄尔尼诺年冬季京津冀地区 8 种天气类型中海平面气压异常分布(黑点区域表示 60% 的成员显示相同的符号,单位:hPa)

诺年冬季各天气类型中京津冀地区海平面气压梯度明显减小。受此影响,无论是清洁天气类型还是污染天气类型,京津冀地区近地表普遍呈现出南风异常(图 8.14)。此外,除了类型 1 和类型 5,多数天气类型中京津冀地区表面温度异常主要分布于正距平区域,表明该地区存在普遍的温度升高异常(图 8.14)。上述分析表明,东部型厄尔尼诺年冬季,8 种天气类型在京津冀地区均存在表面气压降低、风速减弱和近地表温度升高等气象条件异常,天气形势趋于稳定。这意味着污染天气类型对京津冀地区气溶胶污染物向外输送的抑制效果得到强化。同时,这些气象条件异常导致冷空气南下活动受到抑制,清洁天气类型对该地区气溶胶污染物的清除效果遭到削弱。

相反,中部型厄尔尼诺年冬季,清洁天气类型中京津冀地区的西北和北部存在不同程度的海平面气压升高异常,该地区东南和南部存在海平面气压降低异常,海平面气压梯度显著增大[图 8.3(a)~(d)和图 8.13(a)~(d)]。与之相对应,清洁天气类型中京津冀地区近地表经向风异常主要分布于负距平区域[图 8.14(d)],

说明季节盛行的西北风增强。同时，该类天气类型中京津冀地区表面温度异常也主要分布于负距平区域［图 8.14(b)］，说明近地表存在明显降温。这表明中部型厄尔尼诺年冬季，清洁天气类型中有利于京津冀地区空气污染物扩散的天气条件强度进一步得到增强，这可能是该地区同期霾日数减少的原因。

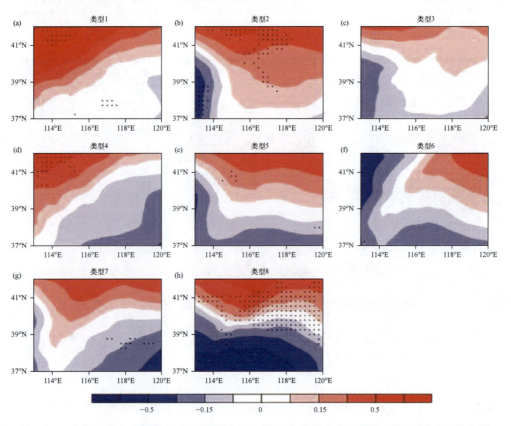

图 8.13　中部型厄尔尼诺年冬季京津冀地区 8 种天气类型中海平面气压异常分布(黑点区域表示 60% 的成员显示相同的符号，单位：hPa)

　　综上所述，不同分布型厄尔尼诺事件对季节内局地气象条件的影响存在明显的差异。这种差异可能是导致不同分布型厄尔尼诺年京津冀地区存在相反的霾日数异常的重要原因。东部型厄尔尼诺年冬季，京津冀地区霾日数增多可能与清洁天气类型天数减少、污染天气类型天数增加，以及清洁天气类型清除效果减弱、污染天气类型抑制效果增强等因素相关。中部型厄尔尼诺年冬季，该地区霾日数减少主要归因于清洁天气类型天数增加、污染天气类型天数减少。此外，清洁天气类型存在更有利于气溶胶污染物向外输送的环流形势，对京津冀地区霾日数减小具有一定贡献。

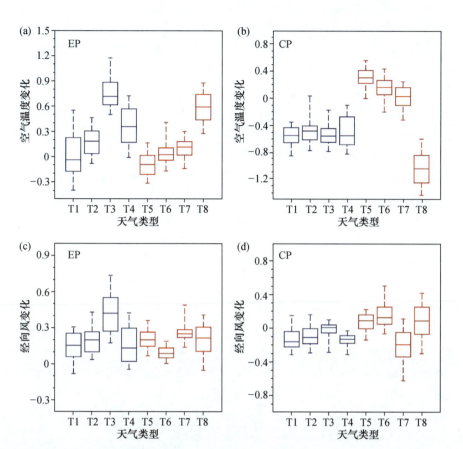

图 8.14 不同分布型厄尔尼诺年冬季京津冀地区 8 种天气类型下(a)、(b)2 m 处空气温度(单位：K)和(c)、(d)10 m 处经向风(单位：m s^{-1})异常分布。(a)和(c)代表东部型厄尔尼诺年冬季的异常结果,(b)和(d)代表中部型厄尔尼诺年冬季的异常结果;蓝色代表清洁天气类型,红色代表污染天气类型,每一个箱型图中方框的上、下边界分别代表上、下四分位,方框中的横线代表中值,虚线的上、下端点分别代表样本中的 5% 和 95% 分位

8.4.7 本项目资助发表论文(按时间倒序)

(1) Liu Q, Duan S Y, He Q S, et al. The variability of warm cloud droplet radius induced by aerosols and water vapor in Shanghai from MODIS observations. Atmospheric Research, 2021, 253(2021)：105470.

(2) Wang Z L, Lin L, Xu Y Y, et al. Incorrect Asian aerosols affecting the attribution and projection of regional climate change in CMIP6 models. npj Climate and Atmospheric Science, 2021, 4(1)：2.

(3) Zhang H, Zhao M, Chen Q, et al. Water and ice cloud optical thickness changes and radiative effects in East Asia. Journal of Quantitative Spectroscopy and Radiative Transfer, 2020,

254(2020)：107213.

(4) Zhang H, Zhu S H, Zhao S Y, et al. Establishment of high-resolution aerosol parameterization and its influence on radiation calculations. Journal of Quantitative Spectroscopy and Radiative Transfer, 2020, 243(2020)：106802.

(5) Yang D D, Zhang H, Li J N. Changes in anthropogenic $PM_{2.5}$ and the resulting global climate effects under the RCP4.5 and RCP8.5 Scenarios by 2050. Earth's Future, 2020, 8(1)：e2019EF001285.

(6) Wang F, Zhang H, Chen Q, et al. Analysis of short-term cloud feedback in East Asia using cloud radiative kernels. Advances in Atmospheric Sciences, 2020, 37：1007-1018.

(7) Zhao M, Zhang H, Wang H B, et al. The change of cloud top height over East Asia during 2000—2018. Advances in Climate Change Research, 2020, 11(2)：110-117.

(8) 游婷, 张华, 王海波, 等. 夏季白天中国中东部不同类型云分布特征及其对近地表气温的影响研究. 大气科学, 2020, 44(4)：835-850.

(9) 赵敏, 张华, 王海波, 等. 2000—2018年东亚地区云顶高度的时空变化特征. 气候变化研究进展, 2020, 16(5)：599-591.

(10) Yu X C, Wang Z L, Zhang H, et al. Contrasting impacts of El Niño events on winter haze days in China's Jing-Jin-Ji region. Atmospheric Chemistry and Physics 2020, 20(17)：10279-10293.

(11) Liu X, Kan Y M, Liu Q, et al. Evaluation of net shortwave radiation over China with a regional climate model. Climate Research, 2020, 80(2)：147-163.

(12) Liu T Q, Liu Q, Chen Y H, et al. Effect of aerosols on the macro- and micro-physical properties of warm clouds in the Beijing-Tianjin-Hebei region. Science of the Total Environment, 2020, 720(2020)：137618.

(13) Liu Q, Liu X, Liu T Q, et al. Seasonal variation in particle contribution and aerosol types in Shanghai based on satellite data from MODIS and CALIOP. Particuology, 2020, 51(D22)：18-25.

(14) Liu Q, Cheng N X, He Q S, et al. Meteorological conditions and their effects on the relationship between aerosol optical depth and macro-physical properties of warm clouds over Shanghai based on MODIS. Atmospheric Pollution Research, 2020, 11(9)：1637-1644.

(15) 程宁熹, 刘湾湾, 刘琼, 等. 北京地区对流层低层臭氧及硫酸盐气溶胶时空分布特征. 中国环境科学, 2020, 40(11)：4669-4678.

(16) Guan H, Liu Q, Wang Y Y, et al. The accuracy improvement of clear-sky surface shortwave radiation. Science of the Total Environment, 2020, 749(2020)：141671.

(17) 张华, 荆现文, 彭杰. 云辐射与气候. 北京：气象出版社, 2019.

(18) An Q, Zhang H, Wang Z L, et al. The development of an atmospheric aerosol/chemistry-climate model, BCC_AGCM_CUACE2.0, and simulated effective radiative forcing of nitrate aerosols. Journal of Advances in Modeling Earth Systems, 2019, 11(11)：3816-3835.

（19）张绍会，谢冰，张华，等. 基于 AIRS 卫星的全球和东亚地区 CO_2 时空特征分析. 大气与环境光学学报，2019，14(6)：442-454.

（20）Yang D D，Zhang H，Li J N. Changes in concentrations of fine and coarse particles under the CO_2-induced global warming. Atmospheric Research，2019，230(2019)：104637.

（21）Yu X C，Wang Z L，Zhang H，et al. Impacts of different types and intensities of El Niño events on winter aerosols over China. Science of the Total Environment，2019，655(2019)：766-780.

（22）于晓超. 不同分布型和强度 ENSO 事件对中国冬季气溶胶浓度的影响. 南京信息工程大学，2019.

（23）王海林，刘琼，陈勇航，等. MODIS C006 气溶胶光学厚度产品在京津冀典型环境背景下的适用性. 环境科学，2019，40(1)：44-54.

（24）Liu Q，Liu T Q，Chen Y H，et al. Effects of aerosols on the surface ozone generation via a study of the interaction of ozone and its precursors during the summer in Shanghai，China. Science of the Total Environment，2019，675(2019)：235-246.

（25）赵楠，曹梵诗，田晴，等. 长三角地区吸收性气溶胶时空分布特征. 环境科学，2019，40(9)：3898-3907.

（26）胡俊，钟珂，亢燕铭，等. 新疆典型城市气溶胶光学厚度变化特征. 中国环境科学，2019，39(10)：4074-4081.

（27）Zhang H，Zhou C，Zhao S Y. Influences of the internal mixing of anthropogenic aerosols on global aridity change. Journal of Meteorological Research，2018，32(5)：723-733.

（28）Zhang H，Xie B，Wang Z L. Effective radiative forcing and climate response to short-lived climate pollutants under different scenarios. Earth's Future，2018，6(6)：857-866.

（29）Zhao S Y，Zhang H，Xie B. The effects of El Niño-South Oscillation on the winter haze pollution of China. Atmospheric Chemistry and Physics，2018，18：1863-1877.

（30）Zhou C，Zhang H，Zhao S Y，et al. The effective radiative forcing of partial internally and externally mixed aerosols and their effects on global climate. Journal of Geophysical Research，2018，123(1)：401-423.

（31）张绍会，谢冰，张华，等. 全球和东亚地区 CH_4 浓度时空分布特征分析. 中国环境科学，2018，38(12)：4401-4408.

（32）Jing X W，Zhang H，Satoh M，et al. Improving tropical cloud overlap representation in GCMs based on cloud-resolving model data. Journal of Meteorological Research，2018，32(2)：233-245.

（33）朱思虹，张华，卫晓东，等. 不同污染条件下气溶胶对短波辐射通量影响的模拟研究. 气象学报，2018，76(5)：130-142.

（34）王海波，张华，荆现文，等. 不同云重叠参数对全球和东亚地区模拟总云量的影响. 气象学报，2018，76(5)：767-778.

（35）陈琪，张华. Henye-Greenstein 近似对冰云短波辐射计算的影响. 光学学报，2018，38

（8）：277-285.

（36）陈春美，钟珂，陈勇航，等. 旱区典型城市云对太阳辐射的影响. 干旱区研究，2018，35（2）：436-443.

（37）石颖颖，朱书慧，李莉，等. 长三角地区大气污染演变趋势及空间分异特征. 兰州大学学报：自然科学版，2018，54（2）：184-191.

（38）刘湾湾，刘琼，陈勇航，等. 上海地区对流层低层臭氧及硫酸盐气溶胶时空分布特征研究. 环境科学学报，2018，38（6）：2214-2222.

（39）曾思齐，秦艳，陈勇航. 上海市通风廊道的识别及影响分析. 东华大学学报（自然科学版），2018，44（6）：954-958.

（40）Lin L，Wang Z L，Xu Y Y，et al. Larger sensitivities of precipitation extremes in response to aerosol than greenhouse gas forcing in CMIP5 models. Journal of Geophysical Research：Atmospheres，2018，123（15）：8062-8073.

（41）张华，安琪，赵树云，等. 关于硝酸盐气溶胶光学特征和辐射强迫的研究进展. 气象学报，2017，75（4）：539-551.

（42）张华，王志立，赵树云. 大气气溶胶及其气候效应. 北京：气象出版社，2017.

（43）Zhao S Y，Zhang H，Wang Z L，et al. Simulating the effects of anthropogenic aerosols on terrestrial aridity using an aerosol-climate coupled model. Journal of Climate，2017，30（18）：7451-7463.

（44）Zhou C，Zhang H，Zhao S Y，et al. Simulated effects of internal mixing of anthropogenic aerosols on the aerosol-radiation interactions and global temperature. International Journal of Climatology，2017，37（1）：972-986.

（45）杨冬冬，赵树云，张华，等. 未来全球 $PM_{2.5}$ 浓度时空变换特征的模拟研究. 中国环境科学，2017，37（3）：1201-1212.

（46）Wang Z L，Wang Q Y，Zhang H. Equilibrium climate responses of the East Asian summer monsoon to various anthropogenic aerosol species. Journal of Meteorological Research，2017，31（6）：1018-1033.

（47）Wang Z L，Lin L，Yang M L，et al. Disentangling fast and slow responses of the East Asian summer monsoon to reflecting and absorbing aerosol forcings. Atmospheric Chemistry and Physics，2017，17（18）：1-26.

（48）刘海晨，丁明月，江文华，等. 从气溶胶微物理属性分析冬季重庆地区霾的垂直分布特征. 长江流域资源与环境，2017，26（4）：641-648.

（49）Liu Q，Ma X J，Yu Y R，et al. Comparison of aerosol characteristics during haze periods over two urban agglomerations in China using CALIPSO observations. Particuology，2017，33（2017）：63-72.

（50）庞明珠，周黛怡，陈勇航，等. 基于 CERES/Aqua 卫星资料的新疆地面向下短波辐射时空分布特征. 沙漠与绿洲气象，2017，11（5）：9-15.

（51）Wang Z L，Lin L，Zhang X Y，et al. Scenario dependence of future changes in climate extremes under 1.5 ℃ and 2 ℃ global warming. Scientific Reports，2017，7，46432.

参考文献

[1] Ostro B，Feng W Y，Broadwin R，et al. The effects of components of fine particulate air pollution on mortality in California：Results from CALFINE. Environmental health perspectives，2006，115(1)：13-19.

[2] Zhang X Y，Wang Y Q，Niu T，et al. Atmospheric aerosol compositions in China：Spatial/temporal variability，chemical signature，regional haze distribution and comparisons with global aerosols. Atmospheric Chemistry and Physics，2012，12(2)：779-799.

[3] Zhang R H，Li Q，Zhang R N. Meteorological conditions for the persistent severe fog and haze event over eastern China in January 2013. Science China Earth Sciences，2014，57(1)：26-35.

[4] Ding Y H，Liu Y J. Analysis of long-term variations of fog and haze in China in recent 50 years and their relations with atmospheric humidity. Science China Earth Sciences，2014，57(1)：36-46.

[5] Silva R A，Adelman Z，Fry M M，et al. The impact of individual anthropogenic emissions sectors on the global burden of human mortality due to ambient air pollution. Environmental health perspectives，2016，124(11)：1776-1784.

[6] Cao J J，Lee S C，Chow，J C，et al. Spatial and seasonal distributions of carbonaceous aerosols over China. Journal of Geophysical Research，2007，112(D22S11)：1-9.

[7] Zhang H，Wang Z L，Wang Z Z，et al. Simulation of direct radiative forcing of aerosols and their effects on East Asian climate using an interactive AGCM-aerosol coupled system. Climate Dynamics，2012，38(7-8)：1675-1693.

[8] Zhu J L，Liao H，Li J P. Increases in aerosol concentrations over eastern China due to the decadal-scale weakening of the East Asian Summer Monsoon. Geophysical Research Letters，2012，39(9)：1-6.

[9] 张小曳，徐祥德，丁一汇，等.2013—2017 年气象条件变化对中国重点地区 $PM_{2.5}$ 质量浓度下降的影响. 中国科学：地球科学，2020，49(4)：483-500.

[10] Yin Z C，Wang H J. Role of atmospheric circulations in haze pollution in December 2016. Atmospheric Chemistry and Physics，2017，17(18)：11673-11681.

[11] Wang H J，Chen H P. Understanding the recent trend of haze pollution in eastern China：Roles of climate change. Atmospheric Chemistry and Physics，2016，16(6)：4205-4211.

[12] 任国玉，郭军，徐铭志，等. 近 50 年中国地面气候变化基本特征. 气象学报，2005，63(6)：948-952.

[13] Cai W J，Li K，Liao H，et al. Weather conditions conducive to Beijing severe haze more

frequent under climate change. Nature Climate Change，2017，7(4)：257.

[14] Ding Y H，Wu P，Liu Y J，et al. Environmental and dynamic conditions for the occurrence of persistent haze events in North China. Engineering，2017，3(2)：266-271.

[15] 徐祥德，王寅钧，赵天良，等. 中国大地形东侧霾空间分布"避风港"效应及其"气候调节"影响下的年代际变异. 科学通报，2015，60(12)：1132-1143.

[16] Wu P，Ding Y H，Liu Y J. Atmospheric circulation and dynamic mechanism for persistent haze events in the Beijing-Tianjin-Hebei region. Advances in Atmospheric Sciences，2017，34(4)：429-440.

[17] Yin Z C，Wang H J. The relationship between the subtropical Western Pacific SST and haze over North-Central North China Plain. International Journal of Climatology，2016，36(10)：3479-3491.

[18] Gao Y，Chan D. A dark October in Beijing 2016. Atmospheric and Oceanic Science Letters，2017，10(3)：206-213.

[19] Li Q，Zhang R，Wang Y. Interannual variation of the wintertime fog-haze days across central and eastern China and its relation with East Asian winter monsoon. International Journal of Climatology，2016，36(1)：346-354.

[20] Wang H J，Chen H P，Liu J P. Arctic sea ice decline intensified haze pollution in eastern China. Atmospheric and Oceanic Science Letters，2015，8(1)：1-9.

[21] Li S，Han Z，Chen H. A comparison of the effects of interannual Arctic sea ice loss and ENSO on winter haze days：Observational analyses and AGCM simulations. Journal of Meteorological Research，2017，31(5)：820-833.

[22] Zou Y，Wang Y，Zhang Y，et al. Arctic sea ice，Eurasia snow，and extreme winter haze in China. Science Advances，2017，3(3)：e1602751.

[23] Mu M，Zhang R H. Addressing the issue of fog and haze：A promising perspective from meteorological science and technology. Science China Earth Sciences，2014，57：1-2.

[24] Chen H P，Wang H J. Haze days in North China and the associated atmospheric circulations based on daily visibility data from 1960 to 2012. Journal of Geophysical Research：Atmospheres，2015，120：5895-5909.

[25] Zhang L，Liao H，Li J P. Impacts of Asian Summer Monsoon on seasonal and interannual variations of aerosols over eastern China. Journal of Geophysical Research，2010，115，D00K05.

[26] Yan L P，Liu X D，Yang P，et al. Study of the impact of summer monsoon circulation on spatial distribution of aerosols in East Asia based on numerical simulation. Journal of Applied Meteorology and Climatology，2011，50：2270-2282.

[27] Wang B，Wu R，Fu X. Pacific-East Asian teleconnection：How does ENSO affect East Asian climate? Journal of Climate，2000，13(9)：1517-1536.

[28] Ding Q，Wang B，Wallace J M，et al. Tropical-extratropical teleconnections in boreal sum-

mer: Observed interannual variability. Journal of Climate, 2011, 24(7): 1878-1896.

[29] Timmermann A, An S I, Kug J S, et al. El Niño-Southern Oscillation complexity. Nature, 2018, 559(7715): 535.

[30] Chang L, Xu J, Tie X, et al. Impact of the 2015 El Niño event on winter air quality in China. Scientific Reports, 2016, 6: 34275.

[31] Feng J, Zhu J, Li Y. Influences of El Niño on aerosol concentrations over eastern China. Atmospheric Science Letters, 2016, 17(7): 422-430.

[32] Cai W, Wang G, Dewitte B, et al. Increased variability of eastern Pacific El Niño under greenhouse warming. Nature, 2018, 564(7735): 201.

[33] Bjerknes J. Atmospheric teleconnections from the equatorial Pacific. Monthly Weather Review, 1969, 97(3): 163-172.

[34] Kug J S, Jin F F, An S I. Two types of El Niño events: Cold tongue El Niño and warm pool El Niño. Journal of Climate, 2009, 22(6): 1499-1515.

[35] Ashok K, Behera S K, Rao S A, et al. El Niño Modoki and its possible teleconnection. Journal of Geophysical Research: Oceans, 2007, 112(C11).

[36] Takahashi K, Montecinos A, Goubanova K, et al. ENSO regimes: Reinterpreting the canonical and Modoki El Niño. Geophysical Research Letters, 2011, 38(10).

[37] Rayner N A A, Parker D E, Horton E B, et al. Global analyses of sea surface temperature, sea ice, and night marine air temperature since the late nineteenth century. Journal of Geophysical Research: Atmospheres, 2003, 108(D14).

[38] Bejarano L, Jin F F. Coexistence of equatorial coupled modes of ENSO. Journal of Climate, 2008, 21(12): 3051-3067.

[39] Kao H Y, Yu J Y. Contrasting eastern-Pacifc and central-Pacifc types of ENSO. Journal of Climate, 2009, 22: 615-632.

[40] Lengaigne M, Guilyardi E, Boulanger J P, et al. Triggering of El Niño by westerly wind events in a coupled general circulation model. Climate Dynamics, 2004, 23: 601-620.

[41] Choi J, An S I, Yeh S W. Decadal amplitude modulation of two types of ENSO and its relationship with the mean state. Climate Dynamics, 2012, 38: 2631-2644.

[42] Wang B. Interdecadal changes in El Niño Onset in the last four decades. Journal of Climate, 1995, 8(2):267-285.

[43] Wang Q, Wang Z, Zhang H. Impact of anthropogenic aerosols from global, East Asian, and non-East Asian sources on East Asian summer monsoon system. Atmospheric Research, 2017, 183(Complete):224-236.

[44] Shi H, Zhang Z, Ren H, et al. Observed ENSO intensity changes during 1900—2015. Climate Change Research, 2017,13(1):1-10.

[45] Ren H L, Wang R, Zhai P M, et al. Upper-ocean dynamical features and prediction of the super El Niño in 2015/2016: A comparison with 1982/1983 and 1997/1998. Acta Meteoro-

logica Sinica，2017,31(2):278-294.

[46] Kug J S, Ham Y G. Are there two types of La Niña? Geophysical Research Letters，2011，38(16):239-255.

[47] Hoerling M P, Kumar A. Why do North American climate anomalies differ from one El Niño event to another? Geophysical Research Letters，1997，24(9)：1059-1062.

[48] Karoly D J, Hoskins B J. Three dimensional propagation of planetary waves. Journal of the Meteorological Society of Japan. Ser. Ⅱ，1982，60(1)：109-123.

[49] Ropelewski C F, Halpert M S. Global and regional scale precipitation patterns associated with the El Niño/Southern Oscillation. Monthly Weather Review，1987，115（8）：1606-1626.

[50] Chen W, Lan X Q, Wang L, et al. The combined effects of the ENSO and the Arctic Oscillation on the winter climate anomalies in East Asia. Chinese Science Bulletin，2013，58(12):1355-1362.

[51] Kim J W, An S I, Jun S Y, et al. ENSO and East Asian winter monsoon relationship modulation associated with the anomalous northwest Pacific anticyclone. Climate Dynamics，2017,49(4):1157-1179.

[52] Feng J, Chen W, Tam C Y, et al. Different impacts of El Niño and El Niño Modoki on China rainfall in the decaying phases. International Journal of Climatology, 2011, 31(14)：2091-2101.

[53] 赵树云,陈丽娟,崔童. ENSO 位相转换对华北雨季降水的影响. 大气科学,2017, 41(4)：857-868.

[54] Gao H, Li X. Influences of El Niño Southern Oscillation events on haze frequency in eastern China during boreal winters. International Journal of Climatology，2015，35（9）：2682-2688.

[55] Feng J, Li J, Zhu J, et al. Influences of El Niño Modoki event 1994/1995 on aerosol concentrations over southern China. Journal of Geophysical Research：Atmospheres，2016，121(4):1637-1651.

[56] Sun J, Li H, Zhang W, et al. Modulation of the ENSO on winter aerosol pollution in the eastern region of China. Journal of Geophysical Research：Atmospheres，2018，11：952-969.

[57] Yuan Y, Yan H M. Different types of La Niña events and different responses of the tropical atmosphere. Chinese Science Bulletin，2013，58(3):406-415.

[58] Feng J, Wang X. Impact of two types of La Niña on boreal autumn rainfall around Southeast Asia and Australia. Atmospheric and Oceanic Science Letters，2018，11(1):1-6.

[59] Gong D, Wang S. Impacts of ENSO on rainfall of global land and China. Chinese Science Bulletin, 1999，44(9):852-857.

[60] Schichtel B A, Husar R B, Falke S R, et al. Haze trends over the United States, 1980—

1995. Atmospheric Environment，2001，35：5205-5210.

[61] Doyle M，Dorling S. Visibility trends in the UK 1950—1997. Atmospheric Environment，2002，36：3161-3172.

[62] Wu D，Wu X J，Li F，et al. Temporal and spatial variation of haze during 1951—2005 in Chinese mainland. Acta Meteorologica Sinica，2010，68：680-688.

[63] Hurrell J W，Hack J J，Shea D，et al. A new sea surface temperature and sea ice boundary dataset for the community atmosphere model. Journal of Climate，2008，21（19）：5145-5153.

[64] Schneider U，Becker A，Finger P，et al. GPCC's new land surface precipitation climatology based on quality-controlled in situ data and its role in quantifying the global water cycle. Theoretical and Applied Climatology，2014，115：15-40.

[65] Wang Z，Zhang H，Li J，et al. Radiative forcing and climate response due to the presence of black carbon in cloud droplets. Journal of Geophysical Research：Atmospheres，2013，118（9）：3662-3675.

[66] Wang Z，Zhang H，Lu，P. Improvement of cloud microphysics in the aerosolclimate model BCC_AGCM2.0.1_CUACE/Aero，evaluation against observations，and updated aerosol indirect effect. Journal of Geophysical Research：Atmospheres，2014，119（13）：8400-8417.

[67] Wu T，Yu R，Zhang F，et al. The Beijing Climate Center atmospheric general circulation model：Description and its performance for the present-day climate. Climate Dynamics，2010，34(1)：123-147.

[68] Pincus R. A fast，flexible，approximate technique for computing radiative transfer in inhomogeneous cloud fields. Journal of Geophysical Research，2003，108(D13)：4376.

[69] Zhang H. Application and evaluation of a new radiation code under McICA scheme in BCC_AGCM2.0.1. Geoscientific Model Development，2014，7(3)：737-754.

[70] Morrison H，Gettelman A. A new two-moment bulk stratiform cloud microphysics scheme in the community atmosphere model，version 3 (CAM3). Part I：Description and numerical tests. Journal of Climate，2008，21(15)：3642-3659.

[71] Zhou C H，Gong S，Zhang X Y，et al. Towards the improvements of simulating the chemical and optical properties of Chinese aerosols using an online coupled model-CUACE/Aero. Tellus B，2012，64：1-20.

[72] 王志立. 典型种类气溶胶的辐射强迫及其气候效应的模拟研究. 中国气象科学研究院，2011.

[73] Myhre G，Samset B H，Schulz M，et al. Radiative forcing of the direct aerosol effect from AeroCom Phase Ⅱ simulations. Atmospheric Chemistry and Physics，2013，13：1853-1877.

[74] Tsigaridis K，Daskalakis N，Kanakidou M，et al. The AeroCom evaluation and intercomparison of organic aerosol in global models. Atmospheric Chemistry and Physics，2014，14

(19)：6027-6161.

[75] 杨冬冬,张华,沈新勇,等. 全球和中国地区 PM$_{2.5}$ 时空变化特征的模拟. 中国环境科学, 2016，36(4)：990-999.

[76] Wang Z，Zhang H，Shen X，et al. Modeling study of aerosol indirect effects on global climate with an AGCM. Advances in Atmospheric Sciences，2010，27(5)：1064-1077.

[77] Wang Z，Zhang H，Shen X. Radiative forcing and climate response due to black carbon in snow and ice. Advances in Atmospheric Sciences，2011，28(6)：1336-1344.

[78] Zhao S，Zhang H，Feng S，et al. Simulating direct effects of dust aerosol on arid and semi-arid regions using an aerosol-climate coupled system. International Journal of Climatology，2015，35(8)：1858-1866.

[79] Zhang H，Zhao S，Wang Z，et al. The updated effective radiative forcing of major anthropogenic aerosols and their effects on global climate at present and in the future. International Journal of Climatology，2016，36(12)：4029-4044.

[80] Wang Z，Zhang H，Zhang X. Projected response of East Asian summer monsoon system to future reductions in emissions of anthropogenic aerosols and their precursors. Climate Dynamics，2016，47(5-6)：1455-1468.

[81] Richman M. Obliquely rotated principal components：an improved meteorological map typing technique? Journal of Applied Meteorology，1981，20：1145-1159.

[82] Miao Y，Guo J，Liu S，et al. Classification of summertime synoptic patterns in Beijing and their associations with boundary layer structure affecting aerosol pollution. Atmospheric Chemistry and Physics，2017，17：3097-3110.

[83] Huth R. An intercomparison of computer-assisted circulation classification methods. International Journal of Climatology，1996，16，893-922.

[84] Zhang J，Zhu T，Zhang Q，et al. The impact of circulation patterns on regional transport pathways and air quality over Beijing and its surroundings. Atmospheric Chemistry and Physics，2012，12，5031-5053.

[85] He J，Gong S，Liu H，et al. Influences of meteorological conditions on interannual variations of particulate matter pollution during winter in the Beijing-Tianjin-Hebei area. Journal of Meteorological Research，2017，31(6)：1062-1069.

[86] He J，Gong S，Yu Y，et al. Air pollution characteristics and their relation to meteorological conditions during 2014—2015 in major Chinese cities. Environmental Pollution，2017，223：484-496.

[87] He J，Gong S，Zhou C，et al. Analyses of winter circulation types and their impacts on haze pollution in Beijing. Atmospheric Environment，2018，192：94-103.

[88] Genolini C，Falissard B. K-means for longitudinal data. Computational Statistics，2010，25：317-328.

[89] Hoesly R M，Smith S J，Feng L，et al. Historical (1750—2014) anthropogenic emissions

of reactive gases and aerosols from the Community Emissions Data System (CEDS). Geoscientific Model Development，2018，11：1-41.

[90] Chen W，Graf H F，Huang R H. The interannual variability of East Asian winter monsoon and its relation to the summer monsoon. Advances in Atmospheric Sciences，2000，17：48-60.

[91] Huang R H，Chen J L，Wang L，et al. Characteristics，processes，and causes of the spatiotemporal variabilities of the East Asian monsoon system. Advances in Atmospheric Sciences，2012，29：910-942.

[92] Wang L，Chen W. An intensity index for the East Asian Winter Monsoon. Journal of Climate，2014，27：2361-2374.

[93] Lamarque J F. Historical and future （1850—2100） gridded anthropogenic and biomass burning emissions of reactive gases and aerosols for IPCC AR5：Methodology and application. EGU General Assembly Conference. EGU General Assembly Conference Abstracts. 2010：119-127.

[94] Wang R，Ren H L. The linkage between two ENSO types/modes and the interdecadal changes of ENSO around the year 2000. Atmospheric and Oceanic Science Letters，2017，10(2)：168-174.

[95] He C，Liu R，Wang X，et al. How does El Niño-Southern Oscillation modulate the interannual variability of winter haze days over eastern China? Science of the Total Environment，2019，651：1892-1902.

[96] Zhong J，Zhang X，Dong Y，et al. Feedback effects of boundary-layer meteorological factors on cumulative explosive growth of $PM_{2.5}$ during winter heavy pollution episodes in Beijing from 2013 to 2016. Atmospheric Chemistry and Physics，2018，18：247-258.

[97] Jiang Y，Yan X，Liu X，et al. Anthropogenic aerosol effects on East Asian winter monsoon：The role of black carbon induced Tibetan Plateau warming. Journal of Geophysical Research：Atmospheres，2017，122：5883-5902.

[98] Huang R J，Zhang Y L，Bozzetti C，et al. High secondary aerosol contribution to particulate pollution during haze events in China. Nature，2014，514：218-222.

[99] Cheng Y F，Zheng G J，Wei C，et al. Reactive nitrogen chemistry in aerosol water as a source of sulfate during haze events in China. Science Advances，2016，2，e1601530.

[100] Wang G H，Zhang R Y，Gomez M E，et al. Persistent sulfate formation from London Fog to Chinese haze. PNAS，2016，113：13630-13635.

[101] Ma Q X，Wu Y F，Zhang D Z，et al. Roles of regional transport and heterogeneous reactions in the $PM_{2.5}$ increase during winter haze episodes in Beijing. Science of the Total Environment，2017，(599-600)：246-253.

[102] Warren B，Austin R L，Cocker D R. Temperature dependence of secondary organic aerosol. Atmospheric Environment，2009，43：3548-3555.

［103］Ding X，Wang X M，Zheng M. The influence of temperature and aerosol acidity on biogenic secondary organic aerosol tracers：Observations at a rural site in the central Pearl River Delta region，South China. Atmospheric Environment，2011，45：1303-1311.

［104］Clark C H，Kacarab M，Nakao S，et al. Temperature effects on secondary organic aerosol (SOA) from the dark ozonolysis and photo-oxidation of isoprene. Environmental Science & Technology，2016，50：5564-5571.

［105］Liu P F，Zhao C S，Göbel T，et al. Hygroscopic properties of aerosol particles at high relative humidity and their diurnal variations in the North China Plain. Atmospheric Chemistry and Physics，2011，11：3479-3494.

［106］Nguyen T B，Roach P J，Laskin j，et al. Effect of humidity on the composition of isoprene photo-oxidation secondary organic aerosol. Atmospheric Chemistry and Physics，2011，11：6931-6844.

［107］Sun Y L，Wang Z F，Fu P Q，et al. The impact of relative humidity on aerosol composition and evolution processes during wintertime in Beijing，China. Atmospheric Environment，2013，77：927-934.

［108］Li Z，Smith K A，Cappa C D. Influence of relative humidity on the heterogeneous oxidation of secondary organic aerosol. Atmospheric Chemistry and Physics，2018，18：14585-14608.

［109］Chen X，Huang F X，Xia X Q，et al. Analysis of tropospheric ozone long-term changing trends and affecting factors over northern China (in Chinese). Chinese Science Bulletin，2015，60：2659-2666.

［110］Wu P，Ding Y H，Liu Y J，et al. Influence of the East Asian winter monsoon and atmospheric humidity on the wintertime haze frequency over central-eastern China. Acta Meteorologica Sinica，2016，74：352-366.

第9章 我国东部超大城市群大气复合污染成因外场综合协同观测研究

丁爱军[1]，聂玮[1]，迟旭光[1]，王佳萍[1]，黄昕[1]，孙鉴泞[1]，陈琦[2]，张宏昇[3]，
孙业乐[3]，段凤魁[4]，蒋靖坤[4]，王琳[5]，叶春翔[2]，潘小乐[3]

[1] 南京大学大气科学学院，[2] 北京大学环境科学与工程学院，
[3] 中国科学院大气物理研究所，[4] 清华大学环境学院，
[5] 复旦大学环境科学与工程系

以区域性细颗粒和臭氧污染为主要特征的大气复合污染问题是我国当前存在的重大环境挑战[1-5]。大气复合污染的精准防治依赖于对其成因的科学认知，但大气污染受人为与自然排放、多尺度输送扩散、大气化学转化以及干湿沉降等过程的影响，所涉及的影响因素多、时空尺度广、理化过程相互作用复杂，对其成因和机制的科学认识极具挑战[2,6-8]。与大气复合污染相关的大气化学过程、大气物理过程以及物理与化学过程相互作用是当前大气科学中的难点，也是国际前沿热点。深化对于上述问题的认识不仅是大气复合污染防治的关键，同时对于在地球系统科学框架下理解人类活动对防灾减灾以及气候变化应对的影响均具有重要的科学意义。

大气复合污染成因与机制的认识需要以先进的技术手段和多学科的交叉方法为支撑。外场观测、数值模拟和实验室试验（模拟）是大气复合污染研究中的三种常用的手段[7-10]，其中外场观测扮演着举足轻重的角色[6,8]。首先，外场观测是获得第一手观测资料、掌握不同污染物及其前体物时空变化特征的重要途径，也是发现新现象并在经典理论或模型模拟不能解释该现象的基础上提出新机制或新猜想的关键途径[6]；其次，高质量的外场观测既可为数值模式模拟提供验证数据支撑，也可基于观测发现的新机制指明模式优化改进的方向[11]；最后，基于外场观测获得的新发现能够帮助设计实验室（如烟雾箱等）模拟试验，从而提出新的机制或重识被忽略的机制[10,12,13]。因此，集成先进观测试验平台和测量技术开展外场综合观测试验，对于深入认识和理解特定地区大气复合污染成因（包括影响其发生、发展和消亡的关键物理和化学过程及其相互作用）至关重要。

9.1　研究背景

9.1.1　国外研究现状及发展动态

国际上与大气污染和大气化学相关的、具有一定规模的综合观测试验始于 20 世纪 60—70 年代，相当部分是针对城市和超大城市群尺度空气质量开展的试验，研究对象主要包括空气质量管理中直接关心的酸雨、臭氧和细颗粒污染等问题。比较著名的外场观测试验包括：美国国家航空航天局（NASA）在 20 世纪 70 年代利用地基与机载平台在美国东部弗吉尼亚州开展的城市烟羽试验 SEV-UPS[14]；20 世纪 90 年代末在英国伯明翰等城市开展的 PUMA 试验[15]和德国的 BERLIOZ 试验[16]；1994—1995 年在美国东南部田纳西州开展的南部大气氧化试验 SOS[17]；21 世纪初以来欧美开展的著名外场观测试验，如得克萨斯空气质量试验 TEX-AQS[18]、纽约针对细颗粒污染开展的 PMTACS 强化试验[19]、著名污染超大城市墨西哥城开展的 MCMA 和 MILAGRO 试验[20,21]、针对法国巴黎及其周边超大城市群空气质量的 MEGAPOLI 试验[22]等。

除了围绕城市或城市群尺度的空气质量，也有相当一部分外场观测试验着眼于区域和本底大气问题。例如 20 世纪 80 年代，针对南极臭氧空洞问题组织的多平台、大规模集成观测试验[23]；20 世纪 90 年代至 21 世纪初，国际上针对臭氧和气溶胶等问题组织的一系列大型外场试验，包括美国 NASA 在不同地区进行的较为全面的全球对流层试验 GTE 计划[24]；1999 年多国科学家合作开展的以气溶胶为主要研究对象的印度洋试验计划 INDOEX[25]；1995—2001 年国际大气化学计划 IGAC 框架下组织的气溶胶特征试验 ACE[26]；2002 年以来针对非洲生物质燃烧的南非区域大气计划 SAFARI[27]；2006 年美国 NASA 分别在北美和亚洲开展的洲际大气化学输送试验 INTEXA 和 INTEX-B[28,29]；等等。

最近十年来，随着城市空气质量显著改善，欧美较为著名的外场试验更多聚焦区域尺度本底大气化学问题。如 2013 年的美国东南部大气研究 SAS，实现了所在地区 SOAS、SENEX 和 NOMADSS 三大试验的大集成[30]；欧美等科研机构共同关注的亚马孙森林地区大气化学过程及人类活动影响的 GoAmazon 试验[31]；近年在多个地区开展的、关注野火及其空气质量影响的 FIREX-AQ 试验[32]；在欧洲和东亚地区以飞机航测为核心的 EMeRGe 试验[33]；等等。

国际上这些集成观测试验的成功实施依赖于观测平台和现代分析探测技术的快速发展。首先，在平台的应用方面，通常采用地面超级站、高山站结合车载、船

载、机载及卫星的三维立体观测平台。很多大尺度的外场试验则更多地利用
NASA、NOAA、美国海军研究实验室(DRL)等研究机构的大型飞机航测试验平
台。在边界层的垂直探测方面,除了探空、无人机和飞机航测外,国际上也有很多
成功的尝试,例如采用反复垂直升降式的高塔探测 NACHTT 试验[34]、采用大型
飞艇进行大气成分的垂直探测[35],而欧洲的 ZEPTER-2 试验更是采用 Zeppelin
NT 飞艇开展区域尺度大气氧化性和气溶胶的水平与垂直分布的探测[36]。

　　虽然欧美地区围绕城市、区域和背景地区大气化学问题所开展的这些外场试
验取得了不少成果,但由于早期在欧美经历严重空气污染问题时的研究主要基于
(与现在相比)相对落后的探测和分析技术,而最近若干年探测技术突飞猛进发展
后的研究更多是针对浓度相对较低的背景或本底大气,加上国内外不同的排放特
征和自然气候条件,国外得到的相当一部分科学认识很多时候并不能解释我国(特
别是具有高强度人类活动的我国东部地区)的大气复合污染问题。

9.1.2　国内大气复合污染外场观测试验研究现状及需求

　　国内针对大气污染的具有一定规模的外场观测起步相对稍晚。我国早期的外
场观测可以追溯至 20 世纪 70—80 年代在太原、兰州、川贵和两广等地区针对煤烟
型大气污染和酸雨问题所开展的多平台立体观测[37-39]。此后,在 20 世纪 90 年代,
国家自然科学基金重大项目"长江三角洲低层大气物理化学过程和生态过程的相
互作用"在我国多个本底站以及在长三角地区组织外场综合观测,针对臭氧和细颗
粒气溶胶及其前体物开展了强化观测和集成研究[40]。这些工作是我国早期针对
特定大气污染问题的多平台外场综合观测的成功案例,获得了很多具有重要科学
价值的研究成果,也从一定程度上支撑了当时的大气污染防治。

　　2000 年以后,我国科学家积极参与国际科学合作,在 ACE-Asia 和 Trace-P 等
计划实施期间,围绕沙尘气溶胶和臭氧问题,先后在多个地区组织了多项观测试
验[41-45]。随着我国政府、学界对日益严峻的大气复合污染问题的进一步关注,多平
台集成的外场综合观测的组织规模和仪器先进程度显著提升。例如,在"973"项目
"区域大气复合污染的立体观测及污染过程"和科技部"863"计划重大项目"重点城
市群大气复合污染综合防治技术与集成示范"支持下,北京大学通过与德国多家科
研机构的合作,分别在 2004 年和 2006 年在珠江三角洲地区组织 PRIDE-PRD 试
验,采用大规模地面观测、地基/卫星遥感、机载航测等平台,揭示了珠三角地区大
气复合污染状况、污染特征来源和形成机制,为该地区的大气污染防治政策的制定
提供了有力支撑[46-48]。此后在 2005—2009 年间,"973"项目"中国酸雨沉降机制、
输送态势及调控原理"在华北、东北、华南等地区围绕酸沉降及大气复合污染问题
开展了地面-高山-飞机-卫星立体观测试验,提升了对我国典型地区影响大气污染

时空分布的物理化学过程以及长距离传输机制方面的认识[49-51]。针对 2008 年北京奥运空气质量保障,2006—2008 年北京大学牵头联合国内外 20 余家科研单位开展了针对华北地区大气环境的 CAREBeijing 试验,综合运用了地面超级站、车载移动观测、飞机航测集合的立体化集成观测[52,53];此后,2013—2014 年在超级站联盟框架内,多个项目在华北地区(如望都等地)开展了 CAREBeijing-NCP 大型观测试验[54,55]、2016 年在北京怀柔开展北京地区冬季灰霾形成机制联合观测试验BEST-ONE 等 ,取得了一大批具有重要影响的科研成果。

2016 年以来,因大气复合污染防治的迫切需求,我国多个部委先后启动一系列重大研究项目。例如,国家自然科学基金委的"中国大气复合污染的成因、健康影响与应对机制"联合重大研究计划(即本集成项目所属计划,简称"大气复合污染"重大计划);国家自然科学基金委与英国多个研究理事会共同资助启动的"大气污染与人类健康"中英重大国际合作研究计划项目;科技部启动的国家重点研发计划"大气污染成因与控制技术研究"重点专项;生态环境部启动的"大气重污染成因与治理攻关"总理基金专项;等等。这些项目均对大气复合污染的外场观测试验做了一定程度的支持和布局,多家单位先后在京津冀、长三角、珠三角、成渝、汾渭平原、长江中下游以及东部沿海地区都进行了不同程度的强化或集成观测。研究平台涉及地面超级站、高山站、飞机(含无人机)、卫星、船载平台、大载荷飞艇观测平台等。这些外场试验的组织实施,对特定区域大气复合污染的时空变化规律和成因的认识有重要的支撑,但还存在如下几个方面的问题。

1. 围绕大气复合污染中理化过程相互作用及国际最新化学机制验证有针对性设计的综合外场试验相对少且集成程度不够

上述几类项目虽已开展大量不同程度的外场观测试验,但目的却有所不同:其中,科技部重点研发计划项目的试验组织侧重于平台和探测技术的研发和数据的积累,以探究机制为目的的项目为数不多;总理基金项目所开展的综合观测试验主要基于超级站的布网和移动平台的雷达遥感探测,相对更侧重于典型城市污染物及大气边界层时空变化规律、重污染的传输通道等直接关系到重污染应对和防治的问题;国家自然科学基金重大研究计划所布局的若干重点项目,虽然针对不同的科学问题(如大气氧化性与大气复合污染生成的关键化学过程、大气多尺度物理过程与大气复合污染的相互作用等)设计了一些重点及培育项目,也都开展了不同程度的观测试验,但试验组织的时间、地点,以及与科学问题的结合方面缺乏整体的设计和统一的协调。

通常外场观测所捕捉到的重污染过程,可能涉及大气中不同的物理化学过程及其相互作用[6]。然而,很多观测试验因集成程度不够,通常只局限在其中某一个方面:有些侧重于详细的化学组分的测量,有些侧重于常规污染物垂直分布和大气边界层的参数。由于观测平台通常以超级站这种连续探测平台为主,试验通常采用"守株待兔"式的观测模式(通过一段时间内连续观测,以"碰运气"的方式去抓一些过程),聚焦过程的、有针对性设计的主动探测试验相对较少。上述问题限制了我们对于大气复合污染真正成因的全面认识,有时甚至会导致认识上的误区。

最近若干年,我国大气复合污染研究提出了一系列新的化学机制和关键过程:例如 NO_2 氧化 SO_2 生成硫酸盐的新机制[1,12,13,58,59]、甲醛非均相氧化生成硫酸盐[60]、N_2O_5 摄取及水解过程中 $ClNO_2$ 产率等对硝酸盐形成的影响[61]、HO_2 自由基的非均相过程在 $PM_{2.5}$ 和臭氧协同控制中的作用[4]以及有机胺和羧酸等物质在高污染地区实际大气新粒子形成过程中的作用[62,63]等。与此同时,得益于最新的在线测量技术的发展,国际上实现了细粒子形成直接前体物(硫酸和超低挥发性有机物)和 3 nm 以下颗粒物的有效测量[9];在此基础上,由欧洲多国一大批科学家主导、我国部分青年学者参与的 CERN-CLOUD 烟雾箱实验揭示了有机分子生成氧化态中间产物的一系列反应机制,量化其对新粒子增长及二次有机气溶胶生成的影响,并发现了氮氧化物在其中扮演着重要作用[10,64,65]。然而,这些国内外从不同途径提出的新机制,在我国不同地区或者在不同高度大气的影响及其对我国东部地区大气复合污染形成的定量作用究竟有多大,在外场观测方面尚缺乏足够的证据支撑和用于模式模拟验证的高质量数据。

2. 已有观测更多侧重地面站而缺乏垂直方向精细结构的"原位"探测,制约了全边界层理化过程及其闭合的系统认知

当前我国已有的大量对大气化学成分包括颗粒物和痕量气体等在内的外场观测主要集中在位于地表的超级站,因为近地面人类活动排放的影响,通常所获得的关键化学成分及其氧化剂的闭合更多代表了高 NO_x(特别是高 NO)的情景,并不能代表实际大气边界层的整体情况(特别是在夜间和清晨的时间段)。少量的基于高塔、飞机航测(含无人机)和大载荷飞艇的垂直探测表明,边界层内中存在着较为复杂的垂直结构和显著的日变化[66-69](如图 9.1 所示)。

然而,大气边界层中的物理和化学过程的相互作用存在着几个显著的重要过程:①影响边界层上层的吸收性气溶胶及其老化过程对日间边界层发展的影响(即"穿顶效应")[70];②城市群夜间边界层上的残留层化学过程及长距离输送的影响[68,71];③夜间边界层上层、下层不同化学区间(低层高 NO 低 O_3、上层高 NO_2 高 O_3)的二次颗粒物生成过程[72];④上午边界层发展初期多层化学成分的垂直混合过程及其对日间对流边界层化学过程的影响[68,71]。对于这些过程,地面的超级站以及高度相对低的高塔[34]、载重受限的无人机平台或因飞行速度过快不能针对边界层开展精细垂直结构探测的飞机航测平台等,均不能很好地从全边界层日变化

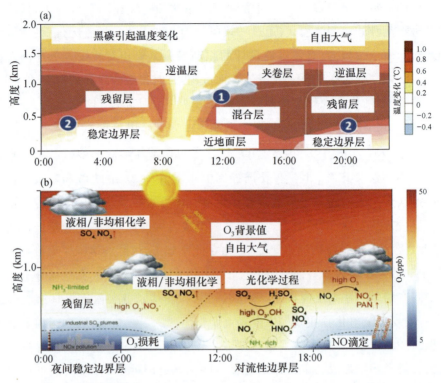

图 9.1　大气边界层日变化及理化相互作用的关键区：(a)黑碳导致边界层温度变化[67,70]；(b)化学边界层反应与结构[68]

的尺度来理解大气复合污染形成背后的物理化学机制。最近几年所发展的基于大载荷飞艇的边界层垂直探测[73,74]，可以很好地与上述平台进行互补性配合观测，从而更好地实现对于全边界层演变过程和相互作用机制的原位探测。

3. 已有观测更多侧重某个特定城市群，整个东部城市群较大空间尺度上的协同观测相对较少，难以科学支撑区域大气污染协同防治

当前已有的外场试验在空间尺度上相对而言更多聚焦到某一个特定的城市群（例如京津冀、长三角、珠三角、成渝地区等），其中工作开展相对集中的是京津冀地区。然而，不同城市群因排放特征不同、下垫面条件不同以及气候背景不同，大气复合污染发生的化学过程以及大气边界层过程可能存在显著差异。以京津冀和长三角地区为例，两个地区的地形、植被覆盖以及土壤湿度和降水条件相去甚远，大气边界层的发展过程以及气溶胶所引发的空气污染-边界层相互作用也存在显著差异[70,75]，因此有必要在典型季节对两大地区以相同的仪器配置方案进行协同对比观测。

另外，越来越多的研究证据表明，受大尺度天气过程影响，跨区域的污染传输对我国典型城市群均影响较大[8,71,76]。例如，锋面天气系统（包括冷锋和暖锋）是导致大区域持续性重霾及其生消的重要天气过程[49,76]，也会直接影响从京津冀到长三角的整个东部地区与周边其他地区（如关中平原，长江中游地区，以及森林覆盖密、天然源排放强的华南地区等）跨区域污染传输。而最近的研究表明，这种区域尺度的水平传输过程可以与不同地区的空气污染-大气边界层反馈过程进一步耦合，如长三角地区的老化的气溶胶传输到京津冀上空，可通过其穿顶效应增强华北地区的静稳天气，从而加剧该地区的污染积累，并通过反馈导致的湿度增强促进区域尺度二次颗粒的生成；随后在冷锋作用下，积累的一次污染和生成的二次污染进一步传输至长三角地区（图 9.2）[8]。此外，新冠疫情防控期间的空气质量（特别是华北地区异常高的 $PM_{2.5}$ 浓度）说明了区域尺度 NO_x 减排背景下大气氧化性的增加叠加上特殊气象条件，可在下风向地区导致二次颗粒物的积累[7]。这些新认识进一步说明了在整个东部地区开展针对特定过程进行精心设计的协同立体观测试验的必要性和紧迫性。

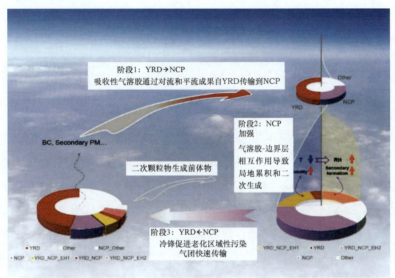

图 9.2　气溶胶-边界层反馈与天气过程相互作用增强区域间的污染传输[8]

因此，以厘清中国大气复合污染的成因为主要目标的国家自然科学基金重大研究计划，有必要在前期关于大气污染排放、物理和化学过程（包括大气氧化性与颗粒物增长、大气污染与大气多尺度物理过程的相互作用等）的一系列项目得到的新认识的基础上，充分借鉴和利用其他项目的数据、平台和探测技术，通过搜集、整理和分析已有的观测试验数据，设计完整的大气物理和大气化学综合观测试验方案，在典型季节选择包括京津冀和长三角在内的整个东部区域开展集成观测研究，基于观测资料的深入分析进一步完善大气复合污染成因理论体系；同时获得高质量的大气物理、化学观测资料，用于大气复合污染理论和模型的验证，从而为我国大气复合污染防治提供重要支撑。

9.2 主要研究内容、关键科学问题与技术路线

本研究选择包括京津冀和长三角两大城市群在内的人口密度大、大气复合污染问题严重的东部沿海地区，基于国内最新研发的立体探测平台和国际上先进的在线分析技术，选择在两个典型季节、在两大城市群及其中间关联地带组织天空地一体化的综合外场观测试验。获得一套高质量的大气物理、化学观测资料以帮助完善空气质量模型的集成，量化大气污染形成过程中化学、物理贡献，系统检验和完善当前所建立的大气复合污染成因理论体系及大气污染排放、物理和化学过程的新认识，包括当前大气复合污染成因中认识上不确定性大以及涉及多学科、多尺度和多组分的问题，大气氧化性与颗粒物增长的独特的化学过程、边界层物理化学过程相互作用，以及跨区域污染长距离传输和二次转化等问题，从而为我国大气复合污染防治提供精准且全面的科学支撑。

9.2.1 主要研究内容

本研究主要包括以下几方面的内容。

（1）收集和分析已有观测试验数据及其他资料，设计完整的大气物理和大气化学综合观测试验方案：为了更有针对性地在包括京津冀和长三角在内的我国东部沿海超大城市群组织外场综合观测试验，收集和整理该地区典型季节开展过的历史观测试验数据（特别是关键点位的高时空分辨率化学成分和物理参数观测资料）及气象探空和卫星遥感等数据，围绕既定关键科学问题筛选不同类型的重污染过程进行数据分析和数值模拟，由此优化设计大气物理和大气化学综合观测试验方案，特别针对大气边界层过程和锋面系统等天气过程确定重点仪器平台（大载荷系留飞艇和车载移动观测等）的运行高度、移动路径、探测频率和关键时间点等具体试验方案。

（2）针对外场观测试验方案优化、仪器比对校准以及关键化学组分测量技术闭合等开展预试验研究：为了更好地组织实施大规模集成试验，确保测量仪器的可靠性以及进一步完善优化观测试验方案，选择第一年秋冬季节在京津冀和长三角地区开展短期强化预试验。一方面，针对主要测量平台和站点的设置、关键化学组分的测量技术、特定地区的三维风场及边界层过程的测量方案以及强化试验方案设计的空气质量预报模型的配置等进行检验和优化；另一方面，选择特定超级站开展测量仪器（含相同或者不同测量技术）比对试验，针对反应性含氮化合物、自由基循环及大气有机分子闭合等问题开展多套仪器的测试和优化试验，同时建立相

应的质控体系和标校方案。

（3）我国东部超大城市群典型季节大气复合污染成因外场综合协同观测试验：针对包括京津冀和长三角在内的我国东部典型城市群的大气复合污染特征，选择在光化学污染活跃的初夏（5—6 月）以及霾污染严峻及多雾的 11—12 月，在京津冀和长三角地区开展集成地面超级站-高塔站-大载荷飞艇-飞机-车载走航等天空地一体化平台在内的外场综合协同观测。试验聚焦的科学问题包括：①分子尺度，活性氮氧化物和大气有机物的生消循环与化学闭合及其对大气氧化性及二次气溶胶生成的影响；②全边界层尺度，边界层大气化学与大气物理过程及其相互作用对 $PM_{2.5}$ 和 O_3 的影响；③城市群和大区域尺度，典型天气过程影响下，空气污染与复杂的多尺度环流的相互作用及其对城市群内及城市群间大气复合污染物输送扩散和化学转化的影响。

（4）综合观测试验数据质控与集成分析并完善大气复合污染成因理论：基于大范围外场综合观测试验所获取的各种大气化学成分、大气物理参数的观测数据，进行后期质控比对和闭合分析，结合预试验以及前期搜集整理的历史资料构建完整的数据集，应用至模式模拟验证和机制分析。针对强化试验期间的数据，围绕既定三个尺度的科学问题，开展综合集成分析，结合不同的分析方法和模式手段，检验和完善大气复合污染成因的理论，为整个东部地区跨区域、多物种协同控制提供科学支撑。

9.2.2　拟解决的关键科学问题

本研究通过组织外场综合试验拟解决的关键科学问题是城市群和区域尺度大气复合污染的形成机制。为回答该关键科学问题，在外场综合试验组织中聚焦如下几个具体科学问题，并在试验方案设计中予以考虑。

1. 我国典型城市群活性氮氧化物-自由基和大气有机物的生消循环及其对大气氧化能力、气溶胶二次生成及大气复合污染的综合作用

活性氮氧化物的生消循环与大气有机物的生消循环相互关联，直接影响大气氧化能力和气溶胶（尤其是硝酸盐）的二次生成。然而，大气中直接的自由基测量因为不同测量技术自身的不确定性，难以做到真正意义的"闭合"。但大气中 OH 自由基和 NO_3 自由基的生成过程，往往与氮氧化物氧化循环相伴随，也与反应性含氮化合物的中间产物（如 HONO、N_2O_5 等）直接关联，$ClNO_2$ 等重要"新自由基"的分布、收支和来源等也与大气氧化性和二次气溶胶的生成密切相关。因此，需要把活性氮氧化物在大气中的循环过程与自由基生消紧密结合。同时，大气有机分子的生消循环涉及挥发性有机物（VOCs）的氧化、氧化态中间产物的形成和凝

结以及二次有机气溶胶(SOA)生成的全过程,是全面理解大气氧化能力(包括臭氧生成)、新粒子形成以及二次有机气溶胶生成等过程的关键。相关研究(尤其是从分子层面实现上述全过程的识别)在我国尚处于探索阶段,制约了对大气复合污染成因底层机制的理解。在我国无机气溶胶污染显著下降的大背景下,基于大气有机分子的闭合研究,从分子层面上理解 SOA 的生成机制,也是未来 $PM_{2.5}$ 污染控制的关键。为此,本研究以活性氮氧化物-自由基循环(N+O)、大气有机物的循环(CH)这两大基础性的循环过程的闭合为切入点,理解我国大气复合污染成因中化学机制的独特性及其关键作用。

2. 不同地区关键污染物与大气边界层的相互作用关键点、作用机制以及边界层昼夜循环中的关键理化过程对空气质量的定量影响

不同城市群因排放、下垫面性质(植被、地形、土壤湿度)及气候背景(辐射、降水、风场等)差异,可通过不同的地表反照率、吸光性的气溶胶(如不同混合态、老化过程及包裹层化学成分的黑碳)影响边界层的辐射传输和能量平衡,从而导致大气复合污染发生的化学过程、边界层过程以及气溶胶与边界层的相互作用存在显著差异。然而,边界层理化过程相互作用的关键点不仅仅在于因污染增加引起边界层高度的降低从而加剧污染,边界层中不同高度的气温和相对湿度因污染-辐射导致的显著变化,也会对化学反应(特别是非均相的化学过程)带来影响。此外,大气边界层的昼夜交替会对近地面空气质量造成不同影响。除了白天边界层上层因吸收性气溶胶的作用所导致的穿顶效应外,夜间边界层上的残留层化学过程会伴随城市烟羽或高架点源的远距离输送,而夜间边界层上下不同化学区间的二次颗粒物生成过程,以及上午对流边界层发展初期上下多层化学成分的垂直混合都将对地面空气质量、对整个白天边界层的化学反应产生重要影响,同时这些过程也直接影响对于局地排放和城市间相互影响等区域性复合污染的定量认识。但目前对于气溶胶-边界层-天气反馈过程中气溶胶污染、辐射强迫、边界层气象乃至污染物二次生成等复杂相互作用的关键理化机制认识缺少直接的观测证据,需要基于全大气边界层不同高度有针对性的"原位"探测。因此,本研究的站点布设、平台选择及试验方案规划更强调垂直立体探测。

3. 影响东部城市群污染的主要天气过程、输送通道、输送过程中的化学成分变化,以及水平传输与边界层垂直交互过程的相互作用

重污染过程通常伴随着特殊天气过程,例如大尺度静稳天气是导致区域性重霾污染的重要天气过程,在此天气过程下,局地热力环流更容易形成,但随着污染的积累,气溶胶-辐射的相互作用又进一步影响热力环流。对于京津冀,持续微弱的南风叠加复杂的山谷风、海陆风和城市热岛环流,易导致平原北部持续重霾。然而,大尺度静稳天气的终结通常伴随着强冷锋过程,锋面系统前沿的污染积累和平流往往会产生几百千米宽、上千千米长的重污染带(表现为地面观测上的峰值),随着锋面南下横扫整个中国东部地区。对于长江中下游地区,冬天的暖锋同时也会带来南方暖湿且夹带华南大范围植被排放和强氧化性的气团。因此,静稳天气和锋面系统的交互作用是导致我国东部地区污染呈现周期性变化的重要原因。在多尺度环流和大气边界层交互作用影响下,区域性大气复合污染的成因尤为复杂,外场观测试验的关键是理解沿着主要输送通道(如冷锋前缘以及锋面传输路径)的化学成分变化及其与物理过程的相互作用,需要从更大空间尺度上(如两大城市群外及城市群间的关键输送通道)开展立体探测,从而真正弄清整个东部大气复合污染及其相应影响机制,为区域协同控制提供科学支撑。

9.2.3　研究方案与技术路线

本研究以跨区域天空地一体化的多平台集成观测为主要研究方法,在包括京津冀和长三角两大城市群在内的我国东部地区选择初夏(5—6月)和秋冬(11—12月)两个典型时段开展外场协同观测。观测试验所聚焦的科学问题包括:在分子尺度上重点研究活性氮氧化物-自由基-大气有机物的循环生消过程;在大气边界层和城市(群)尺度上重点研究边界层上层导致"穿顶效应"的黑碳气溶胶的老化、夜间边界层和残留层中的无机离子(硫酸盐、硝酸盐、铵盐等)和二次有机气溶胶的生成,以及空气污染与复杂局地热力环流的相互作用及其对城市(群)污染输送扩散的影响;在整个东部区域尺度,重点关注大尺度静稳天气和锋面天气系统对城市群污染积累以及城市群间污染的跨界传输问题,并且从大气物理和大气化学过程相互作用的视角来研究这些问题,最终厘清我国东部地区大气复合污染的形成机制,积累高质量的观测数据支撑模型和大气复合污染成因理论的验证,从而为大气复合污染的防治提供科学支撑。研究聚焦的主要科学问题及其逻辑关系如图9.3的技术路线图所示。

基于上述技术路线,本研究立足"揭示形成大气复合污染的关键化学过程与关键大气物理过程,阐明大气复合污染的成因,建立完善大气复合污染成因的理论体系"这一总体目标,基于先进的探测平台和探测技术,在大气复合污染问题严重、人口密度最大的我国东部地区设计和组织实施具有针对性的外场综合科学试验。研究充分体现了基础性科学问题和先进技术手段、方法的高度结合,具体试验设计中围绕"大气氧化性与大气复合污染生成的关键化学过程"和"大气多尺度物理过程与大气复合污染的相互作用"两大具体科学问题,充分考虑和体现了大气物理和大气化学过程的耦合过程与深度交叉。研究聚焦了垂直方向的全边界层理化问题与水平方向的多尺度输送、扩散和化学转化问题的有机结合,聚焦大气复合污染中无

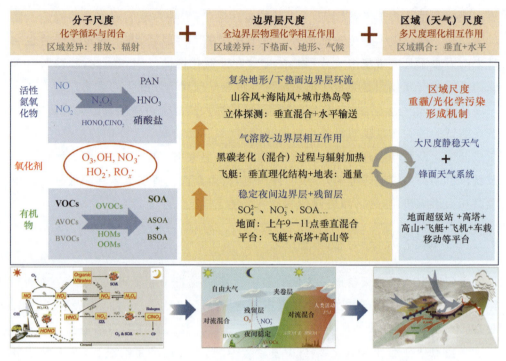

图 9.3 项目研究总体技术路线

机过程与有机过程相互耦合的关键循环，在我国东部这样几千千米的空间尺度上分层次协同实施，以"从分子尺度机制，到全边界层理化过程，再到区域多尺度相互作用的耦合"来帮助回答东部地区大气复合污染的成因。

9.3 主要进展与成果

9.3.1 外场综合观测试验的组织与实施

本研究采用的站点/平台分布如图 9.4 所示，主要在京津冀和长三角两大城市群地区以及位于两者中间的胶东半岛地区开展包括地面超级站（含通量观测）、高塔梯度站、高山站、大载荷飞艇、飞机（含无人机）以及车载移动平台等天空地一体化集成观测平台的外场综合观测试验。其中，固定站点部分京津冀选择石家庄和北京，长三角选择南京和上海，中间选择泰山和青岛两个点位作为南北两大城市群的关键输送界面。

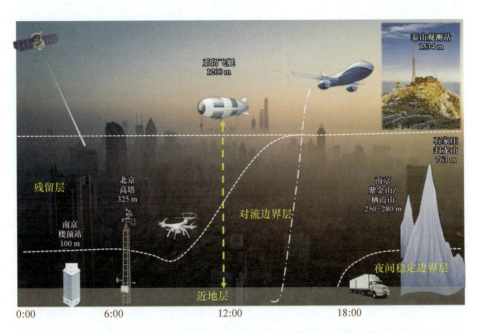

图 9.4　项目外场综合观测试验主要测量平台布设图

在 2021—2023 年研究期内,虽受新冠疫情反复影响,研究团队仍然成功组织实施了多次跨区域综合协同观测,含 1 次预试验、3 次跨区域协同集成观测和 1 次有限度集成观测。主要观测试验包括冬奥会及其前后跨区域集成观测(2021 年 1—3 月)、夏季热浪期间集成观测(2022 年 7—8 月)、秋冬季跨区域集成观测(2022 年 12 月—2023 年 1 月)以及春夏季大气复合污染天空地一体化集成观测(2023 年 5—6 月)。具体观测点位和平台包括位于京津冀和长三角地基观测站(含北京大学观测站、清华大学观测站、中国科学院大气物理所观测站、北京化工大学观测站、山东大学青岛观测站、南京大学 SORPES 观测站和复旦大学观测站等),高塔观测站(中国科学院大气物理所大塔观测站),高山观测站(河北封龙山观测站和山东泰山观测站),移动观测平台(移动观测车和超级移动观测平台)和垂直观测平台(包括大载荷系留飞艇观测系统和飞机航测系统等)。

1. 冬奥会及其前后跨区域集成观测

2022 年 1—3 月,本研究在京津冀地区和长三角地区开展联合集成观测。京津冀地区观测点位包括河北石家庄封龙山站点(山顶与山底同步观测)、中国科学院大气物理研究所大塔分部站点(北京,高塔观测)、北京大学站点和北京化工大学西校区站点。长三角地区观测点为南京大学 SORPES 站点和复旦大学江湾校区站点,同时与山东大学合作,在京津冀与长三角之间增加泰山站点和青岛海滨站点,基本实现从京津冀到长三角的全域观测覆盖。

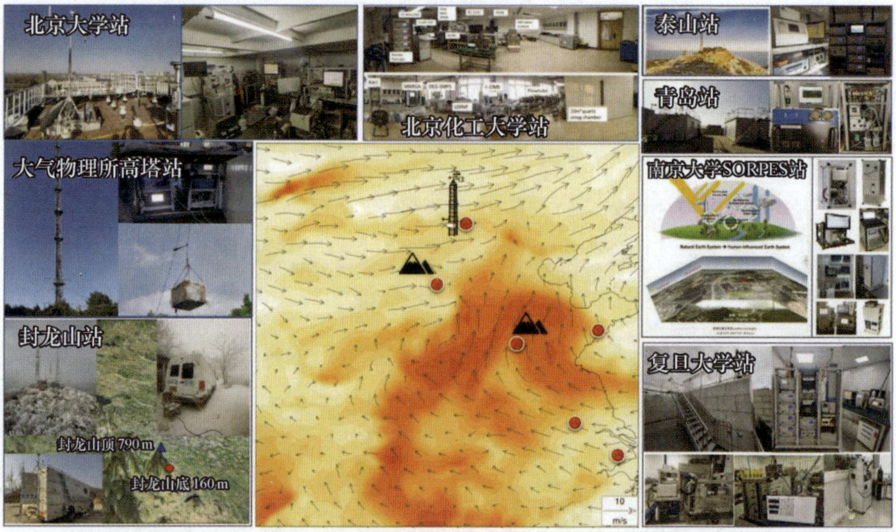

图 9.5 冬奥会及其前后跨区域集成观测站点及仪器示意图

冬奥会及其前后跨区域集成观测重点关注冬奥会期间空气质量管控前后相关问题,具体包括:①秋冬季雾霾污染的跨区域传输特征及传输过程中的微观物理化学过程;②冬奥会期间污染减排对我国东部地区大气复合污染形成的影响;③黄土高原的污染传输对京津冀地区的雾霾污染的影响机制;④大气活性氮氧化物及有机含碳组分的闭合测量;等等。该试验在华北平原完成了活性氮在线闭合测量以及与活性氮氧化性相关的 RO_2 自由基、自由基总活性 k_{OH} 等的测量,搭建了灵敏度和精密度较高的 TD-BBCES 系统,实现活性氮氧化物的闭合测量。该研究同时在北京大学站点、南京大学 SORPES 站点和复旦大学江湾校区站点进行大气有机组分闭合观测,观测参数初步覆盖了挥发性有机物(基于 GC-MS、GE-EI-ToF、PTR-ToF和 Vocus-PTR),半挥发性和低挥发性有机物(基于 I-ToF-CIMS 和 Nitrate-ToF-CIMS),气溶胶态有机物总量(基于 AMS),气溶胶态超痕量有机分子全谱(基于 Figaero-I-CIMS 和 EESI-CIMS)。新粒子生成及增长的全过程观测利用 PSD 和 DEG-SMPS 等仪器实现了大气 1 nm~2.5 μm 全谱颗粒物观测,利用硝酸根电离轨道阱质谱(Nitrate-Orbitrap)测量大气中的气态硫酸、高氧化有机物等具有较低挥发性的气态物质,利用热脱附化学电离质谱(TD-CIMS)测量大气超细颗粒物的化学组分。

2. 夏季热浪期间光化学污染集成观测

夏季是东部地区热浪的频发季节,同时也是光化学污染的高发季节。2022 年夏季中国平均气温为 1961 年以来历史同期最高,有 366 个国家气象站突破历史最高温度。鉴于此,本研究于 2022 年 7—8 月在长三角和京津冀地区进行了区域尺度集成观测。其中长三角地区以南京大学 SORPES 站点为主,京津冀地区以北京化工大学站点和大气物理所大塔分部站点为主。主要目标为厘清大气过程,尤其是大气化学过程对逐渐增温特别是极端高温天气的响应与反馈。观测期间,南京大学 SORPES 站点和北京化工大学站点基本实现了全参数连续测量,包括颗粒物粒径谱、化学组分、光学特性、常规痕量气体、气态硫酸等超痕量气体、活性氮氧化物、挥发性有机物及含氧有机物等。

3. 秋冬季大气复合污染跨区域集成观测

2022 年 12 月至 2023 年 1 月,本研究组织实施了秋冬季京津冀与长三角的跨区域集成观测,主要研究秋冬季的跨区域雾霾污染事件形成机理及其在我国东部两大城市群之间的传输。观测点位及观测参数与冬奥会跨区域集成观测类似(不含封龙山站),其中上海观测点位由复旦大学江湾校区站改为淀山湖站。活性含碳组分的近全谱观测同时在北京大学站、北京化工大学站、南京大学 SORPES 站和上海淀山湖站同期开展,通过不同的观测方案积极探索活性含碳组分的闭合研究方案。活性氮氧化物闭合观测研究在北京大学站和南京大学 SORPES 站开展。上海淀山湖站针对性地开展了集成度更高的单站点观测,通过发展 Br-CIMS 实现了 HO_2 的测量,以研究大气氧化性与二次气溶胶生成的联系。试验期间,基于中国科学院大气物理所 325 m 铁塔,利用化学组分在线监测仪、黑碳光度计等仪器,多次开展了对包括有机物、硫酸盐、硝酸盐、铵盐、氯化物和黑碳等化学组分的垂直观测试验,获取了高质量化学组分垂直廓线数据集。

4. 春夏季大气复合污染天空地一体化集成观测

2023 年 5—6 月,本研究在京津冀地区和长三角地区开展了天空地一体化集成观测,在上述地表观测基础上增加了大载荷系留浮空器(飞艇)观测和飞机航测,实现了"地面超级站观测—高塔观测—高山观测—大载荷系留飞艇观测—飞机航测"的天空地一体化协同和集成。其中,大载荷系留飞艇观测在南京大学仙林校区开展,飞升时间超过 278 小时,廓线超过 200 条。大载荷飞艇观测期间首次实现了 5 套任务挂架的切换,包括气溶胶质谱任务挂架(ACSM)、黑碳气溶胶质谱任务挂架(SP-AMS)、质子转移时间飞行质谱任务挂架(Vocus-PTR)、硝酸化学电离飞行时间质谱任务挂架(Nitrate-ToF-CIMS)和甲基碘化学电离飞行时间质谱任务挂架(I-ToF-CIMS)。其中 Vocus-PTR 和 I-ToF-CIMS 实现了在系留飞艇上的首次稳定运行,获得了在边界层内针对多组分挥发性有机物(包括 VOCs 和 OVOCs)和多物种活性氮氧化物($ClNO_2$ 等)的高质量数据。在飞艇试验期间,针对典型天气过程同步开展了飞机航测,主要与北京市人工影响天气办公室合作,使用运-12 飞机开展了京津冀到长三角的跨区域航测(北京往返南京),飞机航测时间与大载荷飞艇廓线时间互相配合,辅以多个地面及高山观测站,实现了我国从京津冀到长三角地区的天空地一体化集成观测。

9.3.2 外场综合观测平台研发和测量技术研发

1. 大载荷浮空器测量平台优化与测量技术

为充分认识我国东部超大城市群污染物的空间分布特征及演变规律,本研究进一步优化和发展基于系留型大载荷浮空器测量平台的高分辨率探测技术。以高分辨率质谱为核心仪器,配合痕量气体、气象要素测量的辅助仪器,在地面至 1.2 km 高度范围内实现对污染物垂直结构的精细化探测。针对污染物的高精度垂直探测需求设计了五套大载荷飞艇任务挂架,单个挂架可承载仪器总质量约 200 kg,挂架以高分辨率质谱类仪器为中心采用对称式设计以确保平衡。挂架装有电源逆变器、大功率 UPS 稳压电源、交流电流快速测量以及电力过载保护装置;仪器采用模块化组合,整合进样管路、数据采集与传输系统,实现在线监测仪器的数据实时传输和质量控制。同时,为了认识边界层内物质和能量通量以及理解污染物-边界层的相互作用,部分挂架增设涡动协方差监测系统,以测量 CO_2/H_2O、空气温度、大气压力、三维风速等。

为关注高空气态硫酸与高氧化态有机物的演变过程及其与新粒子生成的关系,试验专门设计了 Nitrate-CIMS 挂架并配有扫描电迁移率粒径谱仪(SMPS)的同步测量。除此以外,还实现了两套新型质谱在大载荷系留浮空器平台的应用:主要是以新型质子转移反应质谱(Vocus-PTR)为核心的挥发性有机物测量挂架和以碘化学电离飞行质谱(I-CIMS)为核心的活性氮氧化物测量挂架。挥发性有机物是大气颗粒物和臭氧的重要前体物,Vocus-PTR 通过技术改进,质量分辨率显著提高,可实现对大气中上千种挥发性有机物(VOCs)的实时检测,同时仪器检测下限从传统的十亿分之一体积浓度(ppb)提升至万亿分之一级别(ppt),能够测量极痕量成分。I-CIMS 挂架主要用于活性氮氧化物的测量。大气活性氮作为大气光化学反应的重要物种,能够参与自由基生成与循环,影响大气氧化性及污染物二次生成。该挂架搭载 I-CIMS,能够对 $ClNO_2$、Cl_2、HONO 等活性氮和活性氯组分进行在线测量,从而获得其垂直分布特征,对于研究对流层大气氧化性与污染物生消机制具有重要意义。

为了更好地设计航测试验,本研究进一步发展了基于欧拉空气质量模式与拉格朗日溯源模型的预报支撑系统。预报模型每天自动给出未来多天各类污染物以及气象要素的三维空间分布预测,特别针对次日 1.5 km 以下的精细结构给出预报产品;同时基于中尺度气象模式驱动的拉格朗日粒子扩散模式(LPDM)溯源模拟,

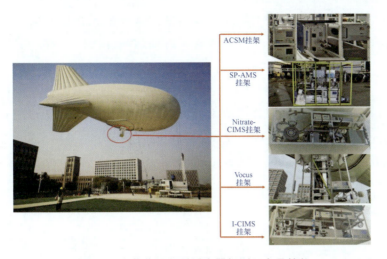

图9.6　大载荷系留型浮空器探测平台及挂架

针对重污染层的气团印痕进行反向溯源诊断，以快速确定气团传输路径、追踪污染物潜在源区。这些预报产品及其实时动态更新为每天设计第二天浮空器探测平台试验方案提供关键支撑。实际试验过程中，根据地面激光雷达实测结果以及风向实时预报更新和实测数据进行方案的微调，以确保试验的精准高效。

2. 活性含碳组分闭合测量技术的发展

大气活性含碳组分（包括大气气相和颗粒相活性有机物）的物理和化学转化过程与大气臭氧和有机气溶胶（OA）的形成密切相关。本研究综合利用目前最先进的多种在线和准在线质谱和色谱-质谱联用技术，发展气相和颗粒相活性含碳组分的闭合测量，实现大气活性含碳成分的近全组分测量。

挥发性有机化合物测量及定量的改进：PTR 是 VOCs 测量中广泛采用的一种观测技术，其定量分析依赖待测物质子转移反应速率常数与灵敏度之间的线性关系，该线性关系一般通过标准物质获得。处理 PTR-MS 数据时，通常将 $VOC \cdot H^+$ 认为是待测物的信号离子，依据其信号值计算待测物浓度。然而实际上待测物分子和试剂离子及其水簇 $H_3O^+ \cdot (H_2O)_n (n \geqslant 0)$ 在漂移管中的反应更加复杂，部分 VOCs 分子不产生信号离子 $VOC \cdot H^+$，如苯（C_6H_6）会与漂移管中少量存在的 O_2^+ 发生电荷转移产生 $C_6H_6^+$ 信号；单萜烯（$C_{10}H_{16}$）会发生碎片化，母离子 $C_{10}H_{17}^+$ 与碎片离子 $C_6H_9^+$ 的丰度比约为 1:1；因此直接使用 $VOC \cdot H^+$ 计算浓度会导致测量浓度偏低。此外，混合物待测分子之间会相互干扰，忽略 PTR 漂移管内复杂的分子离子反应会使得 VOCs 测量值偏低或偏高。如乙苯（$C_8H_{11}^+$）的碎片 $C_6H_7^+$ 使得 C_6H_6（苯）测量浓度偏高；辛醛（$C_8H_{17}O^+$）和壬醛（$C_9H_{19}O^+$）的碎片 $C_5H_9^+$ 使得 C_5H_8（异戊二烯）测量浓度偏高；丙酮（$C_3H_7O^+$）会结合 H_2O 产生 $C_3H_9O_2^+$ 信号，使得 $C_3H_8O_2$（丙二醇等）测量浓度偏高。因此，本研究通过 GC-EI-ToF 和

Vocus-PTR-MS 联用，不仅通过 PTR 实时测量 VOCs 浓度，还能实现 GC 洗脱物在 EI-ToF 和 Vocus-PTR-MS 两种检测器之间自动切换，同时获得在线-Vocus-PTR、GC-EI-ToF、GC-Vocus-PTR 三套数据集。对比在线-Vocus-PTR 与 GC-Vocus-PTR 测量结果，可定量评估 PTR 测量中由忽略复杂分子-离子反应所带来的误差。GC-EI-ToF 除能获得区分同分异构体的多种 VOCs 环境浓度外，还能帮助 GC-Vocus-PTR 数据的物种识别，获得各种 VOCs 分子在 PTR 测量中信号离子的种类和丰度，探索待测混合物分子之间的干扰模式，从而发展 PTR 测量 VOCs 浓度的校正方法。

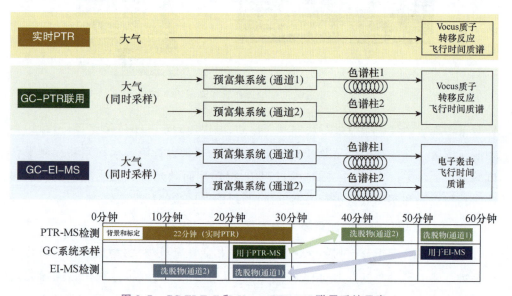

图 9.7　GC-EI-ToF 和 Vocus-PTR-MS 联用系统示意

使用 GC-EI-ToF 和 Vocus-PTR-MS 联用系统，本研究在复旦大学江湾校区林太珬环境楼楼顶进行了 VOCs 测量。观测发现了苯（C_6H_6）在 PTR-MS 中产生 $C_6H_7^+$、$C_6H_6^+$、$C_6H_7O^+$ 三种信号；此外，乙苯和苯甲醛的 PTR 产物离子 $C_8H_{11}^+$ 和 $C_7H_7O^+$ 在仪器中碎裂也产生 $C_6H_7^+$ 信号。通过扣除乙苯和苯甲醛对苯的干扰，发现以往 Vocus-PTR-MS 对苯的测量存在显著高估（平均值 48.0%，中值 39.3%）。

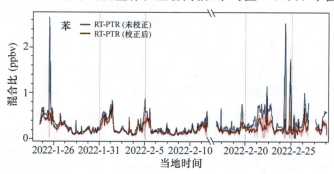

图 9.8　不校正与校正乙苯和苯甲醛对 $C_6H_7^+$ 信号干扰的苯浓度

含氧有机物(OOMs)的测量及分析方法发展：(高)氧化态有机分子是新粒子增长的关键前体物,亦是 VOCs 氧化到二次有机气溶胶生成之间的关键中间产物。前期研究多为实验室或者欧美森林地区,大气环境相对简单;而在我国东部地区,人类活动与自然排放高度混合,导致前体物种类和氧化剂种类都远比森林地区复杂,两者的反应(初代反应、自氧化反应、多代反应等)最终会产生成千上万种 OOMs。这给相关物种的识别带来了极大挑战。现行最先进的大气飞行时间质谱技术的质谱分辨率在 10 000 左右,这使得有相当部分质荷比(m/z)非常接近的分子难以被识别,导致基于直接峰识别方法(HR-peak fitting)有相当的不确定性。

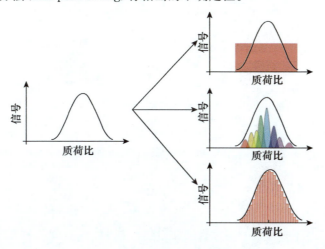

图 9.9　binPMF 的运行示意[77]

鉴于此,本研究将 binPMF 的方法发展并引入化学电离飞行时间质谱的数据处理中,较为有效地实现了 m/z 相近分子的区分(图 9.9)。binPMF 实现了分 bin 技术和 PMF 技术的结合,在保持原有质谱信息的基础上,利用相似质量的分子可能存在不同来源且一定存在其他同源分子的原理(图 9.10),极大地提高 OOMs 分子的识别能力[77]。

在上述有效峰识别的基础上,本研究进一步发展了 OOMs 源识别技术框架,即寻找确定 OOMs 分子的潜在前体 VOCs。将 OOMs 分子与前体 VOCs 分子有效连接是实现 OOMs 以及 SOA 溯源的关键步骤。本研究根据 OOMs 的分子特征(包括不饱和度、含碳数、含氧数等),进一步总结现有大气化学认知,将所识别的超过 2000 个 OOMs 分子分为芳香烃含氧有机物(Aromatic-OOMs)、脂肪族含氧有机物(Aliphatic-OOMs)、异戊二烯含氧有机物(Isoprene-OOMs)和单萜烯含氧有机物(Monoterpene-OOMs),实现了 OOMs 的初步溯源(图 9.11)。进一步通过其质量沉降通量评估对 SOA 生成的定量贡献,从而实现将 SOA 形成与不同种类的前体物的氧化直接联系起来,为更好地模拟 SOA 的生成奠定了基础。

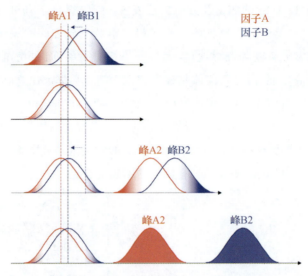

图 9.10　binPMF 提高质谱峰识别能力的工作原理[77]

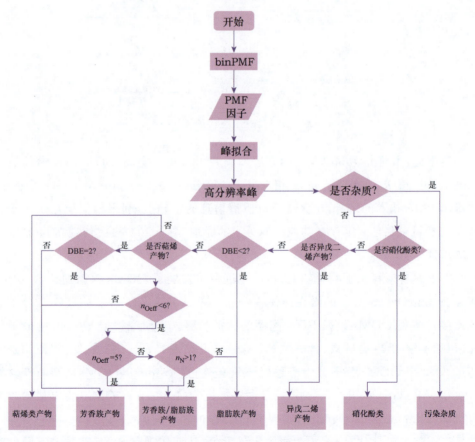

图 9.11　OOMs 前体物识别逻辑框架[78]

气溶胶态含氧有机分子测量技术：二次有机气溶胶在分子层次上的识别一直是 SOA 研究领域的难点，也是活性含碳组分研究的难点。本研究针对相关领域的多种技术，进行探索和发展，其中最主要的两种技术为 FIGAERO-I-ToF-CIMS 和 EESI-ToF-CIMS。前者是一种基于热解析方法进行研究的技术，由气体和气溶胶滤膜进样口和飞行时间化学电离质谱仪组成。FIGAERO 进样口的设计为尽量减少气态和气溶胶态组分的交叉污染，基于气态和气溶胶态之间的循环切换，FI-GAERO-I-CIMS 实现了气态和气溶胶态含氧有机分子的在线半连续同步测量。本研究将 FIGAERO-I-CIMS 分别应用于南京和上海等多个地区的大气成分测量中，图 9.12 为南京地区 2021 年夏季基于 FIGAERO-I-CIMS 测得的气态和气溶胶态含氧有机分子的平均碳数分布。

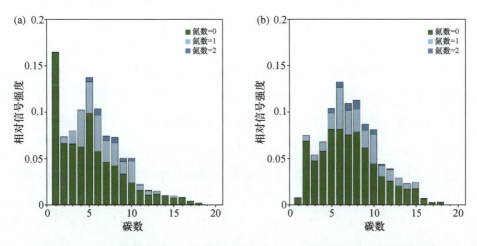

图 9.12　2021 年 8 月南京(a)气态和(b)气溶胶态含氧有机分子平均碳数分布

萃取式电喷雾离子化飞行时间质谱 EESI-ToF-CIMS 是近年来发展的一种软电离的化学离子化质谱技术，可最大限度地避免传统方法中加热对含碳组分的影响（热分解等），同时获得高时间分辨率（可达秒级）的近分子组成的信息以研究快速化学过程，在实际大气中的应用尚处于探索阶段。本研究分别在北京、南京和上海多地的集成观测中探索 EESI-ToF-CIMS 在实际大气中的应用，图 9.13 展示上海地区 2022 年冬季 EESI-ToF-CIMS 的测量及源解析分析结果。在 EESI-ToF-CIMS 测量的同时，本研究还同步开展 Nitrate-CIMS 测量，以进一步探索活性含碳组分的闭合技术。

基于上述技术，本研究在多次集成观测中探索实现从 VOCs 到 OOMs 再到 SOA 的全谱近分子层次测量，同时使用多种最先进的测量技术，实现仪器设备的联合交叉标定。相关仪器包括 GC-MS、PTR-ToF、Vocus-PTR、I-ToF-CIMS、

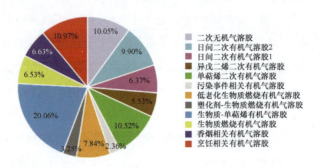

图例：
- 二次无机气溶胶
- 日间二次有机气溶胶2
- 日间二次有机气溶胶1
- 异戊二烯二次有机气溶胶
- 单萜烯二次有机气溶胶
- 污染事件相关有机气溶胶
- 低老化生物质燃烧有机气溶胶
- 塑化剂-生物质燃烧有机气溶胶
- 生物质-单萜烯有机气溶胶
- 生物质燃烧有机气溶胶
- 香烟相关有机气溶胶
- 烹饪相关有机气溶胶

图 9.13　2022 年 2—3 月上海不同来源有机气溶胶的贡献

NO$_3$-ToF-CIMS、FIGAERO-I-ToF-CIMS、EESI-ToF-CIMS、LToF-AMS 等，初步实现了从气态高挥发性有机分子、中等挥发性有机分子（IVOCs）、半挥发性有机分子（SVOCs）、低挥发性有机分子（LVOCs）、超低挥发性有机分子（ELVOCs）以及气溶胶态有机分子和有机气溶胶总量的全覆盖测量，成功实现了活性含碳组分的闭合测量和闭合分析。

3. 活性含氮组分及自由基和大气氧化能力测量技术

活性含氮组分测量技术发展：大气活性氮（NO$_y$ ≡ NO$_x$ + HONO + NO$_3$ + 2×N$_2$O$_5$ + PNs + ANs + HNO$_3$ + pNO$_3^-$）是大气中含氮氧化物的总称，对其进行闭合观测有助于准确判断动态活性氮大气循环转化过程及其对大气氧化性的反馈。NO$_x$ 和 NO$_z$（HONO、N$_2$O$_5$、PNs、ANs、HNO$_3$、pNO$_3^-$）测量存在较大不确定性，总活性氮（NO$_y$ = NO$_x$ + NO$_z$）测量往往与各分量测量之和存在较大差异，即不闭合。本研究通过热解法耦合宽带腔增强吸收光谱法系统（TD-BBCES）实现了对 NO$_2$、PNs（+N$_2$O$_5$）、ANs、HNO$_3$ 等 NO$_y$ 组分的准确测量及传统意义上大气活性氮的闭合。

TD-BBCES 的结构如图 9.14 所示，大气自进样口采入后，经过滤膜去除气溶胶，后分为 4 路平行气流，分别经过加热温度为室温、175 ℃、375 ℃和 600 ℃的石英管，使气体样品中的特定 NO$_y$ 组分发生充分热解，再经管路冷却并输送至 BBCES 进行 NO$_2$ 浓度测量。为降低 ANs 及 HNO$_3$ 在管路中吸附对测量造成的采样干扰，避免 PNs 在采样管路中的热解损失，单独将 ANs 及 HNO$_3$ 采样管路加热至 50 ℃；同时，在初始采样口设置标气和零气通道，定期对 TD-BBCES 系统进行标定及各通道一致性检验。经评估，本研究搭建的 TD-BBCES 系统处于文献报道 NO$_y$ 测量灵敏度和精密度的最优水平。

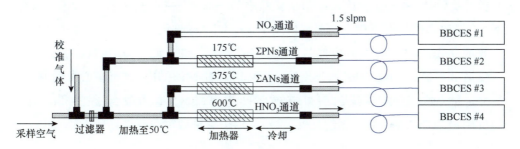

图 9.14　TD-BBCES 系统结构。slpm,标准升每分钟

利用 TD-NO$_y$ 技术不但实现了文献传统意义上大气活性氮闭合观测,而且各分量测量与现有数据比对良好(图 9.15)。从图中可见,北京强 NO$_x$ 排放条件下,不仅 NO$_x$ 浓度水平达到 17.61±16.96 ppbv,NO$_x$ 向 NO$_z$ 快速转化贡献了硝酸盐,还侧面反映了大气强氧化性水平。

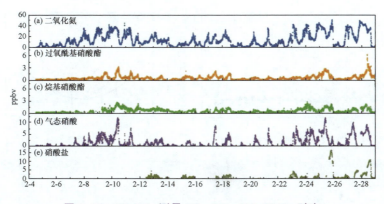

图 9.15　TD-NO$_y$ 测量 NO$_2$、PNs、ANs、HNO$_3$ 时序

大气氧化性与臭氧生成速率:准确定量臭氧生成速率(OPR)是 O$_3$ 化学研究和污染控制的基本前提。基于观测或模拟可以得到过氧自由基和氮氧化物数据,进而获得观测 OPR(Obs-OPR)和模拟 OPR(Mod-OPR)。然而,京津冀、珠三角、长三角等多地观测发现在高 NO 条件下 Mod-OPR 相较于 Obs-OPR 存在普遍低估,两者可能存在 1～2 个数量级的差异,这表明我们对 O$_3$ 光化学的理解尚不完善。因此,本研究尝试使用双腔系统直接测量 OPR(Mea-OPR),以提供第三方新数据。通过定量已知停留时间内反应管(模拟环境光化学)和参考管(抑制光化学)的 O$_3$ 信号差值可实现 OPR 的直接测量。

本研究优化了 Mea-OPR 系统设计,即使用高透光率的石英材料、精确稳定的 ΔO$_x$ 测量仪器,以及采用惰性的 Teflon 材料和大直径流动管来抑制壁效应。通过改善系统设计,将流动管比表面积从文献中的 18 m^{-1} 减小至 9.8 m^{-1},遮光条件下 O$_3$ 摄取系数从石英壁上的典型值 7.1 × 10^{-8} 降低至 9.9 × 10^{-9},减小了近一个数量级,这些改进在壁效应抑制方面被证明是有效的。此外,还通过控制实验进一步揭示并量化了 O$_3$ 的光增强摄取(图 9.16),对 Mea-OPR 进行了必要的修正。最终定量 Mea-OPR 系统的测量不确定度为 ±38%,检测限为 3.2 ppbv h^{-1}(3SD),这表明 Mea-OPR 系统足够灵敏,可用于测量城市或郊区环境中的 OPR。

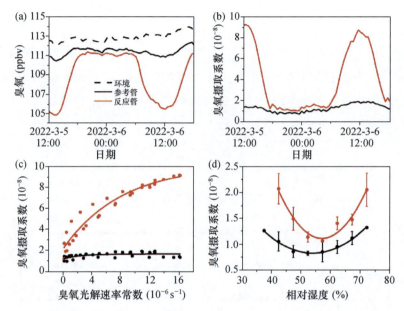

图 9.16　2022 年 3 月 5 日至 6 日零 OPR 控制实验结果：(a)将零 NO$_x$ 和高浓度 O$_3$ 气体(约 113 ppbv)引入两流动管;(b)流动管内 O$_3$ 摄取系数;(c)白天[j(O^{1}D) > 1×10^{-7} s^{-1}]O$_3$ 摄取系数与 j(O^{1}D)指数拟合关系;(d)夜间[j(O^{1}D) < 1×10^{-7} s^{-1}]O$_3$ 摄取系数与 RH 多项式拟合

2022 年北京冬奥会期间,利用 Mea-OPR 系统在北京市区进行了外场测试。观测期间 O$_3$ 化学相关参数及 Mea-OPR 的平均日变化如图 9.17 所示。O$_3$ 浓度显示下午(14:00—16:00)最大值和清晨(6:00—8:00)最小值,前者是光化学生成的典型特征。白天 O$_3$ 浓度变化范围为 2.1～54.7 ppbv,平均值和中值分别为 33.5±10.8 ppbv 和 36.4 ppbv。考虑到 O$_3$ 的 NO 滴定作用,白天平均 O$_x$ 浓度为 43.4±5.7 ppbv,高于区域背景的 38.0 ppbv,这表明北京市区仍然是 O$_3$ 污染的区域源。Mea-OPR 的日变化趋势与 j(O^{1}D)一致,正午峰值为 7.3±3.3 ppbv h^{-1},低于采用 Obs-OPR 方法在同一地点测量的夏季中午峰值 20 ppbv h^{-1}。j(O^{1}D)的正午峰值为 9.8×10^{-6} s^{-1},不到夏季观测值的一半(2.6 × 10^{-5} s^{-1})。因此,冬季和夏

季的 $j(O^1D)$ 差异可能是 OPR 差异的主要原因。在 Mea-OPR 的敏感性分析中，观察到 OPR 与 $j(O^1D)$ 具有很好的线性关系，这表明 Mea-OPR 测量能够很好地捕获 O_3 的光化学特征。Mea-OPR 与 NO 的关系与观测结果类似，但不同于模拟得到的类高斯形状。由于北京的 NO_x 浓度相对较高，假设 O_3 生成处于 VOCs 控制区，预计 O_3 光化学在高 NO_x 条件下会受到抑制。而北京的观测结果则表明即使在 VOCs 控制条件下 NO_x 增加，OPR 也会持续增加。这种非典型关系的详细原因尚不清楚，但 Mea-OPR 显示了其在 $j(O^1D)$ 和 NO 变化的同时捕获 O_3 光化学的预期特征及非典型特征的潜力。

　　HO_2 测量方法的建立及验证：本研究在传统使用激光诱导荧光方法测量 HO_2 的基础上发展了基于 Br-CIMS 测量新方法，利用 Br^- 作为离子源的化学电离质谱（CIMS）技术直接检测 HO_2 自由基。该方法利用 CF_3Br 气体电离产生 Br^-，随后 Br^- 与 HO_2 自由基结合形成 $Br^- \cdot HO_2$ 离子簇，该离子簇的峰可在 $m/z=112$ 和 114 处检测到，从而得到 HO_2 的浓度（具体实验装置见图 9.18）。通过调节干燥的以及加湿的零气流量比实现不同湿度的实验气体，加湿的气体进入紫外光反应器后，H_2O 分子被 185 nm 的光迅速光解，并与 O_2 生成 HO_2 自由基，随后被 HR-ToF-CIMS 检测到。为了准确测量 HO_2 浓度，需要利用 N_2O 光解进行校准。N_2O 生成 NO 的最终量子产率约为 1.22，其浓度可通过商用的 NO_x 分析仪测定，从而得到 HO_2 的校准浓度。建立实验室标定方法后，进一步优化

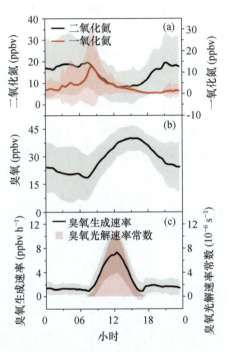

图 9.17　外场观测期间（2022 年 2—3 月）北京大学城市站点的（a）NO 和 NO_2；（b）O_3；（c）Mea-OPR 和 $j(O^1D)$ 的日变化曲线

Br-CIMS 以降低 HO_2 的检测限，主要从仪器电压、IMR 和 SSQ 压力以及采样口和 SSQ 孔口的尺寸等方面进行优化。此外，本研究也发现了 H_2O_2 和 HO_2NO_2 引起的 HO_2 测量干扰，并对此进行了标定。通过半定量标定，拟合出干扰的经验订正方法，并在计算真实大气 HO_2 浓度时进行修正。

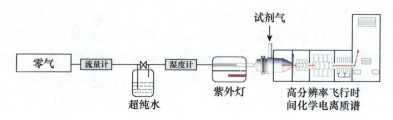

图 9.18　实验室 HO_2 产生和检测

　　基于研发和优化的 Br-CIMS 测量技术，本研究于 2022 年 6 月在复旦大学江湾校区环境科学楼顶开展为期两周的试验。为了减小 HO_2 壁损，使用玻璃管作为采样管 [图 9.19(a)]，采样流量为 12.5 slpm，在该流量下 HO_2 在采样管内壁损标定结果见图 9.19(b)。使用 TPS2 电压设置得到的 HO_2NO_2 和 H_2O_2 对 HO_2 的干扰分别为 $-0.4\sim0$ ppt 和 $0\sim0.5$ ppt，综合干扰为 $-0.4\sim0.4$ ppt。图 9.19(c) 是仪器测到的 HO_2 浓度经过 VOCs 干扰和壁损失修正后得到的大气 HO_2 浓度值。试验表明，使用 TPS2 电压后 HO_2NO_2 对 HO_2 的干扰不超过实际的 10%，这表明 Br-CIMS 是一种可行的大气 HO_2 测量技术[79]。

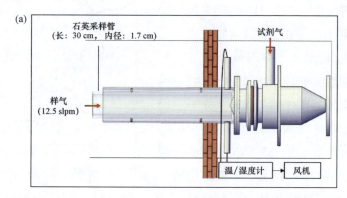

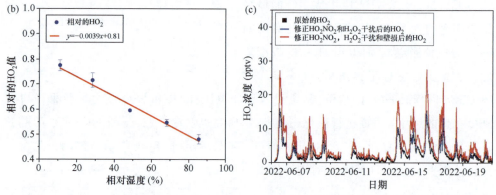

图 9.19　(a) 外场观测 HO_2 的仪器采样装置；(b) 12.5 slpm 采样流量下，不同环境湿度下的 HO_2 壁损；(c) 修正 VOCs 干扰和壁损后的大气 HO_2 浓度[79]

4. 新粒子生成全周期测量技术

为深入研究大气颗粒污染物的理化性质及其产生和变化机制,解析我国典型大气条件下纳米颗粒物形成与增长机制,本研究团队开发了 1 nm～10 μm 颗粒物粒径分布测量和气态前体物、团簇、超细颗粒物及 PM$_{2.5}$ 的化学组分测量技术,从物理和化学特征上实现了新粒子生成全周期测量(如图 9.20 所示)。

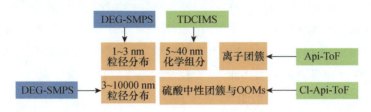

图 9.20　新粒子生成及增长全周期

颗粒物粒径分布测量基于 DEG-SMPS 和 PSD 结合的 1 nm～10μm 粒径分布测量,覆盖了低至 1 nm 的成核关键团簇范围,高至 10 μm 的 PM$_{10}$ 范围;同时研究团队研发了双极 SMPS,能够实现正负离子电迁移率的实时测量,首次提出利用大气天然荷电过程取代传统的人工荷电器,提高了测量的稳定性和准确性,该技术可以应用于粒径谱稳定长期观测。具体粒径谱技术发展包括:

1～3 nm 颗粒物粒径分布测量技术 DEG-SMPS:成核相关的临界团簇粒径通常在 1～3 nm,所以该粒径范围是研究新粒子生成的关键尺度,1～3 nm 颗粒物数浓度也是判断新粒子生成的重要依据;此外,在研究成核及增长过程中,成核速率、增长速率和气溶胶表面积参数的计算都要依赖于颗粒物粒径分布的测量结果。基于数值模拟、实验室控制实验和大气外场观测,本研究从提高颗粒物激活效率和提高颗粒物采样流量两个角度开展工作,提高 1～3 nm 颗粒物的检测效率。利用数值模拟研究了不同冷凝室构型下颗粒物扩散和工作液体传热传质过程,确定了使用无鞘气构型以提高采样流量。研究冷凝室内不同温度场分布下过饱和度的分布规律及颗粒物生长规律,确定了通过冷凝室双级制冷以提高激活效率,基于上述模拟结果设计了无鞘气结构双级制冷的新型冷凝生长计数器的理论最优构型及运行参数。进一步根据数值模拟结果开发了新型冷凝生长计数器的原型机,同时搭建了颗粒物激活效率标定系统,对新型颗粒物冷凝生长计数器进行了标定。使用更适合于评价 1～3 nm 气溶胶测量仪器性能的 II 参数对新型冷凝生长计数器进行了评估。

3～1000 nm 颗粒物粒径分布测量技术 PSD:本研究进一步对不同的粒径谱仪的采样进行集成,发展了 PSD 系统。主要为采集大气颗粒物后通过软 X 射线双极荷电器使其荷电,由电动阀门切换交替进入两台不同类型的差分电迁移率粒径分析仪[纳米扫描迁移率粒度仪(NSMPS,3～60 nm)和常规扫描迁移率粒度仪(RSMPS,40～700 nm)],分离后的颗粒物通过冷凝生长计数器进行检测。

双极 SMPS：研究团队改进了商业化的便携式扫描电迁移率粒径谱仪，将单极高压改为双极高压，并去掉其单极荷电器，直接测量经大气天然离子荷电的气溶胶粒径分布，进一步提高了仪器的便携性。并通过与参考仪器对比，展示了改进后的仪器相比改进前测量的粒径分布更准确。

除了颗粒物粒径谱外，本研究还针对新粒子生成的气态前体物与中性团簇等开展探索性的测量，利用 Nitrate-CIMS、I-CIMS、Vocus-PTR-MS 对包括硫酸、碘酸等成核关键组分以及全挥发性有机物等新粒子生长关键组分的全覆盖测量。离子团簇利用 Api-ToF 测量，本研究开发了 Api-ToF 传输效率与检测效率标定方法，优化了 Api-ToF 的团簇浓度定量测量能力。此外，颗粒物纳米级别超细颗粒物化学组分的测量一直是研究难点，本研究团队发展了 TD-CIMS 技术，主要对原有的 TDCIMS（热脱附化学电离质谱）中的气溶胶和荷电模块的放射性材料，采用软 X 射线进行了替换，有效解决了原仪器由于放射性源而在中国等地区无法使用的问题；首次使用 N-甲基吡咯烷酮离子（NMPH）作为反应离子，提高了测量氨和有机胺等碱性物质的选择性，实现了北京城区中超细颗粒物的化学组分的在线测量；通过一系列的标定和校准实验，使之能够对检测到的化学组分实现半定量，同时配备的 SMPS 还能对样品中超细颗粒物的粒径分布实现测量。此外，TDCIMS 采取两种不同的反应离子，能够实现对大气超细颗粒物中的硫酸盐、硝酸盐等无机物及各类有机物的广泛检测。

9.3.3 大气复合污染生成关键理化机制研究进展

1. 硫酸盐的生成机制研究

硫酸盐是大气细颗粒物的重要组分，对全球和区域气候、空气质量和人体健康有重要影响。重污染期间硫酸盐的生成机制仍存在很大争议，传统大气化学模式（SO_2 气相和云滴氧化）往往低估硫酸盐的生成，这是当前大气化学领域的重要难题之一[80,81]。本研究通过外场集成观测、实验室控制实验和数值模拟相结合，获得了对我国东部气溶胶硫酸盐生成机制的新认识。

（1）揭示低云对重霾期间硫酸盐生成的重要作用

如上文所述，硫酸盐生成是当前大气化学领域的重要难题之一。以往的研究均认为 SO_2 在云滴中的氧化对于重污染期间硫酸盐生成的贡献忽略不计，本研究对过去若干年北京冬季发生重污染时云底高度进行了统计分析，发现云底高度在 500 m以下的低云出现概率为 12.5%，在高相对湿度的情况下，低云日的硫转化率（SOR）要显著高于非低云日，且多数为重污染日，表明云底高度较低的低云（<500 m）对于重霾期间硫酸盐的生成可能有重要作用（图 9.21）。利用 WRF-Chem 模式对一次重污染个例进行了模拟分析，发现当有低云存在时，在 1.2 km 高度以下，云中 SO_2

氧化主导硫酸盐化学生成速率，其中 NO_2 和 O_3 为主要的氧化剂（图 9.22）。进一步模式诊断分析发现 200～400 m 的低云内生成大量的硫酸盐，并经过垂直混合沉降到地表，造成地表硫酸盐浓度剧增，进一步加剧重污染。研究结果表明低云对于重污染期间硫酸盐的生成具有重要作用[82]。

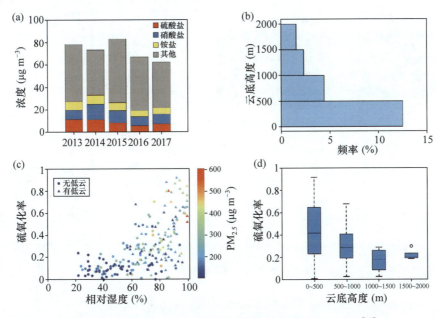

图 9.21　2013—2017 年北京冬季重污染和低云统计分析[82]

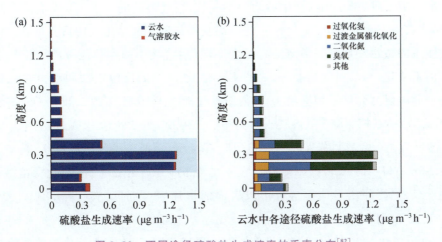

图 9.22　不同途径硫酸盐生成速率的垂直分布[82]

云中硫酸盐生成速率的直接测定对于认识硫酸盐生成机理至关重要。然而以往研究主要基于飞机航测和高山站观测对高空波状云和山顶帽云中硫酸盐生成速率进行的直接测定，缺乏对城市边界层低云的直接观测。本研究基于大载荷系留飞艇观测试验，首次对城市边界层低云中 SO_2 氧化速率进行了直接测定（图

9.23)，发现 SO_2 平均氧化速率超过 $100\%\ h^{-1}$，比以往山顶帽状云和波状云中测定的 SO_2 氧化速率更高，浓度表现出明显的升高并在低云破碎后影响地表硫酸盐和 $PM_{2.5}$ 浓度。研究结果证实了低云中硫酸盐的快速生成能够直接影响地表硫酸盐浓度。

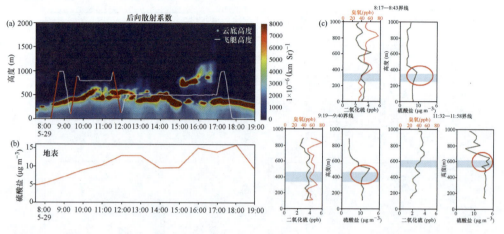

图 9.23 基于飞艇试验直接测定城市边界层低云硫酸盐生成速率：(a)激光雷达及飞艇高度；(b)地表硫酸盐浓度变化；(c)飞艇测量的硫酸盐及相关气体垂直廓线[82]

（2）揭示 NO_2 和 SO_2 在湿气溶胶表/界面的快速反应机制

没有低云存在时，SO_2 在湿气溶胶中的氧化是硫酸盐生成的主要途径。国内外前期研究发现，基于稀溶液中的动力学参数，当气溶胶的 pH 在 6 左右或者更高时，气溶胶液态水中 NO_2 氧化 SO_2 是我国灰霾期间硫酸盐生成的重要机制。但气溶胶体系的微物理环境与稀溶液有很大不同，稀溶液中的参数能否应用于气溶胶体系仍不清楚，当前对气溶胶体系中 NO_2 氧化 SO_2 的反应机制和动力学认识不足。为此本研究开展了烟雾箱实验，使用氨气-硝酸铵或氨气-丙二酸种子气溶胶作为缓冲溶液体系控制调节气溶胶 pH，实测了气溶胶 pH 3.8～5.2 范围内 NO_2 氧化 SO_2 的反应速率常数。结果表明，NO_2 和 SO_2 在气溶胶中的反应以 NO_2 氧化亚硫酸根（SO_3^{2-}）为主，其反应速率常数为 $(1.4 \pm 0.5) \times 10^{10}\ L\ mol^{-1}\ s^{-1}$，比稀溶液高 3 个数量级，主要原因可能是湿气溶胶表面的快速表/界面反应（图 9.24）。然而，NO_2 氧化亚硫酸氢根（HSO_3^-）的反应速率常数与稀溶液相当，气溶胶的高离子强度对 NO_2 氧化 SO_2 的反应速率没有影响。研究表明，现有的大气化学数值模式需要更好地考虑相关的化学机制；对我国而言，近年来随着 SO_2 的大幅度减排，气溶胶 pH 呈现缓慢上升，NO_2 在湿气溶胶表面氧化 SO_2 的反应途径对于硫酸盐的生成及其对空气质量和气候变化的贡献可能愈发重要[83]。

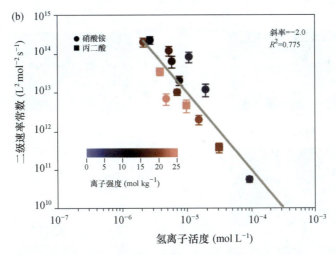

(a)
$$2NO_2 + HSO_3^- + H_2O \longrightarrow 2HONO + SO_4^{2-} + H^+ \quad (R1)$$
$$2NO_2 + SO_3^{2-} + H_2O \longrightarrow 2HONO + SO_4^{2-} \qquad (R2)$$

图 9.24 (a) NO_2 和 SO_2 反应方程式；(b) k_{exp} 和氢离子活度的关系[83]

（3）发现硝酸铵潮解主导液态气溶胶形成并促进 SO_2 摄取和硫酸盐的快速增长

SO_2 在湿气溶胶表/界面非均相反应的机制众多，不同途径对 SO_4^{2-} 生成的相对贡献仍存在争议。本研究基于石家庄和北京进行的长期外场观测，在统计分析的基础上研究了大气中颗粒物中硫酸盐的生成机制及其控制因素，基于流动管实验和外场观测，讨论了 SO_2 的气-粒传质和颗粒相中 S(Ⅳ) 氧化动力学过程和决速步骤。

基于长期观测的小时分辨数据，对 SOR 和 RH 之间的关系进行了统计分析。研究发现，尽管 SOR 和 RH 相似的日变化也可能对 SOR 对 RH 的依赖性有一定的影响（图 9.25），然而无论是在夜间还是白天、无论是冬季还是夏季，SOR 对 RH 均呈指数相关，表明即使排除了日变化和季节变化的影响，液相化学反应对硫酸盐生成仍然很重要。颗粒态硫酸盐可通过非均相或多相氧化生成，包括气-粒转化和颗粒相反应两步。因此，确定硫酸盐生成的决速步骤（RDS）对于理解 SOR 的演变规律具有重要意义。长期观测表明在污染事件中北京和石家庄的高 $PM_{2.5}$ 质量浓度与高硫酸盐浓度、硫酸盐比例和 SOR 同步发生。存在 NH_3 时，含 33% NH_4NO_3 的模型颗粒上，γ_{SO_2} 对 RH 也指数增加。SOR 和 γ_{SO_2} 与 $PM_{2.5}$ 中气溶胶水分的比例成正比。当气溶胶呈液态时，由于 SO_2 的摄取是 SO_2 向颗粒态硫酸盐转化的决速步骤，高 RH 条件下 SO_2 的摄取系数的快速增加可解释外场观测的

SOR 的指数增加和硫酸盐浓度的快速增长。在重污染天气中，高 RH 条件下 NH_4NO_3 对 AWC、气溶胶颗粒的相态以及随后的 SO_2 摄取动力学起着关键作用。研究结果表明，减排 NO_x 除了可降低 NH_4NO_3 浓度外，还将显著降低重污染事件中的 AWC，进而降低 SO_2 液相摄取和硫酸盐生成[84,85]。

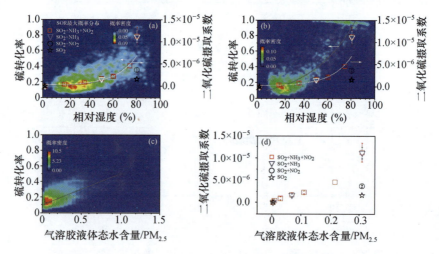

图 9.25　(a)石家庄和(b)北京 SOR 和 NH_4NO_3/矿尘内混样品上 $\gamma_{SO_2,BET}$ 对 RH 的依赖关系；(c)石家庄 SOR 与 AWC/$PM_{2.5}$ 的关系；(d)$\gamma_{SO_2,BET}$ 与 AWC/$PM_{2.5}$ 的关系[84]

2. 硝酸盐的生成机制及其对 NO_x 减排的响应

当前以高 $PM_{2.5}$ 浓度为代表的空气污染事件仍时有发生，且硝酸盐已成为重污染事件中 $PM_{2.5}$ 的主要无机组分。对大气污染物的连续监测表明，硝酸盐的下降幅度远小于 NO_x 浓度的下降幅度，说明由 NO_x 向硝酸盐的转化受多种机制控制，二者浓度变化因此呈现非线性关系。本研究基于北京疫情期间的加强观测、南京 6 月份的飞艇垂直观测以及上海连续 9 年的外场观测结果，明确了 NO_x 和硝酸盐的变化特征，量化研究了不同机制对 NO_x 向硝酸盐转化的贡献，阐明了夜间氮化学在硝酸盐生成中日益重要的作用，解释了硝酸盐下降幅度小的本质原因。

(1)疫情期间 NO_x 急剧减排激活了地表夜间氮化学

2020 年初疫情期间交通出行受到严格管控，我国东部地区的 NO_x 浓度下降可达 50% 以上，为研究 NO_x 与颗粒态硝酸盐的变化关系提供了理想的环境条件。本研究通过在北京进行加强综合观测，发现在疫情防控期间 NO_x 大幅减排的情况下，严重的颗粒物污染仍然会发生，且颗粒态硝酸盐占比反而更高(图 9.26)，表明 NO_x 向颗粒态硝酸盐转化的效率因减排而升高。利用以碘离子为反应离子的化学电离质谱(I-CIMS)，观察到疫情防控期间 N_2O_5 浓度较疫情前显著增加。

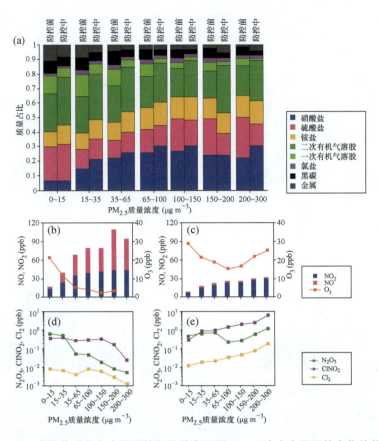

图 9.26　疫情前后北京主要活性氮物种在不同 PM$_{2.5}$ 浓度水平下的变化趋势[86]

　　研究进一步利用稳态平衡法量化 N$_2$O$_5$ 水解对颗粒态硝酸盐生成的贡献。结果显示，N$_2$O$_5$ 水解生成颗粒态硝酸盐在疫情前（也是非防控的正常情况）和疫情防控期间截然不同。在非防控期间的重污染事件中，NO 的浓度非常高，N$_2$O$_5$ 难以生成，抑制硝酸盐通过 N$_2$O$_5$ 水解生成；而在疫情防控期间的重污染事件中，NO 浓度极低，NO$_2$ 和 O$_3$ 的浓度反而较高，有利于 N$_2$O$_5$ 的生成及其水解产生硝酸盐（图 9.27）。

　　N$_2$O$_5$ 水解不仅会生成硝酸盐，也生成 ClNO$_2$。夜间积累的 ClNO$_2$ 可在次日清晨光解，释放 Cl 自由基，影响大气氧化能力。研究发现，活跃的夜间 N$_2$O$_5$ 水解次日 Cl 自由基浓度增加 5 倍以上，其对大气中烷烃和芳香烃的氧化能力与 OH 自由基相当。当大气中烷烃和芳香烃的氧化速率增加，氧化产物的量也大幅增加，这可能是疫情防控期间二次有机气溶胶浓度显著上升的关键原因[86]。

　　（2）飞艇探测结果证实高空夜间氮化学强烈

　　NO 浓度对氮化学的活跃程度起至关重要的作用，夜间残留层较低的 NO 浓度为氮化学提供了理想的环境。夜间边界层高度有较大变化，当其高度超过

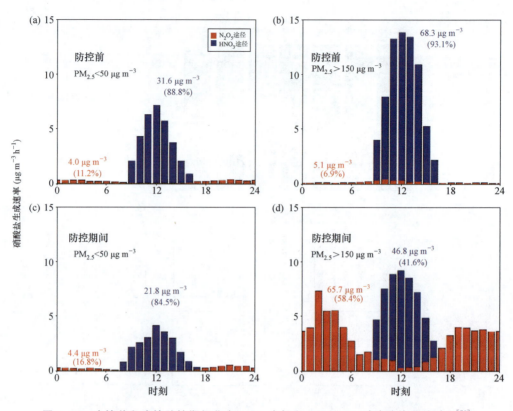

图 9.27　疫情前和疫情防控期间北京 N_2O_5 水解和 $OH+NO_2$ 对硝酸盐贡献对比[86]

300 m 时,利用高塔无法有效探测夜间残留层的情况。为解决该问题,本研究利用大载荷浮空飞艇搭载碘离子化学电离质谱仪对夜间边界层内部的氮化学强度进行了拓展研究,以查明夜间残留层内部氮化学的强度以及对硝酸盐和 Cl 自由基生成的影响。

图 9.28 展示了 2023 年 6 月 22 日夜间氮化学关键物质的垂直分布。结果显示,N_2O_5 和 $ClNO_2$ 等夜间氮化学的关键物质浓度在 650 m 内均随高度升高而上升,这得益于 NO 的显著下降以及 N_2O_5 前体物 NO_2 与 O_3 的不断上升。较高的 N_2O_5 浓度也可能表明较低的颗粒物浓度抑制了 N_2O_5 摄取,但 $ClNO_2$ 的浓度只有在 N_2O_5 非均相反应剧烈的时候才会大量积累,因此可较好地反映夜间氮化学的强度。

图 9.29 展示了 2023 年 6 月 22 日夜间的一次个例。飞艇从当日凌晨 2 点左右开始在 750 m 高度滞空,受气团传输的影响,飞艇滞空期间曾间断性进入高颗粒物浓度的污染气团。从图中可见,气团内外的 NO 浓度均极低且 NO_2 和 O_3 浓度相当,这表明 N_2O_5 的生成在气团内外差异较小。然而,$ClNO_2$ 浓度仅在飞艇在气团内部时显著上升,当飞艇在气团外部时,其浓度几乎为零。结果表明,夜间残留

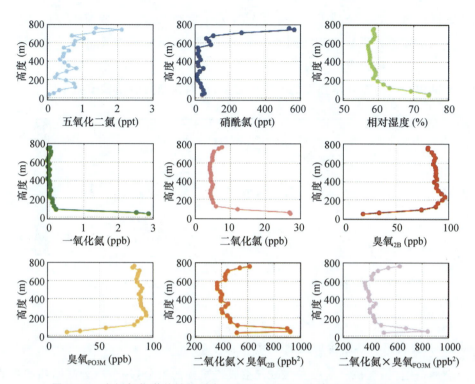

图 9.28　夜间氮化学关键物质在 2023 年 6 月 22 日凌晨的垂直分布廓线

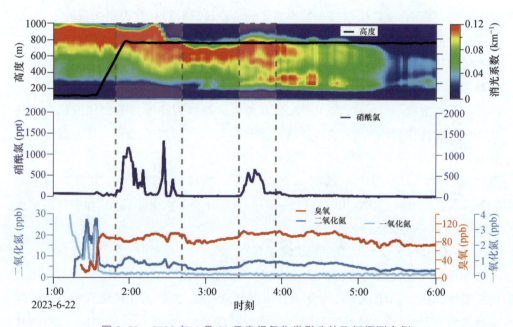

图 9.29　2023 年 6 月 22 日夜间氮化学影响的飞艇探测个例

层内部的 N_2O_5 生成会不停发生,但仅当颗粒物浓度较高使得 N_2O_5 可以迅速摄取时,夜间氮化学才会对硝酸盐生成产生影响,这揭示了颗粒物浓度对夜间氮化学强度的决定性影响。图 9.30 进一步展示了 $ClNO_2$ 浓度和 $ClNO_2$ 生成速率 $[p(ClNO_2)]$ 与 NO_2、O_3 和消光系数乘积之间的关系,由此可见,$ClNO_2$ 浓度和生成速率均与 NO_2、O_3 和消光系数乘积呈现强正相关关系,证实对已有夜间氮化学机制的理解,也可帮助建立夜间氮化学强度的参数化方案,从而辅助数值模式模拟分析。

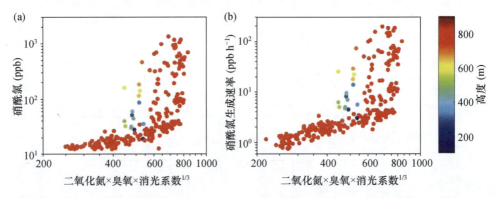

图 9.30　$ClNO_2$ 浓度(a)和生成速率(b)与控制其化学反应强度关键物质的关系

3. 二次有机气溶胶生成机制研究

全球范围内,有机气溶胶是大气气溶胶最重要的组分,是全球云凝结核的主要贡献者。在我国东部地区,有机气溶胶也是 $PM_{2.5}$ 的重要组分,对大气复合污染有显著影响。当前,在以硫酸盐为代表的无机组分逐渐得到有效控制的情况下,有机气溶胶的贡献将会越来越凸显。有机气溶胶的主要来源并非一次排放,而是挥发性有机物在经过复杂大气氧化反应后的产物(二次有机气溶胶,SOA)。因此,准确理解 VOCs 氧化及 SOA 生成的内在机制是准确理解气溶胶气候效应以及进一步改善我国气溶胶污染的关键。SOA 生成可大致理解为挥发性较高的有机前体物转化为挥发性较低的氧化产物,并进一步富集进入气溶胶的过程。这一过程极为复杂,种类繁多的 VOCs 通过不同的氧化途径可以生成超过万种的初代或次代中间产物,导致 SOA 的生成机制一直以来难以被理解。鉴于此,本研究通过从 VOCs 到氧化态有机物(OOMs)再到 SOA 的近分子层次全谱测量,理解我国两大城市群的 SOA 形成机制。

(1) OOMs 分子特征及生成机制探索

低挥发性有机蒸气(即氧化态有机物)是连接挥发性有机物氧化和 SOA 形成的关键中间产物。OOMs 种类复杂且浓度极低(ppt 甚至 ppq 量级),难以被常规手段有效测量,导致传统研究不得不忽略或过度简化 SOA 生成的中间步骤,即将挥发性有机物和 SOA 简单关联,无法探知中间演化步骤及底层的物理化学机制。

本研究通过广泛合作,在我国沿海的多个超大城市(包括南京、北京、上海和香港)利用化学电离质谱技术和气溶胶质谱技术等进行了针对 VOCs、OOMs 和有机气溶胶的同步综合测量。利用 Nitrate-ToF-CIMS 技术针对 OOMs 进行了高质量的综合观测。飞行时间质谱技术提供了大量的新信息,但同时也给数据分析带来了巨大挑战。研究采用了一种新颖的方法来解析质谱,即质谱分块(bin)结合正矩阵分解(PMF),合称"binPMF"。此方法依然使用的是传统 PMF 模型,只是输入该模型的数据区别于以往研究,不使用 UMR 和 HR 数据,binPMF 的方法更像是把原始质谱数据输入 PMF 模型,比 UMR 能更好地保留原始数据的信息,又可避免 HR 所带来的错误和干扰,尽量保证 PMF 结果的可解释性并减少其不确定性。binPMF 快速可靠且不需要先验的峰信息,可利用 HR 质谱的几乎全部潜力。通过 PMF 将复杂的质谱信息分离和提纯,然后对 binPMF 因子的谱图进行 HR 拟合,其实更容易,且结合该因子的可能化学特征,还可使 HR 拟合变得更准确。因此,先通过对原始质谱数据进行 binPMF 分析,然后再从 binPMF 结果中识别和重建一套 OOMs 的 HR 数据集,也是一种充分挖掘质谱数据所提供信息的有效方法。

图 9.31 为南京大学 SORPES 站点夏季 OOMs 观测的 binPMF 分析结果,共 14 个因子,其中包括 4 个前体物驱动因子、5 个化学过程驱动因子、3 个硝化酚因子和 2 个仪器污染因子。前体物驱动因子包括:①一个与芳香烃生成 RO_2 的速率相关的上午因子,其特点是芳香烃的不饱和产物,如 $C_x H_{2x-5} O_{6\sim9} N$($x=[6,12]$),被判定主要来自芳香烃氧化(Aro-OOMs);②一个下午因子,包含大部分 $C_6 \sim C_9$ 二硝酸酯和三硝酸酯,如 $C_x H_{2x-2} O_8 N_2$($x=[4,13]$)和 $C_x H_{2x} O_8 N_2$($x=[4,8]$),被判定来自脂肪族氧化(Aliph-OOMs);③一个传输因子,其时间变化规律与 MVK/MACR 和 SOA 相关,由异戊二烯硝酸酯(如 $C_5 H_{10} O_8 N_2$ 和 $C_5 H_9 O_{10} N_3$)主导,被判定为异戊二烯传输因子(Isop-OOMs);④一个与 NO 有关的夜间因子(BVOCs-OOMs-Ⅲ),主要是单萜类硝酸酯,如 $C_{10} H_{15} O_6 N$、$C_{10} H_{16} O_{7\sim10} N_2$ 和 $C_{10} H_{17} O_{10} N_3$。化学过程驱动因子包括:①一个与 $J(O^1D)$ 高度相关的因子(Photo-related,光相关),由异戊二烯产物与其他产物混合组成,由原位光化学生成;②一个下午因子(Temp-related,温度相关),具有最丰富的不含氮 OOMs,如 $C_x H_{2x-4} O_{5\sim6}$($x=[5,10]$)、$C_x H_{2x-2} O_5$($x=[5,10]$)和 $C_x H_{2x-6} O_4$($x=[5,10]$),推测由温度影响的化学过程产生;③一个日间因子(O_x-和 SOA-相关),与 O_x 和 SOA 都相关,表征光化学老化过程;④和⑤两个夜间因子(BVOCs-OOMs-Ⅰ 和 BVOCs-OOMs-Ⅱ),被判定来自 NO_3 引发的 BVOCs 氧化,它们都有指纹分子 $C_{10} H_{16} O_9 N$。

这些因子都以不同方式和程度受到 NO_x 影响,从这些因子中识别并重建了 1000 多个非硝基分子,其中 72% 的信号都是由含氮 OOMs 贡献,被认为是通过 $RO_2 + NO$ 中止或者 NO_3 引发氧化形成的有机硝酸酯。另外,多硝酸酯对于总浓

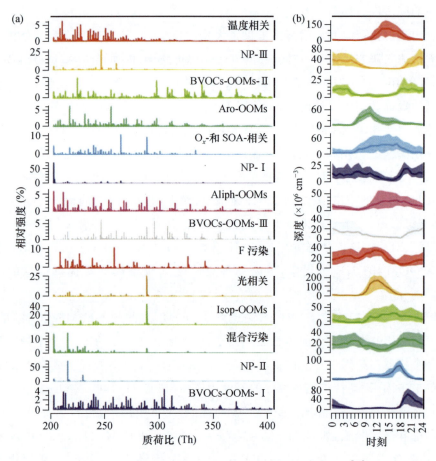

图 9.31　SORPES 站点夏季 OOMs 数据 binPMF 结果[87]

度贡献约为 24%，表明存在多代氧化。此研究的数据集强调了 NO_x 化学对人口密集地区 OOMs 形成的决定性作用，还强调了人为排放和生物排放之间的剧烈相互作用，并鼓励从机制角度进行更多的研究[87]。

本研究在多个地区的观测逐渐确认了 NO_x 与有机过氧自由基（RO_2）的相互作用很可能深刻影响着 HOM 的生消，但对其内在机制的认知却非常匮乏。鉴于此，进一步与欧盟大型烟雾箱研究计划 CLOUD 合作，通过实现对 VOCs 前体物（单萜烯）、一氧化氮（NO）和二氧化氮（NO_2）的精准控制并开展数值模拟，研究了 NO_x 对 HOM 生成以及进一步对新粒子生成及增长的影响机制。针对 NO_x 对 HOM 生成的影响机制的实验设计包括：①纯 NO_2 实验，保持烟雾箱无 NO 且单萜烯稳定在 1200 ppt，通过调节 NO_2 的浓度理解 NO_2 对 HOM 生成的影响；②NO 和 NO_2 等比例实验，保持 NO 和 NO_2 的比值稳定在 0.7%，但调节总 NO_x 的浓度，进而理解 NO_x 以及 NO 对单萜烯 HOM 生成的影响；③NO 实验，保持单萜烯浓度为 1200 ppt，NO_x 浓度约为 1 ppb，通过调节光照调节 NO 浓度在 0～

82 ppt 之间变动,进而可以全面理解 NO 对单萜烯 HOM 生成的影响机制。

基于 CLOUD 烟雾箱的精细模拟实验,研究发现 NO 即使在极低的浓度(低于 80 ppt)也可以对 HOM 的生成有重要影响。一方面,NO_x 会诱发产生大量的高氧化态有机硝酸酯(CHON-HOM),并抑制高氧化态有机物二聚体的生成(HOM-dimer);另一方面,低浓度 NO 可以调节高氧化态过氧自由基(HOM-RO_2)的源汇平衡并促进烷氧自由基(RO)的生成和自氧化,最终导致 HOM 的整体产率升高(图 9.32)。相关结果修正了传统关于 NO 会单向抑制 HOM 生成的认知,明确了 NO 对 HOM 生成的非线性影响[87-89]。

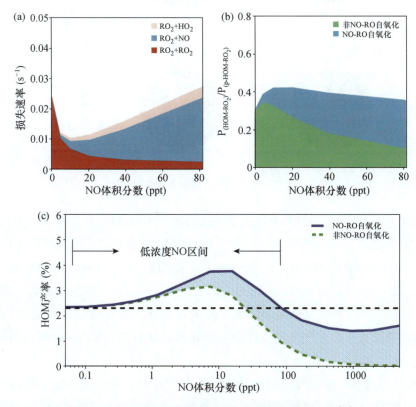

图 9.32　NO 对生物源 HOM 生成的非线性影响机制[88]

(2) OOMs 溯源及其对 SOA 生成的贡献

基于上述认识进一步分析了北京、南京、上海、香港等超大城市的 OOMs 观测数据。在 binPMF 有效识别峰的基础上进一步开展来源识别。考虑 PMF 技术智能在"过程"层面将 OOMs 与其前提 VOCs 分子进行解析,本研究进一步发展了 OOMs 源识别技术框架,即寻找确定 OOMs 分子的潜在前体 VOCs。根据 OOMs 分子特征(包括不饱和度、含碳数、含氧数等)结合现有认识,识别出超过 2000 个 OOMs 分子,包括芳香烃含氧有机物(Aromatic-OOMs)、脂肪族含氧有机物(Aliphatic-OOMs)、异戊二烯含氧有机物（Isoprene-OOMs）和单萜烯含氧有机物（Monoterpene-OOMs）。如图9.33所示，OOMs种类分布在不同城市类似但浓度差距较大，冬季北京浓度最低、香港浓度最高，呈现了和温度的显著相关。

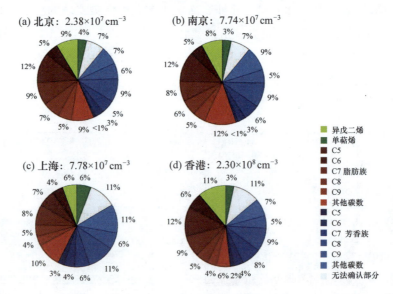

图 9.33　(a)北京；(b)南京；(c)上海；(d)香港各观测站点 OOMs 的分布情况[78]

本研究中，进一步通过气溶胶增长模型计算了OOMs的沉降通量及其对SOA生成的定量贡献。如图9.34所示，芳香族OOMs对总凝结通量贡献最大（50%～70%），其次是脂肪族OOMs（20%～30%）。生物源OOMs对凝结通量贡献非常小，因异戊二烯OOMs大多为SVOCs，而单萜烯OOMs的浓度很低。脂肪族-OOMs、芳香族-OOMs贡献的凝结通量随着污染加剧呈现显著增加趋势，表明在冬季或污染条件下的光化学反应性和OH浓度高于预期，OOMs的凝结通过形成SOA显著促进污染积累。

为评估OOMs对SOA形成的贡献，本研究还计算了$pSOA_{OOMs}$，包括不可逆凝结和OOMs的平衡分配。四个观测站点的$pSOA_{OOMs}$与$d(SOA)/dt$呈线性正相关，R^2在0.68～0.91变化[图9.35(a)]。$pSOA_{OOMs}$对总$d(SOA)/dt$的估计贡献在38%～71%，且贡献会在重污染条件下显著增加，是重霾条件下SOA的主要来源。在北京，光化学影响相对弱，其贡献与南方城市相比相对较低。研究进一步估算出某些选定物种（如C6～C9芳香族OOMs）的表观SOA产率，表明先前的实验室研究中忽略低挥发性OOMs可能使SOA产率偏低[图9.35(b)]。就氧化机制而言，多步氧化和自氧化过程是超大城市地区OOMs生成的关键化学机制，氮氧化物深度参与了OOMs的生成，主导了过氧自由基的终结过程，导致含氮分子对OOMs的贡献超过70%[78]。

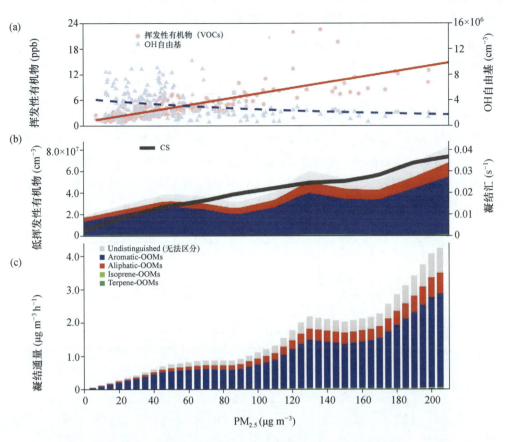

图 9.34　OOMs 形成的影响因素及对 PM$_{2.5}$ 污染的影响[78]

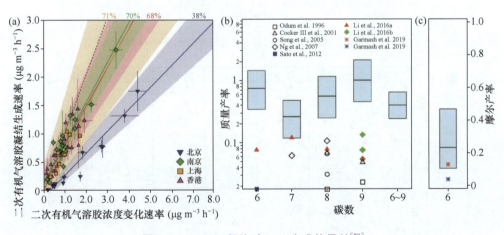

图 9.35　OOMs 凝结对 SOA 生成的贡献[78]

（3）液相 SOA 生成机制新认识

液相氧化是 SOA 的另一种重要的生成机制。基于北京城区多季节 PM$_1$ 和 PM$_{2.5}$ 同机测量以及 OA 源解析因子的历史数据，本研究剖析了北京城区 OA 来源及 SOA 生成的季节差异，发现 OOA 因子占 OA 质量的 59%～73%，其中与液相 SOA 有关的因子在重污染期间为主导 OOA 因子。研究发现机动车源和餐饮源对 OA 的贡献季节差异较小,燃煤源仅在冬春季有显著贡献,生物质燃烧源仅在冬季有显著贡献。同时也发现 OA 因子和颗粒组分粒径段分布存在显著季节差异(图 9.36),冬春季主要组分质量集中在小于 1 μm 的粒径范围内,春季 1～2.5 μm 粒径段的颗粒物质量贡献整体上高于冬季,冬季液相 SOA 相关的因子更多地分布在较大粒径段(1～2.5 μm);夏秋季 1～2.5 μm 粒径段的颗粒物质量贡献显著高于冬春季,夏秋季硝酸盐、硫酸盐、铵盐与液相 SOA 相关的因子的 $PM_1/PM_{2.5}$ 值频率分布呈双峰特征。冬季与液相 SOA 相关的因子和无机盐的 $MF_{1～2.5}$ 值随 ALWC 升高而显著增加(图 9.37),重霾期间可达 40%～50%。

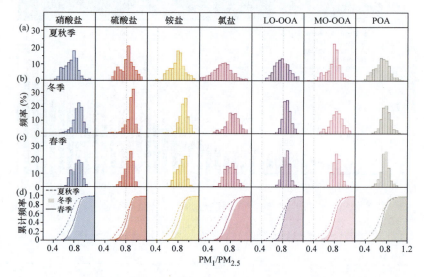

图 9.36　不同季节颗粒物各组分及 OA 因子的 $PM_1/PM_{2.5}$ 值频率分布

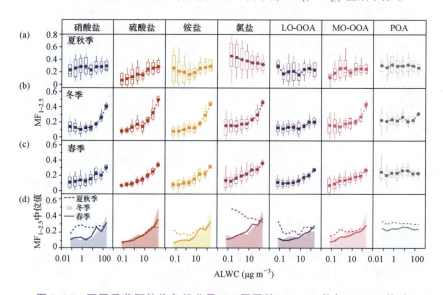

图 9.37　不同季节颗粒物各组分及 OA 因子的 $MF_{1～2.5}$ 值与 ALWC 关系

本研究在北京大学站点共开展四次综合观测,使用质谱分辨率更高的 LToF-AMS 和可在线/离线测量 OA 分子水平组分的 FIGAERO-I-ToF-CIMS 等进行了活性碳成分闭合测量,尤其针对 SOA 来源开展了细致解析,并从分子水平阐明了液相 SOA 的关键前体物和主要生成途径。研究首先发现冬季和夏季分别解析出了 4 个和 6 个 SOA 因子,其中日间光化学包括 3 个因子,一个与 O_x(NO_2+O_3)浓度变化趋势一致,一个与异戊二烯主要气相氧化产物浓度变化趋势一致,一个峰值浓度出现在正午 12 点左右且氧化程度低于前两个;夜间 SOA 因子解析出 1 个,符合夜间 NO_3 自由基氧化生成的特征;冬季和夏季均解析出了 2 个液相 SOA 相关的因子,质谱和时序特征表明其生成途径不同。2022 年冬季和 2023 年夏季观测期间共有 16 个污染时段,高 ALWC 条件下,液相 SOA 相关的两个因子的质量浓度占总 SOA 比例为 23%～78%。结果表明液相过程对 SOA 生成有重要贡献。

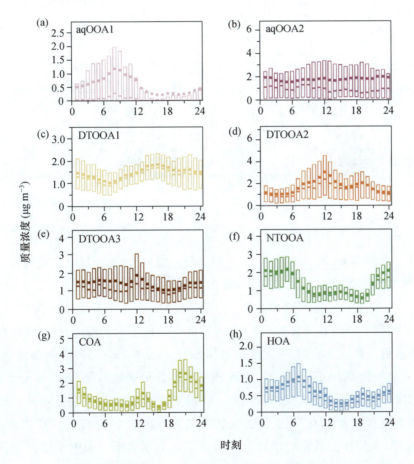

图 9.38　北京城区 2023 年夏季 OA 因子浓度日变化

FIGAERO-I-ToF-CIMS 可实现颗粒相含氧有机化合物分子水平在线测量,时间分辨率为 1～1.5 h,相较 LToF-AMS(1 min)较低但可提供分子水平组分信息,有助于进一步分析二次生成机制和关键前体物。冬季和夏季 FIGAERO-I-ToF-CIMS 分别解析出了 7 和 9 个 SOA 因子,其中包括光化学氧化、夜间氧化和液相过程,与 LToF-AMS 相似,但在其基础上额外解析出了两个因子,可能与盐析过程有关。日间 SOA 因子质谱中包含芳香烃、链烃氧化产物($C_5H_6O_5$、$C_7H_{10}O_5$、$C_8H_{12}O_6$)和二元羧酸类化合物($C_2H_2O_4$、$C_4H_4O_4$、$C_5H_8O_4$)等;夜间 SOA 因子质谱中出现萜烯类有机硝酸酯特征峰($C_9H_{15}NO_6$、$C_{10}H_{15}NO_6$、$C_{10}H_{15}NO_7$),推测其主要与萜烯类化合物 NO_3 氧化有关。两台仪器解析出的两类液相 SOA 因子相关性良好,皮尔森相关系数 r 为 0.66~0.94(图 9.39),验证了两台仪器源解析结果的可靠性。

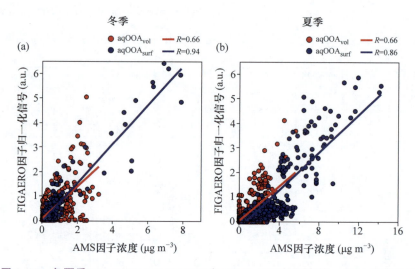

图 9.39　冬夏季 FIGAERO-I-ToF-CIMS 和 LToF-AMS 解析出的 aqOOA 因子比对

　　两个液相 SOA 相关的因子,一个与硝酸盐更相关,另一与硫酸盐更相关,二者与 ALWC、气溶胶表面积、气溶胶酸性的相关性不同。进一步比对二者分子质谱(图 9.40),发现第一类液相 SOA 因子冬季 CIMS 质谱中含更多较大相对分子质量、不饱和程度较低的化合物,与 AMS 质谱中较低不饱和度 $C_xH_y^+$ 碎片对应,二者均指示更多含硫化合物,推测这一液相 SOA 与溶解和气溶胶水内部化学过程有关;第二类液相 SOA 因子冬季 CIMS 质谱中包含短碳链二元羧酸、小分子醛酸和异戊二烯非均相氧化产物及低聚物等,AMS 质谱碎片也符合这些特征,推测这些化合物主要经非均相化学过程生成且受气溶胶酸性影响较大。夏季两类液相 SOA 相似,但异戊二烯非均相氧化产物更多地出现在第二类因子质谱中,符合前面对两类液相 SOA 因子的解释。与冬季不同,短碳链二元羧酸类化合物更多出现在第一类因子质谱中,可能与夏季气溶胶酸性较强使得这些化合物在气溶胶水中呈分子形式而非离子形式有关,夏季温度较高不利于这些短碳链二酸以分子形式存在于气溶胶水中。

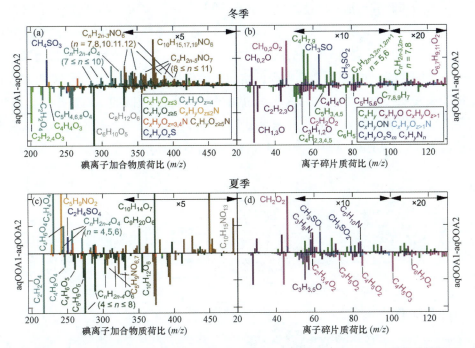

图 9.40　冬夏季 FIGAERO-I-ToF-CIMS 和 LToF-AMS 解析出的 aqOOA 因子质谱差异

上述研究结果与 2017 年冬季历史观测结果相符,北京城区高湿重污染期间气溶胶水增加可显著促进 SOA 生成,其中涉及的关键氧化产物包括高含氧有机物、硝基酚类、有机硫酸酯、甲磺酸、二酸类等。本研究基于四次外场观测,尤其是 2023 年两次活性碳组分闭合观测,区分了两类液相 SOA 过程,明晰了其动力学和热力学过程控制因素及其分子前体物。结果从外场证实了液相 SOA 在高污染条件下的重要性,提升了对液相 SOA 的认识。

4. 新粒子生成及增长机制

新粒子生成和增长是影响大气气溶胶系统的关键过程,是大气颗粒物及云凝结核的主要来源之一。研究表明,新粒子成核及增长现象在对流层大气内普遍存在,从极其洁净的极地或高山地区到高污染的超大城市地区均可以被观测到。在高污染的我国超大城市地区,新粒子生成及增长的机制及其对霾污染的定量贡献尚不明确。

(1) 硫酸-DMA 机制在更多环境中的确认

Yao 等(2018)[63] 发现了我国上海地区新粒子生成是由硫酸-二甲胺的酸碱成核机制所主导,但该机制在我国更大时空尺度上作用尚不清楚。鉴于此,本研究利用两台在线测量质谱分别对新粒子生成期间北京大气中的中性团簇及自然带电的离子团簇进行了直接测量[90]。试验观测到了包含纯硫酸团簇、硫酸-有机胺团簇、硫酸-氨气团簇、硫酸-有机胺-氨气团簇及一些高含氧有机分子团簇的离子团簇,以及包括硫酸团簇和硫酸-有机胺团簇的中性团簇。研究发现，酸碱团簇而非含氧有机分子团簇与 3 nm 以下颗粒物的出现紧密相关；随着粒径的增加，在离子酸碱团簇中，有机胺的占比降低，氨气的占比增加，这是主要是由于硫酸-有机胺团簇和硫酸-氨气团簇稳定性的差异随着粒径的增加而降低，量子化学计算和烟雾箱实验也支持了该发现（图 9.41）。同时发现大气离子团簇中，二甲胺的平均数量低于硫酸-二甲胺主导的成核实验中的饱和值，表明北京大气中的二甲胺浓度尚不足以完全稳定硫酸团簇，其他碱性分子例如氨气也发挥着重要作用[90]。

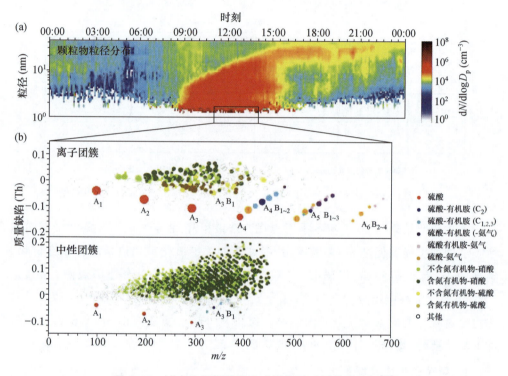

图 9.41　城市大气新粒子生成期间酸碱团簇的特征[90]

　　基于长期外场观测数据，结合动力学模型，本研究进一步量化了硫酸、有机胺及背景气溶胶浓度对新粒子生成的影响。研究发现硫酸和有机胺团簇的碰撞是触发新粒子生成的主控机制，而由高背景气溶胶浓度带来的碰并去除则是硫酸-有机胺团簇浓度和新粒子生成速率的限制因素（图 9.42）。北京硫酸-有机胺团簇的形成有时受低有机胺浓度的限制[91]。

　　基于硫酸-有机胺成核机制，本研究提出了用于指示大气中新粒子生成事件发生的指示参数 I，可以表征硫酸-有机胺成核调控因素的协同效应，包括硫酸浓度、有机胺浓度、硫酸-有机胺团簇的稳定性以及气溶胶的比表面积浓度。使用北京长期观测数据验证表明该指标与新粒子生成的发生具有良好的一致性。在北京市区典型条件下 I 通常大于 1（图 9.43），而 I 的推导和表达式也表明硫酸二聚体浓度

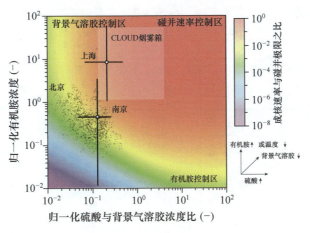

图 9.42　硫酸浓度、有机胺浓度及背景气溶胶浓度对新粒子生成的影响[91]

和新粒子生成之间有良好的正相关性，与大气观测结果基本一致。该参数也适用于上海大气环境中新粒子生成发生的表征[92]。

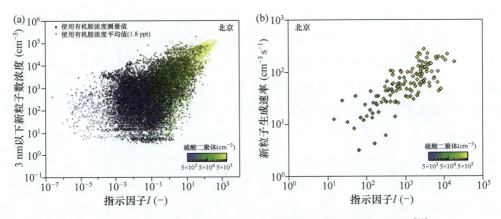

图 9.43　指示因子 I 在硫酸-有机胺主导的成核过程中的表征作用[92]

　　寻找并确认新粒子生成及增长的直接前体物是理解 NPF 过程的关键。本研究利用硝酸根化学电离质谱技术（CI-APi-ToF）针对可凝结性低挥发性有机蒸气（NPF 最关键的潜在前体物）进行了综合观测[93]。发现由 OOMs 沉降引发的颗粒生长速率在夏季最高，其次是春季、秋季和冬季，其中含氮 OOMs 贡献了由 OOMs 冷凝引起的总颗粒物生长速率的 50%～60%（图 9.44）；硫酸及其团簇是亚 3 nm 颗粒生长的主要因素，而 OOMs 会显著促进 3～25 nm 颗粒的生长[94]。

　　在城市大气中，新粒子生成速率比清洁大气高 1～3 个数量级，但颗粒生长速度与清洁大气相当甚至更低。本研究使用热解吸化学电离质谱仪（TD-CIMS）对纳米颗粒大小的分子组成进行了测量，尝试解释北京城市的缓慢增长问题，并结合凝结生长和颗粒相酸碱化学，建立了一个颗粒生长模型进行机理研究。发现在北

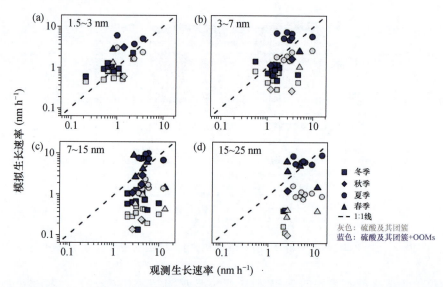

图 9.44　不同粒径段颗粒物的模拟生长速率和观测到的生长速率的关系[94]

京城市新颗粒形成过程中,8～40 nm 颗粒的组成以有机物(约 80%)和硫酸盐(约 13%)为主,其余为碱类化合物、硝酸盐和氯化物;随着粒径增大,硫酸盐比例降低,而缓慢解吸的有机物、有机酸和硝酸盐的比例增加。多数情况下模拟的分粒径组成和生长速率与实测结果一致,表明有机蒸气和 H_2SO_4 的冷凝生长是主要的生长途径,颗粒相酸碱反应起次要作用。与高浓度的气态硫酸和胺导致的高生成率相比,高 NO_x 时可冷凝有机蒸气的浓度相对较低,而相对高挥发性含氮氧化产物的浓度较高(图 9.45)。可冷凝有机蒸气不足导致生长缓慢,进一步导致城市环境中新形成的颗粒存活率低。因此,低增长率抵消了高生成率对城市环境中空气质量和全球气候的影响[95-97]。

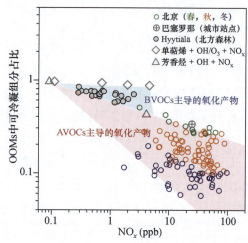

图 9.45　北京大气环境中的高 NO_x 浓度抑制了可冷凝有机气体的生成[97]

（2）边界层不同高度新粒子生成（NPF）及其影响

前期在我国东部城市群开展的系列观测确认了硫酸-有机胺成核是地表 NPF 的主导机制，但由于硫酸和有机胺的大气浓度可能均在垂直方向有差异，研究并理解 NPF 的垂直特征尤为重要。本研究利用山顶观测站和大载荷浮空飞艇两种手段开展了 NPF 相关参数的测量，发现边界层上部 NPF 与地表的显著差异，并进一步阐明了差异背后的相关机制。

基于 2022 年 1—3 月在华北平原西侧的石家庄封龙山山脚和山顶站（海拔高度分别为 160 和 790 m）的观测，结合模型模拟，本研究探究了我国北方污染地区新粒子生成的垂直特征以及边界层动力学对新粒子生成的影响。山顶和山脚同步观测发现边界层上部也存在强烈的新粒子生成事件，但不同海拔站点 NPF 的开始时间不同[98]（如图 9.46）。针对山上 NPF 提前的 5 个典型个例的分析发现，在高海拔较早出现的 NPF 事件更多发生于污染边界层上方，这类个例地表 $PM_{2.5}$ 浓度比其他 NPF 天要高 52%。图 9.46(e) 显示封龙山山顶 NPF 事件平均提前 2 h 以上，在污染严重的 3 月 10 日（$PM_{2.5}$ 平均浓度为 106 $\mu g\ m^{-3}$），NPF 在封龙山顶出现时间要早 3.1 h，伴随着相当甚至更高的生成和增长速率，表明较高海拔的 NPF 可能对 CCN 具有特殊重要性。封龙山山顶站点 J_{10} 观测值大于山脚站，增长率 GR 也高于山脚。

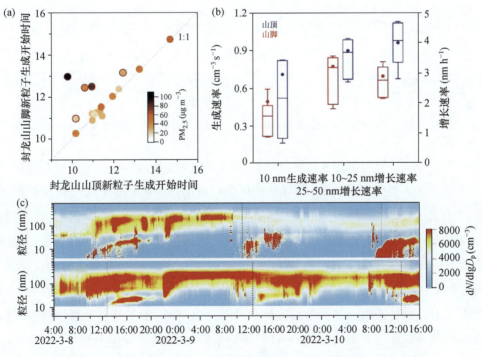

图 9.46　2022 年 3 月封龙山不同高度的新粒子生成与增长对比试验[98]

为研究关键 NPF 相关污染物的垂直结构及其与 PBL 演变的关联，封龙山山顶和山下站点进行了同步测量。观测期间两海拔地点之间 SO_2、O_3 和 $PM_{2.5}$ 浓度差异的特征如图 9.47 所示。总的来说，边界层内 SO_2、O_3 和 $PM_{2.5}$ 展现出明显的分层。山顶 SO_2 浓度相对较高；作为大气氧化能力的指标，O_3 浓度也表现出明显逆梯度特征，尤其是午夜和凌晨。白天随着 PBL 发展，下午两个地点的 O_3 浓度接近可比。由于大多数污染物都是在地面附近排放的，平原地区的 $PM_{2.5}$ 浓度高于封龙山山顶。值得注意的是，两站点间的 SO_2、O_3 和 $PM_{2.5}$ 梯度在个例天更陡。高气溶胶负荷倾向于增强边界层的稳定性，进而降低边界层高度，从而导致近地表气溶胶浓度进一步增加，形成有利于污染物分层的正反馈，NPF 产生高度依赖性。2019 年至 2021 冷季（11 月至次年 4 月），封龙山山顶和平原站点的长期观测也证实了 SO_2、O_3 和 $PM_{2.5}$ 浓度的明显垂直差异，尤其是在清晨（图 9.47）。预计由于前体物气体的增加和凝结/碰并汇的减少，H_2SO_4 的形成和 NPF 在上部 PBL 中得到促进[98]。

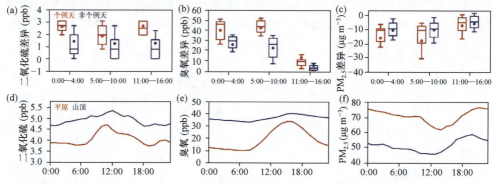

图 9.47　(a)～(c)封龙山试验期间山顶和山下站点新粒子生成个例天与非个例天日变化[98]；(d)～(f) 2019—2021 年冷季(11 月—次年 4 月)山顶和山下站点的平均日变化特征

为了进一步研究物理和化学过程对 NPF 垂直结构的影响，在上述所有个例天中应用了一维气象-化学在线耦合单柱模型（WRF-SCM）。由于夜间垂直扩散较弱，空气污染物明显分层，$PM_{2.5}$ 在地表附近积聚，高浓度 SO_2 烟羽停留在残留层。地表附近 O_3 和 OH 自由基的浓度被排放的一次污染物（如氮氧化物）消耗。考虑到较高的 SO_2 浓度和氧化能力，NPF 的关键前体 H_2SO_4 在边界层上的生成更强，同时因 $PM_{2.5}$ 浓度低，其凝结汇在海拔高处也较低。较高的源和较低的汇导致 PBL 上方先开始成核。与封龙山山顶站点相比，封龙山山下站点的成核速率开始增加的时间延迟近 2 h，与观测的 NPF 起始时间延迟（约 1.6 h）一致。

PBL 上方的低气溶胶负载导致纳米颗粒的高存活概率和蒸气的低凝结汇，同时不断增长的 PBL 使得地表附近排放的人为蒸气能够向上输送。更强的大气氧

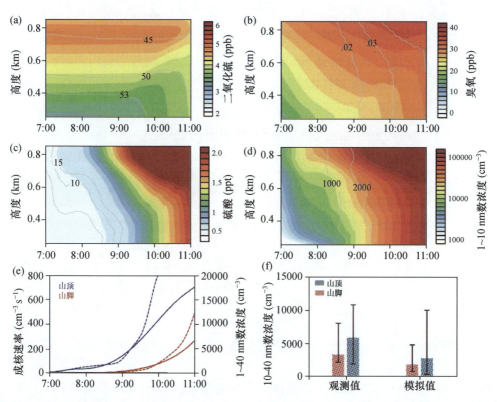

图 9.48　模式模拟的(a)～(d)个例天痕量气体和颗粒物垂直分布、(e)成核速率和 $1～40\text{ nm}$ 颗粒物数浓度(虚线)，以及(f)山顶站和山下站观测和模拟的 $10～40\text{ nm}$ 颗粒物数浓度[98]

化能力使气态前体能够快速氧化，从而在高海拔地区产生挥发性相对较低的氧化蒸气，这进一步有助于新形成的颗粒的生长。因此，上层空气 $CN_{1～10}$ 和 $CN_{10～40}$ 也表现出更早的增加(图 9.48)。比较两个地点 10:00—13:00 LT 期间观测和模拟的 $CN_{10～40}$ 可见，模拟再现了观测结果，即山顶站点的 $CN_{10～40}$ 高于山下[98]。

当地表被入射的太阳辐射持续加热，$CN_{10～40}$ 较高的夜间残留层的对流混合增加近地面粒子数浓度，对上午(07:00—11:00 LT)近地面数浓度增长的贡献为 1500 cm^{-3}(51%)[图 9.49(a)]。PBL 混合引起的 $CN_{10～40}$ 的总体扰动比单独从高空向下传输核模态颗粒物引起的扰动更显著。表明 PBL 动力学在改变 NPF 的垂直分布中起着关键作用，不仅通过颗粒物的垂直输送，还通过改变 NPF 相关污染物的垂直分层。预计 CN 的垂直非均匀性将在 CCN 可用性中发挥关键作用，尤其在 PBL 顶部附近，云的微物理特性对 CCN 浓度非常敏感，云高仪的观测结果确实表明气溶胶对低云的可能影响[图 9.49(b)]。考虑到发生时间更早及增长率更大，NPF 导致 PBL 顶部附近气溶胶粒子的增加可有效贡献 CCN 并调节云的微观物理特性。

本研究于 2023 年初夏进一步在长三角组织天空地一体化集成观测试验，利用

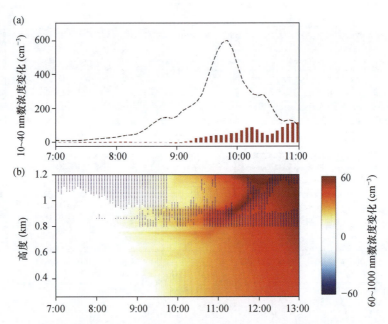

图 9.49　（a）PBL 演变对近地面 10～40 nm 颗粒物数浓度的影响；（b）NPF
对在 60～1000 nm 范围内颗粒物数浓度的贡献及云高仪识别的云情况[98]

搭载了硝酸化学电离质谱的大载荷浮空飞艇对南京上空的 NPF 机制进行了研究。5 月六次飞艇观测发现：9 点之前气态硫酸在 500～700 m 的高空存在一个高值，最大值甚至可以超过 $2 \times 10^7 \text{cm}^{-3}$，显著高于地面气态硫酸浓度（图 9.50）。高浓度硫酸一般出现在 500～700 m 高空的残留层。模式模拟表明，大气边界层上午 9 点后逐渐抬升，促进高空和地表气团的混合，随后高空硫酸高值逐渐消散，浓度逐渐与地表一致。

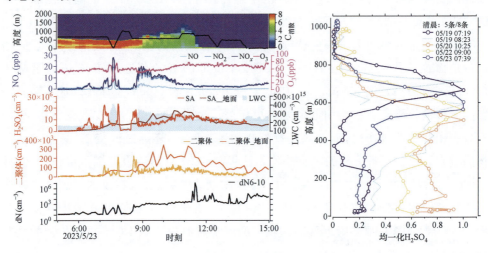

图 9.50　2023 年 5 月基于大载荷浮空飞艇对南京新粒子生成的垂直测量

与封龙山观测不同,尽管南京高空存在高浓度气态硫酸,但却未观测到明显的新粒子生成。南京飞艇期间观测到的高空新粒子生成均与地面几乎同时发生,且高空小粒径粒子数浓度的增长明显比地面更弱。在边界层尚未混合的清晨,出现硫酸高值的高度没有观测到明显的新粒子生成现象。通过观测到的硫酸单体、二聚体浓度和凝结汇,定义了气态硫酸成核效率来表征大气中新粒子生成的发生强度:地面的成核效率显著高于高空,与封龙山高空小粒径粒子数浓度增长更慢一致。这表明高空缺乏促进成核的碱基物质,即使此时有充足的气态硫酸仍无法启动新粒子生成(图 9.51)。对比地面和高空的成核效率发现:日间高空气态硫酸的成核效率始终较地面低一个量级左右,清晨时差距甚至可以达到两个量级。随着高度降低,促进气态硫酸成核的碱基物质浓度逐渐增加,成核效率也逐渐增大。结合 Vocus 观测到的清晨 DMA 垂直廓线,进一步证明了清晨由于高空缺乏碱基物质(图 9.51),高空的气态硫酸团簇化被显著抑制。

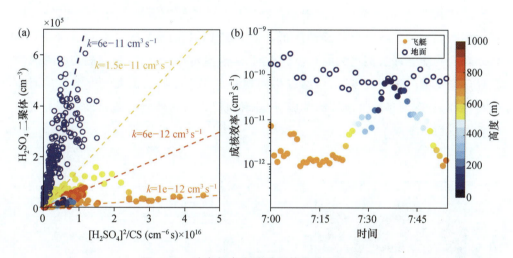

图 9.51　地表与高空硫酸团簇化效率的对比

总之,基于山顶和浮空飞艇的观测结果均说明边界层上部与地表 NPF 的特征有显著差异,且两种边界层上部的观测结果也有极大不同,这可能与边界层结构复杂性有关,并同时受 NPF 前体物排放源的影响。这些结果进一步证明基于飞艇等平台开展垂直探测的重要性。

(3)多点协同观测理解新粒子生成及其粒径变化的控制过程

大量研究证明新粒子生成及增长是区域尺度上的现象,但多数研究均基于某个固定站点的观测开展,导致对 NPF 的理解存在局限性。本研究通过组织跨区域协同观测,对比分析了南京和上海等地同期气溶胶粒径分布的观测数据,获得对于控制区域尺度气溶胶粒径变化的关键过程的新认识。

基于 SORPES 观测站和淀山湖观测站的 2023 年春夏协同观测,本研究发现两站的气溶胶粒径分布有着显著的差异和关联。2023 年 5 月 2 日，SORPES 站和淀山湖站都观测到了新粒子形成、增长及"收缩"的现象（图 9.52）。SORPES 站新粒子增长的时间较长，粒径增长到了 100 nm 以上，收缩发生较晚；而淀山湖站在新粒子生成几个小时之后，粒径增长到约 70 nm 便开始收缩。拉格朗日后向气团溯源分析表明：这类个例气团均来自东南方向的清洁的海洋区域。进一步，通过后向轨迹计算了在气团由海岸线运动到达观测站点的时间，即气团在陆面上传输的时间（Time over Land，ToL），用于表征气团在人为源排放区域暴露的强度。ToL值较高，表明气团在陆地上运行的时间长，路径上累计的人为源排放的污染也较多。对两个站点多次观测到的新粒子形成和收缩现象的统计分析可见，新粒子的增长到收缩的时间与气团在路面上的运动时间有着明显的正相关。当清洁的海洋气团运动到海岸线时，新粒子形成开始发生，3～4 h 后，海洋气团运行到淀山湖观测站。由于海洋气团较为清洁，且传输较快，受人为源排放影响较低，贡献增长的气态前体物不足，因此海洋气团中颗粒物的粒径增长较为缓慢。随着气团的移动，淀山湖观测到的气溶胶粒径逐渐降低。而 SORPES 站距离海洋较远、ToL 较大，所以颗粒物能够增长到更大的粒径。夜间 21 点左右，SORPES 站观测到的颗粒物粒径逐渐降低。本研究表明，多站点协同观测可更全面地认识大气气溶胶的时空分布特征，为深入理解气溶胶的生成、传输和沉降以及为环境管理和科学研究提供了重要支撑。

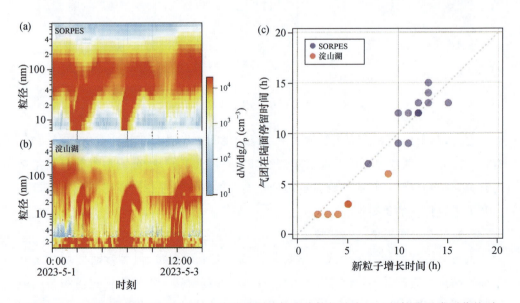

图 9.52　(a)南京 SORPES 站和(b)上海淀山湖站气溶胶粒径分布；(c)新粒子形成到收缩时间与气团在陆地传输时间散点图

5. 大气边界层及残留层理化过程

大气边界层是距地表 1～2 km 的薄层大气,受地表热力动力强迫和污染排放影响显著,湍流活动旺盛、垂直结构复杂,边界层内多尺度物理化学过程相互耦合。本研究结合外场观测试验和多尺度数值模拟,揭示了边界层内气溶胶关键组分的垂直分布特征及影响因素,利用不同高度站点观测对比得到垂直方向上气溶胶老化过程及混合状态[99-102]。

(1) 大气边界层内气溶胶垂直分布特征及影响因素

大气边界层内气溶胶垂直分布受水平和垂直输送影响,具有较强的空间非均匀性。图 9.53 给出北京夏季近地面气象变量、$PM_{2.5}$ 和 OA 的化学组分、气溶胶

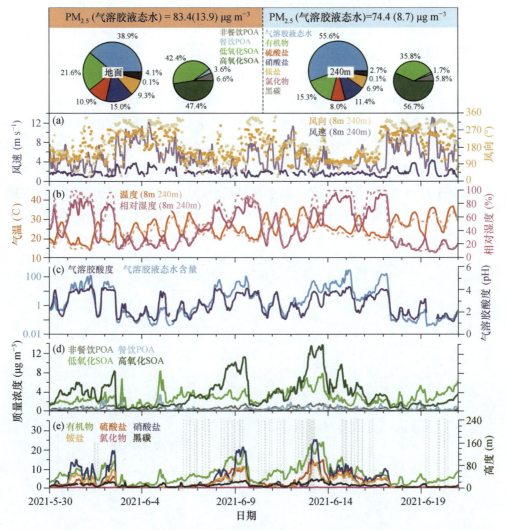

图 9.53　2021 年夏季基于大气所高塔的气象要素、气溶胶组分及气溶胶水和酸碱性观测;饼状图分别给出地面和 240 m 高处气溶胶平均化学组成[101]。POA,一次有机气溶胶;SOA,二次有机气溶胶

含水量（ALWC）和 pH 的时间序列。观测期间 $PM_{2.5}$ 的平均质量浓度为 $16.4\pm15.7\ \mu g\ m^{-3}$，远低于冬季（$53.2\ \mu g\ m^{-3}$），但模型计算的夏季气溶胶液态水含量（ALWC）高达 $15.0\ \mu g\ m^{-3}$，占总气溶胶质量的 47.9%（冬季仅占 12.1%）。不同高度的气溶胶组分在夏季和冬季表现出很大差异。由于环境空气更加潮湿（240 m 处的相对湿度为 51.4%±31.5%，地面为 46.1%±26.5%），夏季 240 m 处的 ALWC 对气溶胶总质量的贡献比地面高（53.8% vs. 46.0%）。OA 是城市高空和地面的第二大物种，平均分别占 23.2% 和 16.0%，其次是硝酸盐（10.8% vs. 11.9%）和硫酸盐（8.6% vs. 8.3%）。OA 的组成在不同高度也有显著差异。结果表明，地面上的 OA 受本地原生和生物排放源的影响较大，而在 240 m 处的 OA 更加老化，受区域输送过程的影响较大。相对而言，ALWC 显示出相反的垂直模式，冬季地面上的贡献率较高（16.5% vs. 9.3%）。与光化学过程有关的 OOA 和硝酸盐的比例随着高度的增加而明显增加，而与液相反应有关的 aqOOA 反而减少，这表明冬季光化学 OOA 在城市高空中的作用越来越重要[101]。

图 9.54 展示了夏季和冬季 240 m 高处和地面的气溶胶组分垂直比值。夏季硝酸盐比值普遍高于其他无机物；相对而言，冬季二次无机物比值普遍高于 1，可能受来自南部和西南部的区域输送和残留层影响。一次有机气溶胶因子在 240 m 处的浓度明显低于地面，而冬季的比值总体上低于夏季，可能因为夏季垂直混合增强，减弱了这两个高度间的差异。城市边界层中，MO-OOA 显示出最高的垂直比值，尤其是夏季，表明 240 m 处的 OA 更为老化。然而，LO-OOA 的垂直变化在两个季节不同，冬季比值大于 1，说明两个季节 LO-OOA 的形成机制不同。夜间

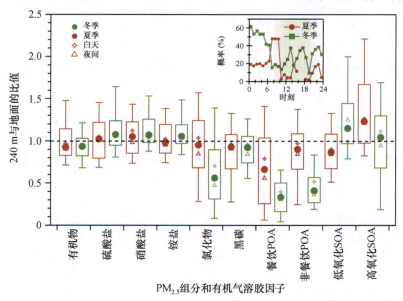

图 9.54　夏季和冬季 240 m 与地面 $PM_{2.5}$ 化学组分比率分布（比值＝240 m/地面）[101]

LO-OOA 主要来自 NO_3 自由基对人为 VOCs 的氧化,而夏季 LO-OOA 可能很大部分来自生物源 VOCs 的氧化[101]。

图 9.55 展示了夏季和冬季在 240 m 和地面的气溶胶组分和 OA 因子的相关性,呈现昼夜变化。夏季除了两个时期部分数据点相关系数较低外,二次无机气溶胶和 MO-OOA 的相关系数普遍高于 0.8,表明城市边界层的垂直混合相对均匀。相反,受地面排放影响的 BC、COA 和 LO-OOA 在垂直相关性方面表现出较大的波动性。总体而言,夏季组分的垂直均匀性明显受到边界层高度变化的影响,白天可达到 1600 m,而大多数气溶胶组分在夜间显示出最低的垂直相关性,此时边界层高度下降到 400～500 m。与夏季相比,冬季一次和二次组分的相关性变化更为明显,可能是由于边界层高度低且本地一次排放变化剧烈[101]。

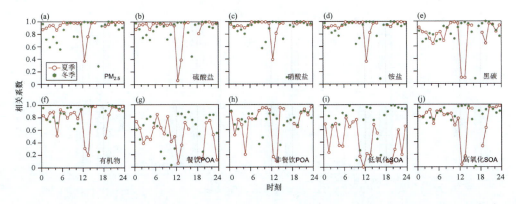

图 9.55 240 m 与地面 $PM_{2.5}$ 组分相关性的日变化(灰色阴影为夏季测量样本较少时段)[101]

硝酸盐是北京 $PM_{2.5}$ 颗粒中的主要成分,在所有季节霾的形成中发挥着重要作用[103,104],本研究垂直观测也观察到夏季硝酸盐对 $PM_{2.5}$ 的较高贡献。夏季,硝酸盐与硫酸盐的比例随着相对湿度的增加而大幅增加,而在冬季则相反,表明在两个季节中硝酸盐形成机制的不同。NO_2 与 OH 的光化学反应和 N_2O_5 的非均相反应是硝酸盐的两种主要形成途径,然而它们对北京不同高度的硝酸盐的贡献仍有争议。pH 是影响硝酸盐分配的关键因素。根据热动力学模型 ISORROPIA 估算表明,夏季的平均 pH 为 2.6±1.0,远低于冬季的 pH(4.6±1.0)。此外,夏季的pH 随着相对湿度的增加而从 1～4 明显增加,而冬季的 pH 对相对湿度和温度的变化不敏感。图 9.56 显示了夏季颗粒硝酸盐随 pH 的 S 型分布。随着 pH 和 RH 的增加,颗粒相中的硝酸盐比例从 0 到 1 明显增加,而且夜间的增加对气溶胶 pH 的变化比白天更加敏感。这解释了夏季高相对湿度下硝酸盐的大量增加是因为与高 pH 相关的气体-颗粒分配的升高。此外,夏季期间 240 m 处的环境相对湿度普遍高于地面(51.4%±31.5% vs. 46.1%±26.5%),导致硝酸盐在高空的气粒分配更大。因此,夏季硝酸盐与硫酸盐的比率以及 SIA(二次无机气溶胶)与 SOA 的比率也随着高度的增加而增加。尽管臭氧在夜间表现出明显的正梯度，且 N_2O_5 的非均相反应预计会很高，但硝酸盐相对均匀的垂直分布表明，该机制似乎对城市边界层硝酸盐的垂直变化影响不大[101]。

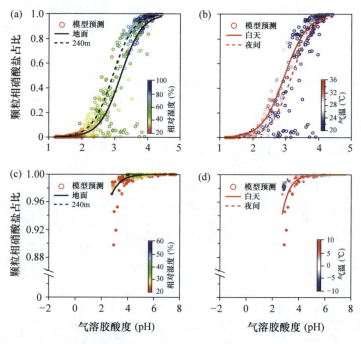

图 9.56　ISORROPIA-Ⅱ 热力学模型模拟的颗粒相中的硝酸盐比例随 pH 的变化[101]

相对而言，冬季颗粒物中的硝酸盐比例普遍在 88% 以上，表明由于温度低和气溶胶酸度弱，硝酸盐几乎全部分布在颗粒相。较低的温度导致了较高的气-粒分配和硝酸盐的形成。这些结果表明，气-粒分配对相对湿度和 pH 的依赖是影响夏季硝酸盐形成和垂直差异的关键因素，而其在冬季硝酸盐形成中的作用可以忽略不计。

边界层高度、气象条件和湍流动量的变化能显著影响大气成分的垂直分布。夏季气温全天呈现出负的垂直梯度，而相对湿度在白天和夜间展现出不同的垂直廓线。如图 9.57 所示，相对湿度随着高度的增加首先下降，夜间保持在较低水平，而白天则随着高度的增加显著增加，但白天 40 m 以下和夜间 80 m 以下存在负梯度，可能受到城市冠层中建筑物和植被的影响。ALWC 的垂直变化与相对湿度相似，而气溶胶 pH 在白天显示出约 0.3 个单位的垂直增加，在夜间无明显变化（约 2.8）。相比之下，冬季的相对湿度呈现轻微的单调下降，而温度则呈现轻微的逆温[101]。

夏季气溶胶组分的垂直差异相对较小，但不能忽略。包括 BC 和 COA 在内的一次组分，随着高度的增加而减少，且夜间比白天垂直梯度更大，这与本地排放的增强和垂直混合较弱相一致。尽管硫酸盐和 MO-OOA 似乎对高湿度下的液相过程不敏感,但硫酸盐在夜间高湿度下仍显示出正的垂直梯度。而 MO-OOA 的弱垂直差异表明,液相氧化在初夏可能对 SOA 的产生没有显著效果。LO-OOA 呈现微弱的负垂直梯度,表明夏季 LO-OOA 可能主要由本地的生物源气溶胶组成,抵消了光化学相关产物的正梯度效应。MO-OOA 与 LO-OOA 之比的垂直廓线显示了一个微弱的正斜率,证实了城市高空 OA 老化的增强。

冬季的垂直廓线表明近 100 m 处可观察到,尽管 RH 和温度的变化相对较小,气态物种(如 CO)和一些气溶胶组分有明显垂直变化(如夜间 100 m 以上 BC 显著减少),SIA 在 100 m 以下变化不大,此后随高度增加而明显增加,表明区域输送和城市冠层以上的二次生成的影响。硝酸盐在夜间显示出最大的变化,可能因 N_2O_5 非均相反应在夜间形成的潜力更大。此外,所有一次组分在冬季随着高度的增加而普遍减少,其负梯度比夏季更大;aqOOA 与 OOA 的比值在夏季和冬季呈现相反的垂直分布,表明由于挥发性有机化合物排放的不同,这两个季节的 SOA 形成机制不同。此外,SIA 与 SOA 的比率增加,表明夏季和冬季随着高度的增加 SIA 的贡献也在增加。

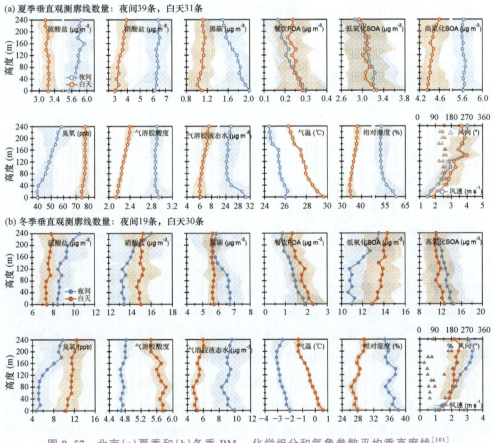

图 9.57　北京(a)夏季和(b)冬季 PM$_{2.5}$ 化学组分和气象参数平均垂直廓线[101]

（2）大气边界层内气溶胶老化过程与混合状态

典型污染时段观测试验结果（图 9.58）可见，黑碳核的粒径呈对数正态分布，质量中值直径（MMD）为 173 nm，几何标准偏差（GSD）为 1.57，与 2018 年夏季在北京观测到的 MMD 值（171 nm）一致。整个观测期间，MMD 值在 160～190 nm 保持相对稳定。BC 整体的包裹物厚度（D_p/D_c）变化较大，从 1.1 到 1.6 不等，平均值为 1.33。即使在 7 月 1 日到 5 日的相对较清洁条件下，BC 的包裹物厚度也高达 1.4～1.5。来自南方的老化 BC 的输送可能导致在清洁条件下仍然具有较高的包裹物厚度。7 月 10～12 日，伴随南风也观测到了 D_p/D_c 的增加现象；而在臭氧污染日（7 月 5 日）D_p/D_c 值迅速从 1.1 增加到 1.4，说明了光化学过程对 BC 包裹物厚度增加的显著影响[105]。

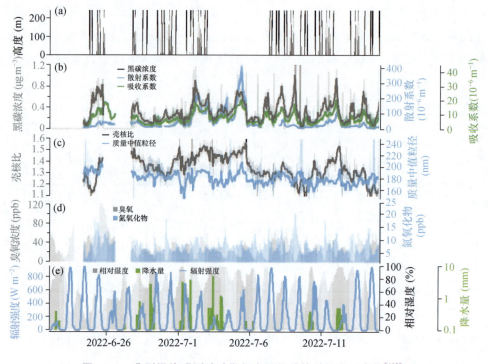

图 9.58 典型污染观测试验期间主要物种的时间序列变化[105]

基于 BC 浓度的垂直分布，边界层低层的垂直廓线被分为了四类（图 9.59）。第一种为均匀型：以 6 月 30 日 12:00 的垂直廓线为代表[图 9.59(a)]，该类型 BC 浓度垂直变化很小，微物理性质（如 MMD 和 D_p/D_c）和光学性质（如 b_{abs}、b_{sca} 和 SSA）变化也很小。均匀的垂直分布表明边界层内的充分混合。该情况下，地表温度比 240 m 高约 4℃，有助于垂直混合。尽管垂直混合强，但近地面臭氧较低，50 m 以内则呈均匀分布，反映了城市冠层内交通源排放 NO_x 的滴定效应影响。第二种为逐渐减小型（递减型）：以 7 月 2 日 18:00 的垂直廓线为代表。该类型中，

BC 随着高度逐渐减小,主要归因于稳定的边界层及弱湍流/对流。地表的 BC 持续排放导致低层高浓度,"新鲜"的 BC 排放还导致地表附近 D_p/D_c 较低且随高度增加。老化过程有效增加了包裹物厚度,但未增加黑碳核的粒径,且 MMD 值在所有高度保持不变。表明下边界层中的 BC 源相似,但上层 BC 老化时间较长(D_p/D_c 较大)[105]。

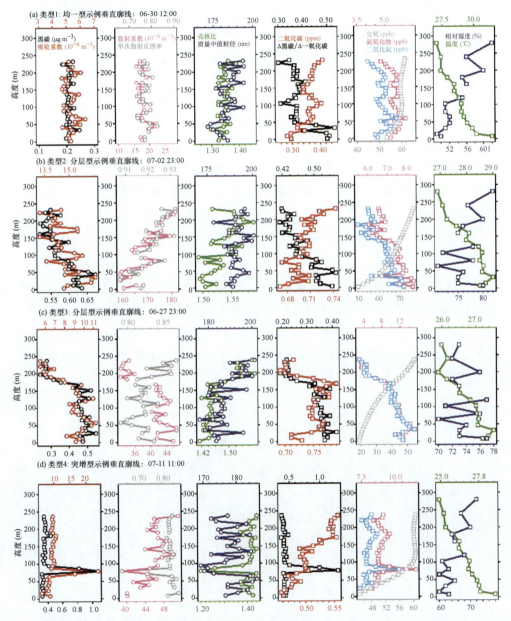

图 9.59　四种典型的大气成分垂直廓线(自左到右依次为 BC 浓度、气溶胶吸收系数 b_{abs}、气溶胶散射系数 b_{sca}、单次散射反照率 SSA、BC 包裹物厚度 D_p/D_c、BC 质量中值粒径 MMD、CO 混合比、$\Delta BC/\Delta CO$、O_3 和 NO_x 混合比以及相对湿度 RH 和温度 T)[105]

　　第三种类型为急剧减小型：以 6 月 27 日 23:00 的垂直廓线为代表。该类型也被称为"分层型"，污染物浓度在某个高度急剧减小，但在某个高度以上保持均匀或略微减小。该类型主要出现在清晨和午夜。高层 BC 的 D_p/D_c 较大，$\Delta BC/\Delta CO$ 较小，表明黑碳老化程度更高。对比 6 月 27 日 22:00 和 23:00 的垂直廓线可见，22:00 垂直廓线呈逐渐减小，然而 1 h 后变成了急剧减小型。两条廓线 200 m 以上的 BC 浓度相似，但在 23:00 时的廓线 200 m 以下的黑碳浓度显著增加。在 23:00 时，200 m 以上 D_p/D_c 也相似，但 200 m 以下显著减小，这些特征表明 23:00 时新排放的 BC 积累在较低的夜间边界层。

　　第四种类型为急剧增加型（突增型）：以 7 月 11 日 11:00 的垂直廓线为代表。如图 9.59(d) 所示，BC 质量浓度在地面上方 80 m 处迅速增加，从 0.4 μg m^{-3} 增至 1.2 μg m^{-3}，并在 90 m 以上迅速降至背景水平。NO$_x$ 浓度和 BC 的混合状态也表现出突然变化，MMD 和 D_p/D_c 经历了突然减小，而 NO$_x$ 浓度急剧增加。MMD、D_p/D_c 和 NO$_x$ 的特征表明，该情况下急剧的增加可能来自交通源的新排放，因为交通源的 BC 通常具有较小的 BC 核心和较薄的包裹，且交通源 NO$_x$ 排放也很大。

　　图 9.60 显示一天不同时间垂直廓线类型的占比。均匀型在白天主导，占约 80%。均匀型占比在 19:00 开始下降并在日出后再次上升。逐渐减小型在夜间开始上升，白天则降至约 10%。垂直廓线类型的变化主要由边界层变化引起。白天的垂直运动和混合比夜晚更加剧烈，均匀型廓线是最常见的情况。事实上，在白天观测到的几个逐渐减小的案例通常发生在辐射相对较弱的多云天气。急剧增加型总是在白天发生，可能高空更易长距离传输。急剧减小型主要发生在夜间边界层，先后出现五次，仅在午夜或清晨[105]。

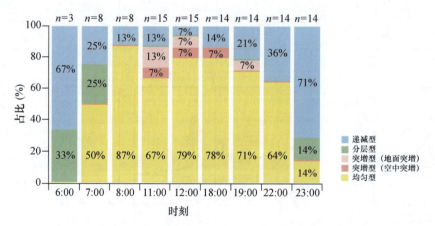

图 9.60　垂直廓线类型占比的日变化特征（注：急剧增加型据发生位置进一步做了分类，n 表示该时间点的总测量廓线数量）[105]

本研究也观察到了从残留层到地面的 O_3 和老化气体的输送。如图 9.61 所示，6:00 之前 O_3 浓度几乎为零，6:00—8:00 期间进行了两次垂直测量，可在高层观察到更高的 O_3 浓度。与 6:00 时相比，8:00 时 O_3 显著增加，但在 8:00 和 10:00 间保持稳定并在 10:00 后再次上升。6:00—8:00 间地面 O_3 浓度的增加可能主要归因于来自上层的垂直输送。由于地面加热更快[图 9.61(e)]，边界层的发展和垂直混合引起了这种现象，同时降低了上层的 O_3 浓度。如图 9.61(d)灰色虚线所示，当吊篮位 6:30—7:15 位于 240 处时，O_3 刚开始保持不变然后逐渐下降。图 9.61(c)中也可见 D_p/D_c 值的类似变化。残留层中的老化 BC 通过垂直混合也可能增加清晨地面的 D_p/D_c，即使此时交通源的排放也较大。7 月 11 日也发生类似的变化，证实了通过垂直混合增加 D_p/D_c 和 O_3 的机制。在上午有足够光化学反应的情况下，增加后的稳定阶段可能不会出现，O_3 和 D_p/D_c 的浓度会从清晨持续增加至中午，因为在大多数情况下残留层中的 O_3 和 D_p/D_c 更高。从 7 月 13 日的 O_3 和 D_p/D_c 廓线来看，污染物从残留层首先影响到 240 m 的上边界层，表现为 6:00 时 240 m 和地面之间的 O_3 和 D_p/D_c 的较大差异。此后随着垂直混合的发

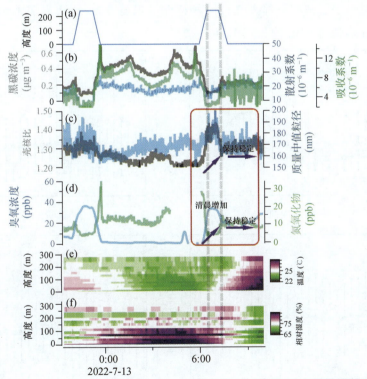

图 9.61　残留层垂直混合引起早晨 O_3 和 D_p/D_c 增加的典型个例。(a)吊篮高度；(b)～(d)BC 质量浓度、b_{abs}、b_{sca}、D_p/D_c、MMD、O_3 和 NO_x 的时间序列；(e)～(f)气温和相对湿度的垂直分布[106]

展，上层污染物到达地面。7:00时地面上的 O_3 和 D_p/D_c 增加且垂直廓线在7:00时变得均匀。由于观测高度的限制，白天层边界层顶部的污染物状况无法被检测到。据报道，大气边界层上方的 D_p/D_c 比干净条件下地面上的 D_p/D_c 要高。因此，边界层中由于垂直输送造成的 D_p/D_c 增加可能不仅发生在清晨，在白天也可能由于对流层下层的气溶胶输送引起边界层中 D_p/D_c 增加[105]。

为进一步探究边界层上部气溶胶理化特性及其辐射影响，本研究于2022年1—3月在石家庄封龙山山顶（海拔约 790 m）和山下（海拔约 160 m）开展强化观测。考虑到大气中的黑碳（BC）与边界层的相互作用可以显著影响雾霾的形成和发展，本研究聚焦于厘清边界层上部 BC 气溶胶的理化特性及辐射效应[106]。

图 9.62 对比分析了封龙山顶和山底大气污染物日变化特性。研究发现，边界层上部大气氧化性显著高于边界层下部，这与边界层上部较强的太阳辐射有关。受区域传输的影响，边界层上部 SO_2 浓度也要高于边界层下部。高的大气氧化性和二次组分前体物（如 SO_2）有利于二次组分形成。观测期间，边界层上部黑碳浓度稍低于边界层下部，但是边界层上部老化程度较高的黑碳比例要显著高于边界层下部。边界层上部和下部大气污染物特性呈现显著差异，边界层上部黑碳的老化将增强气溶胶与 PBL 的相互作用。

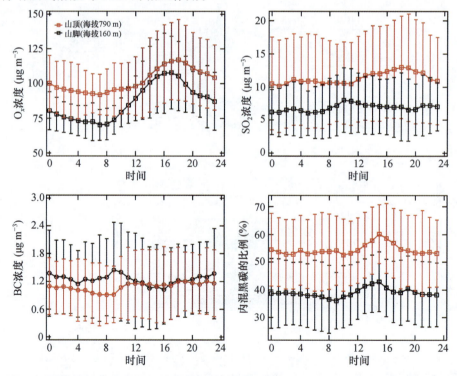

图 9.62　封龙山山顶和山下大气污染物日变化特性对比。(a)～(c) O_x($NO_2 + O_3$)、SO_2 和 BC 浓度；(d)包裹黑碳的比例[106]

图 9.63 进一步对比分析了边界层上部和边界层下部黑碳老化和光吸收特性。结果显示,边界层上部黑碳颗粒物的老化程度显著高于边界层底部,尤其是较大的黑碳颗粒物。由于边界层上部黑碳老化程度较高,黑碳呈现较强的光吸收能力(即黑碳表面包裹的其他组分-黑碳壳,通过棱镜效应将更多光子聚焦到黑碳核上)。基于黑碳老化程度量化其光吸收效率,边界层上部和边界层下部黑碳颗粒物质量吸收截面(MAC)为 $11 \sim 12$ m^2 g^{-1},而边界层下部黑碳 MAC 主要集中在 $9 \sim 10$ m^2 g^{-1}。相应的,边界层上部黑碳壳组分导致的光吸增强要显著高于边界层下部。上述结果表明了黑碳颗粒物混合态和光吸收效率垂直分布的不均匀性。边界层上部黑碳的高光吸收能力,有利于抑制边界层的发展,加剧雾霾污染。相关研究为模式估计黑碳和边界层的相互作用对于雾霾污染的影响提供了新的数据支撑。

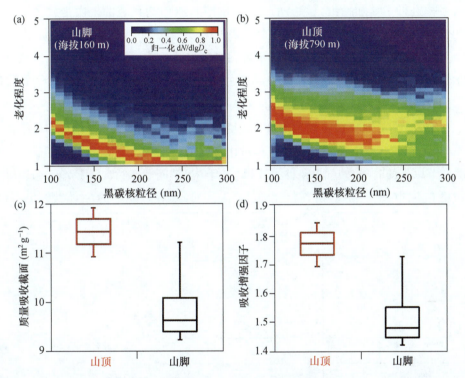

图 9.63　封龙山山顶和山下黑碳气溶胶老化程度和光吸收特性。(a)、(b)黑碳核壳比;(c)黑碳质量吸收截面;(d)黑碳壳组分导致的光吸收增强[106]

6. 重大活动或重大天气/气候过程对大气环境的影响机制

人为排放和天气/气候过程是影响我国大气复合污染的关键因素,但其与大气复合污染的关系却是非线性的。本研究经历了新冠疫情和冬奥会等大规模的区域减排活动,也经历了 2022 年夏季我国中东部地区以及 2023 年夏季我国华北地区的高温热浪事件。基于 2022 年 1—3 月冬奥会期间、2022 年 12 月到 2023 年 1 月新冠疫情期间、2022年和2023年夏季热浪期间京津冀和长三角多个地区的协同集成观测，本研究进一步通过数据综合分析理解重大活动减排以及重大天气过程对大气复合污染的影响。

（1）重大活动减排的大气环境响应

本研究团队前期针对2020年度疫情防控期间大规模减排对大气复合污染的影响进行了较为深入的分析，通过卫星和大量地基观测确认了疫情期间以交通运输为代表的人类活动大幅度减弱导致NO_x排放显著下降，但以臭氧为代表的大气氧化剂的浓度却呈现非线性上升，加快了整个东部地区的气溶胶二次生成效率，进一步在不利天气条件导致重霾污染事件。以此为基础，本研究进一步对大型活动减排对大气复合污染的影响进行了综合观测和分析[100,107-113]。首先，针对疫情期间的减排进行了更加精细且综合的分析，指出以NO_x为代表的一次排放大幅度减排的情况下可以激活夜间的活性氮氧化物化学。一方面，NO减排极大促进NO_3自由基和N_2O_5的生成，通过N_2O_5水解促进硝酸盐生成；另一方面，活性氮氧化物化学进一步促进了$ClNO_2$和Cl_2等活性卤素的生成，提高次日白天的大气氧化能力，尤其促进了烷烃的氧化及对应的SOA生成[86]。

研究发现，新冠疫情防控期间（2020年2月4—20日）、春节期间（2019年2月4—10日和2021年2月11—17日）和对比时段（参照期，2019和2021年2月4—20日除春节以外的时段）的气象条件大致相似，但冬奥期间（2022年2月4—20日）风向分布略有不同（图9.64）。冬奥会（中位数−0.6℃）和春节期间的（中位数−0.5℃）

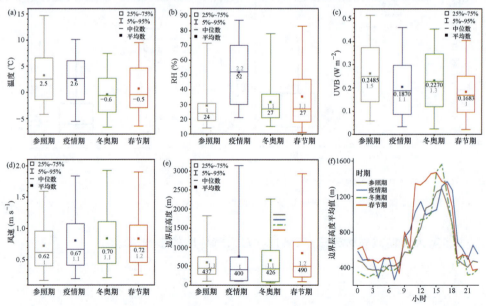

图9.64　对比时段（参照期）、新冠疫情防控、冬奥会和春节期间气象因子：（a）气温；（b）相对湿度；（c）UVB；（d）风速；（e）边界层高度；（f）不同时段边界层高度的平均日变化[113]

温度低于对比时段(中位数 2.5℃)和新冠疫情防控时段(中位数 2.6℃)。温度变化可影响气相和颗粒相反应速率和含氧有机的挥发性,进而对空气质量产生轻微影响。新冠疫情期间的相对湿度(中位数 52%)高于其他三个时段(中位数 24%~27%)。高相对湿度条件可影响颗粒物的相态,并促进二次气溶胶生成。与此同时,四个时期的风速和边界层高度相当,因此气团的水平和垂直混合能力相差不大[113]。

减排对痕量气体的影响:由于新冠疫情、冬奥会和春节的措施侧重社会生活和生产活动的不同方面,不同时段痕量气有不同的响应。冬奥会期间较少的偏南风使该时段受区域内污染气团影响最小。与其他三个时段相比,奥运会期间 CO、NO、NO_2 和 SO_2 的浓度最低,而 O_3 的浓度最高(图 9.65)。新冠疫情期间,偏南风频率最高,导致污染物的区域输送最显著,CO 浓度也最高。尽管新冠疫情期间污染严重,但 NO、NO_2 和 SO_2 的浓度均低于对比时段,表明在该时段首要污染物的减排非常有效。化石燃料的燃烧排放是北京市冬季供暖期间 SO_2 的主要源,而交通排放的减少对 SO_2 浓度影响较小,加上烟花爆竹可能的排放,春节期间 SO_2 浓度仅略低于对比时段。总体而言,北京气态污染物的浓度受到源排放和气象条件的共同控制[113]。

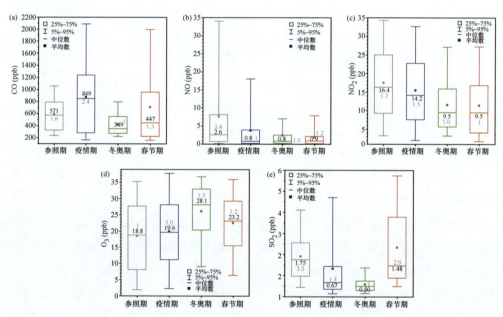

图 9.65　对比时段(参照期)、新冠疫情、冬奥会和春节期间的痕量气体浓度:(a)CO;(b)NO;(c)NO_2;(d)O_3;(e)SO_2 的浓度[113]

对可凝结蒸气(硫酸和含氧有机物)的影响:硫酸(SA)和含氧有机物(OOMs)的浓度对不同时期的响应存在较大差异。对 SA 而言,硫酸单体(SA_1)和硫酸二聚体（SA₂）浓度在新冠疫情期间最低，而在其他三个时段相当［图 9.66（a），（b）］。SA 的主要源为 SO₂ 和 OH 自由基氧化反应，主要汇为在颗粒物上的凝结去除。新冠疫情防控期间，SA 浓度最低可归因于最高的凝结汇和较低的 SO₂ 浓度。尽管冬奥会期间 SO₂ 浓度最低，但 SA₁ 并不低，SA₂ 甚至最高，可能是由冬奥会期间凝结汇降低和大气氧化性增强共同导致的。与新冠疫情防控期间和对比时段相比，冬奥和春节期间 SA₂/SA₁ 的比值较高［图 9.66（c）］，表明硫酸团簇生成效率在这两个时期增强[113]。

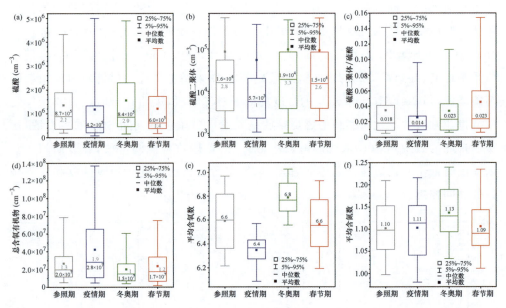

图 9.66　不同时段可凝结蒸气（硫酸和含氧有机物）浓度：（a）硫酸单体；（b）硫酸二聚体；（c）SA₂ 与 SA₁ 比值；（d）总 OOMs；（e）OOMs 平均含氧数；（f）OOMs 平均含氮数[113]

　　总 OOMs 浓度在新冠疫情防控期间最高［图 9.66（d）］。OOMs 的生成和损失过程十分复杂：可由 VOCs 和 OVOCs（含氧挥发性有机化合物）的氧化生成或由颗粒相挥发，其去除过程包括进一步氧化、颗粒表面凝结和反应性吸收等。相关因素中，前体 VOCs 和 OVOCs 有重要影响，这些前体物往往与污染气团有关，因此 OOMs 浓度也与 PM₂.₅ 浓度水平高度相关（图 9.67）。相同 PM₂.₅ 水平下，冬奥期间 OOMs 平均含氧数和平均含氮数最高，表明冬奥期间 OOMs 的氧化态升高，同时 NOₓ 参与光化学反应是其重要生成途径。

　　对新粒子生成的影响：研究对比与新粒子生成及生长相关的硫酸、低挥发性有机物等组分在疫情防控期间和此前的差异，发现新粒子生成与生长的主导机制在两段时期无显著差异。然而，由于光化学增强及高氧化有机物浓度上升，管控期间新粒子生长速率整体更高。冬奥前后对比表明：冬奥前 1 月 10—24 日和冬奥

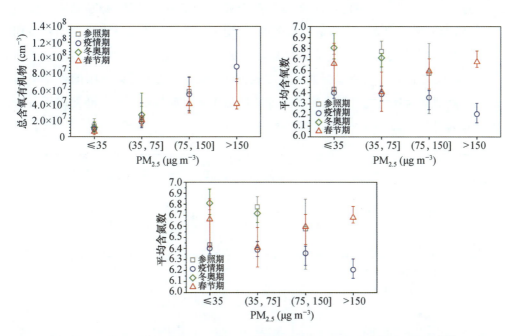

图 9.67　不同时段不同 PM$_{2.5}$ 水平下总 OOMs 浓度、平均含氧数和含氮数[113]

会期间 2 月 8—17 日两段时间均有连续的非新粒子生成天,可能存在污染过程,而 1 月 25 日—2 月 6 日期间出现连续的新粒子生成(图 9.68)。超细颗粒物化学组分观测发现 1 月 24 日前污染过程中超细颗粒物硝酸盐含量较高,新粒子生成期间则是含氧有机物更高。

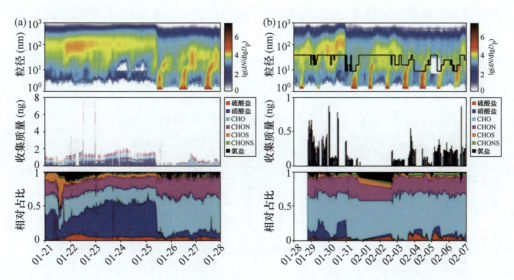

图 9.68　冬奥前后北京颗粒物化学组分:(a)超细颗粒物模式;(b)分粒径模式

对 PM$_{2.5}$ 及其组分的影响：冬奥期间 PM$_{2.5}$ 质量浓度最低，新冠疫情防控期间最高，春节期间 PM$_{2.5}$ 质量浓度排名第二（图 9.69）。在新冠疫情防控和春节期间，不利气象条件加剧了空气质量的恶化。北京早（北或西北）晚（南或东南）风向的周期性变化在春节和新冠疫情防控期间尤为明显，有利于污染气团的长距离输送。冬奥期间大规模大气污染物人为源减排是 PM$_{2.5}$ 质量浓度显著降低的另一个重要原因[113]。

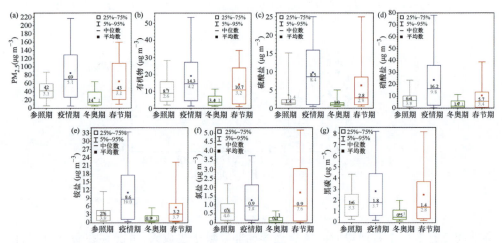

图 9.69 不同时段 PM$_{2.5}$ 质量浓度及组分变化对比：(a)PM$_{2.5}$ 质量浓度；(b)有机物；(c)硫酸盐；(d)硝酸盐；(e)铵盐；(f)氯盐；(g)黑碳[113]

冬奥会期间一次颗粒物（BC 和 Chl）浓度较低。尽管新冠疫情防控期间也执行了严格的减排控制措施（主要是交通源），但 BC 和 Chl 浓度略高于对比时段，说明冬奥期间除了交通源以外，更多的工业（如燃煤）源的管控发挥了重要贡献。二次气溶胶是大气颗粒物质量浓度的主要贡献者。与其他时段相比，新冠疫情防控期间 SIA 的比例更高（图 9.70），一则同期大气氧化能力显著增加，同时较高的 RH

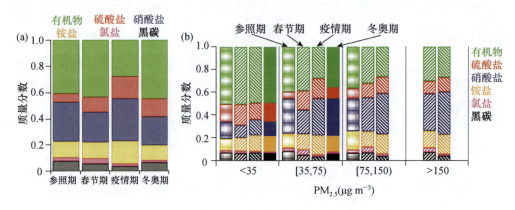

图 9.70 PM$_{2.5}$ 主要组分质量分数：(a)不同时段；(b)不同时段不同 PM$_{2.5}$ 水平[113]

可促进前体物的非均相反应,产生更高的 SIA 浓度。尽管交通源引起 NO_x 大幅度减排,但新冠疫情防控期间硝酸盐的浓度和质量分数均随 $PM_{2.5}$ 增加显著升高,表明硝酸盐的二次生成过程加快。同样,尽管新冠疫情防控期间 SO_2 浓度较低,但硫酸盐的质量浓度和质量分数均高于其他时段,相应铵盐浓度也较高[113]。

(2) 高温热浪对气溶胶二次生成的影响

2023 年夏季,本研究观测到两次持续时间较长的污染过程,第二次污染期间伴随着持续近 1 周的热浪天气(日最高温度高于 35℃)。北京城区观测期间 NR-PM_1 平均浓度为 21.5 ± 17.0 μg m^{-3},SOA 贡献了 OA 主要质量(图 9.71);2023 年夏季 POA 平均浓度降低了 50%,而 SOA 平均浓度升高了 15%。热浪污染期间,硝酸盐、POA 浓度显著低于非热浪,而硫酸盐、SOA 和 O_3 浓度则明显高于非热浪期间。分析不同温度区间内颗粒物组分和 OA 因子组成可见,硝酸盐浓度和占比随温度升高而降低,主要与高温条件不利于其气粒分配有关,而硫酸盐和 SOA 因子浓度和占比对温度升高而升高,尤其是在 >35℃ 区间内浓度陡增,表明高温条件可能促进这些组分的生成。

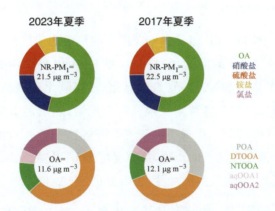

图 9.71　北京城区站点 2023 年和 2017 年夏季颗粒物组分和 OA 因子浓度占比

将热浪和非热浪污染过程期间气象条件、气态污染物、光照条件、氧化剂浓度、VOCs 前体物和氧化中间产物浓度、气溶胶酸性等进行细致比较(图 9.72)可以发现:相较于非热浪污染,热浪污染期间平均风速和边界层高度较高,更有利于污染物扩散,O_3 和估算的 OH 自由基浓度也较高;除异戊二烯外的其他 VOCs 前体物在热浪污染期间浓度均明显降低,表明其经二次氧化过程消耗量增加,而异戊二烯及其气相氧化产物浓度在热浪期间浓度均明显增加,气相 OVOCs 在热浪污染期间浓度也高于非热浪污染。

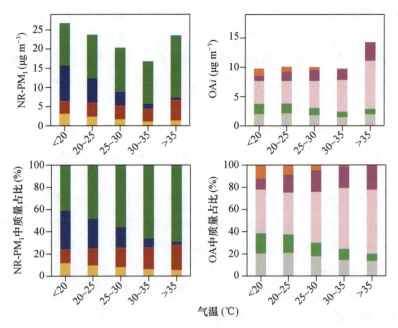

图 9.72　北京城区站点 2023 年夏季不同温度区间 PM$_1$ 组分和 OA 因子组成

　　本研究还发现不同颗粒物组分和 OA 因子在热浪和非热浪污染期间的相对贡献有明显差异（图 9.73）。硝酸盐、氯盐和液相 SOA 因子在热浪污染期间浓度有所降低，而硫酸盐和 3 个 SOA 因子（日间氧化、夜间氧化和液相）在热浪污染期间污染浓度均有所增加。综合各质谱仪观测结果推测，热浪污染期间高温高氧化剂浓度促进前体物 VOCs 氧化，生成了大量气态可溶性 OVOCs，可经非均相摄取和氧化过程生成大量挥发性较低的产物，从而促进 SOA 生成。高温条件还促进了硝酸盐更多分配至气相，改变气溶胶酸性，也可促进 SOA 生成。

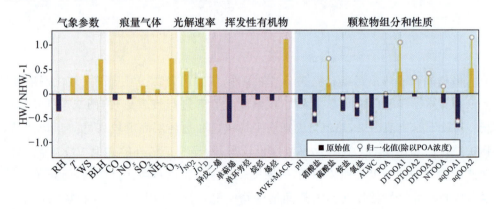

图 9.73　北京城区站点 2023 年夏季热浪污染和非热浪污染对比

9.4　总　　结

　　本研究通过开展外场观测历史数据的收集与分析、大型集成观测实验的设计及实施(包括跨区域天空地一体化系协同集成观测)、数据的综合分析,针对我国东部超大城市群大气复合污染成因进行了综合集成研究。研究期内共开展了 1 次预实验和 4 次跨区域协同集成观测,主要观测试验包括冬奥会跨区域集成观测(2021年 1—3 月)、夏季热浪局部集成观测(2022 年 7—8 月)、秋冬季跨区域集成观测(2022 年 12 月—2023 年 1 月)、天空地一体化跨区域集成观测(2023 年 5—6 月)。具体观测位点和平台覆盖了京津冀和长三角地区,包括北京大学观测站、清华大学观测站、中国科学院大气物理所观测站、北京化工大学观测站、南京大学 SORPES观测站、复旦大学观测站、山东大学青岛观测站、中国科学院大气物理所大塔观测站、河北封龙山山顶和山下观测站、山东泰山观测站、移动观测车和超级移动观测平台以及大载荷系留飞艇观测系统和飞机航测系统等。

　　通过仪器和探测技术的研发、外场集成观测及相关数据的综合分析,本研究在科学认识和技术方法上取得多项重要进展。在推进大气复合污染基础研究的观测平台和测量技术方面:①发展了大气复合污染大载荷系留浮空器探测技术,实现多种最新质谱技术在边界层顶的稳定运行;②发展了新粒子生成的全过程观测技术,包括颗粒物粒径全谱观测和纳米颗粒物化学组分观测技术;③自主发展部分大气有机分子测量技术,构建了活性含碳组分闭合观测方法学,拓展了大气活性氮氧化物全组分生消闭合观测等。研究也获得了一系列重要的科学发现:①发现并确认了影响气溶胶硫酸盐生成的多种微物理过程和化学机制;②建立和发展了含氧有机物测量和分析方法,推动二次有机气溶胶(SOA)生成在分子层次的认识,证实含氧有机分子凝结以及 VOCs 液相氧化过程对 SOA 生成的关键作用及空间差异性;③确认硫酸-有机胺团簇化是我国超大城市地区地表新粒子成核的主导机制,并指出含氧有机物凝结是大气新粒子初始增长的关键前体物;④揭示了污染减排(尤其是 NO_x 减排)通过激活活性氮氧化物化学和卤素化学促进二次污染生成的独特机制。

　　本研究可为今后继续开展大气复合污染防治相关的基础研究以及为理解人类活动对天气气候系统的影响等前沿科学问题的研究提供天空地一体化探测平台、高分辨率和数据分析技术与方法。外场观测研究所取得的高质量数据也有望进一步为相关问题的深入认识以及数值模式的发展提供重要支撑。相关科学发现也为我国东部地区天气气候系统和污染源排放复杂相关过程的相互作用提供科学支撑，为"跨区域、多污染物协同减排"提供新的思路。

参考文献

[1] Cheng Y F，Zheng G J，Wei C，et al. Reactive nitrogen chemistry in aerosol water as a source of sulfate during haze events in China. Science Advances，2016，2.

[2] Guo S，Hu M，Zamora M L，et al. Elucidating severe urban haze formation in China. PNAS，2014，111：17373-17378.

[3] Huang R J，Zhang Y L，Bozzetti C，et al. High secondary aerosol contribution to particulate pollution during haze events in China. Nature，2014，514：218-222.

[4] Li K，Jacob D J，Liao H，et al. Anthropogenic drivers of 2013—2017 trends in summer surface ozone in China. PNAS，2019，116：422-427.

[5] Zhang Q，Zheng Y X，Tong D，et al. Drivers of improved $PM_{2.5}$ air quality in China from 2013 to 2017. PNAS，2019，116：24463-24469.

[6] Ding A J，Fu C B，Yang X Q，et al. Intense atmospheric pollution modifies weather：A case of mixed biomass burning with fossil fuel combustion pollution in eastern China. Atmospheric Chemistry and Physics，2013，13：10545-10554.

[7] Huang X，Ding A J，Gao J，et al. Enhanced secondary pollution offset reduction of primary emissions during COVID-19 lockdown in China. National Science Review，2021，8.

[8] Huang X，Ding A J，Wang Z L，et al. Amplified transboundary transport of haze by aerosol-boundary layer interaction in China. Nature Geoscience，2020，13：428-434.

[9] Kerminen V M，Chen X M，Vakkari V，et al. Atmospheric new particle formation and growth：Review of field observations. Environmental Research Letters，2018，13.

[10] Tröstl J，Chuang W K，Gordon H，et al. The role of low-volatility organic compounds in initial particle growth in the atmosphere. Nature，2016，533：527-531.

[11] Huang X，Ding A J，Liu L X，et al. Effects of aerosol-radiation interaction on precipitation during biomass-burning season in East China. Atmospheric Chemistry and Physics，2016，16：10063-10082.

[12] Wang G H，Zhang R Y，Gomez M E，et al. Persistent sulfate formation from London fog to Chinese haze. PNAS，2016，113：13630-13635.

[13] Xie Y N，Ding A J，Nie W，et al. Enhanced sulfate formation by nitrogen dioxide：Implications from in situ observations at the SORPES station. Journal of Geophysical Research：Atmospheres，2015，120：12679-12694.

[14] L. R. C. United States. National Aeronautics and Space Administration. Scientific and Technical Information Branch，Gregory，Gerald L. and H. S. Wagner，Summary of southeastern Virginia urban plume measurement data for August 4 and 5，1977，National Aero-

nautics and Space Administration，Washington，D. C. Springfield，Va. ，1979.

[15] Emmerson K M，Carslaw N，Carpenter L J，et al. Urban atmospheric chemistry during the PUMA campaign 1：Comparison of modelled OH and HO_2 concentrations with measurements. Journal of Atmospheric Chemistry，2005，52：143-164.

[16] Platt U，Alicke B，Dubois R，et al. Free radicals and fast photochemistry during BERLIOZ. Journal of Atmospheric Chemistry，2002，42：359-394.

[17] Cowling E B，Chameides W L，Kiang C S，et al. Introduction to special section：Southern Oxidants Study Nashville Middle Tennessee Ozone Study. Journal of Geophysical Research：Atmospheres，1998，103：22209-22212.

[18] Stutz J，Alicke B，Ackermann R，et al. Vertical profiles of NO_3，N_2O_5，O_3，and NO_x in the nocturnal boundary layer：1. Observations during the Texas Air Quality Study 2000. Journal of Geophysical Research：Atmospheres，2004，109.

[19] Ren X R，Harder H，Martinez M，et al. HO_x concentrations and OH reactivity observations in New York City during PMTACS-NY2001. Atmospheric Environment，2003，37：3627-3637.

[20] Molina L T，Kolb C E，de Foy B，et al. Air quality in North America's most populous city -overview of the MCMA-2003 campaign. Atmospheric Chemistry and Physics，2007，7：2447-2473.

[21] Molina L T，Madronich S，Gaffney J S，et al. An overview of the MILAGRO 2006 Campaign：Mexico City emissions and their transport and transformation. Atmospheric Chemistry and Physics，2010，10：8697-8760.

[22] Michoud V，Colomb A，Borbon A，et al. Study of the unknown HONO daytime source at a European suburban site during the MEGAPOLI summer and winter field campaigns. Atmospheric Chemistry and Physics，2014，14：2805-2822.

[23] Farman J C，Gardiner B G，Shanklin J D. Large losses of total ozone in antarctica reveal seasonal ClO_x/NO_x interaction. Nature，1985，315：207-210.

[24] Jacob D J，Crawford J H，Kleb M M，et al. Transport and chemical evolution over the Pacific (TRACE-P) aircraft mission：Design，execution，and first results. Journal of Geophysical Research：Atmospheres，2003，108：1-19.

[25] Lelieveld J，Crutzen P J，Ramanathan V，et al. The Indian Ocean experiment：Widespread air pollution from South and Southeast Asia. Science，2001，291：1031-1036.

[26] Bates T S，Huebert B J，Gras J L，et al. International Global Atmospheric Chemistry (IGAC) project's first aerosol characterization experiment (ACE 1)：Overview. Journal of Geophysical Research：Atmospheres，1998，103：16297-16318.

[27] Swap R J，Annegarn H J，Suttles J T，et al. Africa burning：A thematic analysis of the Southern African Regional Science Initiative (SAFARI 2000). Journal of Geophysical Research：Atmospheres，2003，108.

[28] Dunlea E J, de Carlo P F, Aiken A C, et al. Evolution of Asian aerosols during transpacific transport in INTEX-B. Atmospheric Chemistry and Physics, 2009, 9: 7257-7287.

[29] Singh H B, Brune W H, Crawford J H, et al. Overview of the summer 2004 intercontinental chemical transport experiment-North America (INTEX-A). Journal of Geophysical Research: Atmospheres, 2006, 111.

[30] Carlton A G, de Gouw J, Jimenez J L, et al. Synthesis of the southeast atmosphere studies: Investigating fundamental atmospheric chemistry questions. Bulletin of the American Meteorological Society, 2018, 99: 547-567.

[31] Martin S T, Artaxo P, Machado L A T, et al. Introduction: Observations and modeling of the Green Ocean Amazon (GoAmazon2014/5). Atmospheric Chemistry and Physics, 2016, 16: 4785-4797.

[32] Chai J J, Miller D J, Scheuer E, et al. Isotopic characterization of nitrogen oxides (NO_x), nitrous acid (HONO), and nitrate (pNO_3^-) from laboratory biomass burning during FIREX. Atmospheric Measurement Techniques, 2019, 12: 6303-6317.

[33] Burrows J P, Andrés Hernández M D, Vrekoussis M, et al. presented in part at the EGU General Assembly Conference Abstracts, May 01, 2020, 2020.

[34] Brown S S, Thornton J A, Keene W C, et al. Nitrogen, Aerosol Composition, and Halogens on a Tall Tower (NACHTT): Overview of a wintertime air chemistry field study in the front range urban corridor of Colorado. Journal of Geophysical Research: Atmospheres, 2013, 118: 8067-8085.

[35] Frick G M, Hoppel W A. Airship measurements of aerosol-size distributions, cloud droplet spectra, and trace gas concentrations in the Marine Boundary-Layer. Bulletin of the American Meteorological Society, 1993, 74: 2195-2202.

[36] Li X, Rohrer F, Hofzumahaus A, et al. Missing gas-phase source of HONO inferred from zeppelin measurements in the troposphere. Science, 2014, 344: 292-296.

[37] 林子瑜,王德辉,任阵海,等. 航测火电厂烟羽中二氧化硫转化速率. 中国环境科学, 1986, 6: 0-0.

[38] Lei H C, Tanner P A, Huang M Y, et al. The acidification process under the cloud in southwest China: Observation results and simulation. Atmospheric Environment, 1997, 31: 851-861.

[39] 张远航,邵可声,唐孝炎,等. 中国城市光化学烟雾污染研究. 北京大学学报:自然科学版, 1998, 34: 9.

[40] 周秀骥. 长江三角洲低层大气与生态系统相互作用研究. 气象出版社, 2004.

[41] 徐祥德,周丽,周秀骥,等. 城市环境大气重污染过程周边源影响域. 中国科学:地球科学, 2004, 34: 9.

[42] 张小曳,孙俊英,王亚强,等. 我国雾-霾成因及其治理的思考. 科学通报, 2013, 58: 1178-1187.

[43] Huang J P, Zhang W, Zuo J P, et al. An overview of the semi-arid climate and environment research observatory over the Loess Plateau. Advances in Atmospheric Sciences, 2008, 25: 906-921.

[44] Wang T, Ding A J, Blake D R, et al. Chemical characterization of the boundary layer outflow of air pollution to Hong Kong during February-April 2001. Journal of Geophysical Research: Atmospheres, 2003, 108.

[45] Zhang X Y, Gong S L, Zhao T L, et al. Sources of Asian dust and role of climate change versus desertification in Asian dust emission. Geophysical Research Letters, 2003, 30.

[46] Hua W, Chen Z M, Jie C Y, et al. Atmospheric hydrogen peroxide and organic hydroperoxides during PRIDE-PRD'06, China: Their concentration, formation mechanism and contribution to secondary aerosols. Atmospheric Chemistry and Physics, 2008, 8: 6755-6773.

[47] Wang W, Ren L H, Zhang Y H, et al. Aircraft measurements of gaseous pollutants and particulate matter over Pearl River Delta in China. Atmospheric Environment, 2008, 42: 6187-6202.

[48] Zhang Y H, Su H, Zhong L J, et al. Regional ozone pollution and observation-based approach for analyzing ozone-precursor relationship during the PRIDE-PRD2004 campaign. Atmospheric Environment, 2008, 42: 6203-6218.

[49] Ding A J, Wang T, Xue L K, et al. Transport of North China air pollution by midlatitude cyclones: Case study of aircraft measurements in summer 2007. Journal of Geophysical Research: Atmospheres, 2009, 114.

[50] Wang T, Nie W, Gao J, et al. Air quality during the 2008 Beijing Olympics: Secondary pollutants and regional impact. Atmospheric Chemistry and Physics, 2010, 10: 7603-7615.

[51] Xue L K, Ding A J, Gao J, et al. Aircraft measurements of the vertical distribution of sulfur dioxide and aerosol scattering coefficient in China. Atmospheric Environment, 2010, 44: 278-282.

[52] Liu Z, Wang Y, Gu D, et al. Summertime photochemistry during CAREBeijing-2007: RO_x budgets and O_3 formation. Atmospheric Chemistry and Physics, 2012, 12: 7737-7752.

[53] Parrish D D, Zhu T, Clean air for megacities. Science, 2009, 326: 674-675.

[54] Tan Z F, Fuchs H, Lu K D, et al. Radical chemistry at a rural site (Wangdu) in the North China Plain: Observation and model calculations of OH, HO_2 and RO_2 radicals. Atmospheric Chemistry and Physics, 2017, 17: 663-690.

[55] Zhu Y, Zhang J P, Wang J X, et al. Distribution and sources of air pollutants in the North China Plain based on on-road mobile measurements. Atmospheric Chemistry and Physics, 2016, 16: 12551-12565.

[56] Chen X R, Wang H C, Lu K D, et al. Field determination of nitrate formation pathway in winter Beijing. Environmental Science & Technology, 2020, 54: 9243-9253.

[57] Tan Z F, Rohrer F, Lu K D, et al. Wintertime photochemistry in Beijing: Observations of

RO$_x$ radical concentrations in the North China Plain during the BEST-ONE campaign. Atmospheric Chemistry and Physics, 2018, 18: 12391-12411.

[58] He G, Wang Y S, Ma Q X, et al. Mineral dust and NO$_x$ promote the conversion of SO$_2$ to sulfate in heavy pollution days. Scientific Reports, 2014, 4.

[59] Zheng G J, Su H, Wang S W, et al. Multiphase buffer theory explains contrasts in atmospheric aerosol acidity. Science, 2020, 369: 1374-1377.

[60] Song S J, Gao M, Xu W Q, et al. Possible heterogeneous chemistry of hydroxymethanesulfonate (HMS) in northern China winter haze. Atmospheric Chemistry and Physics, 2019, 19: 1357-1371.

[61] Wang Z, Wang W H, Tham Y J, et al. Fast heterogeneous N$_2$O$_5$ uptake and ClNO$_2$ production in power plant and industrial plumes observed in the nocturnal residual layer over the North China Plain. Atmospheric Chemistry and Physics, 2017, 17: 12361-12378.

[62] Fang X, Hu M, Shang D J, et al. Observational evidence for the involvement of dicarboxylic acids in particle nucleation. Environmental Science & Technology Letters, 2020, 7: 388-394.

[63] Yao L, Garmash O, Bianchi F, et al. Atmospheric new particle formation from sulfuric acid and amines in a Chinese megacity. Science, 2018, 361: 278-281.

[64] Bianchi F, Kurtén T, Riva M, et al. Highly oxygenated organic molecules (HOM) from gas-phase autoxidation involving peroxy radicals: A key contributor to atmospheric aerosol. Chemical Reviews, 2019, 119: 3472-3509.

[65] Yan C, Nie W, Vogel A L, et al. Size-dependent influence of NO$_x$ on the growth rates of organic aerosol particles. Science Advances, 2020, 6.

[66] Brown S S, Dubé W P, Bahreini R, et al. Biogenic VOCs oxidation and organic aerosol formation in an urban nocturnal boundary layer: Aircraft vertical profiles in Houston, TX. Atmospheric Chemistry and Physics, 2013, 13: 11317-11337.

[67] Ding A, Huang X, Fu X. et al. Air pollution and weather interaction in East Asia. Oxford Research Encyclopedias: Environmental Science, 2017. doi: 10.1093/acrefore/9780199389414. 013.536.

[68] Huang X, Huang J T, Ren C H, et al. Chemical boundary layer and its impact on air pollution in northern China. Environmental Science & Technology Letters, 2020, 7: 826-832.

[69] Li Z Q, Guo J P, Ding A J, et al. Aerosol and boundary-layer interactions and impact on air quality. National Science Review, 2017, 4: 810-833.

[70] Ding A J, Huang X, Nie W, et al. Enhanced haze pollution by black carbon in megacities in China. Geophysical Research Letters, 2016, 43: 2873-2879.

[71] Xu Z N, Huang X, Nie W, et al. Impact of biomass burning and vertical mixing of residual-layer aged plumes on ozone in the Yangtze River Delta, China: A tethered-balloon measurement and modeling study of a multiday ozone episode. Journal of Geophysical Re-

search: Atmospheres, 2018, 123: 11786-11803.

[72] Chen Y, An J L, Sun Y L, et al. Nocturnal low-level winds and their impacts on particulate matter over the Beijing area. Advances in Atmospheric Sciences, 2018, 35: 1455-1468.

[73] Li J, Fu Q Y, Huo J T, et al. Tethered balloon-based black carbon profiles within the lower troposphere of Shanghai in the 2013 East China smog. Atmospheric Environment, 2015, 123: 327-338.

[74] Qi X M, Ding A J, Nie W, et al. Direct measurement of new particle formation based on tethered airship around the top of the planetary boundary layer in eastern China. Atmospheric Environment, 2019, 209: 92-101.

[75] Huang X, Wang Z L, Ding A J. et al. Impact of Aerosol-PBL interaction on haze pollution: Multiyear observational evidences in North China. Geophysical Research Letters, 2018, 45: 8596-8603.

[76] Zhang Y, Ding A J, Mao H T, et al. Impact of synoptic weather patterns and inter-decadal climate variability on air quality in the North China Plain during 1980—2013. Atmospheric Environment, 2016, 124: 119-128.

[77] Zhang Y, Peräkylä O, Yan C, et al. A novel approach for simple statistical analysis of high-resolution mass spectra. Atmospheric Measurement Techniques, 2019, 12: 3761-3776.

[78] Nie W, Yan C, Huang D D, et al. Secondary organic aerosol formed by condensing anthropogenic vapours over China's megacities. Nature Geoscience, 2022, 15: 255-261.

[79] Wang L, Wang Y, Yang G, et al. Measurements of atmospheric HO_2 radicals using Br-CIMS with elimination of potential interferences from ambient peroxynitric acid. Analytical Chemistry, 2024. doi: 10.1021/acs. analchem. 4c01184.

[80] Liu T, Chan A W H, Abbatt J P D. Multiphase oxidation of sulfur dioxide in aerosol particles: Implications for sulfate formation in polluted environments. Environmental Science & Technology, 2021, 55: 4227-4242.

[81] Liu T, Ma L, Yang Y Kinetics of the reaction MSI-+ O3 in deliquesced aerosol particles: Implications for sulfur chemistry in the marine boundary layer. Geophysical Research Letters, 2023, 50, e2023GL105945.

[82] Cai S, Liu T, Huang X, et al. Important role of low cloud and fog in sulfate aerosol formation during winter haze over the North China Plain. Geophysical Research Letters, 2024, 51, e2023GL106597.

[83] Liu T, Abbatt J P D. Oxidation of sulfur dioxide by nitrogen dioxide accelerated at the interface of deliquesced aerosol particles. Nature Chemistry, 2021, 13: 1173-1177.

[84] Liu Y, Feng Z, Zheng F, et al. Ammonium nitrate promotes sulfate formation through uptake kinetic regime. Atmospheric Chemistry and Physics, 2021, 21: 13269-13286.

[85] Liu Y, Zhan J, Zheng F, et al. Dust emission reduction enhanced gas-to-particle conversion of ammonia in the North China Plain. Nature Communications, 2022, 13: 6887.

[86] Yan C，Tham Y J，Nie W，et al. Increasing contribution of nighttime nitrogen chemistry to wintertime haze formation in Beijing observed during COVID-19 lockdowns. Nature Geoscience，2023，16：975-981.

[87] Liu Y，Nie W，Li Y，et al. Formation of condensable organic vapors from anthropogenic and biogenic VOCs is strongly perturbed by NO_x in eastern China. Atmospheric Chemistry and Physics，2021，2021：1-44.

[88] Nie W，Yan C，Yang L，et al. NO at low concentration can enhance the formation of highly oxygenated biogenic molecules in the atmosphere. Nature Communications，2023，14：3347.

[89] Liu Y，Liu C，Nie W，et al. Exploring condensable organic vapors and their co-occurrence with $PM_{2.5}$ and O_3 in winter in eastern China. Environmental Science：Atmospheres，2023，3：282-297.

[90] Yin R，Yan C，Cai R，et al. Acid-base clusters during atmospheric new particle formation in urban Beijing. Environmental Science & Technology，2021，55：10994-11005.

[91] Cai R，Yan C，Yang D，et al. Sulfuric acid-amine nucleation in urban Beijing. Atmospheric Chemistry and Physics，2021，21：2457-2468.

[92] Cai R，Yan C，Worsnop D R，et al. An indicator for sulfuric acid-amine nucleation in atmospheric environments. Aerosol Science and Technology，2021，55：1059-1069.

[93] Qiao X，Li X，Yan C，et al. Precursor apportionment of atmospheric oxygenated organic molecules using a machine learning method. Environmental Science：Atmospheres，2023，3：230-237.

[94] Qiao X，Yan C，Li X，et al. Contribution of atmospheric oxygenated organic compounds to particle growth in an urban environment. Environmental Science & Technology，2021. doi：10.1021/acs. est. 1c02095.

[95] 李晓晓，蒋靖坤，王东滨，等. 大气超细颗粒物来源及其化学组分研究进展. 环境化学，2021，40：13.

[96] Li X，Li Y，Lawler M J，et al. Composition of ultrafine particles in urban Beijing：Measurement using a thermal desorption chemical ionization mass spectrometer. Environmental Science & Technology，2021，55：2859-2868.

[97] Li X，Li Y，Cai R，et al. Insufficient condensable organic vapors lead to slow growth of new particles in an urban environment. Environmental Science & Technology，2022，56：9936-9946.

[98] Lai S，Huang X，Qi X，et al. Vigorous new particle formation above polluted boundary layer in the North China Plain. Geophysical Research Letters，2022，49，e2022GL100301.

[99] Sun J，Sun Y，Xie C，et al. The chemical composition and mixing state of BC-containing particles and the implications on light absorption enhancement. Atmospheric Chemistry and Physics，2022，22：7619-7630.

[100] Sun J，Wang Z，Zhou W，et al. Measurement report：Long-term changes in black carbon

and aerosol optical properties from 2012 to 2020 in Beijing, China. Atmospheric Chemistry and Physics, 2022, 22: 561-575.

[101] Li Y, Du A, Lei L, Vertically resolved aerosol chemistry in the low boundary layer of Beijing in summer. Environmental Science & Technology, 2022, 56: 9312-9324.

[102] Zhang L, Zhang H, Li Q, et al. Vertical dispersion mechanism of long-range transported dust in Beijing: Effects of atmospheric turbulence. Atmospheric Research, 2022, 269, 106033.

[103] Li W, Duan F, Zhao Q, et al. Investigating the effect of sources and meteorological conditions on wintertime haze formation in Northeast China: A case study in Harbin. Science of The Total Environment, 2021, 801, 149631.

[104] Zhou M, Nie W, Qiao L, et al. Elevated formation of particulate nitrate from N_2O_5 hydrolysis in the Yangtze River Delta region from 2011 to 2019. Geophysical Research Letters, 2022, 49, e2021GL097393.

[105] Liu H, Pan X, Lei S, et al. Vertical distribution of black carbon and its mixing state in the urban boundary layer in summer. Atmospheric Chemistry and Physics, 2023, 23: 7225-7239.

[106] Zhang Y, Wu N, Wang J, et al. Strong haze-black carbon-climate connections observed across northern and eastern China. Journal of Geophysical Research: Atmospheres, 2023, 128, e2023JD038505.

[107] Du A, Sun J, Liu H, et al. Mixing state and effective density of aerosol particles during the Beijing 2022 Olympic Winter Games. Atmospheric Chemistry and Physics, 2023, 23: 13597-13611.

[108] Feng Z, Zheng F, Liu Y, et al. Evolution of organic carbon during COVID-19 lockdown period: Possible contribution of nocturnal chemistry. Science of The Total Environment, 2022, 808, 152191.

[109] Li H, Ma Y, Duan F, et al. Stronger secondary pollution processes despite decrease in gaseous precursors: A comparative analysis of summer 2020 and 2019 in Beijing. Environmental Pollution, 2021, 279, 116923.

[110] Li Z, Sun Y, Wang Q, et al. Nitrate and secondary organic aerosol dominated particle light extinction in Beijing due to clean air action. Atmospheric Environment, 2022, 269, 118833.

[111] Ma T, Duan F, Ma Y, et al. Unbalanced emission reductions and adverse meteorological conditions facilitate the formation of secondary pollutants during the COVID-19 lockdown in Beijing. Science of The Total Environment, 2022, 838, 155970.

[112] Zhou W, Lei L, Du A, et al. Unexpected increases of severe haze pollution during the post COVID-19 period: Effects of emissions, meteorology, and secondary production. Journal of Geophysical Research: Atmospheres, 2022, 127, e2021JD035710.

［113］Guo Y，Deng C，Ovaska A，et al. Measurement report：The 4-year variability and influence of the Winter Olympics and other special events on air quality in urban Beijing during wintertime. Atmospheric Chemistry and Physics，2023，23：6663-6690.